University of Pittsburgh Memoirs in Latin American Archaeology

University of Pittsburgh Memoirs in Latin American Archaeology No. 5

Prehispanic Chiefdoms in the Valle de la Plata, Volume 2

Ceramics—Chronology and Craft Production

Cacicazgos Prehispánicos del Valle de la Plata, Tomo 2

Cerámica—Cronología y Producción Artesanal

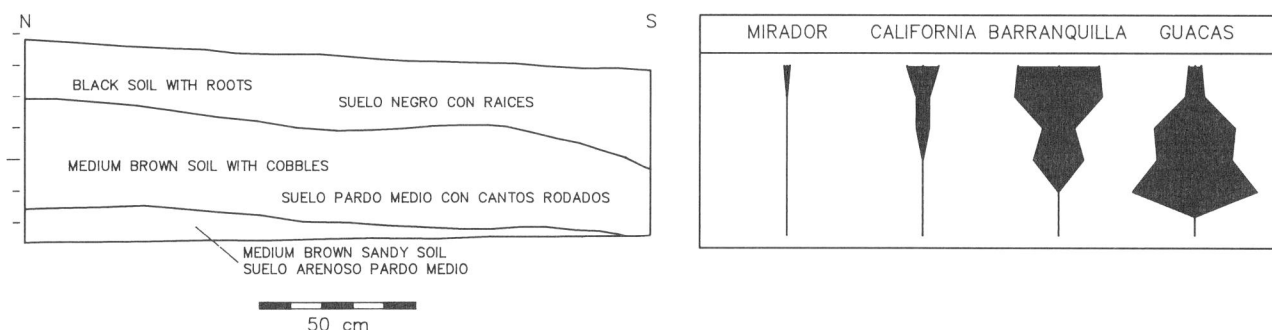

soil profile diagram and ceramic chronology chart

Edited by
Editado por

Robert D. Drennan
Mary M. Taft
Carlos A. Uribe

Spanish Translation by
Ana María Boza-Arlotti and Alvaro Higueras-Hare

University of Pittsburgh
Department of Anthropology

Departamento de Antropología
Universidad de los Andes

Pittsburgh   1993   Santa Fe de Bogotá

Library of Congress Cataloging-in-Publication Data
(Revised for vol. 2)

Prehispanic chiefdoms in the Valle de la Plata.

    (University of Pittsburgh memoirs in Latin American archaeology ;
no. 2-   )
    English and Spanish.
    Includes bibliographical references.
    Contents: v. 1. The environmental context of human habitation —
v. 2. Ceramics—chronology and craft production.
    1. Indians of South America—Colombia—Plata River Valley—
Antiquities. 2. Chiefdoms—Colombia—Plata River Valley. 3. Human
ecology—Colombia—Plata River Valley. 4. Paleoecology—Colombia—
Plata River Valley. 5. Palynology—Colombia—Plata River Valley.
6. Plata River Valley (Colombia)—Antiquities. 7. Colombia—Antiquities.
8. Proyecto Arqueológico Valle de la Plata. I. Herrera de Turbay, Luisa
Fernanda. II. Drennan, Robert D. III. Uribe, Carlos A. IV. Title:
Cacicazgos prehispánicos del Valle de la Plata. V. Series.
F2269.1.P53P73   1989   986.1'5   89-22702
ISBN 1-877812-01-3 (v. 1)

ISBN 1-877812-07-2

Contenido

Table of Contents

Lista de Figuras

List of Figures

Lista de Tablas

List of Tables

Preface

In the Preface to the first volume in this series of reports on the Proyecto Arqueológico Valle de la Plata (Herrera, Drennan, and Uribe, eds., 1989) we chronicled the history of the Project and explained its aims. That first volume concentrated on laying the environmental foundation for an understanding of the 3,000-year sequence of prehispanic human occupation in the Valle de la Plata. Since that volume was written, the planned systematic regional archeological survey has been completed, covering nearly 600 km^2, for which we now have comprehensive data on settlement distribution for each prehispanic period. Fieldwork has moved on into a stage that concentrates on excavation of substantial areas of residential remains to pursue and test ideas already generated by the still unfinished analysis of the regional settlement pattern data. Some preliminary results of the settlement survey have already been published (Drennan et al. 1989, 1991). Final settlement pattern results will begin to appear in the next volume in this series. The present volume anticipates the settlement pattern study in several ways, as we take up more strictly archeological subjects than those covered in the first volume.

The reader will find here two separate but related studies, both centering on analysis of ceramics. The first is the establishment of the basic framework for ceramic classification and chronology on which the analysis of the regional settlement data is organized and which will continue to be used as a basis for the Project's work in the future. The chronology is based on small scale scattered test excavations at a dozen sites in the Valle de la Plata, on ceramic relationships to other sites outside the Valle de la Plata but still within the Alto Magdalena, and on a set of radiocarbon dates from both the Valle de la Plata and elsewhere in the Alto Magdalena. The discussion presented here of the stratigraphic testing serves also as the final report of those excavations, and includes information from the analysis of the botanical remains recovered. The framework presented in Part One of this volume is not a preliminary one. And yet, as is indicated at several points below, there is still room for improvement. As larger scale excavations continue, focused on remains of particular periods, we anticipate that the resulting larger samples of ceramics with good stratigraphic contexts will make possible further refinement of the chronology and subdivision of at least the longer periods. At the same time, there is sound basis for the chronological scheme we present, and we do not anticipate that it will be necessary to undo and remake parts of it to accommodate future research results.

Part Two of this volume enables us to go beyond the relatively mundane, though important, fundamental task of constructing the methodological foundation necessary to study chiefdoms in the Valle de la Plata. In a study that began as doctoral dissertation research, Mary Taft attacks the question of patterns of production and distribution of the ceramics whose classification is presented in Part One. She does this as one way of gaining insight into the economies of the prehispanic societies of the Valle de la Plata and of evaluating several commonly cited notions about the economic underpinnings of developing chiefdoms. Out of the many goods involved in the prehispanic economy of the region, she uses this one commodity as an indicator to reconstruct changes through time in the scale and form of economic organization in the Valle de la Plata, and relates these changes to broader changes in demographic and political patterns. In referring to these broader patterns, she gives the reader a glimpse of forthcoming conclusions from settlement pattern research that it will not be possible to present in detail and fully justify until the next volume in the series, where the settlement pattern data will be dealt with on its own terms. Lest Taft be accused of placing too much faith in the economic indications from a single commodity, we should point out here that her study was conceived as one among several studies dealing with related issues. Other complementary research focusing on lithic tools and on subsistence products is under way.

One colleague has chided us for being "too honest" in the past in presenting data from the Valle de la Plata, leading the reader to doubt the validity of our conclusions because they are not supported by every speck of evidence. We consider it impossible to be too honest in this regard, and attempt here to continue to present completely the evidence behind our conclusions. The extraneous factors that impinge upon the archeological record are so numerous and uncontrollable, however, that any single archeological "fact" could be in error for reasons it may never be possible to determine. Consequently, the archeologist is compelled to value consistent patterns over isolated individual apparent facts. The reader can only decide how much to believe, however, if all the facts are presented, including those stubborn ones that seem to contradict the overall patterns. Moreover, only full presentation of results places the critic in position, if the authors' arguments do not persuade, to offer specific alternative interpretations that fit the evidence better. Indeed, in such a case, it becomes the critic's *responsibility* to offer such alternatives. We hope that our colleagues will be stimulated by the conclusions and evidence presented here, and in future volumes, to take issue, to argue

Prefacio

En el prefacio del primer volumen de esta serie de informes sobre el Proyecto Arqueológico Valle de la Plata (Herrera, Drennan y Uribe, eds., 1989) presentamos la historia del Proyecto y definimos sus objetivos. Ese primer volumen buscó construir la base medioambiental para entender la secuencia de 3.000 años de ocupación humana en el Valle de la Plata. En los años después de la publicación de aquel primer volumen se ha concluido un programa de reconocimiento regional sistemático que cubre una zona de casi 600 km^2. El reconocimiento ha proporcionado información comprensiva sobre la distribución de asentamientos humanos para cada período prehispánico. El trabajo de campo del Proyecto ha continuado en una etapa que se concentra en la excavación de áreas extensas de restos habitacionales, para investigar y tratar de comprobar ideas que han surgido del análisis (todavía en progreso) de los datos del reconocimiento regional. Ya se han publicado algunos resultados preliminares del reconocimiento (Drennan et al. 1989, 1991). Resultados definitivos del estudio de patrones de asentamiento empezarán a aparecer en el próximo volumen de la serie. El presente volumen anticipa el estudio de patrones de asentamiento, en la medida en que nos dedicamos a temas propiamente más arqueológicos que en el primer volumen.

El lector encontrará aquí dos estudios separados pero relacionados—ambos enfocados en el análisis de material cerámico. Uno de estos estudios establece el esquema básico de clasificación de la cerámica y de cronología. El análisis de los datos regionales sobre asentamientos, así como el análisis de los datos de futuras etapas de investigación en el Proyecto, depende de este esquema. La cronología está basada en la excavación de pequeñas pruebas estratigráficas en una docena de sitios en el Valle de la Plata, en asociaciones entre la cerámica del Valle de la Plata y la de otros sitios en el Alto Magdalena, y en un conjunto de fechas radiocarbónicas del Valle de la Plata y de otros lugares del Alto Magdalena. La discusión aquí de las pruebas estratigráficas sirve como informe final de ellas e incluye también información sobre los restos botánicos encontrados. El esquema de clasificación y cronología que se presenta en la Parte Primera del volumen no es preliminar. Sin embargo, como se indica en varias de las páginas que siguen, consideramos que hay posibilidades de mejorarlo. A medida que continúen excavaciones en mayor escala, enfocadas en restos de períodos específicos, esperamos que resultarán mayores muestras de cerámica de contextos estratigráficos bien definidos que posibilitarán una cronología refinada, con períodos más cortos que los descritos aquí. No

obstante, el esquema que ahora presentamos está bien apoyado por una buena cantidad de información estratigráfica y nos parece poco probable que sea invalidado por resultados de futuras investigaciones.

La Parte Segunda de este volumen nos permite entrar a discutir temas más interesantes que la importante, pero no trascendente, tarea de establecer la base cronológica para el estudio de los cacicazgos del Valle de la Plata. En el estudio que comenzó como investigación para su tesis doctoral, Mary Taft reconstruye los patrones de producción y distribución de la cerámica descrita y clasificada en la Parte Primera. Los objetivos generales de su estudio son contribuir a nuestros conocimientos de las economías de las sociedades prehispánicas del Valle de la Plata y evaluar varios modelos económicos del desarrollo de los cacicazgos. Con este bien, la cerámica, uno de los varios bienes incluidos en la economía prehispánica de la región, como indicador, Taft reconstruye cambios en la escala y organización de la economía del Valle de la Plata y relaciona estos cambios con el desarrollo demográfico y político de la región. Al tratarse estos aspectos de las sociedades del Valle de la Plata, el lector recibe un pequeño anticipo de las conclusiones de la investigación de patrones de asentamiento, que no podemos presentar completamente en este volumen. Dichas conclusiones serán presentadas y justificadas en detalle en el próximo volumen de la serie, que considerará los patrones de asentamiento en sí. Si parece que Taft depende demasiado en las indicaciones económicas de un sólo producto, debemos enfatizar que su estudio fue concebido como uno de varios estudios relacionados. Otras investigaciones enfocadas en implementos líticos y en productos agrícolas están en progreso.

Un colega nos ha dicho que hemos presentado "demasiado honestamente" los datos del Valle de la Plata en el pasado, con el resultado de que los lectores han dudado la validez de nuestras conclusiones porque el 100% de la evidencia no se conforma perfectamente con ellas. Consideramos que no es posible ser demasiado honesto en este particular, y aquí otra vez hemos tratado de presentar la evidencia completa que se relaciona con nuestras conclusiones. Los factores exógenos que afectan al registro arqueológico son tan numerosos e imposibles de controlar, sin embargo, que cualquier "dato" arqueológico aislado puede ser equívoco por razones que nunca serán posibles de determinar. Como consecuencia, el arqueólogo se ve obligado a considerar que patrones consistentes de datos son mucho más confiables que datos aislados. Siempre habrán algunos datos aislados que no se conforman a

alternative notions, and, most important, to conduct further research that will help to build confidence in or else to correct these views. As the overall coordinators of the Proyecto Ar-queológico Valle de la Plata, we look forward to participating in that process.

Robert D. Drennan, Carlos A. Uribe
Santa Fe de Bogotá, August 1992

los patrones formados por la mayoría de la evidencia disponible. El lector de un informe merece una presentación completa de los datos, incluyendo estos datos "difíciles" que parecen contradecir los patrones generales. De esta manera, podrá determinar el grado de confiabilidad de las conclusiones. Si los argumentos de los autores no convencen al lector, sólo una presentación completa de la evidencia le permite a éste proponer interpretaciones alternativas. Con toda la evidencia a su disposición, la crítica tiene no sólo esta oportunidad sino la

responsabilidad de ofrecer tales alternativas. Esperamos que nuestros colegas sean estimulados por las conclusiones y la evidencia presentadas aquí, y entonces disientan, argüyan ideas alternativas y, lo que es más importante, lleven a cabo otras investigaciones que ayuden en el proceso de apoyar o corregir nuestras perspectivas. Como coordinadores generales del Proyecto Arqueológico Valle de la Plata, esperamos con mucha anticipación participar en ese proceso.

Robert D. Drennan, Carlos A. Uribe
Santa Fe de Bogotá, Agosto de 1992

Acknowledgments

The Proyecto Arqueológico Valle de la Plata is a collaborative undertaking of the Departments of Anthropology at the University of Pittsburgh and the Universidad de los Andes. These two departments have contributed to its success in ways too numerous even to summarize. Their various chairs, faculty members, and staffs over the past eight years have earned our gratitude many times over. Principal funding for the project's fieldwork has been provided by the National Science Foundation (Grant No. BNS-8518290) and the National Endowment for the Humanities (Grant No. RO-21152-86). The National Science Foundation provided supplementary support (Grant No. BNS-9005883) for several kinds of analysis, including radiocarbon dates and identification of botanical remains discussed in this volume. Additional funding and other kinds of support has come from the Center for Latin American Studies and the Faculty of Arts and Sciences at the University of Pittsburgh.

Drennan and Uribe especially wish to thank our colleagues who work in the Alto Magdalena for their help and advice. Luis Duque Gómez has always been more than generous in giving us the benefit of his many years of experience in the region. Establishing the relationships between the ceramics of the Valle de la Plata and those of other parts of the Alto Magdalena has particular importance for the achievement of the aims of Part One of this volume, and we would not have been nearly so successful in this effort without the information and insight unstintingly provided by Héctor Llanos Vargas. María Victoria Uribe and Elena Uprimny have always enjoyed asking us difficult questions, and the work of the Project has benefited greatly from their observations.

The carbonized plant remains mentioned in Chapter 2 were all identified by Deborah M. Pearsall. Carl Henrik Langebaek and Carlos Augusto Sánchez combed the pages of reports of excavations in the Alto Magdalena to help make the listing of radiocarbon dates in Chapter 3 as complete as possible.

Taft especially wishes to acknowledge the guidance and advice of Alan McPherron, Jeremy Sabloff, Jack Donahue, and Robert Drennan in the study reported in Part Two. Jack Donahue provided access to a petrographic microscope from the Department of Earth and Planetary Sciences of the University of Pittsburgh. Robert Drennan generously provided access to ceramic samples in the Valle de la Plata; maps and regional settlement pattern data; advice and assistance with statistical and graphics work; financial assistance with thin section preparation; a relentlessly careful and critical reading of the original dissertation version of the study; as well as essential assistance with the revision and editing of the current version. Thin sections were prepared by the Thin Section Lab in Spring Valley, California, and by the CRMP Research Facility of the Department of Anthropology at the University of Pittsburgh.

We all thank the Instituto Colombiano de Antropología and its several directors and other staff members since 1983 for authorizing the Proyecto Arqueológico Valle de la Plata and for helping to foster the international relations of collegiality that have made it most rewarding. The Instituto Huilense de Cultura has played the same kind of important role in the Department of Huila. The project would not have been possible without the support and hospitality of the residents of the Valle de la Plata, many of whom have become friends and co-workers over the years. In particular, for the work reported in this volume, we are grateful to the owners of the sites where we have conducted stratigraphic excavations. They have patiently tolerated our presence and the consequent disruption of their normal activities and have generously provided a helping hand, either literally, or in the form of food, shelter, tools, horses, or other assistance.

Some of the stratigraphic testing discussed in this volume was conducted as part of undergraduate thesis and doctoral dissertation research under the auspices of the Proyecto Arqueológico Valle de la Plata. More detailed descriptions of these excavations appear in the theses (referred to below). All ceramic data in this volume, however, are the product of a complete reanalysis of the ceramics from the stratigraphic tests, done to insure consistency and conformity to the type definitions as formulated in final form. The students who conducted such thesis fieldwork, however, and in some cases agencies which provided separate funding for their work, merit special acknowledgment. Carlos Augusto Sánchez was responsible for the initial testing at El Rosario (VP0243) in 1985, and his undergraduate thesis fieldwork (Sánchez 1986) for the Universidad Nacional de Colombia was supported by a grant from the Fundación de Investigaciones Arqueológicas Nacionales del Banco de la República. The tests at Caja de Agua (VP0357) and El Espino (VP0394) were part of doctoral dissertation fieldwork for the University of Pittsburgh conducted in 1986 by Veronica M. Kennedy, funded by the Fulbright Program of the Institute for International Education. María Angela Ramírez tested Buenos Aires A and B (VP0718 and VP0789) as part of her undergraduate thesis (Ramírez 1988) at the Universidad de los Andes. Elizabeth Ramos excavated at El Roble (VP0924), also as part of undergraduate

Agradecimientos

El Proyecto Arqueológico Valle de la Plata es un esfuerzo de colaboración entre los Departamentos de Antropología de la Universidad de Pittsburgh y la Universidad de los Andes. Estos dos departamentos han contribuido para su éxito en un sinnúmero de formas. Sus respectivos jefes, profesores y administradores merecen nuestros más sinceros agradecimientos por todo lo que han hecho durante los últimos ocho años. La financiación principal para el trabajo de campo del Proyecto ha venido del National Science Foundation (Grant No. BNS-8518290) y el National Endowment for the Humanities (Grant No. RO-21152-86). El National Science Foundation proporcionó apoyo adicional (Grant No. BNS- 9005883) para varios análisis especiales, incluyendo las fechas radiocarbónicas y la identificación de los restos botánicos discutidos en este volumen. Financiación y apoyo de otra clase han venido del Centro de Estudios Latinoamericanos y la Facultad de Artes y Ciencias de la Universidad de Pittsburgh.

Drennan y Uribe quieren agradecer especialmente la ayuda y los consejos de sus colegas que trabajan en el Alto Magdalena. Luis Duque Gómez siempre ha sido más que generoso con sus consejos basados en la experiencia que tiene de muchos años en la región. El establecimiento de las relaciones entre la cerámica del Valle de la Plata y la de otras partes del Alto Magdalena tiene importancia especial para los objetivos de este volumen, y hemos dependido mucho de la información y el conocimiento que Héctor Llanos Vargas nos ha brindado en este respecto. A María Victoria Uribe y a Elena Uprimny siempre les ha gustado hacernos preguntas muy difíciles de contestar, con las cuales el trabajo del Proyecto se ha beneficiado mucho.

Los restos botánicos mencionados en el Capítulo 2 fueron identificados por Deborah M. Pearsall. Carl Henrik Langebaek y Carlos Augusto Sánchez buscaron referencias a fechas radiocarbónicas en todas las fuentes bibliográficas que podían conseguir para que la lista de fechas para el Alto Magdalena en el Capítulo 3 fuese tan completa como es posible.

Taft especialmente quiere agradecer la dirección y los consejos de Alan McPherron, Jeremy Sabloff, Jack Donahue y Robert Drennan durante la realización del estudio que forma la Parte Segunda. Jack Donahue facilitó el uso de un microscopio petrográfico del Departamento de Ciencias Terrestres y Planetarias de la Universidad de Pittsburgh. Robert Drennan proporcionó ayuda con la selección de la muestra de tiestos analizados del Valle de la Plata, con mapas y datos del reconocimiento regional aún en proceso, consejos y ayuda con el análisis estadística y la preparación de gráficos, apoyo financiero para la preparación de las secciones delgadas, una lectura cuidadosa y crítica de la disertación original y ayuda esencial en la revisión y redacción de la versión presente. Las secciones delgadas fueron preparadas por el Thin Section Laboratory en Spring Valley, California, y por el CRMP del Departamento de Antropología de la Universidad de Pittsburgh.

Todos agradecemos al Instituto Colombiano de Antropología y sus varios directores y demás miembros desde 1983 por las autorizaciones que ampararon el Proyecto Arqueológico Valle de la Plata y por haber ayudado en el fomento de las relaciones internacionales de colegaje que nos han gratificado tanto. El Instituto Huilense de Cultura ha desempeñado el mismo papel en el Departamento del Huila. El Proyecto no hubiera sido posible sin el apoyo y hospitalidad de los vecinos del Valle de la Plata, muchos de quiénes han llegado a ser amigos y compañeros de trabajo durante los años. En particular, para los trabajos descritos en este volumen, queremos agradecer a los propietarios de los sitios arqueológicos donde hemos excavado. Han tolerado pacientemente nuestra presencia y la consecuente perturbación de las actividades normales de sus fincas, y generosamente nos han brindado una mano, literalmente o en la forma de comida, alojamiento, herramientas, caballos, etc.

Algunas de las pruebas estratigráficas discutidas en este volumen fueron practicadas como partes de las investigaciones correspondientes a tesis de grado o a disertaciones doctorales llevados a cabo bajo el auspicio del Proyecto Arqueológico Valle de la Plata. Descripciones más detalladas de estas excavaciones aparecen en las tesis, referidas en las secciones correspondientes del Capítulo 2. Todos los datos cerámicos de este volumen, sin embargo, son producto de un nuevo análisis completo de todos los materiales de todas las excavaciones estratigráficas, realizado para asegurar la comparabilidad de los datos de las diferentes excavaciones y conformidad a las descripciones de los tipos cerámicos formulados aquí en su forma final. No obstante, queremos reconocer especialmente a los estudiantes que realizaron este trabajo de campo y, en algunos casos, a las instituciones que proporcionaron financiación por separado a sus labores. Carlos Augusto Sánchez realizó las excavaciones originales en El Rosario (VP0243) en 1985, y el trabajo de campo para su tesis de grado (Sánchez 1986) de la Universidad Nacional de Colombia fue financiado por la Fundación de Investigaciones Arqueológicas Nacionales del Banco de la República. Las pruebas en Caja de Agua (VP0357) y El Espino (VP0394) formaron una parte de los trabajos de la disertación doctoral de Verónica M. Kennedy,

thesis fieldwork (Ramos 1988) for the Universidad de los Andes. The tests at Santa Isabel (VP0951) formed part of Augusto Ramírez's undergraduate thesis for the Universidad Nacional de Colombia (Ramírez 1989).

Anthropology students not only from the Universidad de los Andes and the University of Pittsburgh, but also from the Universidad Nacional de Colombia, the Universidad de Antioquia, and the Universidad del Cauca, have formed the corps of field workers who collected the data in the field in both the regional survey to be described in future volumes and the stratigraphic testing discussed here. They are the ones who have born the brunt of digging, scraping, screening, measuring, hammering, sawing, entering data, asking permission, walking, climbing, riding, wading, pushing jeeps, clearing landslides and all the other activities necessary to make six field seasons successful. They have been a phenomenal group to work with, and we hope they have found the experience as enjoyable and productive as we have. We take the fact that nearly a third of them have returned for more than one season as some indication that this is the case. Eight students have completed undergraduate theses under the auspices of the Project (five at the Universidad de los Andes and three at the Universidad Nacional), and, as of this writing, one Ph.D. dissertation at the University of Pittsburgh has been completed, with five more in progress.

The names and universities of those who have participated in the fieldwork from 1984 through 1989, in both regional survey and excavation, are listed below. We hope we have not omitted anyone, but conditions in the field were not always conducive to keeping records of an administrative sort. If anyone is omitted, we apologize, and acknowledge his or her effort nonetheless.

financiado por el Programa Fulbright del Institute for International Education. María Angela Ramírez trabajó en Buenos Aires A y B (VP0718 y VP0789) como parte de su tesis de grado (Ramírez 1988) en la Universidad de los Andes. Elizabeth Ramos excavó en el Roble (VP0924), también como parte del trabajo de su tesis de grado (Ramos 1988) en la Universidad de los Andes. Las pruebas estratigráficas en Santa Isabel (VP0951) formaron parte de la tesis de grado de Augusto Ramírez (1989) en la Universidad Nacional de Colombia.

Estudiantes de antropología no sólo de las Universidades de los Andes y Pittsburgh sino también de las Universidades Nacional de Colombia, de Antioquia y del Cauca han conformado el cuerpo de ayudantes de campo que recolectó los datos en el campo tanto en el reconocimiento regional, que será objeto de futuros volúmenes, como en las excavaciones estratigráficas discutidas aquí. Son ellos quiénes han excavado, raspado con palustre, cernido tierra, tomado medidas, martillado, aserrado, entrado datos, pedido permisos, caminado, trepado, montado a caballo, vadeado, empujado camperos, limpiado derrumbes en los caminos y hecho todo lo necesario para el éxito de seis temporadas de campo. Ha sido un enorme placer trabajar con ellos y esperamos que la experiencia haya sido tan agradable y productivo para ellos como para nosotros. El hecho de que casi la tercera parte de ellos han vuelto durante una segunda temporada (o más) nos sugiere que esto sí es cierto. Ocho estudiantes han realizado proyectos de tesis de grado auspiciados por el Proyecto (cinco de la Universidad de los Andes y tres de la Universidad Nacional) y, en este momento, una disertación doctoral ha sido completado en la Universidad de Pittsburgh y cinco más están en progreso.

Los nombres y las universidades de los que han participado en los trabajos de campo, tanto de reconocimiento como de excavación, entre 1984 y 1989 aparecen abajo. Esperamos que no hayamos omitido a nadie, pero las condiciones en el campo muchas veces dificultaban el mantenimiento de documentación de carácter administrativo. Si hemos omitido a alguien, pedimos sus disculpas y agradecemos su participación de todas maneras.

Proyecto Arqueológico Valle de la Plata

Students Who Participated in Fieldwork, 1984–1989
Estudiantes Quienes Participaron en el Trabajo de Campo, 1984–1989

Jaime Acosta	Universidad Nacional	1987
María Teresa Acosta	Universidad Nacional	1987
Roberto Alfonso	Universidad de los Andes	1988
Miguel Alvarez	Universidad de los Andes	1986
Rafael Angel	Universidad Nacional	1988
María Fernanda Arias	Universidad de los Andes	1988
Clara Bernal G.	Universidad Nacional	1987, 1988
Fabio Bernal	Universidad Nacional	1987
Andrés Biermann	Universidad de los Andes	1986
Jeffrey P. Blick	University of Pittsburgh	1987, 1989
Silvia Elena Botero	Universidad de Antioquia	1987
Jaime Buitrago	Universidad Nacional	1988, 1989
Gabriel Cabrera	Universidad Nacional	1988
Leonor Callejas	Universidad de los Andes	1986, 1987
Angela María Cañón	Universidad de los Andes	1987
Felipe Cárdenas	Universidad de los Andes	1987
Alejandro Castillejo	Universidad de los Andes	1988
Patricia Cerón	Universidad del Cauca	1988
Alexander Clavijo S.	Universidad Nacional	1988
Luz Dary Correa	Universidad Nacional	1988
Ana María Cortés	Universidad de los Andes	1986, 1987
Fabio Cortés	Universidad Nacional	1987, 1988
Regina Chacín	Universidad Nacional	1988
Jaime de Greiff	Universidad de los Andes	1988, 1989
Camilo Díaz	Universidad de los Andes	1986, 1987, 1988, 1989
Oscar Dorado	Universidad del Cauca	1988
Eduardo Fernández	Universidad de los Andes	1987
Aurora Figueroa	Universidad del Cauca	1988
Pilar Forero	Universidad Nacional	1988
Carlos Franky	Universidad Nacional	1988, 1989
Clara Beatriz Galeano	Universidad Nacional	1986, 1987, 1988
Germán Gálvez	Universidad del Cauca	1987
Clara Giraldo	Universidad de los Andes	1988
Marvel Godoy	Universidad de los Andes	1986
Aura María Gómez	Universidad Nacional	1986
Victor González	Universidad de los Andes	1988
Susan Goodfellow	University of Pittsburgh	1986
Adolfo Guzmán	Universidad Nacional	1988
Héctor Guzmán	Universidad Nacional	1988
Jaime Hernández	Universidad Nacional	1988
Luis Hermes Hernández	Universidad Nacional	1988, 1989
Luis Gonzalo Jaramillo	Universidad Nacional	1984, 1985, 1986, 1987
Veronica M. Kennedy	University of Pittsburgh	1984, 1985, 1986
Fernando Kremer	Universidad del Cauca	1988
Robert P. Kruger	University of Pittsburgh	1988, 1989
Elizabeth López	Universidad Nacional	1987
Marlene López C.	Universidad de Antioquia	1988
Dany Mahecha	Universidad Nacional	1988, 1989
Patricia Maldonado	Universidad de los Andes	1986

Jorge Mateus	Universidad Nacional	1988
Dora Estela Mejía	Universidad de Antioquia	1985, 1987
Carlos Martín Molina	Universidad Nacional	1987
Carlos Moreno	Universidad de los Andes	1986
Misael Murcia	Universidad Nacional	1988
Luis Eduardo Nieto	Universidad de Antioquia	1988, 1989
Martha Perea	Universidad Nacional	1986
Andrea Pérez	Universidad Nacional	1989
Fernando Piñeros	Universidad de los Andes	1984
Natalia Pradilla	Universidad Nacional	1987
Darío Enrique Prieto	Universidad de los Andes	1988
René Pulido	Universidad Nacional	1988, 1989
Dale Quattrin	University of Pittsburgh	1989
Augusto Ramírez	Universidad Nacional	1985, 1986, 1987, 1988
María Angela Ramírez	Universidad de los Andes	1986, 1987
Elizabeth Ramos	Universidad de los Andes	1986, 1987
Carlos Alberto Restrepo	Universidad de Antioquia	1988
Gustavo Restrepo	Universidad de Antioquia	1988
Simón Rocha	Universidad Nacional	1986, 1987
Liliana Rodríguez	Universidad de los Andes	1988
Angélica Rojas	Universidad de los Andes	1989
Milton Rojas	Universidad Nacional	1987, 1988
Carlos Augusto Sánchez	Universidad Nacional 1984, 1985, 1986, 1987, 1988, 1989	
Luz Amparo Sánchez	Universidad de Antioquia	1984, 1986
Ovidio Sánchez	Universidad de Antioquia	1984
Aseneth Serna	Universidad de Antioquia	1987
Camila Torres	Universidad de los Andes	1988
María Alicia Uribe	Universidad de los Andes	1984
Angela Valderama	Universidad del Cauca	1988
Janeth Valenzuela	Universidad Nacional	1988
María Mercedes Villalobos	Universidad Nacional	1986
Jack A. Wolford	University of Pittsburgh	1984, 1986, 1987, 1988
Dony Zapata	Universidad Nacional	1988
Hebert Zúñiga	Universidad del Cauca	1984

PART ONE

Ceramic Classification, Stratigraphy, and Chronology

PARTE PRIMERA

Clasificación Cerámica, Estratigrafía y Cronología

ROBERT D. DRENNAN

Ceramic Classification

The first major archeological goal of the Proyecto Arqueológico Valle de la Plata was a large-scale systematic regional survey, and the classification of ceramics presented here is a tool essential to the realization of that goal. We do not take ceramic typology to be an end in itself, nor can we accept the view that there is one and only one "correct" way to classify a particular corpus of ceramics. Saying that there may be a number of suitable ways to classify a particular set of ceramics, however, does not imply that any typology is as good as any other. If a ceramic classification is seen as a means toward an end, then it can be judged on the basis of how successfully it performs its task. Taking such a view has the decided advantage of forcing the designer of the typology to define clearly what the task is that the classification must perform.

In the regional survey of the Proyecto Arqueológico Valle de la Plata the main task of the ceramic classification was clear: it had to provide the basic chronological scheme according to which settlements scattered through a fairly large region were dated. Other ceramic classifications offered for various sites in the Alto Magdalena have not had such a task as their primary goal. Consequently the typology offered here differs from those already in print. We have, however, made every effort to relate our classification to those according to which the materials from other sites have been presented. Much of whatever success we have had in this effort to establish relationships we owe to our colleague Héctor Llanos Vargas, who generously shared with us his considerable knowledge and experience of ceramics from the Alto Magdalena. He has allowed us to compare our type collections with material he has excavated at numerous sites, and has given us the benefit of his assessment of the relationship of our types to materials from other sites that he knows first hand, but that we have not been able to examine. We find our assessments of these relationships to be in strong agreement with his, and much of what appears below in this regard is a product of his insights. (As is customary in such cases, however, he should not be held accountable for the understandings we have reached based in part on conversations with him. We accept full responsibility for mistakes and misunderstandings.)

In order to provide the chronological tool we needed for large-scale regional survey work, our typology had to make it possible to identify each individual sherd collected (or at least the vast majority of individual sherds collected) as to period of manufacture. Thus each ceramic type had, in the first place, to be chronologically distinct. Types that occurred throughout the entire sequence (or large parts of it) would not be useful and thus, for our purposes, were not worth distinguishing. For similar reasons, multiple types with the same chronological distribution would provide only redundant information, and were also not worth distinguishing from each other. That is, if Type X could be subdivided into Types X_1, X_2, and X_3, but the three subtypes could not be assigned to different time spans, then nothing was gained by making the subdivision, and we did not do it.

In the second place, our types had to be recognizable even in the form of poorly preserved undecorated body sherds from many sites spread through a large area. Thus it was necessary for us to overlook a certain amount of variation that might be distinguished so as to achieve uniformity of chronological identification in all parts of the study zone. Although it has been a common practice in the Alto Magdalena to develop an entirely new ceramic classification for each site, such a procedure is unsuited to the needs of regional settlement pattern analysis. All material from all locations must be subjected to the same classificatory scheme. The Valle de la Plata study area is slightly less than 100 km long and is thus no larger than a number of regions in many parts of the world where archeologists have found it possible to apply a single typology of the sort we needed. Such a typology must emphasize ceramic variables related to general appearance rather than to technology. We found, for example, that attributes of surface treatment and general surface characteristics, of decoration, of vessel form, of rim form, and to some extent of color, were more useful than such items as paste characteristics and tempering materials, which vary according to locally available raw materials.

The types described below, then, are broad stylistic categories, each one subsuming a certain amount of variability. This variability might sustain further subdivision of the ceramics into a larger number of types, but doing so reliably (and making the resulting types meaningful) will require larger samples of ceramics from stratigraphic excavations than we currently have. Eventually, such refined ceramic typology may make possible greater chronological precision in the analysis of survey collections and may open the door to more detailed studies of regional variation in ceramics during particular

Capítulo 1

Clasificación Cerámica

El primer y más importante objetivo del Proyecto Arqueológico Valle de la Plata después de una prospección de sitios en 1983 y 1984 fue la realización de un reconocimiento regional sistemático en gran escala. La clasificación cerámica presentada en este capítulo es una herramienta esencial para la realización de tal objetivo. No consideramos a la tipología cerámica como un fin en sí mismo, ni podemos aceptar el punto de vista que afirma que existe una y sólo una forma "correcta" de clasificar un corpus cerámico. Sin embargo, decir que puede haber más de una forma de clasificar un grupo cerámico no implica que cualquier tipología sea adecuada igual de otra. Si una clasificación cerámica es considerada como un medio para un fin, entonces puede ser juzgada en términos de qué tan satisfactoriamente desempeña su propósito. Asumir tal punto de vista tiene la decidida ventaja de forzar a quien diseñe una tipología de definir claramente cual es ese propósito que su clasificación debe cumplir.

En el reconocimiento regional del Proyecto Arqueológico Valle de la Plata, el objetivo de la clasificación cerámica era claro: tenía que proveer un esquema cronológico básico de acuerdo con el cual aquellos asentamientos dispersos en una región moderadamente extensa pudieran ser fechados. Otras clasificaciones cerámicas vigentes para varios sitios situados en el Alto Magdalena no han tenido tal fin como objetivo principal. En consecuencia, la tipología ofrecida aquí difiere de aquellas publicadas anteriormente. Sin embargo, nos hemos esforzado en relacionar nuestra clasificación con aquellas clasificaciones donde se ha presentado y analizado materiales de otros sitios. Gran parte del éxito que hayamos tenido en el esfuerzo de establecer dichas relaciones se lo debemos a nuestro colega Héctor Llanos Vargas, quien generosamente compartió con nosotros su vasto conocimiento y experiencia con la cerámica del Alto Magdalena. Nos permitió comparar nuestras colecciones tipo con material que excavó en numerosos sitios, y nos ha dado el beneficio de sus opiniones sobre las relaciones de nuestros tipos con materiales de otros sitios que él conoce de primera mano, pero que nosotros no hemos podido examinar. Encontramos que nuestra evaluación de tales relaciones concuerda en gran medida con la suya, y mucho de lo que aquí aparece en este particular es producto de sus perspectivas. (Sin embargo, como es costumbre en estos casos, él no es responsable de las conclusiones a las que hemos llegado en parte a partir de conversaciones con él. Aceptamos la total responsabilidad de los errores y malos entendidos).

Con el objeto de proveer la herramienta cronológica necesaria para un trabajo de reconocimiento regional a gran escala, nuestra tipología tenía que hacer posible el poder identificar cada tiesto recolectado (o por lo menos la gran mayoría de tiestos recolectados) con el período de su elaboración. Así, en primer lugar, cada tipo cerámico tenía que ser distinto desde el punto de vista cronológico. Aquellos tipos que aparecieron en toda la secuencia (o en gran parte de ella) no serían útiles, y, entonces, para nuestros propósitos, no valía la pena distinguirlos. Por razones similares, múltiples tipos con la misma distribución cronológica proveerían sólo información redundante, y por lo cual tampoco se distinguieron. Esto es, en el caso en que el tipo X pudiera subdividirse en X_1, X_2 y X_3, y cada uno de ellos pudiera asignarse a exactamente el mismo período de tiempo, nada se ganaría de tal subdivisión que por lo mismo no se hizo.

En segundo lugar, nuestros tipos tenían que ser distinguibles inclusive en aquellos tiestos no decorados y pobremente preservados provenientes de muchos sitios dispersos en una extensa área. Por ello fue necesario pasar por alto cierta cantidad de variación que podría haber sido distinguida con el fin de lograr uniformidad en la identificación de todas las áreas de la zona estudiada. Aún cuando ha sido una práctica común en el Alto Magdalena desarrollar una clasificación cerámica nueva para cada sitio, tal procedimiento no es adecuado para las necesidades del análisis de patrones regionales de asentamiento. Todo el material de todos los sitios debe ser objeto de los mismos esquemas clasificatorios. El área de estudio del Valle de la Plata es de casi 100 km de largo; no es entonces más grande que un número de regiones en muchas partes del mundo donde los arqueólogos han encontrado posible el aplicar una sola tipología de la clase que necesitábamos. Tal tipología debe enfatizar las variables cerámicas relacionadas con la apariencia general más que con la tecnología. Encontramos, por ejemplo, que los atributos del tratamiento de superficie y las características generales de superficie, de decoración, de forma de la vasija, de forma del borde, y en cierta medida del color, fueron más útiles que otros rasgos como las características de la pasta y desgrasante que varían de acuerdo con la materia prima local disponible.

Es por ello que los tipos descritos más adelante son categorías estilísticas amplias, en el que cada una incluye una cierta

periods. We do not wish to fall into the trap, however, of delaying publication of regional survey results until ceramic typological studies are "finished." There is probably never a point at which one can confidently say that everything in the way of ceramic classification that can be done has been done. The results of too many archeological projects have lain unpublished decade after decade while their directors wait for just one more study to be completed, only to find that still another refinement beckons. This typology, then, is offered for exactly what it is. We do not consider it "provisional"; it is finished. We find that it performs the task we set for it very well. But we also recognize that further analyses could be performed on the ceramics we have collected, and that at least some of them could yield interesting and important results. We hope that we and/or others will be able to turn to such analyses once the study we initially set out to do is completed and published.

The types whose descriptions follow were defined on the basis of materials from both regional survey and stratigraphic excavations. Regional survey materials came either from surface collections or from small shovel probes (cf. Drennan 1985:137–145; Drennan et al. 1991), and thus had no stratigraphic context. Such material cannot, of course, provide the foundation for the chronological scheme we needed. It is the material to whose analysis the chronological scheme, once established, is applied. The necessary independent information on chronological relationships came primarily from a series of stratigraphic tests. These stratigraphic excavations are discussed in Chapter 2, and Chapter 3 brings their results together with a consideration of radiocarbon dates to establish the chronological framework for the analysis of the regional survey materials. We adopt this organization to make the presentation of results easier and the reasons behind our conclusions clearer. In the actual process of arriving at these conclusions, of course, this tidy subdivision of categories of evidence was not maintained. We continually worked back and forth between survey material and material from stratigraphic excavations to verify that the types we were defining satisfied the two *desiderata* enumerated above: independent recognizability across our study area and chronological distinctiveness.

An initial effort at establishing a classification during our first field season in 1984 has already been reported (Drennan 1985:147–171) and briefly updated (Drennan et al. 1989:126–127). We have eliminated two of the seven types proposed in 1985, Porvenir Reddish Brown and La Julia Fine Red. Porvenir Reddish Brown seems to be a variant of Guacas Reddish Brown. It was recognizable in the collections from only a few sites, and our data provided no indication that its chronological position differed in any way from that of Guacas Reddish Brown. The criteria for identifying Guacas Reddish Brown were thus broadened to encompass what had previously been called Porvenir Reddish Brown as well. La Julia Fine Red turned out to be too scarce to treat as one of the types according to which our material was classified. Although La Julia Fine Red was quite distinctive, there was only a tiny handful of

specimens among the 140,233 sherds analyzed, and we obtained no direct evidence at all concerning its chronological position. It has thus lost its position among the types in our classificatory scheme, and its former exemplars remain among the few distinctive but unclassified sherds.

Several trial types tentatively subdivided by Sánchez (1986) are also not included here. Guacas Smoothed Brown (*Café Alisado*) and Guacas Burnished Red (*Rojo Pulido*) have, like Porvenir Reddish Brown, been subsumed in the definition of Guacas Reddish Brown. Although these types appeared in the stratigraphic test excavated by Sánchez, their frequencies did not indicate a different chronological position from that of Guacas Reddish Brown. Similarly, the frequencies of Sánchez's trial type Lourdes Purple Slipped (*Morado Engobado*) paralleled those of its relative, Lourdes Red Slipped, in his stratigraphic test. It is thus subsumed in the class Lourdes Red Slipped. Pensil Burnished Red (*Rojo Pulido*) is more clearly differentiated from the other types. Like La Julia Fine Red, above, however, only a small number of examples were recovered, and none of these came from stratigraphic excavations. These sherds, too, remain distinctive but for the moment officially "unclassified." The inclusion of such types in the present study would only add complexity to the typology without improving its ability to accomplish the task for which it was devised. We have chosen not to do this, but these trial types represent directions that future refinement of ceramic classification might productively take.

On the other hand, two types appear here for the first time, having thus far survived the tests of recognizability and chronological distinctiveness. They are thus added to the five types we have retained from our initial typology. These two, Mirador Heavy Red and California Heavy Gray, unlike the other five types, do not occur throughout the surveyed areas, although they are spread over quite a wide zone. As discussed below, the evidence concerning their chronological position is less abundant than in the cases of the other five types. There is, nevertheless, reason to suspect some chronological distinctiveness to the two, and so we distinguish them here.

The remainder of this chapter is devoted to descriptions of the seven types that form the basis of our classification. Anticipating the conclusions based on material presented in Chapters 2 and 3, the types are listed here in chronological order, beginning with the Formative types (Tachuelo Burnished, Planaditas Burnished Red, Lourdes Red Slipped), followed by the Regional Classic type (Guacas Reddish Brown), and the Recent types (Barranquilla Buff, California Heavy Gray, and Mirador Heavy Red). A more complete preview of the conclusions toward which Chapters 1, 2, and 3 are headed can be had by consulting Figure 3.4, which summarizes the ceramic types (defined in Chapter 1), the relative chronological positions of the ceramic types (according to the results of stratigraphic excavations discussed in Chapter 2), and the approximate absolute dates of the phases the ceramic types represent (based on the pattern of radiocarbon dates delineated in Chapter 3).

cantidad de variabilidad. Esta variabilidad puede dar lugar a futuras subdivisiones de la cerámica en un número mayor de tipos, pero lograr confiabilidad (y hacer que los tipos sean significativos) requerirá mayores muestras de cerámica de las que actualmente tenemos. Eventualmente, una tipología refinada puede permitir mayor precisión cronológica para el análisis de las recolecciones del reconocimiento, y puede abrir las puertas a estudios más detallados de variación regional de la cerámica durante un período en particular. Sin embargo, no deseamos caer en la trampa de retrasar la publicación de los resultados del reconocimiento regional hasta que los estudios tipológicos de cerámica estén "acabados". Probablemente no hay un punto donde uno pueda decir con certeza que todo lo que se pueda hacer con respecto a la clasificación de cerámica haya sido hecho. Los resultados de demasiados proyectos arqueológicos han quedado sin publicar década tras década debido a que sus directores esperan a que se complete otro estudio más, sólo para descubrir que aún más refinamientos son necesarios. Por lo tanto, esta tipología se presenta por lo que es. No la consideramos "provisional", pues está terminada. Creemos que cumple muy bien el objetivo fijado. Pero también reconocemos que futuros análisis puedan ser realizados en la cerámica recolectada, y que algunos de esos análisis pueden generar resultados interesantes e importantes. Esperamos que nosotros u otros puedan realizar tales análisis una vez que el estudio que inicialmente nos propusimos esté completo y publicado.

Los tipos cuyas descripciones presentamos a continuación fueron definidos sobre la base de materiales provenientes tanto del reconocimiento regional como de la excavación de pruebas estratigráficas. Los materiales del reconocimiento regional provinieron de recolecciones de superficie o de pequeñas "pruebas de garlancha" (cf. Drennan 1985:137–145; Drennan et al. 1991), y por lo tanto carecen de contexto estratigráfico. Tal material no puede, por supuesto, dar la base para el esquema cronológico que necesitábamos. Es en el análisis de este material donde se utiliza el esquema cronológico, una vez establecido. La información independiente necesaria sobre las relaciones cronológicas viene principalmente de una serie de pruebas estratigráficas. Estas excavaciones estratigráficas son discutidas en el Capítulo 2, y el Capítulo 3 conjuga sus resultados con una consideración de fechamientos radiocarbónicos para establecer el marco cronológico absoluto del análisis de los materiales provenientes del reconocimiento regional. Adoptamos esta organización para hacer que la presentación de los resultados sea más sencilla y las razones que apoyan nuestras conclusiones más claras. Por supuesto, durante el proceso para llegar a dichas conclusiones, esta clara subdivisión de categorías de evidencia no se mantuvo. Continuamente trabajamos de atrás para adelante entre el material del reconocimiento y el material de las excavaciones estratigráficas para verificar que los tipos que estábamos definiendo satisfacían los dos objetivos enumerados anteriormente: reconocimiento independiente a través de nuestra área de estudio y distinción cronológica.

El esfuerzo inicial por establecer una clasificación durante nuestra primera temporada de campo en 1984 ya ha sido publicado (Drennan 1985:147–171) y brevemente actualizado (Drennan et al. 1989:126–127). Así hemos eliminado dos de los siete tipos propuestos en 1985: Porvenir Café Rojizo y La Julia Rojo Fino. El tipo Porvenir Café Rojizo parece ser una variante de Guacas Café Rojizo. Fue reconocible en las recolecciones provenientes de sólo unos pocos sitios, y nuestra información no proveyó ninguna indicación que su posición cronológica difiriera en alguna manera de Guacas Café Rojizo. El criterio para identificar el tipo Guacas Café Rojizo fue por ello ampliado para así abarcar también lo que anteriormente había sido llamado Porvenir Café Rojizo. El tipo La Julia Rojo Fino apareció de manera muy escasa como para ser útil como tipo para la clasificación del material; aún cuando el tipo La Julia Rojo Fino era moderadamente distintivo, solo apareció una muy pequeña cantidad de especímenes entre los 140,233 tiestos analizados, y no obtuvimos ninguna evidencia directa concerniente a su posición cronológica. Es por ello que el tipo ha perdido su posición en nuestro esquema clasificatorio, y los pocos ejemplares quedaron ubicados dentro de los tiestos distintivos pero aún no clasificados.

Varios tipos tentativamente subdivididos por Sánchez (1986) tampoco han sido incluidos. Los tipos Guacas Café Alisado y Guacas Rojo Pulido han sido, así como Porvenir Café Rojizo, asimilados a Guacas Café Rojizo. Aún cuando estos tipos aparecen en las pruebas estratigráficas excavadas por Sánchez, sus frecuencias no indican una posición cronológica distinta a aquella de Guacas Café Rojizo. De igual manera, las frecuencias del tipo de prueba denominado por Sánchez Lourdes Morado Engobado indicaron un comportamiento cronológico equivalente a aquel del tipo emparentado, Lourdes Rojo Engobado. Por esta razón fue asimilado en la clase Lourdes Rojo Engobado. El tipo Pensil Rojo Pulido es el más claramente diferente a los demás tipos. Sin embargo, así como el tipo anterior La Julia Rojo Fino, sólo un pequeño número de tiestos fue recuperado, y ninguno de ellos provino de excavaciones estratigráficas. Estos tiestos, al igual que los anteriores, son diferentes, pero por el momento están oficialmente "no clasificados". Incluir tales tipos en el presente estudio sólo añadiría complejidad a la tipología sin mejorar su utilidad en términos de la función para la cual fue creada. Escogimos no incluirlos, pero estos tipos de prueba representan direcciones que futuros refinamientos de la clasificación cerámica pueden tomar de manera productiva.

Por otro lado, aquí aparecen dos tipos por primera vez, luego de haber sobrevivido las pruebas de reconocimiento y de diferenciación cronológica. Han sido por ello añadidos a los cinco tipos que retuvimos de nuestra tipología inicial. Estos dos tipos, Mirador Rojo Pesado y California Gris Pesado, a diferencia de los otros cinco tipos, no aparecen en todas las áreas donde se realizaron prospecciones. Sin embargo, están distribuídos en una área bastante amplia. Como se discute más adelante, la evidencia concerniente a su posición cronológica es menos abundante que en los casos de los otros cinco tipos.

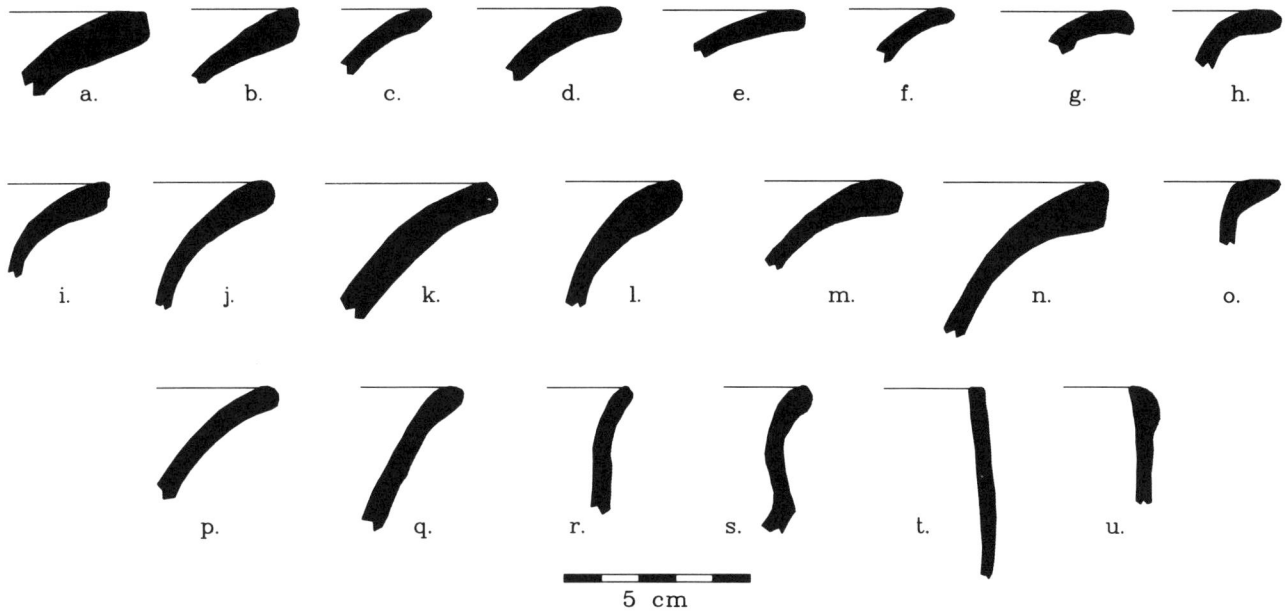

Figure 1.1 (above)
Tachuelo Burnished rims.

Figura 1.1 (arriba)
Bordes de Tachuelo Pulido.

5 cm

Figure 1.2 (left)
Tachuelo Burnished sherds.

Figura 1.2 (izquierda)
Tiestos de Tachuelo Pulido.

5 cm

The ceramic type descriptions here supersede those published earlier (e.g. Drennan 1985:147–171), since they are based on larger samples and lengthier study. Each type is named after a site where it is particularly common or that was instrumental in its early definition. Our priority in the descriptions is to make clear the characteristics that distinguish these types from each other and that make them most readily recognizable. We have tried to indicate briefly the range of variability included in each, but we have not discussed it in exhaustive detail. As noted above, our objective is not a complete description of the ceramics as an end in itself, but the establishment of a chronological basis for the analysis of materials from regional survey. The type descriptions reflect that aim, and are designed specifically to further it, concentrating on simple observable characteristics rather than on technical or technological features. The observable characteristics we are able to

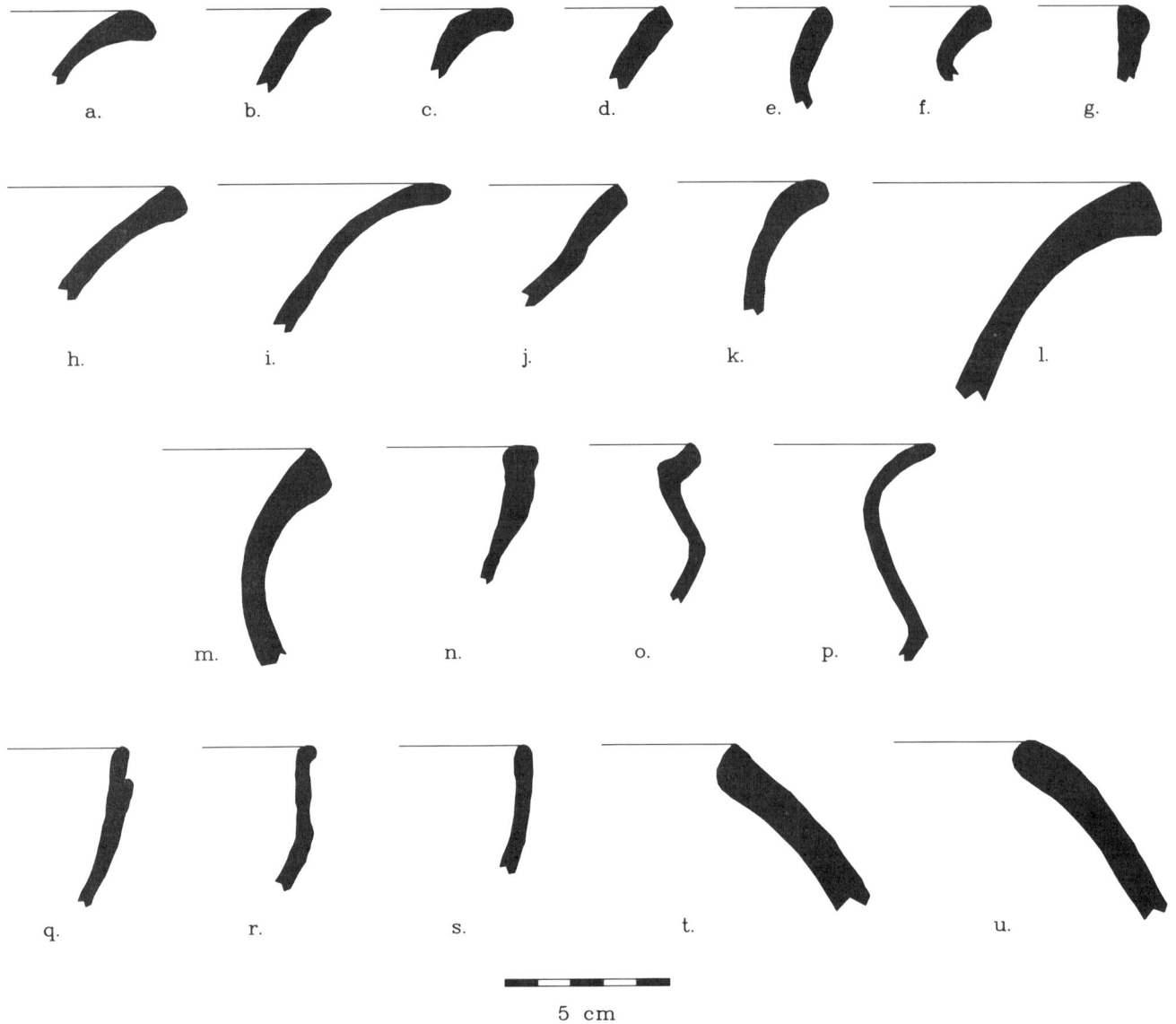

Figura 1.3. Bordes de Planaditas Rojo Pulido.—Figure 1.3. Planaditas Burnished Red rims.

En suma, existen razones para sospechar que los dos tipos tienen utilidad cronológica, y es por ello que los distinguimos aquí.

El resto de este capítulo está destinado a las descripciones de los siete tipos que forman la base de nuestra clasificación. Como un anticipo a las conclusiones basadas en el material ofrecido en los Capítulos 2 y 3, los tipos están presentados en orden cronológico, comenzando con los tipos del período Formativo (Tachuelo Pulido, Planaditas Rojo Pulido, Lourdes Rojo Engobado), seguidos por el tipo del Clásico Regional (Guacas Café Rojizo), y los tipos del período Reciente (Barranquilla Crema, California Gris Pesado y Mirador Rojo Pesado). Un resumen completo de las conclusiones hacia las cuales los Capítulos 1, 2 y 3 están dirigidos puede ser encon-

trado en la figura 3.4, que sumariza los tipos cerámicos (definidos en el Capítulo 1), la posición cronológica relativa de los tipos cerámicos (de acuerdo con los resultados de las excavaciones estratigráficas discutidas en el Capítulo 2), y las fechas absolutas aproximadas de las fases que los tipos cerámicos representan (basadas en los patrones de fechamientos radiocarbónicos delineados en el Capítulo 3).

Estas descripciones de los tipos cerámicos remplazan a aquellas publicadas anteriormente (e.g. Drennan 1985:147–171), dado que están basadas en muestras más grandes y en estudios más largos. Cada tipo lleva el nombre de algún sitio donde es particularmente común o que contribuyó en su definición. Nuestra prioridad en las descripciones es hacer clara las características que distinguen a estos tipos entre sí y que

specify most confidently are those visible even in small sherds, since the materials we have recovered include very few whole vessels or even large parts of vessels.

Tachuelo Burnished

Number of specimens: 2,142 (552 from stratigraphic excavations, 1,590 from surface collections and shovel probes in regional survey).

Surface: Color is variable but usually fairly dark. Black or dark gray is most common, but dark to medium brown sometimes occurs. This type is well burnished and usually highly resistant to erosion and damage from acid soils. It often has a lustrous appearance resulting from the burnishing and from flecks of mica visible in the surface. These two characteristics also give the type a smooth, even soapy, feel when rubbed. This surface finish is apparently produced, not through the application of a slip, but rather by careful burnishing of the surface of the clay body. Our sample does not include any examples that were clearly painted, but red pigment is often visible in incised decoration (see below).

Paste: Sandy and friable. Sometimes moderately oxidized toward the surface, producing the brown tones noted above, but often black or gray throughout. Even when the surface is lighter, there is almost always a black reduced core.

Temper: White, buff, and gray particles are visible. The petrographic study reported in the second part of this volume reveals that two temper constituents, orthoclase and sanidine, are much more common than others, with hornblende, biotite, and garnet occurring in smaller quantities. Most thin sections analyzed had no grain much larger than 1 mm across, although particles up to about 3 mm across can be observed.

Forms: Judging from the rim sherds in our collections, Tachuelo Burnished occurs most commonly in the form of fairly large plates or bowls with flaring walls. Bowls with steeper walls and ollas evidently occur as well.

Wall Thickness: 4 to 9 mm.

Rims: Flared and often thickened are the most characteristic, but direct and everted also occur (Figure 1.1).

Decoration: Incising is relatively common. Sometimes the incised lines are very fine and shallow; sometimes they are broad, deep grooves (Figure 1.2). They occur on the exteriors of vessels with vertical or near-vertical walls and on the interior rims of plates and flat flaring wall bowls. Linear designs and zones of hatching are seen repeatedly, but the small sherds of which our sample is primarily composed do not make it possible to identify designs. Punctations or notches on the lips of these flaring wall bowls are common and quite distinctive. Red pigment

is sometimes visible in the incisions, but virtually never on the unincised surfaces of the sherds. It thus gives the appearance of a pigment rubbed into the incisions, although this effect could also result from the application of red paint which simply did not adhere well enough to the highly burnished surface to be preserved there.

Relationships: Tachuelo Burnished has very clear relationships to ceramics from elsewhere in the Alto Magdalena. These include the types *Primavera Gris Incisa*, *Primavera Carmelita Incisa*, and *Primavera Habana Lisa* (Reichel-Dolmatoff 1975:23–27) and *Gris Incisa Esgrafiada* and *Gris Oscura Incisa* (Duque Gómez 1964:297–298), all of which are identified by their definers as belonging to the earliest portion of the San Agustín sequence. The types *Baño Café Claro Pulido* and *Baño Café Oscuro Pulido* from the first (Formative) occupation at Cálamo are also strongly similar (Llanos 1990:65–67 and personal communication). Indeed the mutual similarities between all these materials are so strong that we are willing to consider them simply variants of the same readily recognizable ceramic class.

Planaditas Burnished Red

Number of specimens: 5,081 (294 from stratigraphic excavations, 4,787 from surface collections and shovel probes in

Figure 1.4. Planaditas Burnished Red sherds.
Figura 1.4. Tiestos de Planaditas Rojo Pulido.

los hacen más fácilmente reconocibles. Hemos tratado de indicar brevemente el rango de variabilidad incluído en cada uno, pero no ha sido discutido en gran detalle. Como dijimos anteriormente, nuestro objetivo no es una descripción completa de la cerámica como un fin en sí mismo, sino mas bien establecer las bases cronológicas para el análisis de los materiales del reconocimiento regional. Las descripciones de los tipos reflejan tal objetivo, y están especificamente diseñadas para realizarlo, concentrándose en simples características observables más que en rasgos técnicos o tecnológicos. Las características observables que podemos especificar con mayor confianza son aquellas visibles inclusive en los tiestos más pequeños, ya que los materiales recuperados incluyen muy pocas vasijas enteras y ni siquiera partes grandes.

Tachuelo Pulido

Número de especímenes: 2,142 (552 provenientes de excavaciones estratigráficas, 1590 de recolecciones de superficie y pruebas de garlancha del reconocimiento regional).

Superficie: El color es variable, pero generalmente moderadamente oscuro. Negro o gris oscuro es lo más común, aunque algunas veces aparece un color café oscuro a café medio. Este tipo es bien pulido y usualmente es muy resistente a la erosión y al daño producido por suelos ácidos. Usualmente tiene una apariencia lustrosa como resultado del pulido y de granos de mica visibles en la superficie. Estas dos características también dan al tipo, cuando se palpa, una textura lisa, incluso jabonosa. Este acabado de superficie es aparentemente producido, no mediante la aplicación de engobe sino mas bien mediante un cuidadoso pulido de la superficie de la pasta. Nuestra muestra no incluye ningún ejemplo claramente pintado, pero un pigmento rojo es generalmente visible en la decoración incisa (véase más adelante).

Pasta: Arenosa y friable. Algunas veces moderadamente oxigenada hacia la superficie, produciendo los tonos cafés mencionados anteriormente, pero generalmente negra o gris en toda la superficie. Incluso cuando la superficie es más clara, casi siempre se percibe un núcleo negro reducido.

Desgrasante: Son visibles partículas de color blanco, crema y gris. El estudio petrográfico presentado en la segunda parte de este volumen revela que dos desgrasantes, ortoclase y sanidina, son mucho más comunes que los otros que incluyen hornablenda, biotita y granate. La mayoría de las secciones delgadas analizadas tienen granos no más grandes de 1 mm de ancho, pero se pueden observar partículas de hasta 3 mm de ancho.

Formas: A juzgar por los bordes de tiestos de nuestra colección, Tachuelo Pulido aparece generalmente en formas de platos moderadamente grandes o cuencos con paredes evertidas. Aparecen también cazuelas con paredes verticales y ollas.

Grosor de las Paredes: De 4 a 9 mm.

Bordes: Los más característicos son aquellos curvados hacia afuera y generalmente engrosados; también ocurren aquellos con paredes rectas y evertidas (Figura 1.1)

Decoración: La incisión es relativamente común. En algunos casos las líneas incisas son muy finas y poco profundas; algunas veces son ranuras muy anchas y profundas (Figura 1.2). Aparecen en el exterior de las vasijas que tienen paredes verticales o casi verticales y en el interior de los bordes de los platos y en las paredes de los cuencos con paredes curvadas hacia afuera. Diseños lineales y zonas de hachurado se ven repetidamente, pero los pequeños tiestos, los cuales conforman la mayor parte de nuestra muestra, no permiten identificar los diseños. El patrón punteado o de muescas en los labios de estos cuencos de paredes evertidas son comunes y bastante distintivos. En ciertas ocasiones las incisiones muestran pigmento rojo, pero virtualmente nunca se encuentra en aquellas superficies no incisas de los tiestos. Es por ello que presenta la apariencia de pigmento frotado dentro de las incisiones. Sin embargo, este efecto también puede ser resultado de las aplicaciones de pintura roja que simplemente no se adhirieron lo suficiente a la superficie pulida como para conservarse en ella.

Relaciones: Tachuelo Pulido está claramente relacionado con la cerámica de otros lugares del Alto Magdalena. Esto incluye a los tipos Primavera Gris Incisa, Primavera Carmelita Incisa y Primavera Habana Lisa (Reichel-Dolmatoff 1975:23–27) y Gris Incisa Esgrafiada y Gris Oscura Incisa (Duque Gómez 1964:297–298), todos los cuales están identificados por quienes las definieron como pertenecientes a la porción más temprana de la secuencia San Agustín. Los tipos Baño Café Claro Pulido y Baño Café Oscuro Pulido de la primera ocupación (Formativo) en Cálamo son también muy similares (Llanos 1990:65–67 y comunicación personal). En realidad las mutuas similitudes entre todos estos materiales son tan fuertes que podrían ser consideradas como simples variantes de la misma clase cerámica fácilmente identificable.

Planaditas Rojo Pulido

Número de especímenes: 5,081 (294 de excavaciones estratigráficas, 4,787 de recolección de superficie y pruebas de garlancha del reconocimiento regional).

Superficie: Rojo mate a anaranjado, pero generalmente varía dentro de varios tonos que van de café claro a medio e inclusive negro. Mucha de esta variabilidad de color puede algunas veces ser observada en un solo tiesto, aparentemente como consecuencia de cantidades variables de oxígeno que alcanzaron diferentes partes de la vasija durante la cocción, lo que resultó en diferentes grados de oxidación o reducción de la superficie. No existe pintura o engobe fácilmente discernible, pero la superficie está fuertemente pulida, dura y frecuentemente brillante. Resiste muy bien la erosión.

Pasta: Fina, arenosa, friable. Cerca a la superficie, el color de la pasta concuerda con el color de la superficie en el rango completo de variabilidad indicada anteriormente. Son comunes los núcleos negros reducidos, como lo es la combinación de una pasta que es mitad roja, mitad negra debido a oxidación en una superficie y a reducción en la otra.

Desgrasante: Más fino que en la mayoría de la cerámica del Valle de la Plata. Sus colores aparentes varían de acuerdo a

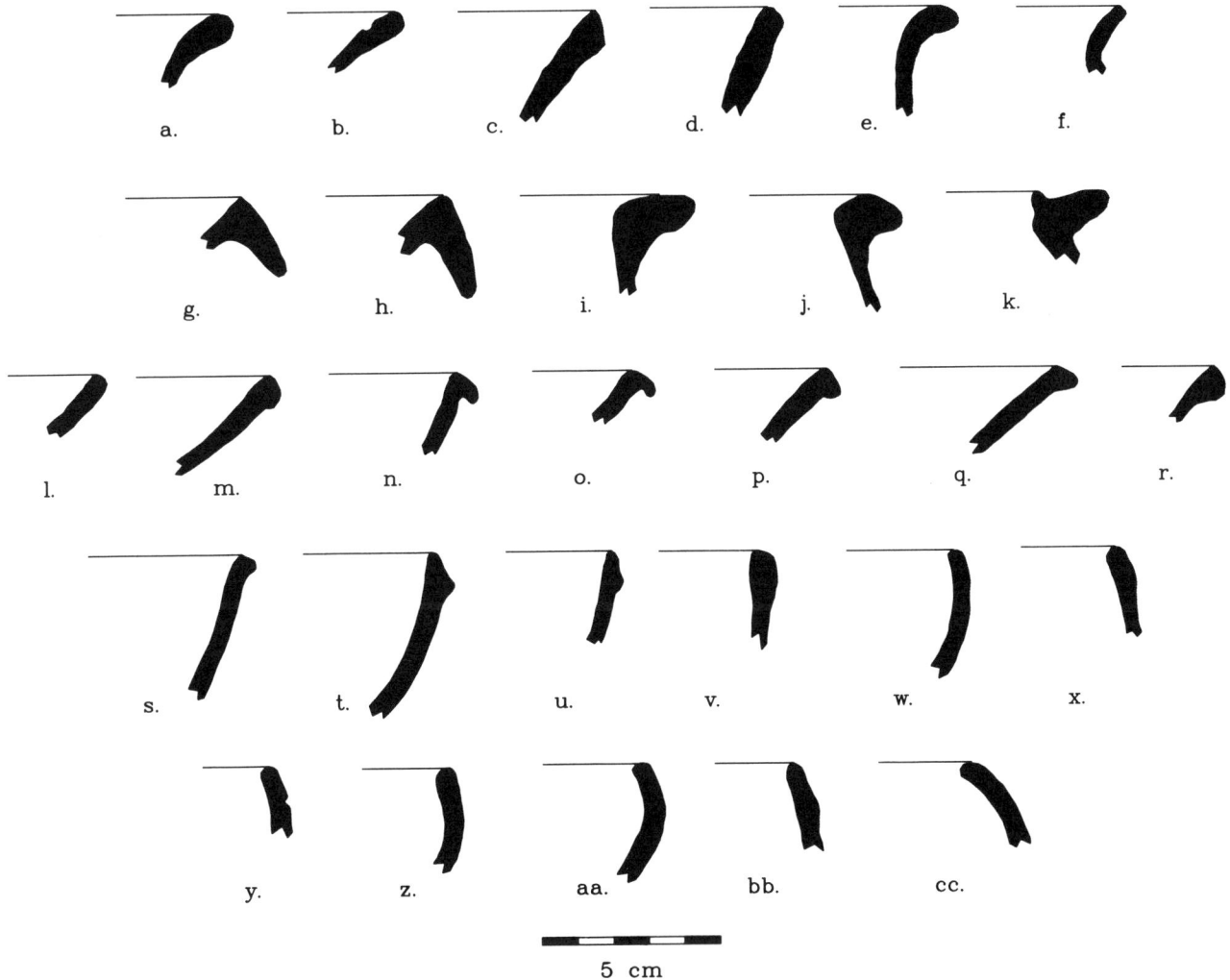

Figure 1.5. Lourdes Red Slipped rims.—Figura 1.5. Bordes de Lourdes Rojo Engobado.

regional survey).

Surface: Dull red to orange, but often ranging into various shades of light to medium brown or even black. Much of this color variability can sometimes be observed on a single sherd, apparently as a consequence of varying amounts of oxygen reaching different parts of the vessel during firing resulting in differing degrees of oxidation or reduction of the surface. There is no easily discernible slip or paint, but the surface is highly burnished, hard, and often shiny. It resists erosion very well.

Paste: Fine, sandy, friable. Near the surface, paste color matches surface color in the full range of variability indicated above. Black reduced cores are common, as is the combination of a half-red, half-black paste owing to oxidation at one surface and reduction at the other.

Temper: Finer than that of most Valle de la Plata ceramics. Its apparent color varies according to that of the paste surrounding it, since white and gray particles stand out in dark reduced paste, while black particles are more obvious against light oxidized paste colors. The petrographic study reported in the second part of this volume reveals that major temper constituents are orthoclase, sanidine, hornblende, and garnet in varying proportions. Very few temper grains reached a size as large as 1 mm across.

Forms: Medium to large bowls, ollas, and tecomates (neck-less ollas) are most common.

Wall Thickness: 4 to 9 mm.

Rims: Direct and flared rims occur, along with an assortment of thickened and everted types (Figures 1.3 and 1.4).

Decoration: None.

Relationships: The relationships of Planaditas Burnished Red are more difficult to establish than those of Tachuelo Burnished. The highly variable surface color and the lack of decoration remove two of the characteristics most useful for identifying similarities over a broad region (and, indeed, make Planaditas one of the more difficult types to identify confidently in the Valle de la Plata). Rim forms are possibly the most helpful in this case, and here the general similarities seem

aquellos colores de la pasta que lo rodean, ya que las partículas blancas y grises sobresalen en la pasta negra reducida, mientras que las partículas negras son más obvias en contraste a los colores claros de la pasta oxidada. El estudio petrográfico que se reporta en la segunda parte de este volumen revela que los mayores constituyentes del desgrasante son ortoclase, sanidina, hornablenda y granate en variables proporciones. Muy pocos granos del desgrasante alcanzan un tamaño mayor a 1 mm de ancho.

Figura 1.6. Tiestos de Lourdes Rojo Engobado.
Figure 1.6. Lourdes Red Slipped sherds.

parece que generalmente ha sido bien pulida. El agudo contraste de color, textura y dureza entre el engobe y la pasta hace fácil de identificarlo como engobe incluso mediante una rápida revisión.

Pasta: Arenosa, de dureza mediana. La mayoría de los especímenes están oxidados en todo su grosor, y un anaranjado carmelito claro es el color más característico.

Desgrasante: El color carmelito de la pasta provee un contraste visual para una amplia variedad de partículas del desgrasante, y los colores blanco, gris, rojo y otros, son fácilmente notados durante inspecciones casuales. El estudio petrográfico presentado en la segunda parte de este volumen revela que los componentes del desgrasante más comunes son ortoclase y sanidina, con presencia de hornablenda, granate y clorita en cantidad significativa. La mayoría de las secciones delgadas analizadas tuvieron granos de desgrasante de cerca de 1 mm de ancho, y también aparecieron granos de hasta 2 mm de ancho.

Formas: Las más comunes son cuencos medianos a grandes, ollas y tecomates (ollas sin cuello).

Grosor de las Paredes: De 4 a 9 mm.

Bordes: Aparecen bordes rectos y curvados hacia afuera, junto con una variedad de tipos de bordes gruesos y evertidos (Figs. 1.3 y 1.4).

Decoración: Ninguna.

Relaciones: Las relaciones de Planaditas Rojo Pulido son más difíciles de establecer que las de Tachuelo Pulido. El color de la superficie altamente variable y la ausencia de decoración resta dos de las características más útiles para identificar similitudes en una región extensa (y, ciertamente, hace de Planaditas uno de los tipos más difíciles de identificar con confianza en el Valle de la Plata). Las formas de los bordes son probablemente las más útiles en este caso, y aquí las similitudes parecerían más fuertes con los materiales relativamente tempranos (Formativo) de San Agustín. El tipo Horqueta Tosca Roja de Reichel-Dolmatoff es quizás el único tipo que es posible mencionar a este respecto, pero existen semejanzas generales amplias con otros materiales Formativos de varios sitios—especialmente con materiales Formativos que no parecen ser tan tempranos como el tipo de material representado en el Valle de la Plata por Tachuelo Pulido (Llanos, comunicación personal).

Lourdes Rojo Engobado

Número de especímenes: 3,392 (658 de excavaciones estratigráficas, 2,734 de recolecciones de superficie y de pruebas de garlancha del reconocimiento regional).

Superficie: Suave engobe rojo que resiste muy mal la erosión. A menudo el engobe puede ser arañado o descascarado con la uña. Muchos tiestos sólo mantienen restos muy borrosos. La superficie original se conserva muy raramente, pero

Formas: Cuencos pequeños a grandes parecen ser las formas más comunes, y también aparecen ollas de tamaño pequeño a mediano. Los cuencos son generalmente de la variedad de paredes rectas o bordes curvados más que paredes curvadas hacia afuera.

Grosor de las Paredes: 4 a 6 mm.

Bordes: Bordes rectos y curvos son bastante más comunes que los bordes evertidos (Figura 1.5). También aparecen un conjunto de bordes engrosados, con reborde, en forma de voluta hacia afuera, y evertidos.

Decoración: existen incisiones y ranurados, particularmente en la forma de ranuras alrededor de los bordes (Figura 1.6). Decoración modelada en el reborde y engrosamiento asociado con los bordes también son populares. La aplicación del engobe rojo también puede ser hecha en patrones para efectos decorativos (e.g. solamente en el interior, solamente en el exterior, en banda alrededor del borde, etc.).

Relaciones: Duque Gómez (1964:292–295) describe un engobe rojo que se descascara fácilmente en su serie de tipos Mesitas Roja, como lo hace Reichel-Dolmatoff (1975:19–25) para su Horqueta Bañada Incisa, Horqueta Roja Bañada, Primavera Carmelita Incisa y Primavera Roja Bañada Incisa. Ambos, Duque Gómez (1964: 277–288) y Reichel-Dolmatoff (1975:90) ilustran una amplia variedad de bordes rectos, curvados hacia afuera, evertidos y modelados, parecidos a la

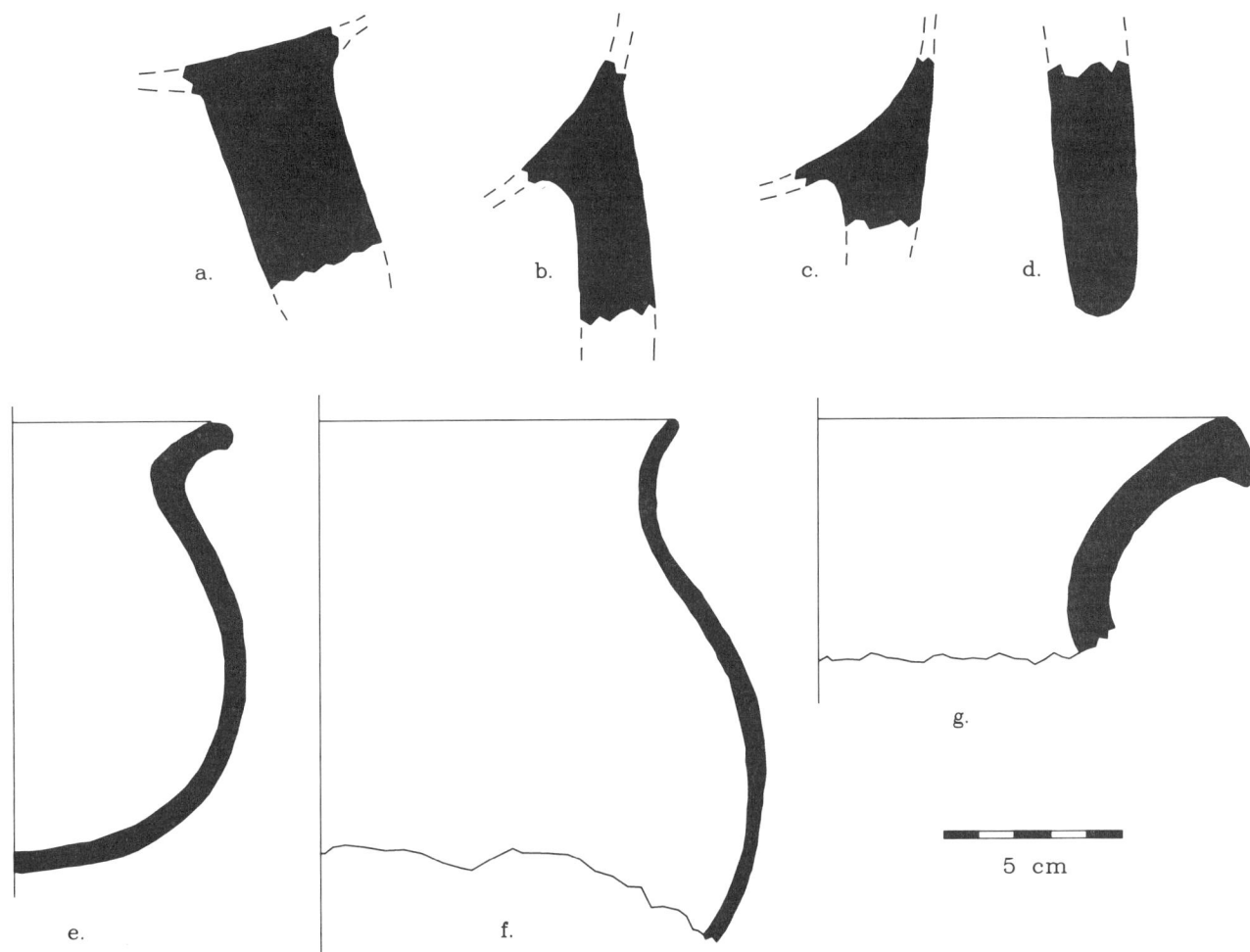

Figure 1.7. Guacas Reddish Brown tripod vessel supports (a.-d.) and ollas.
Figura 1.7. Ollas y fragmentos de vasijas trípodes (a.-d.) de Guacas Café Rojizo.

strongest with relatively early (Formative) materials from San Agustín. Reichel-Dolmatoff's (1975:20–21) *Horqueta Roja Tosca* is perhaps the only type that is easy to mention in this regard, but there are broad general similarities with other Formative materials from various sites—especially with Formative materials that do not seem to reach quite as far back in time as the class of material represented in the Valle de la Plata by Tachuelo Burnished (Llanos, personal communication).

Lourdes Red Slipped

Number of specimens: 3,392 (658 from stratigraphic excavations, 2,734 from surface collections and shovel probes in regional survey).

Surface: Soft red slip that resists erosion very poorly. It can often be flaked or scraped away with a fingernail. Many sherds have only the faintest traces remaining. The original surface is very seldom intact, but it seems generally to have been well burnished. The sharp contrast in color, texture, and hardness between the slip and the paste makes it easy to identify this as a slip in even the most cursory inspection.

Paste: Sandy, of medium hardness. Most specimens are oxidized right through, and a light orange tan is the most characteristic color.

Temper: The tan color of the paste provides visual contrast for a wide variety of temper particles, and white, gray, red, and other colors are easily noticed on casual inspection. The petrographic study reported in the second part of this volume reveals that the two most common temper constituents are orthoclase and sanidine, with hornblende, garnet, and chlorite also appearing in significant quantity. Most thin sections analyzed had temper grains up to about 1 mm across, and grains up to 2 mm across also appeared.

Forms: Small to medium bowls seem the most common form, and small to medium ollas also occur. Bowls are usually of the straight-walled or incurved-rim varieties rather than having flaring walls.

Wall Thickness: 4 to 6 mm.

Rims: Direct and incurved rims are far more common than

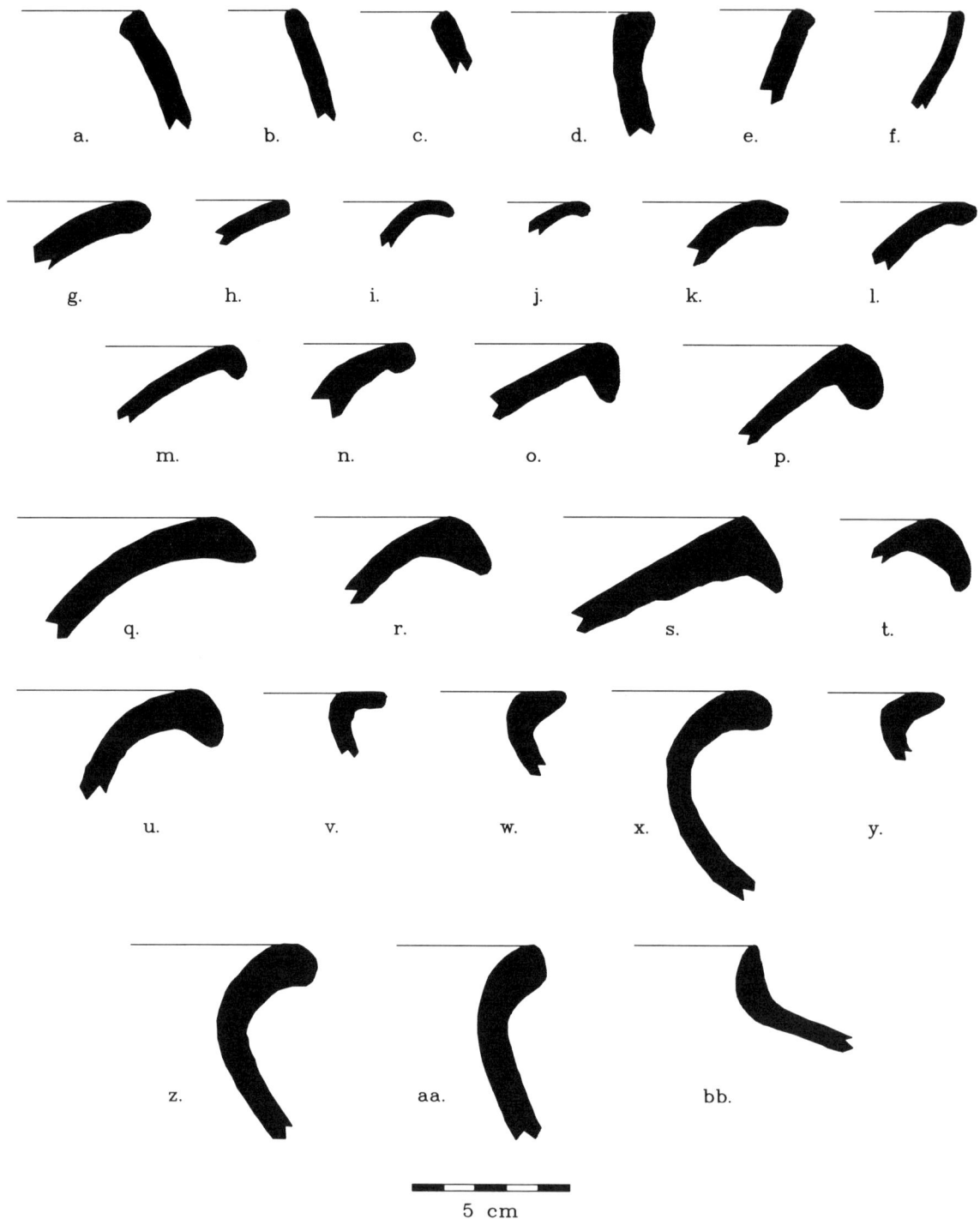

Figura 1.8. Bordes de Guacas Café Rojizo.—Figure 1.8. Guacas Reddish Brown rims.

variedad que encontramos en Lourdes Rojo Engobado. Ambos autores (Duque Gómez 1964:292–295 y Reichel-Dolmatoff 1975:88–90, 104–105, y Láminas XII, XIII y XV) muestran decoración incisa en esta cerámica, la cual está claramente identificada como cerámica temprana (Formativo) en la se-cuencia de San Agustín. El tipo Lourdes Rojo Engobado también muestra fuertes semejanzas con Baño Rojo Pulido de la primera ocupación (Formativo) de Cálamo (Llanos 1990:64–65 y comunicación personal). Como en el caso de Tachuelo Pulido, las similitudes entre Lourdes Rojo Engobado

flared rims (Figure 1.5). An assortment of thickened, flanged, outcurled, and everted rims also occurs.

Decoration: Incising and grooving occurs, particularly in the form of grooves around the rim (Figure 1.6). Modeled decoration related to the flanges and thickening associated with the rims is also popular. Application of the red slip can also be done in patterns for decorative effect (e.g. only on the interior, only on the exterior, in a band around the rim, etc.).

Relationships: Duque Gómez (1964:292–295) described soft, easily flaked red slips for his *Mesitas Roja* series of types, as does Reichel-Dolmatoff (1975:19–25) for his *Horqueta Bañada Incisa, Horqueta Roja Bañada, Primavera Carmelita Incisa*, and *Primavera Roja Bañada Incisa*. Duque Gómez (1964:277–288) and Reichel-Dolmatoff (1975:90) both illustrate a wide variety of direct, flared, everted, and modeled rims like the variety we find in Lourdes Red Slipped. And both authors (Duque Gómez 1964:292–295 and Reichel-Dolmatoff 1975:88–90, 104–105, and *Láminas* XII, XIII, and XV) show incised decoration on these ceramics, which are clearly identified as early (Formative) in the San Agustín sequence. Lourdes Red Slipped also shows strong similarities to *Baño Rojo Pulido* from the first (Formative) occupation at Cálamo (Llanos 1990:64–65 and personal communication). As in the case of Tachuelo Burnished, the similarities between Lourdes Red Slipped and other defined ceramic types of the Alto Magdalena are so strong that they should be considered regional variants of the same ceramic class.

Guacas Reddish Brown

Number of specimens: 46,898 (3,374 from stratigraphic excavations, 43,524 from surface collections and shovel probes in regional survey).

Surface: Varies from rust red to medium dark reddish brown. Very soft and decomposes easily. Remaining patches of surface often flake off the core quite easily, but the surface treatment does not seem to be a slip. The vessels were apparently well smoothed, but it is difficult to tell to what extent they were burnished. Many sherds, especially those recovered in surface collection, lack their original surfaces altogether.

Paste: Fine, well knit, and hard. It is common to see a streak of black reduced paste in the center of a sherd that contrasts sharply with the lighter, reddish color of the oxidized surfaces.

Temper: The most noticeable particles are white. Temper particles often stand out quite visibly (and abrasively) from the paste since the original vessel surface has eroded away from around them. The petrographic study reported in the second part of this volume reveals that major temper constituents are orthoclase and sanidine, with smaller amounts of biotite, garnet, hornblende, and chlorite. Most thin sections analyzed contained particles up to 1 mm across or more, and particles up to 4 mm across are sometimes observed.

Forms: Medium to large bowls with outleaned or flaring walls are most common. There are also ollas with high necks, incurved rim bowls, and other, more exotic, forms, such as tripod vessels (Figure 1.7) and carinated bowls.

Wall Thickness: 4 to 10 mm is common, although even thicker walls often occur near heavily thickened rims.

Rims: Simple, direct rims occur, but the most distinctive are a variety of heavy thickened olla and bowl rims of flaring or everted profiles (Figure 1.8).

Decoration: The rarity of decoration in Guacas Reddish Brown may be attributable in part to the extremely eroded condition customarily manifested by the surfaces of the sherds. Occasional modeled and incised decoration does, however, occur (Figure 1.9).

Figure 1.9
Guacas Reddish Brown sherds.

Figura 1.9
Tiestos de Guacas Café Rojizo.

5 cm

y otros tipos cerámicos definidos en el Alto Magdalena son tan fuertes que deberían ser considerados variantes regionales de la misma clase cerámica.

Guacas Café Rojizo

Número de espécimenes: 46,898 (3,374 de excavaciones estratigráficas, 43,524 de recolecciones de superficie y pruebas de garlancha del reconocimiento regional).

Superficie: Varía de rojo anaranjado a café rojizo medianamente oscuro. Es de textura muy suave y se deshace fácilmente. El área de superficie restante se descascara con frecuencia y muy facilmente del núcleo, pero el tratamiento de superficie no parece ser engobe. Las vasijas fueron aparentemente bien alisadas, pero es difícil establecer el grado en que fueron bruñidas. Muchos tiestos, especialmente aquellos recuperados en recolecciones de superficie carecen enteramente de la superficie original.

Pasta: Fina, bien compacta y dura. Es común ver una raya de pasta reducida negra en el centro del tiesto que contrasta fuertemente con el color rojizo más claro de las superficies oxidadas.

Desgrasante: Las partículas más visibles son blancas. Las partículas del desgrasante usualmente afloran considerablemente (y de manera abrasiva) de la pasta dado que la superficie original de la vasija se ha erosionado alrededor de ellas. El estudio petrográfico presentado en la segunda parte de este volumen revela que los constituyentes más importantes son ortoclase y sanidina, con pequeñas cantidades de biotita, granate, hornablenda y clorita. La mayoría de las secciones delgadas analizadas contuvieron partículas de hasta 1 mm o más de ancho, y algunas veces se observan partículas de hasta 4 mm de ancho.

Formas: Las más comunes son cuencos medianos o grandes con paredes curvas o curvadas hacia afuera. También hay ollas de cuellos altos, cuencos con bordes curvos, y otras formas más exóticas, tales como vasijas trípodes (Figura 1.7) y cuencos carenados.

Grosor de las Paredes: De 4 a 10 mm es lo común, aún cuando incluso paredes más gruesas generalmente ocurren cerca a los bordes fuertemente engrosados.

Bordes: Ocurren bordes simples y rectos, pero los más distintivos son los de una variedad de bordes de olla fuertemente engrosados o cuencos de perfiles curvados hacia afuera o evertidos (Figura 1.8).

Decoración: Lo escaso de la decoración en Guacas Café Rojizo puede atribuirse en parte a las condiciones de extrema erosión usualmente manifestada en las superficies de los tiestos (Figura 1.9). Sin embargo, ocasionalmente aparece decoración modelada o incisa.

Relaciones: El mayor número de bordes grandes, ampliamente curvados hacia afuera, engrosados o evertidos presentes en el área de San Agustín están consistentemente ilustrados en la mitad de la secuencia, abarcando la fase Mesitas Medio (Duque Gómez 1964:317–355), el complejo de Isnos (Reichel-Dolmatoff 1975:112, 114, 115 y 129), y el Clásico Regio-

nal (Cubillos 1980:26, 63, 66 y 70–71). Generalmente se dice que la decoración en la cerámica de San Agustín es más escasa en este período que en tradiciones más tempranas o tardías. Ocurren vasijas trípode y cuencos carenados. Cubillos (1980:61–74) describe varios tipos provenientes de El Estrecho (Estrecho Crema, Estrecho Crema Rojizo, Estrecho Café Rojizo y Estrecho Café Ordinario) cuya superficie, suave, fácilmente erosionable evoca fuertemente al tipo Guacas Café Rojizo. De observaciones personales, se puede decir que la cerámica de la segunda ocupación (Clásico Regional) en Cálamo (Llanos 1990:70–78) muestra características muy similares a aquellas de Guacas Café Rojizo.

Barranquilla Crema

Número de espécimenes: 76,127 (11,992 de excavaciones estratigráficas, 64,135 de recolecciones de superficie y pruebas de garlancha del reconocimiento regional).

Superficie: Usualmente crema o carmelita, muy variable. Varía de anaranjado pálido a gris oscuro como resultado de los varios grados de oxidación durante la cocción. En ciertas ocasiones mucha de esta variedad de color se encuentra presente en un sólo tiesto. Ocasionalmente se encuentran presentes nubes de cocción. La superficie está bien alisada, aún cuando en ciertas ocasiones se distingan las líneas del proceso de alisamiento. Rara vez aparecen rastros de pulimiento. La superficie no está engobada, pero algún tiesto ocasional muestra rastros de pintura roja. La superficie, aunque no extremadamente dura, resiste la erosión bastante bien.

Pasta: Suave, arenosa y friable. Cerca a la superficie, el color de la pasta es semejante al color exterior. Es común la presencia de una raya negra en el núcleo del tiesto. Algunas veces no sólo el núcleo sino también la superficie se encuentran reducidas, y esta raya gris o negra emerge como el color de la superficie, al igual que en la forma de una nube de cocción.

Desgrasante: Las partículas son generalmente obvias y grandes, siendo las más notorias en una revisión superficial aquellas blancas, carmelitas y grises. El estudio petrográfico reportado en la segunda parte de este volumen revela que los mayores constituyentes del desgrasante son ortoclase y sanidina. También ocurren, en menores cantidades, aunque de manera significativa, partículas de hornablenda, biotita, clorita y granate. La sección delgada promedio llega a tener partículas de 1 mm de ancho o un poco mas, y en los tiestos se pueden ver partículas de hasta 3 mm.

Formas: Son comunes los pequeños cuencos semiesféricos y cuencos con paredes inclinadas hacia afuera y bases planas de varios tamaños (Figura 1.10). Sin embargo, las formas más distintivas son las ollas de tamaño mediano con bocas muy anchas (el diámetro de los cuellos es solamente ligeramente menor que el diámetro máximo de la vasija). También ocurren tecomates (ollas sin cuello).

Grosor de las Paredes: La mayoría de los ejemplos está entre los 5 y 7 mm, aún cuando paredes más anchas o más delgadas también ocurren.

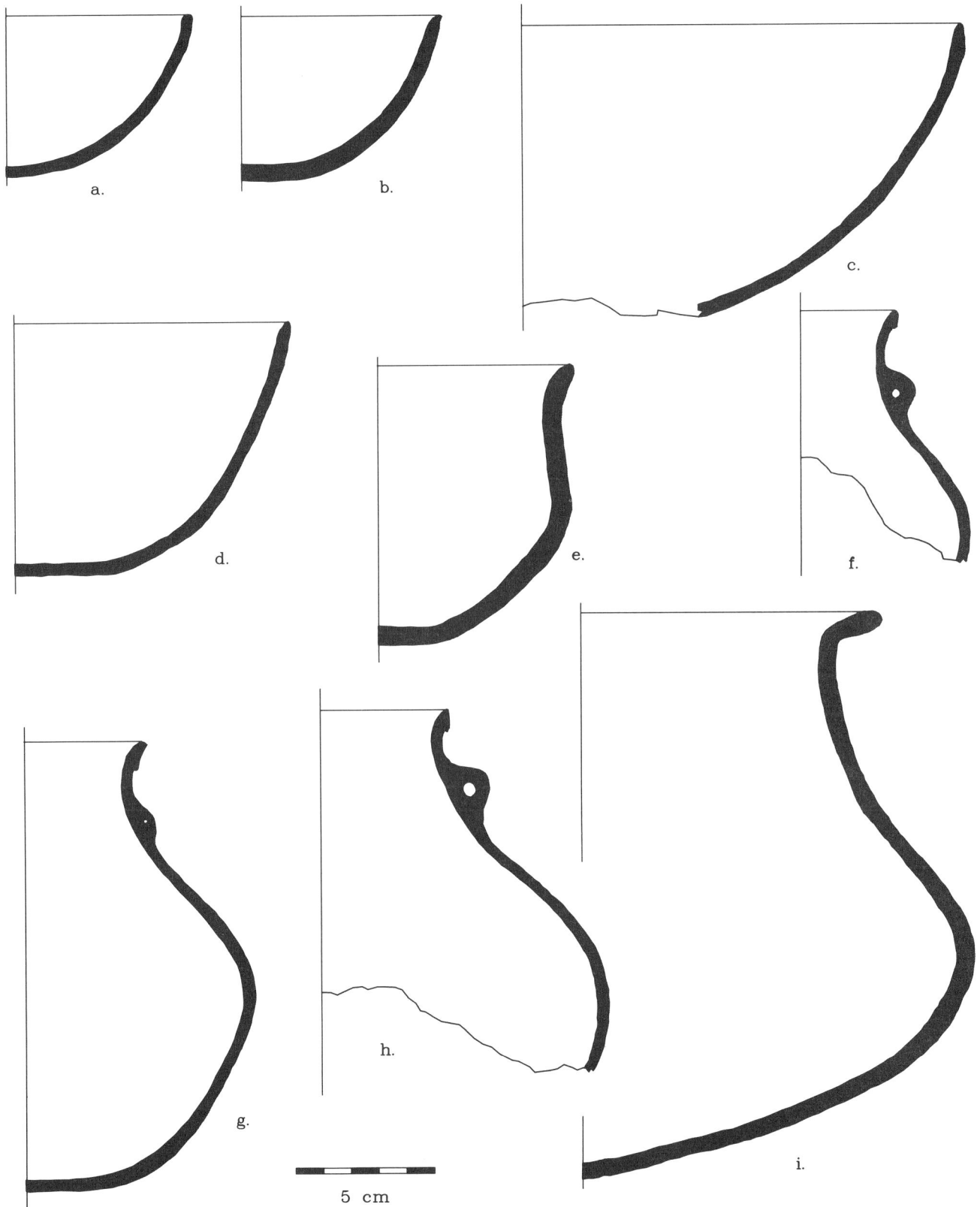

Figure 1.10. Barranquilla Buff bowls and ollas.—Figura 1.10. Cuencos y ollas de Barranquilla Crema.

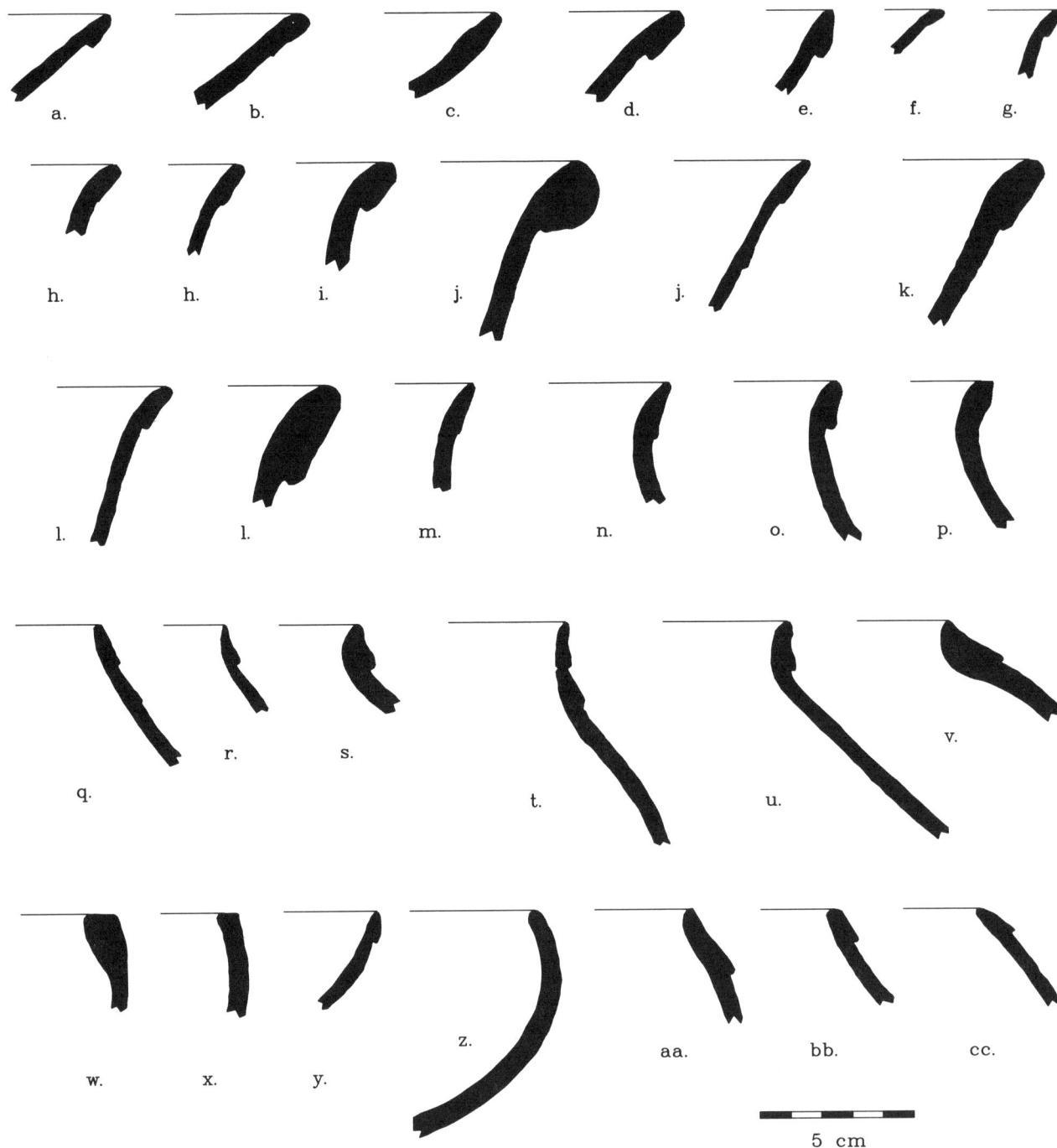

Figura 1.11. Bordes de Barranquilla Crema.—Figure 1.11. Barranquilla Buff rims.

Bordes: Los más comunes son los bordes simples y rectos; los bordes curvados hacia afuera son raros. El borde más distintivo y común de todos da la apariencia de haber sido hecho al doblar hacia afuera y hacia abajo el borde recto y sólo de manera incompleta presionarlo hacia el exterior de la vasija (Figura 1.11). Hemos llamado a estos bordes "bordes doblados" aún cuando en realidad no fueron hechos así.

Decoración: Solamente en el exterior. La clase más común consiste en punteados redondos toscos, ovalados o triangulares de 1.5 a 5 mm de alto por 1.5 a 3 mm de ancho, que generalmente aparecen en una fila horizontal justo abajo del borde exterior (Figura 1.12). También ocurre decoración incisa de líneas muy finas o muy anchas. El patrón más común es de grupos de líneas paralelas que se cruzan en diferentes ángulos.

Relationships: The largest number of large, widely flared, thickened or everted rims in the San Agustín zone is consistently illustrated for the middle part of the sequence, encompassing the Mesitas Medio phase (Duque Gómez 1964:317–355), the Isnos complex (Reichel-Dolmatoff 1975:112, 114, 115, and 129), and the Regional Classic (Cubillos 1980:26, 63, 66, and 70–71). Decoration is generally said to be rarer on the San Agustín pottery of this period than on earlier and later wares. Tripod vessels and carinated bowls occur. Cubillos (1980:61–74) describes several types from El Estrecho (*Estrecho Crema, Estrecho Crema Rojizo, Estrecho Café Rojizo,* and *Estrecho Café Ordinario*) whose soft, easily eroded surfaces strongly recall Guacas Reddish Brown. From personal observation, the ceramics of the second (Regional Classic) occupation at Cálamo (Llanos 1990:70–78) show characteristics very similar to those of Guacas Reddish Brown.

Barranquilla Buff

Number of specimens: 76,127 (11,992 from stratigraphic excavations, 64,135 from surface collections and shovel probes in regional survey).

Surface: Usually buff or tan but highly variable. It can range from weak orange to dark gray as a result of varying degrees of oxidation during firing. Sometimes much of this range of color can be seen on a single sherd. Firing clouds are occasionally present. The surface is well smoothed, although the separate streaks from smoothing strokes can often be seen. There is very seldom any trace of burnishing. The surface is not slippèd, but an occasional sherd shows a trace of red paint. While not extremely hard, the surface resists erosion fairly well.

Paste: Soft, sandy, and friable. Near the surface, paste color is the same as surface color. A gray or black streak in the center of the sherd is common. Sometimes not just the core but also the surface is reduced, and this gray or black streak emerges as the surface color as well in the form of a firing cloud.

Temper: Particles are often obvious and large, with white, tan, and gray particles being the most noticeable on cursory inspection. The petrographic study reported in the second part of this volume reveals that major temper constituents are orthoclase and sanidine. Smaller, but still significant, amounts of hornblende, biotite, chlorite, and garnet also occur. The average thin section had particles up to 1 mm across or slightly more, and particles up to 3 mm across are seen in the sherds.

Forms: Small hemispherical bowls and outleaned wall bowls of varying sizes are common (Figure 1.10). Most distinctive, however, are ollas of modest size with very large mouths (neck diameters only slightly smaller than the maximum vessel diameter). Tecomates (neckless ollas) also occur.

Wall Thickness: Most examples are

5 cm

Figure 1.12
Barranquilla Buff sherds.

Figura 1.12
Tiestos de Barranquilla Crema.

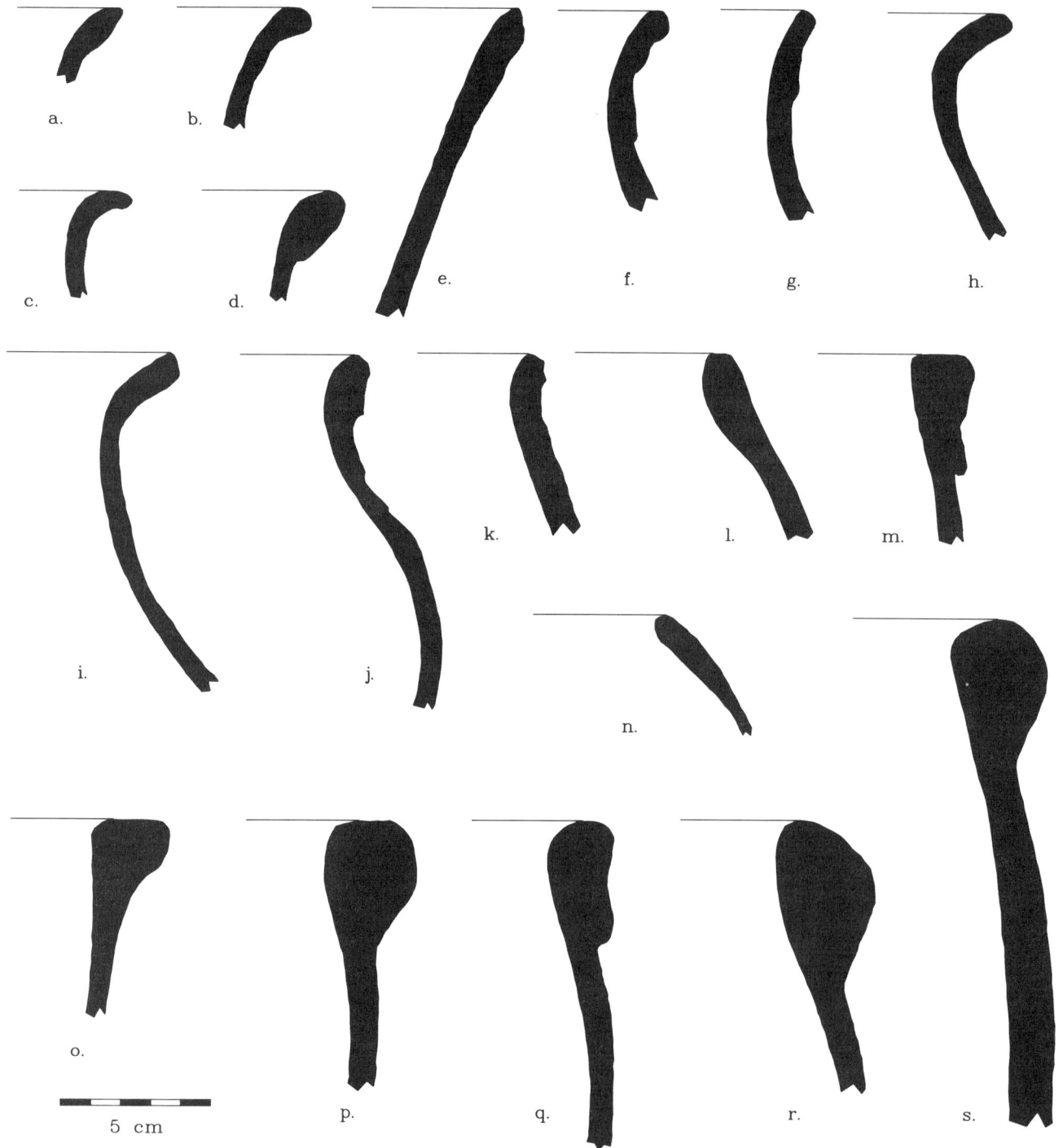

Figura 1.13. Bordes de California Gris Pesado.—Figure 1.13. California Heavy Gray rims.

En raros casos existen toscas impresiones de dedos debajo del borde exterior.

Relaciones: Las relaciones claras de Barranquilla Crema con materiales de otros sitios en el Alto Magdalena ocurren con materiales de la parte tardía de la secuencia de San Agustín. Duque Gómez y Cubillos (1981:129 y 131) ilustran los "bor-des doblados" como aquellos de Barranquilla Crema en La Estación, el cual pertenece a Mesitas Superior. Llanos y Durán (1983:72, 76 y 77) ilustran un grupo de bordes del sitio Mesitas Superior de Quinchana, el cual muestra toda una variación de formas bastante similares a aquellas que hemos encontrado en Barranquilla Crema (incluyendo el tipo "borde doblado").

Figure 1.14. California Heavy Gray sherds.—Figura 1.14. Tiestos de California Gris Pesado.

between 5 and 7 mm, although thicker and thinner ones occur as well.

Rims: Simple, direct rims are most common; flared rims, rare. The most distinctive and common of all gives the appearance of being made by folding a direct rim out and down and only incompletely pressing it into the exterior of the vessel (Figure 1.11). We have called these "folded-over rims" although they were not actually made in this manner.

Decoration: Only on the exterior. The most common kind consists of rough round, oval, or triangular punctations 1.5 to 5 mm high by 1.5 to 3 mm wide, often occurring in a horizontal row just below the exterior rim (Figure 1.12). Incised decoration of very fine or much wider lines also occurs. The most common pattern is groups of parallel lines intersecting at different angles. More rarely, there are crude finger impressions below the exterior rim.

Relationships: The clear relationships of Barranquilla Buff with materials from elsewhere in the Alto Magdalena are to materials from late in the San Agustín sequence. Duque Gómez and Cubillos (1981:129 and 131) illustrate folded-over rims like those of Barranquilla Buff for La Estación, which dates to Mesitas Superior. Llanos and Durán (1983:72, 76, and 77) illustrate a set of rims from the Mesitas Superior site of Quinchana which show a whole range of shapes quite similar to those we have found in Barranquilla Buff (including the folded-over type). They illustrate one sherd (Llanos and Durán 1983:87 [Figure 25, sherd 2]) which looks identical to a Barranquilla Buff sherd with folded-over rim and row of exterior punctations, although such decoration is evidently much rarer at Quinchana than it is in the Valle de la Plata (Llanos, personal communication). From his excavations at San Agustín, Reichel-Dolmatoff (1975:56, 69, Láminas V and IX) illustrates the same kind of folded-over rim for his Sombrerillos complex.

Incised decoration similar to that which occurs occasionally on Barranquilla Buff sherds in the Valle de la Plata is illustrated by various authors writing on ceramics of late in the San Agustín sequence: *decoración incisa-acanalada* and *incisa-hachurada* (Duque Gómez 1964:360–367 and *Planchas* XVII, XXI, XXIII, and XXIV); *incisa* (Reichel-Dolmatoff 1975:44, *Láminas* VI and VII); *incisa-zonificada* (Duque Gómez and Cubillos 1981:137, 142, and 145); *incisa lineal* and *incisa lineal zonificada* (Llanos and Durán 1983:83–87); and *acanalada* (Reichel-Dolmatoff 1975:44, *Láminas* VI and VII; Llanos and Durán 1983:83–87). Duque Gómez's (1964:309–310) type *Mesitas Gris con Impresiones Dactilares* is characterized by the same kind of finger-marked decoration that sometimes appears on Barranquilla Buff. Finger-marked decoration also appears in the Sombrerillos complex (Reichel Dolmatoff 1975:61) and at Quinchana (Llanos and Durán 1983:78 and 86).

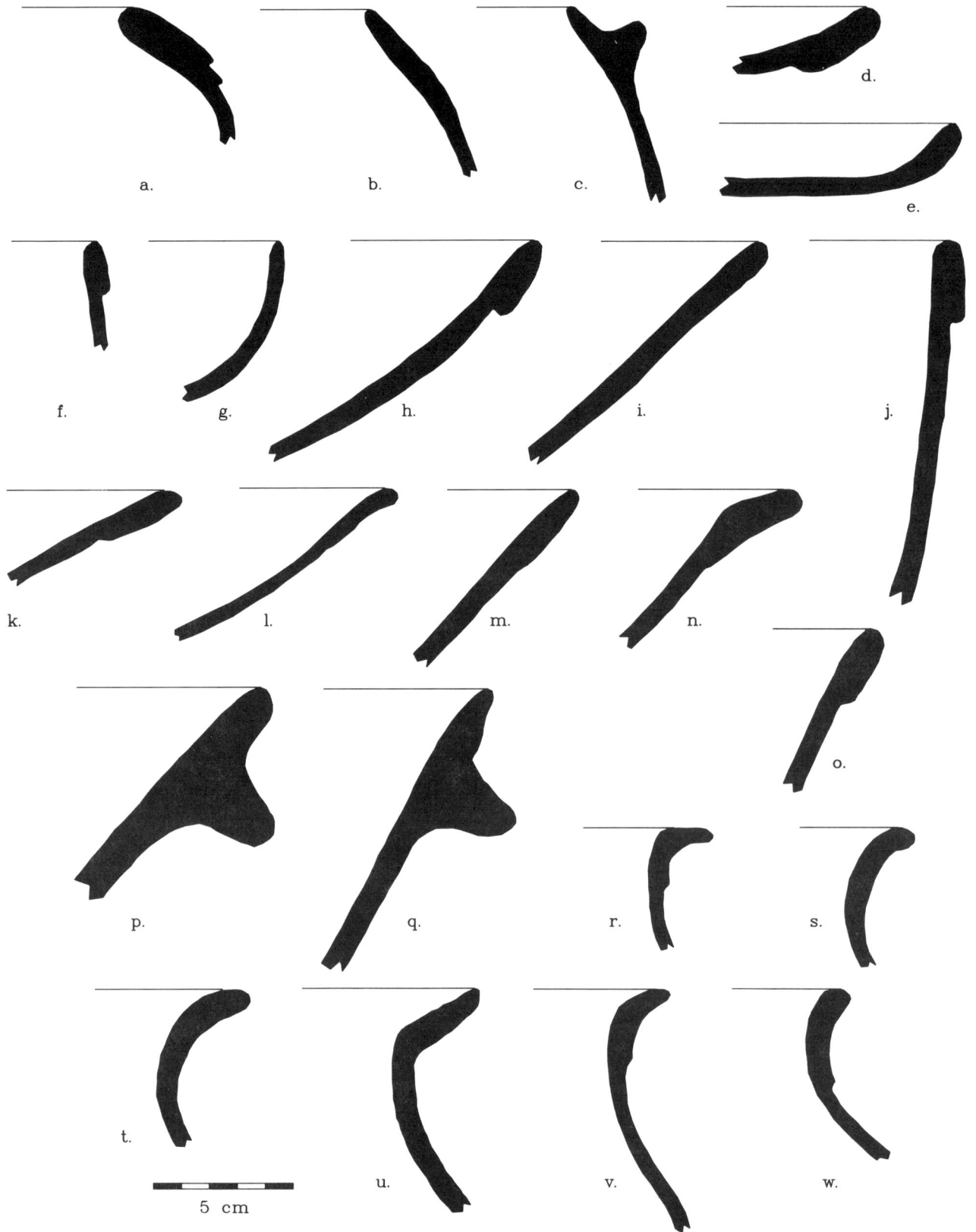

Figura 1.15. Bordes de Mirador Rojo Pesado.—Figure 1.15. Mirador Heavy Red rims.

California Heavy Gray

Number of specimens: 4,359 (269 from stratigraphic excavations, 4,090 from surface collections and shovel probes in regional survey).

Surface: Medium gray, ranging sometimes to brown. This type is always very well smoothed, although the streaks from individual smoothing strokes are usually very visible. It is lightly burnished but never very shiny. There is no slip. The surface is fired extremely hard and resists erosion quite well.

Paste: Usually the same color as the surface right through, although there is sometimes an even darker core. The paste is of medium texture and, like the surface, it is quite hard.

Temper: Quite coarse, ranging in size from approximately 0.5 mm to 3.0 mm. The most visible particles are white, and appear on casual inspection to be quartz. The petrographic study reported in the second part of this volume was completed before this type was defined, so more detailed characterization of the temper is not available.

Forms: Almost all forms are of very large vessels, both ollas and bowls with vertical and outleaned walls. The scarcity of base angles suggests that bottoms were rounded.

Wall Thickness: 5 to 12 mm.

Rims: Some ollas have flared rims, but bowls have mostly direct rims, sometimes very thickened and sometimes folded-over as described above for Barranquilla Buff (Figure 1.13).

Decoration: The only decoration we have encountered on California Heavy Gray sherds consists of crude finger marks below the exterior rim (Figure 1.14).

Relationships: California Heavy Gray shows even stronger relationships than Barranquilla Buff to the finger-marked decoration cited above for late in the San Agustín sequence (Duque Gómez's [1964:309–310] type *Mesitas Gris con Impresiones Dactilares*; Reichel Dolmatoff 1975:61; Llanos and Durán 1983:78 and 86). Highly similar material has also been recovered in the area of Timaná (Sánchez 1991:71, 73, and cover illustration) and near Garzón (Llanos, personal communication), also pertaining to late in the prehispanic sequence. Clearly, this type is also related to Barranquilla Buff, through the folded-over rims and crude finger marking below exterior rims. Finger marking is much more common in California Heavy Gray, however, than in Barranquilla Buff, and characteristics of surface color and finish also differ strongly. The predominance of extremely large vessels in California Heavy Gray also distinguishes it from Barranquilla Buff.

Mirador Heavy Red

Number of specimens: 1,680 (118 from stratigraphic excavations, 1,562 from surface collections and shovel probes in regional survey).

Surface: Streaky reddish or-

Figure 1.16
Mirador Heavy Red sherds.

Figura 1.16
Tiestos de Mirador Rojo Pesado.

5 cm

Ilustran un tiesto (Llanos y Durán 1983:87 [Figura 25, tiesto 2]) el cual se ve idéntico al tiesto de Barranquilla Crema con "borde doblado" y fila de puntuaciones exterior. Sin embargo, tal decoración es evidentemente mucho más rara en Quinchana de lo que lo es en el Valle de la Plata (Llanos, comunicación personal). De sus excavaciones en San Agustín, Reichel-Dolmatoff (1975:56, 69, Láminas V y IX) ilustra el mismo tipo de "borde doblado" para su complejo Sombrerillos.

La decoración incisa similar a aquella que ocurre ocasionalmente en los tiestos de Barranquilla Crema en el Valle de la Plata es ilustrada por varios autores que han escrito sobre la cerámica tardía en la secuencia de San Agustín: decoración incisa-acanalada e incisa-hachurada (Duque Gómez 1964:360–367 y Planchas XVII, XXI, XXIII y XXIV); incisa (Reichel-Dolmatoff 1975:44, Láminas VI y VII); incisa-zonificada (Duque Gómez y Cubillos 1981:137, 142 y 145); incisa lineal e incisa lineal zonificada (Llanos y Durán 1983:83–87); y acanalada (Reichel-Dolmatoff 1975:44, Láminas VI y VII; Llanos y Durán 1983:83–87). El tipo de Duque Gómez (1964:309–310) Mesitas Gris con Impresiones Dactilares se caracteriza por el mismo tipo de decoración de marcas dactilares que algunas veces aparece en Barranquilla Crema. La decoración dactilar también aparece en el complejo Sombrerillos (Reichel-Dolmatoff 1975:61) y en Quinchana (Llanos y Durán (1983:78 y 86).

California Gris Pesado

Número de espécimenes: 4,359 (269 de excavaciones estratigráficas, 4,090 de recolecciones de superficie y pruebas de garlancha del reconocimiento regional).

Superficie: Gris mediano, variando algunas veces a café. Este tipo está siempre muy bien alisado, aún cuando las líneas del proceso de alisado son usualmente muy visibles. Es ligeramente pulido pero nunca es muy brillante. No tiene engobe. La superficie está bien cocida resultando en una pasta extremadamente dura que resiste la erosión bastante bien.

Pasta: Usualmente del mismo color en todo el grosor de la pared, sin embargo algunas veces, existe un núcleo aún más oscuro. La pasta es de textura media y, como la superficie, es bastante dura.

Desgrasante: Bastante tosco, varía en tamaño de aproximadamente 0.5 mm a 3.0 mm. Las partículas más visibles son blancas, y durante una inspección casual parecen ser cuarzo. El estudio petrográfico reportado en la segunda parte de este volumen fue terminado antes que que se definiera este tipo cerámico, por ello una caracterización más detallada sobre el desgrasante no está disponible.

Formas: La mayoría de las formas corresponden a vasijas muy grandes, tanto ollas como cuencos con paredes verticales e inclinadas hacia afuera. La escasez de ángulos de bases sugiere que los fondos eran redondeados.

Grosor de las Paredes: De 5 a 12 mm.

Bordes: Algunas ollas tienen bordes curvados hacia afuera, pero los cuencos en su mayoría tienen bordes rectos, algunas veces muy gruesos y otras del tipo "borde doblado" semejantes a los descritos para Barranquilla Crema (Figura 1.13).

Decoración: La única decoración que hemos encontrado en los tiestos de California Gris Pesado consisten en toscas marcas dactilares bajo el borde exterior (Figura 1.14).

Relaciones: California Gris Pesado muestra relaciones incluso más fuertes que Barranquilla Crema con la decoración de marcas dactilares citada anteriormente para el período tardío en la secuencia de San Agustín (el tipo Mesitas Gris con Impresiones Dactilares de Duque Gómez [1964:309–310]; Reichel-Dolmatoff 1975:61; Llanos y Durán 1983:78 y 86). Un material muy similar también ha sido recobrado en el área de Timaná (Sánchez 1991:71, 73 e ilustración en la portada) y cerca a Garzón (Llanos, comunicación personal), también perteneciente a la parte tardía de la secuencia de San Agustín. Claramente, este tipo también esta relacionado con Barranquilla Crema, a través de los "bordes doblados" y las toscas marcas dactilares bajo la parte exterior de los bordes. Sin embargo, las marcas dactilares son mucho más comunes en California Gris Pesado que en Barranquilla Crema, y las características del color y acabado de la superficie también difieren fuertemente. La predominancia de vasijas extremadamente grandes en California Gris Pesado también la distingue de Barranquilla Crema.

Mirador Rojo Pesado

Número de espécimenes: 1,680 (118 de excavaciones estratigráficas, 1,562 de recolecciones de superficie y pruebas de garlancha del reconocimiento regional).

Superficie: anaranjado rojizo, algunas veces con variación a carmelita o gris. Usualmente los pases de alisado individual son visibles, sin embargo, la superficie siempre está bien alisada y ligeramente pulida. Está fuertemente cocida y resiste la erosión bastante bien; sin embargo, en algunos casos, la superficie interna se descascara fácilmente.

Pasta: Carmelita claro, ocasionalmente con un núcleo negro reducido. Es muy dura y tiene una textura media.

Desgrasante: Muy tosco, con partículas que varían de aproximadamente 0.5 a 3.0 mm. Las partículas más notorias son blancas y parecerían ser cuarzo al ser inspeccionadas casualmente. El estudio petrográfico reportado en la segunda parte de este volumen fue conducido después que este tipo fuera definido, de manera que no hay información disponible acerca del desgrasante.

Formas: Casi todas son vasijas muy grandes, especialmente cazuelas con paredes rectas curvadas o inclinadas hacia afuera. Las paredes inclinadas hacia afuera de las cazuelas tienen algunas veces pesadas asas semicirculares modeladas debajo el borde exterior (Figura 1.16). También hay ollas y tecomates (ollas sin cuello) con bocas muy anchas. (Estos últimos también pueden ser llamados cuencos extremadamente grandes con bordes curvos.) También se encuentran vasijas muy grandes, posiblemente tapaderas de fogón (budares).

Grosor de las Paredes: De 5 a 12 mm.

Bordes: Las ollas algunas veces tienen bordes abiertos hacia afuera, sin embargo los bordes rectos son más comunes en

ange, sometimes grading off to tan or gray. Individual smoothing strokes are usually visible, but the surface is always well smoothed and lightly burnished. It is fired very hard and resists erosion quite well, although on some examples the interior surface flakes off rather easily.

Paste: Light tan, occasionally with a black reduced core. It is very hard and has a medium texture.

Temper: Very coarse, with particles ranging from approximately 0.5 to 3.0 mm. The most noticeable particles are white and appear upon casual inspection to be quartz. The petrographic study reported in the second part of this volume was conducted after this type was defined, so there is no information available from it concerning the temper.

Forms: Almost all are very large vessels, especially bowls with direct curved or outleaned walls. The outleaned wall bowls sometimes have heavy semi-circular modeled handles below the exterior rim. There are also ollas and tecomates (neckless ollas) with very large mouths. (These last could also be called extremely large incurved rim bowls.) Very large flat vessels, possibly ceramic griddles (*budares*), are also found.

Wall Thickness: 5 to 12 mm.

Rims: Ollas sometimes have flared rims, but direct rims are more common on all kinds of bowls. Bowl rims are often thickened, reinforced with flanges, or of the folded-over type described above for Barranquilla Buff (Figure 1.15).

Decoration: Crude finger marks below the exterior rim are the only decoration in our sample of Mirador Heavy Red sherds (Figure 1.16).

Relationships: The relationships of Mirador Heavy Red elsewhere in the Alto Magdalena are exactly the same as those of California Heavy Gray. The crude finger-marking below the exterior rim provides the same common denominator with Barranquilla Buff, and provides even stronger linkages to materials from late sites outside the Valle de la Plata. On the other hand, Mirador Heavy Red shows a number of features, such as possible *budares* and the heavy modeled bowl grips, that do not appear in these other assemblages.

todos los tipos de cuencos. Los bordes de los cuencos son generalmente gruesos, reforzados con rebordes, o del tipo "borde doblado" descrito anteriormente para Barranquilla Crema (Figura 1.15).

Decoración: La única decoración en nuestra muestra de tiestos Mirador Rojo Pesado son marcas dactilares toscas debajo el borde exterior (Figura 1.16).

Relaciones: Las relaciones de Mirador Rojo Pesado con otras zonas en el Alto Magdalena son exactamente las mismas que California Rojo Pesado. Las marcas dactilares toscas debajo del borde exterior proveen un mismo denominador común con Barranquilla Crema y proveen incluso vínculos más fuertes con los materiales de sitios tardíos fuera del Valle de la Plata. Por otro lado, Mirador Rojo Pesado muestra un número de rasgos, como posiblemente budares y las pesadas asas modeladas, que no aparecen en estos otros grupos.

Chapter 2

Stratigraphic Excavations

Small scale stratigraphic excavations were conducted between 1984 and 1989 at a dozen different sites scattered throughout the Valle de la Plata (Figure 2.1) for the purpose of establishing the relative chronological position of the ceramic types that have been described in Chapter 1. These excavations represented an effort completely separate from the regional settlement pattern survey, although, of course, it was the regional survey, even as it was being conducted in the field, that provided the information for deciding where to locate stratigraphic tests. Sites were selected for two contrasting reasons. Some were chosen because they seemed likely to provide sizeable samples of sherds of a single type, thus offering the opportunity to define the parameters of that type more fully. Others were chosen because they would clearly yield samples of two or more different types, and because the character of their cultural deposits made it seem likely that the stratigraphic relations between those types could be established. As the regional survey progressed, there were, of course, increasing numbers of known sites to choose from. At the same time, our knowledge of stratigraphic relations between types was growing—the gaps in that knowledge were becoming narrower and more precisely defined. By 1988 and 1989 we were thus able to specify just what kind of information we hoped to gain from a particular excavation and to select, from nearly 6,000 collections of sherds representing separate locations, those which seemed likeliest to provide exactly the information we needed.

The selection of sites for excavation, then, and the excavation methodology applied to them had a very narrowly defined goal: the provision of data necessary to the establishment of regional ceramic chronology by 1) providing large pure samples of the various ceramic types to aid in their definition, 2) establishing the stratigraphic relations between the ceramic types to provide relative chronological placement, and 3) recovering samples for radiocarbon dating to put absolute dates with the chronological placements. These excavations, of course, also gave us a view of the nature of cultural deposits and the state of preservation of various kinds of materials in sites of different periods. They uncovered an assortment of features and gave us samples of lithic artifacts. And they recovered botanical remains in the form of pollen and carbonized macroremains. We certainly took advantage of these additional opportunities, but our methodology was not de-

signed to maximize them. The strategy we followed was, instead, focused on the three tasks listed above central to the establishment of regional ceramic chronology. The next logical step in the fieldwork of the Proyecto Arqueológico Valle de la Plata (following regional survey) consists of large-scale stratigraphic excavation, including an effort to attain much larger horizontal exposures. This fieldwork is actually well under way at the time these words are written, and we hope to be able to present its results in the near future. This report, however, restricts itself to the more limited excavations conducted during the project's first stage of fieldwork.

Excavation Methods

Our immediate needs did not require large-scale horizontal exposure, and so we concentrated on stratigraphic tests of modest size. These are not to be confused with the 40 by 40 cm shovel probes conducted as part of the regional survey (Drennan 1985:137–145; Drennan et al. 1989:124 and 1991:304–305). The stratigraphic tests were ordinarily 1 by 2 m, with their long axes oriented in a north-south direction. Excavation methodology consisted primarily of horizontal shovel scraping so as to remove deposits relatively quickly and yet still have an opportunity to observe changes in soil. Excavation proceeded downward until a change in soil was noted or until 10 cm of deposit had been removed, whichever happened first. Separate stratigraphic units, then, were defined on the basis of changes in soil whenever these were easily detected in the process of shovel scraping. If such changes were not detected, arbitrary division was made between stratigraphic units such that none was more than 10 cm thick. When more complicated stratigraphic conditions or features of any kind presented themselves, excavation shifted to trowel work and followed the "natural" boundaries of stratigraphic units. Excavation continued in all cases until culturally sterile soil was reached. Particularly in the 1984 season, we often excavated some distance into this sterile soil to be more confident that we had not been unduly hasty in concluding that cultural deposits had ended.

We cannot say that all dirt was passed through quarter-inch (6 mm) mesh screen, although that was our intention. Whenever the character of the deposits made this possible, it was done. Far more often, however, the wet, clayey soils of the

Capítulo 2

Excavaciones Estratigráficas

Con el propósito de establecer la posición cronológica relativa de los tipos cerámicos descritos en el Capítulo 1, se realizaron excavaciones estratigráficas de pequeña escala entre 1984 y 1989 en una docena de sitios diferentes y dispersos en el Valle de la Plata (Figura 2.1). Estas excavaciones representaron un esfuerzo totalmente separado del reconocimiento de los patrones de asentamiento regional, aunque, por supuesto, fue el reconocimiento regional, mientras se ejecutaba en el campo, lo que proveyó la información que ayudó a decidir donde se ubicarían las pruebas estratigráficas. Los sitios fueron seleccionados por dos razones diferentes. Algunos fueron escogidos porque parecían adecuados para proveer extensas muestras de tiestos de un solo tipo, y así lograr establecer de la forma más completa los parámetros de variación. Otros fueron escogidos porque darían muestras de dos o más tipos diferentes, y porque el carácter de sus depósitos culturales indicaba que posiblemente se podría establecer las relaciones estratigráficas entre ellos. Como era de esperarse, a medida que se desarrollaba el reconocimiento regional, se contaba con más sitios conocidos para escoger entre ellos. Al mismo tiempo, nuestros conocimientos de las relaciones estratigráficas entre los tipos aumentaba—las lagunas en tal conocimiento se reducían y se circunscribían a aspectos muy precisos. Hacia 1988 y 1989 nos encontrábamos entonces en capacidad de precisar qué tipo de información esperábamos extraer de cada excavación particular y de seleccionar, de entre cerca de 6,000 colecciones de tiestos representando diferentes lugares, aquellos que nos parecían los más probables de proporcionar la información que necesitábamos.

La selección de los sitios para ser excavados y la metodología de excavación aplicada en ellos tenían, entonces, objetivos definidos muy precisos: proporcionar los datos necesarios para el establecimiento de una cronología cerámica regional a través de 1) la recuperación de muestras extensas de los varios tipos cerámicos para lograr establecer sus características, 2) el establecimiento de las relaciones estratigráficas entre los tipos cerámicos para definir su posición en una cronología relativa, y 3) recuperar muestras para fechamientos radiocarbónicos para complementar con fechas absolutas la cronología relativa de los tipos cerámicos. Estas excavaciones nos dieron por supuesto una imagen de la naturaleza de los depósitos culturales y del estado de preservación de los varios tipos de materiales en sitios de diferentes períodos. Asimismo, las excavacio-

nes nos permitieron descubrir una diversidad de rasgos y nos brindaron muestras de artefactos líticos, así como logramos recuperar en ellas restos botánicos en forma de polen y de macro restos carbonizados. Ciertamente aprovechamos estas oportunidades adicionales, pero nuestra metodología no fue diseñada para maximizar su recuperación. La estrategia que seguimos fue mas bien dirigida a los tres objetivos enumerados anteriormente, esenciales para el establecimiento de la cronología cerámica regional. La próxima etapa lógica del Proyecto Arqueológico Valle de la Plata (después del reconocimiento regional) consistió en ejecutar excavaciones estratigráficas de mayor escala, incluyendo un esfuerzo para lograr la exposición de áreas más extensas. Esta tarea está en pleno curso en el campo mientras escribimos estas líneas, y esperamos presentar sus resultados en un futuro cercano. Este informe, sin embargo, se restringe a las excavaciones de extensión limitada durante la primera etapa del trabajo de campo del proyecto.

Métodos de Excavación

Nuestras necesidades inmediatas no requirieron la exposición horizontal de extensas áreas de excavación, de manera que nos concentramos en pruebas estratigráficas de escala reducida. Estas no deben ser confundidas con las pruebas de garlancha de 40 por 40 cm realizadas como parte del reconocimiento regional (Drennan 1985:137–145; Drennan et al. 1989:124 y 1991:304–305). Las pruebas estratigráficas tenían comunmente una área de 1 por 2 m, con el eje mayor orientado en dirección norte-sur. La metodología de excavación consistió principalmente en raspar horizontalmente con pala, para poder remover rapidamente los depósitos y, al mismo tiempo, tener la oportunidad de observar cambios de coloración en los suelos. La excavación procedió hasta que un cambio en el suelo se notara o hasta que se hubieran removido 10 cm del depósito, lo que ocurriera primero. Se definieron entonces unidades estratigráficas separadas a partir de cambios en la coloración de la tierra cuando éstos fueran percibidos sin dificultad en el proceso de excavación. En caso de no detectarse dichos cambios, se establecían niveles arbitrarios entre las unidades estratigráficas que no excedieran 10 cm. Cuando se presentaban condiciones estratigráficas más complicadas o rasgos de cualquier tipo, la excavación se realizaba con paluste y seguía los límites "naturales" de las unidades estratigrá-

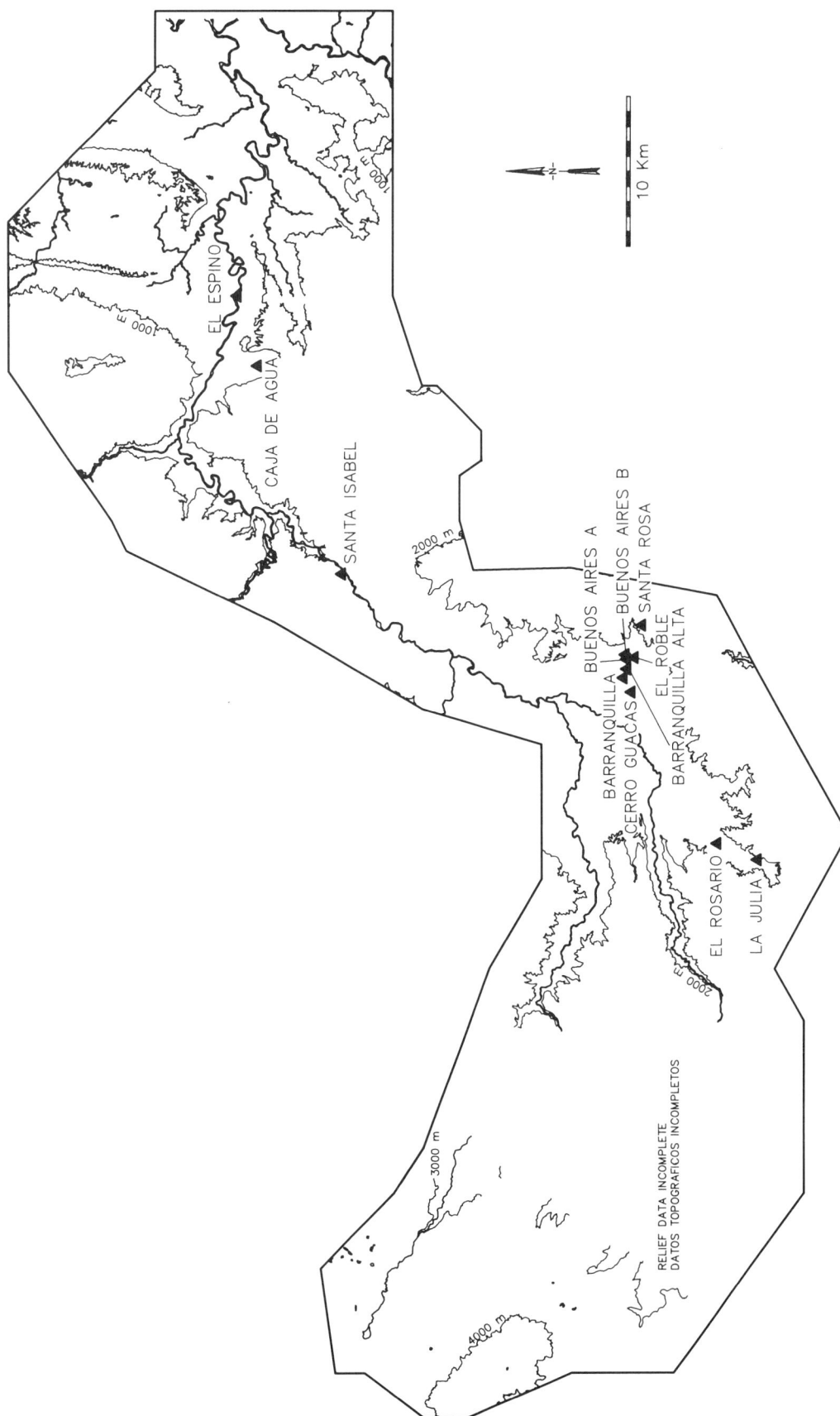

Figure 2.1. Map of the Valle de la Plata locating sites where stratigraphic excavations were conducted between 1984 and 1989.
Figura 2.1. Mapa del Valle de la Plata con los sitios donde se realizaron las excavaciones estratigráficas entre 1984 y 1989.

ficas. La excavación continuaba en todos los casos hasta que se llegaba al suelo culturalmente estéril. Especialmente durante la temporada de 1984, procedimos a excavar las capas de sedimento estéril para estar seguros que no nos hubiésemos precipitado en concluir que los depósitos culturales hubiesen terminado.

No podemos decir que toda la tierra removida fue cernida en la zaranda de malla de 6 mm, aunque tal fuera nuestra intención. En todos los casos en que las condiciones del sedimento lo permitieron, tal proceso se llevó a cabo. Sin embargo, en la mayoría de los casos los suelos arcillosos y húmedos del Valle de la Plata obstruían de la malla y los terrones tenían que ser cuidadosamente examinados a mano. Todos los artefactos (en mayoría cerámica y lascas líticas) fueron llevados a nuestro laboratorio en La Argentina, donde fueron lavados, catalogados y analizados. Los pedazos de carbón grandes fueron recogidos a mano de las zarandas, y muestras de 2 a 3 litros de suelo para flotación fueron seleccionadas en depósitos que contenían una alta proporción de carbón discernible. En nuestro laboratorio de campo se practicó flotación con técnicas muy simples. Cada muestra de sedimento fue sumergida en un balde grande de agua mezclada con silicato de sodio (para ayudar a diluir los terrones), y todo el carbón que resultara flotando en la superficie fue cernido y secado. Las muestras radiocarbónicas fueron recolectadas por separado con instrumentos limpios y fueron inmediatamente envueltos en papel aluminio.

Un sistema de coordenadas, orientado con relación al norte magnético, fue establecido independientemente para cada sitio donde se condujeron excavaciones estratigráficas, pero siempre con los mismos principios. El levantamiento de mapas de sitios y el establecimiento de las coordenadas fue realizado con plano y nivel de mesa (alidade) en la mayoría de los sitios, aunque en unos pocos se usó la brújula Brunton y cinta métrica. Las coordenadas fueron medidas en metros, en función de la distancia este y norte desde un punto de referencia escogido arbitrariamente fuera del sitio en la esquina sudoeste. De esta manera, todas las coordenadas corresponden a convenciones estándar del sistema de gráficos, localizándose al norte y al este de un punto cero (i.e. encima y a la derecha del punto de origen del gráfico, si consideramos el mapa del sitio como un gráfico). Esto hace que el manejo en computadoras de la información espacial horizontal sea facilitada tanto para el análisis como para la elaboración de planos y mapas. Las coordenadas se registran en la forma $xxxx$E$yyyy$N, donde $xxxx$ es la distancia al este del punto cero (la coordenada x en términos gráficos) e $yyyy$ es la distancia al norte de punto cero (la coordenada y en términos gráficos). Cada cuadrícula de 1 por 1 m en la retícula del sitio recibe su nombre por las coordenadas de su esquina sudoeste. La ubicación dentro de cada cuadrícula puede ser medida con la precisión requerida sin necesidad de referirse al código de la cuadrícula por separado, dado que cada código de cuadrícula está incluido en las coordenadas más precisas. (Por ejemplo, una coordenada más precisa de 873.26E401.66N, significa 873.26 m al este y

401.66 m al norte del punto cero y se ubica en la cuadrícula de 1 por 1 m cuyo nombre, según las coordenadas de su esquina sudoeste, es 873E401N.) Las pruebas estratigráficas de 1 por 2 m fueron también nombradas por las coordenadas de sus esquinas sudoccidentales, y son referidas de tal manera en este trabajo.

Todos los registros de posición vertical (profundidad de las excavaciones, etc.) fueron hechas en metros sobre el nivel del mar, para evitar las posibles imprecisiones de medir desde la superficie del suelo y la confusión de medir desde diferentes puntos de referencia. La altura de algún punto en cada sitio fue determinado a partir de los mapas topográficos y/o altímetro. Una vez hecha tal medida, se establecieron uno o varios puntos de referencia de altura en los lugares de las pruebas estratigráficas medidas con el plano y nivel de mesa (alidade) o la brújula Brunton. En cada excavación, las medidas se hicieron a partir de dicho punto de referencia con cinta métrica y nivel de cuerda. Tales datos fueron registrados en el campo de la misma forma en que aparecen aquí, en metros sobre el nivel de mar, redondeado al centímetro.

Presentación de los Resultados

Hemos tratado de ser muy concisos en la presentación de los resultados de nuestras excavaciones estratigráficas. Sin embargo, como queremos permitir a los lectores la posibilidad de evaluar por sí mismos la evidencia que apoya nuestra cronología regional, hemos tratado de incluir todos los detalles relevantes sin que los detalles hagan perder los patrones significativos. Cada excavación estratigráfica es descrita e ilustrada mas adelante. Un mapa localiza cada excavación en el área del sitio, y un diagrama del perfil estratigráfico ilustra la secuencia de estratos "naturales" (usualmente culturales). En estos diagramas se incluyen designaciones descriptivas rudimentarias de los suelos de cada estrato. Dado que los diagramas de los perfiles incluyen la información básica sobre la secuencia de las unidades estratigráficas, hemos omitido largas descripciones verbales—la información no es repetida en el texto. Se hace mención en la medida de lo necesario y apropiado, de aquellas circunstancias poco usuales, como, por ejemplo, rasgos adicionales (pozos, fogones, huecos de poste, etc.) que aparecen parcialmente o no se presentan en los diagramas de perfil. Los contextos de las muestras radiocarbónicas de las cuales se obtuvieron fechamientos son discutidos en el texto, pero la discusión de las implicaciones de los fechamientos y sus patrones se reserva para el Capítulo 3.

La información adicional más importante, para efectos del establecimiento de la cronología regional, consiste en las frecuencias de los diferentes tipos cerámicos por unidad estratigráfica. Estas frecuencias, para todas las excavaciones, son presentadas en la Tabla 2.1. En ella el lector puede determinar con exactitud cuantos tiestos de cada tipo fueron encontrados en cada unidad estratigráfica de cada excavación. El volumen del depósito excavado para cada una de las unidades estratigráficas está también indicado en la Tabla 2.1, y es la base para

Valle de la Plata simply clogged up the screens and had to be carefully examined by hand. All artifacts (primarily ceramics and flaked stone) were brought back to our laboratory in La Argentina, washed, catalogued, and analyzed. Pieces of carbon large enough to recover by hand were saved from the screens, and samples of 2 to 3 liters of soil were saved for flotation from all deposits that contained much visible carbon. Flotation by very simple techniques was practiced in our field laboratory. Each sample of soil was immersed in a large bucket of water to which a small amount of sodium silicate had been added (to assist in breaking up clods), and all visible floating carbon was screened off and dried. Radiocarbon samples were collected separately with freshly cleaned tools and immediately wrapped in aluminum foil.

A separate coordinate system, oriented to magnetic north, was established for each site where we conducted stratigraphic excavations, but each grid follows the same rules. Site mapping and establishment of coordinates for stratigraphic tests were done with plane table and alidade for most sites; with Brunton compass and tape measure for a few. Coordinates were measured, in meters, to the east and the north of an arbitrarily selected reference point outside the site to the southwest. Thus all coordinates correspond to standard conventions of graphing, falling to the north and east of the zero point (i.e. above and to the right of the origin of the graph, if the site map is thought of as a graph). This makes computer manipulation of horizontal spatial information especially easy for both analysis and production of maps and plans. Coordinates are written here in the form $xxxxEyyyyN$, where $xxxx$ is the distance east of the zero point (the x-coordinate in graph terms) and $yyyy$ is the distance north of the zero point (the y-coordinate in graph terms). Each 1 by 1 m square in the site grid is named by the coordinates of its southwest corner. Locations within any square can be measured as precisely as necessary without need of referring to the square name separately, since each square name is encapsulated in the more precise coordinates. (A precise coordinate of 873.26E401.66N, for example, means 873.26 m east and 401.66 m north of the zero point and falls in the 1 by 1 m grid square whose name, according to the coordinates of its southwest corner, is 873E401N.) Stratigraphic tests of 1 by 2 m were also named by the coordinates of their southwest corners, and they are referred to here in this manner.

All records of vertical position (depth of excavations, etc.) were made in terms of meters above sea level to avoid the continual inaccuracy of measuring below the ground surface and the confusion of measuring from various different datum points. The elevation of some point in each site was determined by reference to topographic maps and/or altimeter. Once this determination was made, one or more elevation datum points was marked at the location of each stratigraphic test by measuring with plane table and alidade or Brunton compass. Within each excavation, measurements were made from this datum point with tape measure and line level. They were recorded in the field in the same form they appear here, in meters above

sea level, usually to the nearest centimeter.

Presentation of Results

We have tried to be very concise in presenting the results of our stratigraphic excavations. At the same time, we want to enable all readers to evaluate for themselves the evidence backing up our regional chronology, so we have tried to include all relevant details without cluttering the presentation so much that the meaningful patterns are obscured. Each stratigraphic excavation is described and illustrated separately below. A map locates each excavation in its respective site, and a profile drawing illustrates the sequence of "natural" (really usually cultural) strata. Rudimentary descriptive labels for the soils of each stratum are attached to the profile drawings. Since this basic information on the sequence of stratigraphic units is presented in the illustrations, we have dispensed with the proverbial thousand words that each picture is worth—the information is not repeated in the text. Mention is made as may be necessary and appropriate of unusual circumstances, such as additional features (pits, hearths, post molds, etc.) that appear only partially or not at all in the profile drawings. The contexts of all radiocarbon samples for which dates were obtained are discussed in the text, but discussion of the implications of the dates and their patterning is deferred to Chapter 3.

The most important additional information, for purposes of establishing regional chronology, consists of the frequencies of the different ceramic types by stratigraphic unit. These frequencies, for all excavations, are presented in Table 2.1. Here the reader can determine exactly how many sherds of each type were found in each stratigraphic unit of each excavation. The volume of excavated deposit for each of these stratigraphic units is also indicated in Table 2.1, and forms the basis for comments made concerning sherd densities. As noted in the preface, all ceramics have been reanalyzed for this report to insure consistency and conformity with the final type definitions. Consequently, the data presented here differ in some respects from those that have been partially presented previously. In general, each stratigraphic unit is identified in Table 2.1 by the elevation at its maximum depth. This enables the reader to relate the data in Table 2.1 to the corresponding profile drawings. A few stratigraphic units are identified by labels that relate in self-evident fashion to the text describing the corresponding excavation. To make clear the stratigraphic patterns revealed in the various excavations, each profile drawing is accompanied by a "battleship curve" graph showing the proportions of the different ceramic types all along the stratigraphic sequence. It is the relationship of these proportions to the stratigraphy, and the chronological conclusions to be drawn about ceramic types that we concentrate on in the text.

Identified carbonized plant remains are also mentioned in the discussions below. The scattered small-scale stratigraphic testing conducted between 1984 and 1989, did not, of course, provide a basis for extensive study of subsistence practices,

los comentarios hechos con relación a la densidad de tiestos. Como fue mencionado en el prefacio, todos los tiestos han sido analizados nuevamente para este informe, asegurando así consistencia y conformidad con las definiciones finales de tipos. Consecuentemente, la información presentada aquí difiere en algunos respectos de aquella que ha sido presentada en anteriores publicaciones. En general, cada unidad estratigráfica está identificada en la Tabla 2.1 por la altura de su profundidad máxima. Esto permite al lector relacionar los datos de la Tabla 2.1 con los correspondientes dibujos de perfil. Algunas unidades estratigráficas están identificadas con designaciones que se relacionan de manera evidente al texto que describe la correspondiente excavación. Para establecer claramente los patrones estratigráficos revelados en cada excavación, cada perfil es acompañado por un gráfico que muestra las proporciones de los diferentes tipos cerámicos a través de la secuencia estratigráfica. En el texto nos concentraremos en la relación de estas proporciones con la estratigrafía, y las conclusiones cronológicas que se puedan establecer de los tipos cerámicos.

Se mencionan también en lo que sigue los restos identificados de plantas carbonizadas. Los trabajos de excavación de unidades estratigráficas de pequeña escala realizados entre 1984 y 1989 no proveyeron, por supuesto, la base para un estudio extensivo de los sistemas de subsistencia, pero el carbón recuperado del cernido y obtenido por flotación fue identificado por Deborah M. Pearsall. Como era de esperarse, la gran mayoría del carbón consistió en madera carbonizada representando, según informa Pearsall, diferentes tipos vegetales, incluyendo palmera. Otros restos también estuvieron presentes, siendo algunos de ellos identificables. No es sorprendente que la mayoría de los restos identificados fueran maíz, confirmando las indicaciones del registro palinológico

(Drennan, Herrera, Piñeros 1989). Se encontraron también restos de cucurbitáceas, de las cuales no obtuvimos restos de polen. Un fragmento de raíz podría ser de jícama (*Pachyrrhizus* sp.), única evidencia de ella en el Valle de la Plata. Y un fragmento de raíz tuberosa, asociado con los tiestos más tempranos de la secuencia, podría representar el conjunto de tubérculos que pudieron haber sido cultivados en el Valle de la Plata. Todos los restos carbonizados de plantas que Pearsall pudo identificar son mencionados en la descripción de las excavaciones de la cual provinieron. No se discutirá en particular los restos no identificados y la madera carbonizada.

VP001—Cerro Guacas

Cerro Guacas fue el primer sitio registrado formalmente en 1984. El sitio nos había sido mostrado el año anterior por Carlos Hernández de La Argentina. Está localizado a una altura de 1590 m sobre el nivel del mar en la cima amplia y relativamente nivelada de un cerro que representa el extremo de una

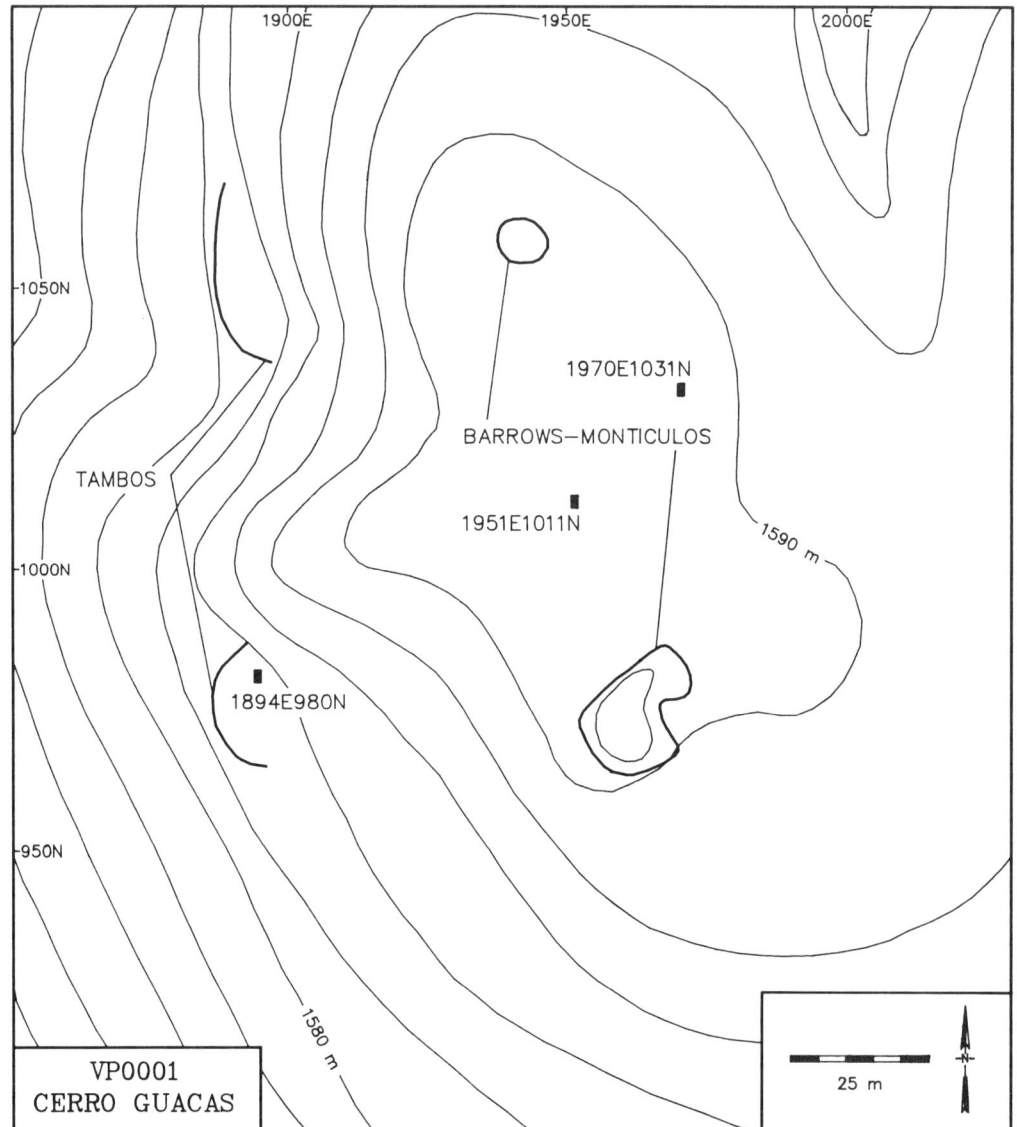

Figura 2.2
Mapa de VP0001, Cerro Guacas.

Figure 2.2
Map of VP0001, Cerro Guacas.

Figure 2.3
View of VP0001, Cerro Guacas, looking south. In the foreground is the stratigraphic test at 1951E1011N; the remains of the southern barrow are visible through the trees; and the summit of the Serranía de las Minas is in the background.

Figura 2.3
Vista de VP0001, Cerro Cuacas, hacia el sur. Se ve la prueba estratigráfica 1951E1011N; lo que queda del montículo se distingue entre los árboles; y al fondo está la cima de la Serranía de las Minas.

but carbon picked from the screens during excavation and recovered through flotation was identified by Deborah M. Pearsall. As is customary, the vast majority of the carbon consisted of wood charcoal, representing, Pearsall reports, at least several different taxa, including palm. Other remains were also present, at least some of them identifiable. Not surprisingly the most abundant identified remains were maize, confirming the indications of the pollen record (Drennan, Herrera, and Piñeros 1989). There were also cucurbit remains, for which we had no palynological suggestion. One root fragment might be of jícama (*Pachyrrhizus* sp.), not otherwise in evidence for the Valle de la Plata. And one tuberous root fragment, associated with the earliest ceramics in the sequence, may represent the array of tubers that could have been cultivated in the Valle de la Plata. All carbonized plant remains that Pearsall was able to identify are noted below in the descriptions of the excavations from which they came. Unidentified remains and wood charcoal are not specifically discussed.

VP0001—Cerro Guacas

Cerro Guacas was the first site we recorded formally in 1984. We had been shown the site by Carlos Hernández, of La Argentina, the year before. It is located at about 1590 m above sea level on the fairly level broad crest of a hill forming the tip of a ridge running down from the Serranía de las Minas. The remains of two barrows, or burial mounds, of the general kind familiar from across the Alto Magdalena are conspicuous at Cerro Guacas—indeed they are the "Guacas" referred to in the site's local name (Figures 2.2 and 2.3). Both have been devas-

tated by looting, although large stone slabs which seem likely to have formed tomb chambers inside them remain strewn about. A number of stone statues were once located at the site, and these will be discussed further in the next volume in this series. At the time of our excavations, the site was in use as pasture and for coffee cultivation, and guava trees dotted the hill summit. Our discussion here will be restricted to the excavation of three 1 by 2 m stratigraphic tests at the site in July, 1988. Further excavations of considerably larger scale and with much broader objectives have since been conducted at and near Cerro Guacas by Jeffrey Blick and will be reported separately. Two of the stratigraphic tests of 1988 were located on the relatively level hilltop between the two barrows and one was downslope on a *tambo* or small artificially constructed house terrace. Anticipating the information on ceramics presented below, it was Cerro Guacas that gave its name to the type Guacas Reddish Brown.

The test at **1894E980N** revealed shallow cultural deposits (Figure 2.4) with very low densities of artifacts (less than 17 sherds per m^3 overall [Table 2.1]). Several unmodified rocks lying just above sterile soil may have been part of a feature such as a wall base, but no pattern was clearly identifiable in the 1 by 2 m test. All of the ceramics recovered were of Guacas Reddish Brown.

The stratigraphic test at **1951E1011N** consisted mostly of a single undifferentiated deposit not much thicker than those of the previous test. A possible post mold 26 cm in diameter and at least 22 cm deep appeared in the sterile orange clay. A pit feature in the southwest corner of the excavation is shown in Figure 2.5. Densities of artifacts were still relatively low,

cuchilla que se desprende de la Serranía de las Minas. Los restos de dos túmulos, o montículos funerarios, del tipo familiar a la región del Alto Magdalena son conspicuos en Cerro Guacas—en realidad son las "Guacas" a las que se refiere el nombre del sitio (Figs. 2.2. y 2.3). Ambas han sido destruidas por la guaquería, aunque grandes lajas de piedra que pudieron haber formado la estructura de cámaras funerarias permanecen desperdigadas. El sitio tuvo hasta cierto momento un número de estatuas de piedra, y ellas serán discutidas con más detalle en el próximo volumen de esta serie. En el período de nuestras excavaciones, el área del sitio era usada para pastoreo y cultivo de café, y árboles de guayaba crecían dispersos en la cima del cerro. Nuestra discusión estará restringida a la excavación de

tres pruebas estratigráficas de 1 por 2 m en el sitio realizadas en julio de 1988. Excavaciones posteriores, de escala considerablemente mayor han sido desde entonces conducidas en el sitio y cerca de Cerro Guacas por Jeffrey Blick y serán descritas separadamente. Dos de las pruebas estratigráficas de 1988 se localizaron en la cima nivelada entre los dos túmulos y otra se ubicó cuesta abajo en un tambo o pequeña terraza artificial de uso residencial. Anticipando la información sobre la cerámica presentada mas adelante, fue el sitio de Cerro Guacas que dio su nombre al tipo Guacas Café Rojizo.

La prueba en **1894E980N** reveló depósitos culturales poco profundos (Figura 2.4), con una muy baja densidad de artefactos (menos de 17 tiestos por m^3 en total; Tabla 2.1). Varias rocas no modificadas ubicadas sobre el suelo estéril podrían haber sido parte de la base de una pared, pero no se pudo identificar claramente un patrón de construcción en la prueba de 1 por 2 m. Todos los restos cerámicos recuperados pertenecen al tipo Guacas Café Rojizo.

La prueba estratigráfica en **1915E1011** consis-

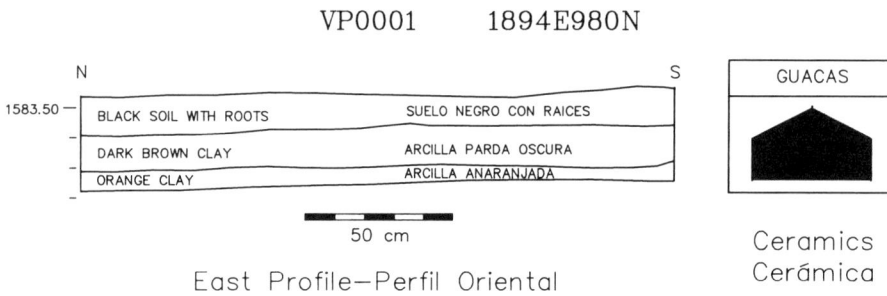

VP0001   1894E980N

East Profile—Perfil Oriental

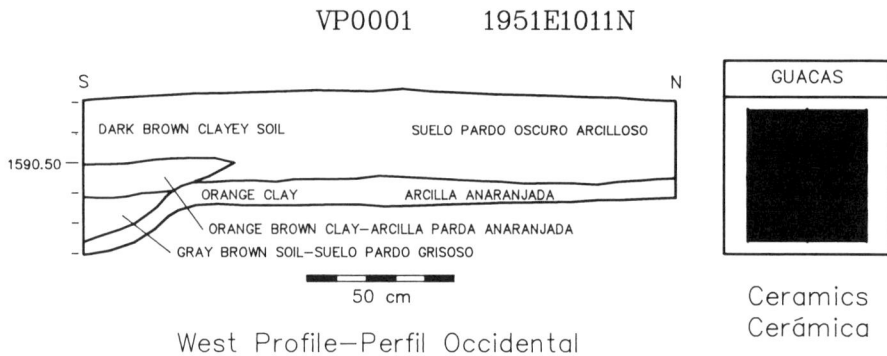

VP0001   1951E1011N

West Profile—Perfil Occidental

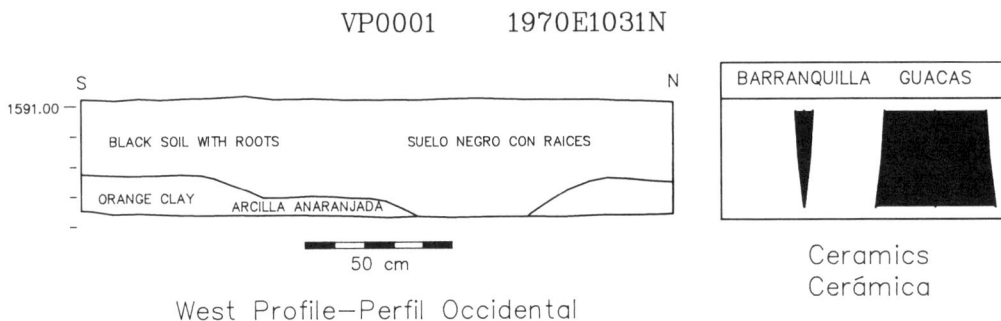

VP0001   1970E1031N

West Profile—Perfil Occidental

Figura 2.4 (superior)
Estratigrafía de la prueba 1894E980N (VP0001, Cerro Guacas).

Figure 2.4 (top)
Stratigraphy of test at 1894E980N (VP0001, Cerro Guacas).

Figura 2.5 (en el medio)
Estratigrafía de la prueba 1951E1011N (VP0001, Cerro Guacas).

Figure 2.5 (middle)
Stratigraphy of test at 1951E1011N (VP0001, Cerro Guacas).

Figura 2.6 (inferior)
Estratigrafía de la prueba 1970E1031N (VP0001, Cerro Guacas).

Figure 2.6 (bottom)
Stratigraphy of test at 1970E1031N (VP0001, Cerro Guacas).

Figure 2.7
Map of VP0002,
Barranquilla.

Figura 2.7
Mapa de VP0002,
Barranquilla.

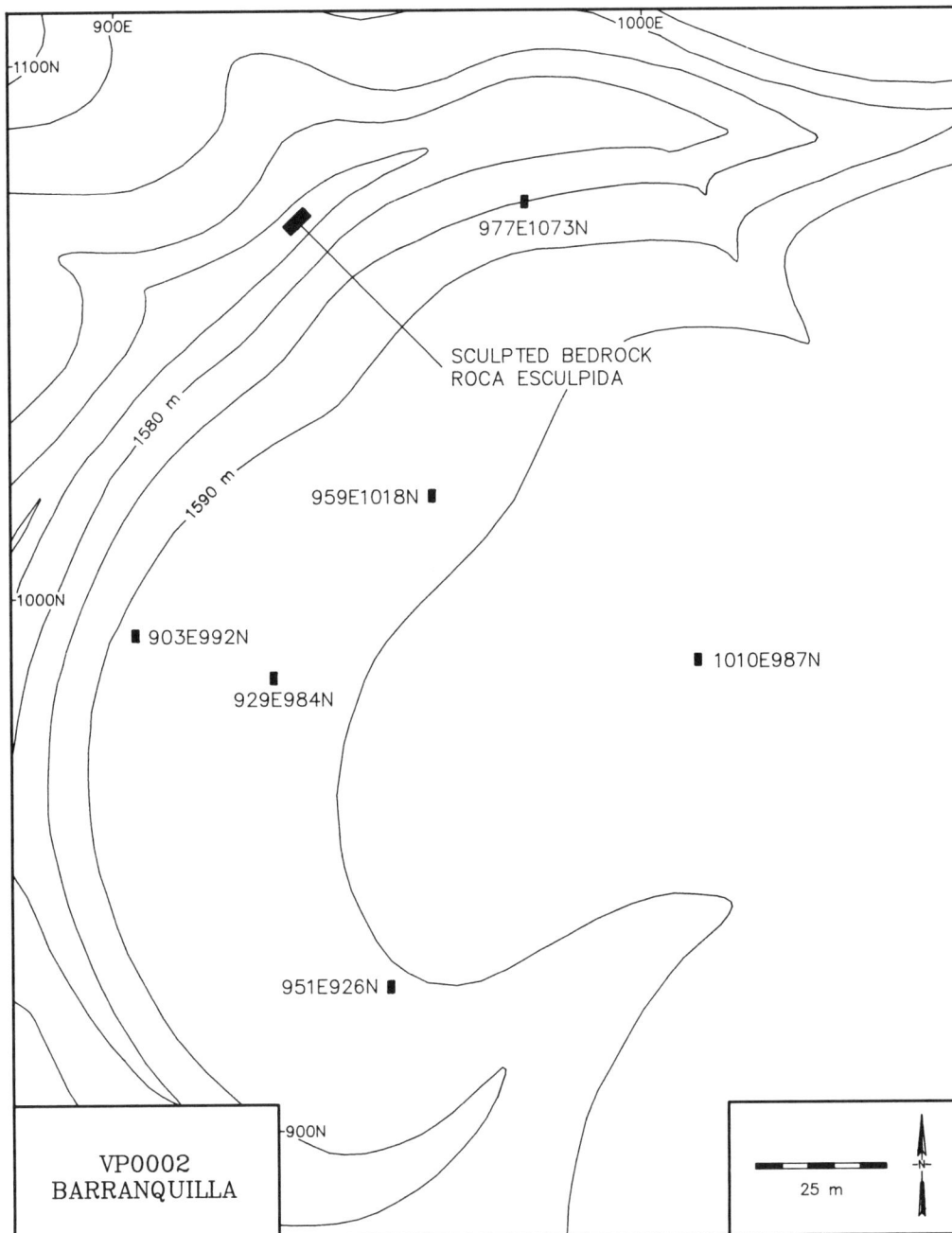

except for the second layer below the surface, which yielded 280 sherds per m^3 (Table 2.1). Again, all the ceramics were Guacas Reddish Brown. Two samples of wood charcoal, one from the fill in the post mold, and one from the upper layer of fill in the pit feature, were submitted for radiocarbon dating but proved to contain insufficient charcoal to produce a date.

Another test in the level area between the barrows, at **1970E1031N**, also had a single undifferentiated deposit (Figure 2.6) with modest artifact densities (Table 2.1). No features were defined. The overwhelming majority of the sherds were Guacas Reddish Brown, but a small quantity of Barranquilla Buff appeared. The absence of Barranquilla Buff from the lowest layer, and its increasing frequency through the upper layers, suggest that it follows Guacas Reddish Brown chronologically.

Cerro Guacas thus yielded a sample of ceramics whose overwhelming majority belongs to the type Guacas Reddish Brown. The one test that produced sherds of Barranquilla Buff suggests that this is a later type than Guacas Reddish Brown. Artifact densities in the three stratigraphic tests at Cerro Guacas were rather low.

VP0002—Barranquilla

The second site to be recorded formally was the first where we conducted stratigraphic excavations (in May and June, 1984). We also first visited this site in 1983 in the company of Carlos Hernández of La Argentina. The occupation is located on the gentle crest of a hill about 1595 m above sea level. It forms the tip of a ridge coming down from the Serranía de las Minas, which ends abruptly as the two deep *quebradas* flowing along just north and south of it, join to the west of the site (Figures 2.7 and 2.8). It has been cultivated and used for pasture in the recent past, and at least five shaft and chamber tombs had been looted there prior to 1983. (More such tombs have been looted at the site since our excavations as well.) In

Figura 2.8. Vista de VP0002, Barranquilla.—Figure 2.8. View of VP0002, Barranquilla.

tió en gran parte en un único depósito no diferenciado y no más profundo que aquellos de la prueba anterior. Un posible hueco de poste de 26 cm de diámetro y al menos 22 cm de profundidad apareció en la arcilla anaranjada estéril. Un rasgo que consiste en un pozo en la esquina suroeste de la excavación se ilustra en la Figura 2.5. La densidad de artefactos fue relativamente baja, excepto en la segunda capa bajo la superficie, que arrojó 280 tiestos por m³ (Tabla 2.1). Nuevamente todos los tiestos pertenecen al tipo Guacas Café Rojizo. Dos muestras de madera carbonizada, una del relleno del hueco de poste, y otra de la capa superior de relleno en el pozo, fueron sometidas a fechamiento radiocarbónico pero resultaron tener insuficiente cantidad de carbón para generar un fechado.

Otra prueba en el área nivelada entre los túmulos, en **1970E1031N**, tuvo también un único depósito no diferenciado (Figura 2.6) con modesta densidad de artefactos (Tabla 2.1). No se definieron rasgos en ella. La gran mayoría de tiestos eran del tipo Guacas Café Rojizo, pero apareció una pequeña cantidad del tipo Barranquilla Crema. La ausencia de Barranquilla Crema del nivel más profundo, y el incremento de su frecuencia a través de los niveles superiores, sugieren que dicho tipo sucede cronológicamente al Guacas Café Rojizo.

Cerro Guacas proveyó entonces una muestra de cerámica cuya gran mayoría pertenece al tipo Guacas Café Rojizo. La única prueba que reveló tiestos del tipo Barranquilla Crema sugiere que éste es un tipo más tardío que el Guacas Café Rojizo. Las densidades de artefactos en las tres pruebas estratigráficas en Cerro Guacas fueron mas bien bajas.

VP0002—Barranquilla

El segundo sitio a ser registrado formalmente fue el primero donde realizamos excavaciones estratigráficas (en mayo y junio de 1984). También visitamos el sitio en 1983 acompañados por Carlos Hernández de La Argentina. La ocupación se localiza en la cima relativamente nivelada de un cerro a unos 1595 m sobre el nivel del mar. El sitio forma el extremo de una cuchilla que se desprende de la Serranía de las Minas, y que termina abruptamente, mientras dos profundas quebradas a sus lados norte y sur se unen al lado oeste del sitio (Figs. 2.7 y 2.8). En períodos recientes el área ha sido usada para pastoreo, y al menos cinco tumbas de pozo con cámara lateral han sido guaqueadas allí antes de 1983. (Más de tales tumbas también han sido saqueadas en el sitio desde la realización de nuestras excavaciones.) En la profunda quebrada al norte del sitio se encuentra una área donde la roca madre, expuesta por erosión, ha sido esculpida en una serie de canales y pozas (Figura 2.9) de la misma manera que la famosa Fuente de Lavapatas en San Agustín (Pérez de Barradas 1943). Excavamos cinco pruebas

the deep *quebrada* to the north of the site is an area where bedrock, exposed by erosion, has been sculpted into a series of pools and channels (Figure 2.9) in the manner of the famous Fuente de Lavapatas at San Agustín (Pérez de Barradas 1943). We excavated five 1 by 2 m stratigraphic tests scattered across the crest of the hill and one more on the steep slope to the north.

Figure 2.9. Area of sculpted bedrock in the quebrada north of VP002, Barranquilla.
Figura 2.9. Area de roca tallada en la quebrada al norte de VP0002, Barranquilla.

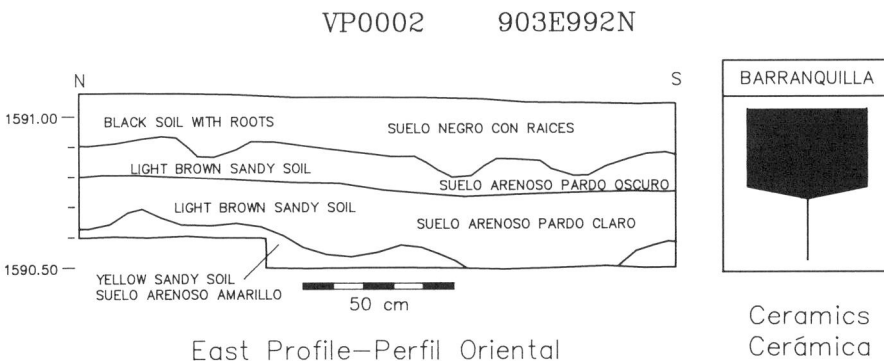

VP0002   903E992N

```
          N                                              S
1591.00 —    BLACK SOIL WITH ROOTS        SUELO NEGRO CON RAICES
        —      LIGHT BROWN SANDY SOIL
        —                                    SUELO ARENOSO PARDO OSCURO
        —        LIGHT BROWN SANDY SOIL
        —                                  SUELO ARENOSO PARDO CLARO
1590.50 —
             YELLOW SANDY SOIL
             SUELO ARENOSO AMARILLO      50 cm
```

East Profile—Perfil Oriental

Figure 2.10. Stratigraphy of test at 903E992N (VP0002, Barranquilla).
Figura 2.10. Estratigrafía de la prueba 903E992N (VP0002, Barranquilla).

The ceramic type Barranquilla Buff is the namesake of this site.

At **903E992N** a stratigraphic test produced a pure sample of Barranquilla Buff ceramics (Figure 2.10) reaching moderate densities in the upper levels (Table 2.1). The upper layer of black soil extended downward into an irregular pit feature less than 50 cm across in the northern section of the test, reaching a maximum depth of about 1590.50. This pit fill was excavated separately from the other deposits, and the five sherds of Barranquilla Buff that it contained are listed in Table 2.1, although they are not included in the basis for the graph in Figure 2.10, which represents the ceramics in deposits that actually appear in the accompanying profile drawing. One small maize rachis fragment was also recovered from the fill in this pit. At a depth between 1590.50 and 1590.60 (or well down into sterile soil except for the pit feature) appeared six small circular features 9 to 12 cm in diameter. These cup-shaped depressions approximately 6 cm deep were formed of a layer of compact soil less than 1 cm thick and filled with a very loose earth slightly darker than the surrounding soil. These features seem too shallow to be post molds and they did not appear until down in apparently noncultural deposits, but we know of no natural phenomenon to attribute them to either. They formed no recognizable pattern in the 1 by 2 m area excavated.

A test at **929E984N** contained no cultural features, but it yielded extremely high densities of ceramics—a maximum of 1289 per m^3 for the uppermost layer. The vast majority of these sherds were Barranquilla Buff, but a small number of Lourdes Red Slipped sherds occurred as well, forming a substantial proportion of the ceramics only in the lowest artifact-bearing layer (Figure 2.11). This would seem to indicate an earlier chronological position for Lourdes Red Slipped than for Barranquilla Buff. One sherd not classifiable in any of the defined types appeared in this test. It was in the third from the lowest layer, and is included only in the "Total Sherds" column in Table 2.1.

estratigráficas de 1 por 2 m dispersas en la cima del cerro y una adicional en la pendiente escarpada al norte. El tipo cerámico Barranquilla Crema recibe su denominación de este sitio.

En **903E992N**, una prueba estratigráfica produjo una muestra únicamente compuesta de cerámica del tipo Barranquilla Crema (Figura 2.10) representado por moderadas densidades en los niveles superiores (Tabla 2.1). El nivel superior de suelo negro se extendió hacia abajo en un pozo irregular de menos de 50 cm de ancho en el lado norte de la prueba, llegando a una profundidad máxima de 1590.50. El relleno del pozo fue excavado por separado, y los cinco tiestos de Barranquilla Crema que contuvo están incluidos en la Tabla 2.1, aunque no son incluidos en la base para elaborar el gráfico en la Figura 2.10, que representa la cerámica en depósitos que aparecen en el dibujo del perfil. Un pequeño fragmento de raquis de maíz fue también recuperado del relleno del pozo. A una profundidad entre 1590.50 y 1590.60 (dentro del nivel de suelo estéril excepto en el rasgo de pozo) aparecieron seis pequeños rasgos circulares de 9 a 12 cm de diámetro. Estas depresiones en forma de un tazón de aproximadamente 6 cm de profundidad están formadas en un nivel de sedimento compacto de menos de 1 cm de ancho y rellenos con tierra floja ligeramente más oscura que el sedimento a su alrededor. Estos rasgos parecen poco profundos para ser huecos de poste y no aparecieron hasta los niveles más bajos en depósitos aparentemente no culturales, pero tampoco podríamos atribuirlos a un fenómeno natural conocido. No formaron ningún patrón reconocible en el área excavada de 1 por 2 m.

Una prueba en **929E984N** no contuvo rasgos culturales, pero produjo densidades extremadamente altas de cerámica— un máximo de 1289 por m^3 en el nivel superior. La gran mayoría de estos tiestos fueron del tipo Barranquilla Crema, pero ocurrió un número menor de tiestos del tipo Lourdes Rojo Engobado, formando estos últimos una proporción substancial de la cerámica en el nivel inferior con presencia de artefactos (Figura 2.11). Esto parecería indicar una posición cronológica más temprana para el tipo Lourdes Rojo Engobado que para el tipo Barranquilla Crema. Un tiesto no clasificable en ninguno de los tipos definidos apareció en esta prueba. Ello ocurrió en el antepenúltimo nivel, y está incluido sólo en la columna "Total de Tiestos" de la Tabla 2.1.

Las densidades cerámicas fueron también consistentemente altas en los cuatro niveles superiores en **951E926N** (Tabla 2.1). Aquí la cerámica incluyó tanto el tipo Barranquilla Crema como el tipo Guacas Café Rojizo, con este último mostrando claramente una posición cronológica más temprana que el anterior. Aparte de la estratigrafía que aparece en la Figura 2.12, dos huecos de poste de 18 y 20 cm de diámetro, respectivamente, aparecieron en la superficie del nivel de arcilla amarilla (a una altura de 1594.55). Ellos se extendieron unos 20 cm en profundidad en

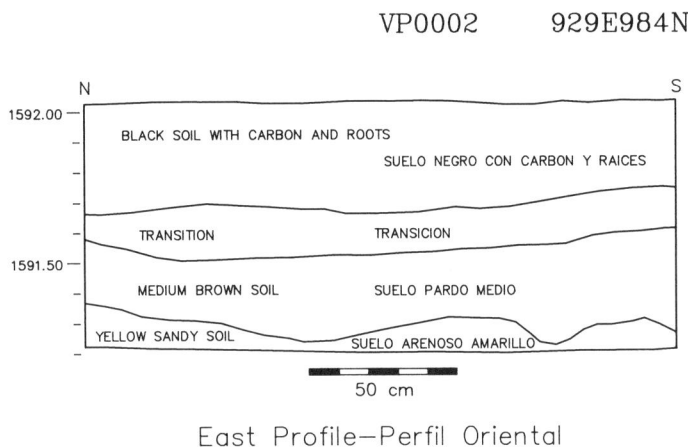

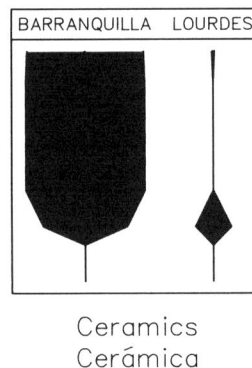

East Profile—Perfil Oriental

East Profile—Perfil Oriental

Figura 2.11 (superior) Estratigrafía de la prueba 929E984N (VP0002, Barranquilla).

Figure 2.11 (above) Stratigraphy of test at 929E984N (VP0002, Barranquilla).

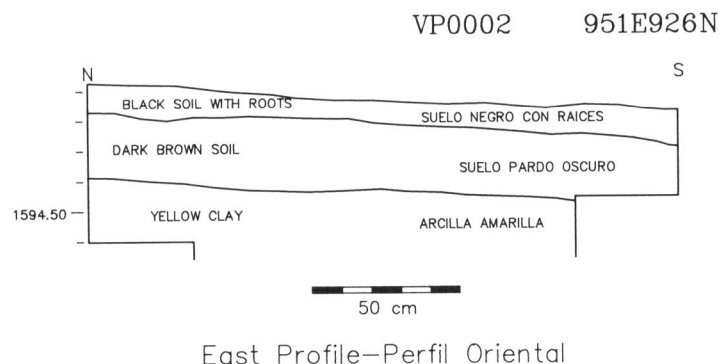

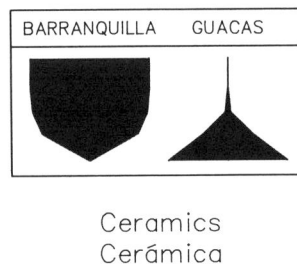

Figura 2.12 (inferior) Estratigrafía de la prueba 951E926N (VP0002, Barranquilla).

Figure 2.12 (bottom) Stratigraphy of test at 951E926N (VP0002, Barranquilla).

Ceramic densities were also consistently high down through four levels in the test at **951E926N** (Table 2.1). Here the ceramics included both Barranquilla Buff and Guacas Reddish Brown, with the latter clearly showing an earlier chronological position than the former. Apart from the stratigraphy appearing in Figure 2.12, two post molds 18 and 20 cm in diameter, respectively, appeared in the upper surface of the yellow clay layer (at an elevation of about 1594.55). They extended about 20 cm down into that layer. At about 1594.60 appeared a larger circle of dark earth which turned out to be the shaft of a tomb. We called this Tomb 6, having assigned numbers 1–5 to the looted tombs mentioned above. Its bottle-shaped shaft had an upper opening only 0.40 m in diameter and a total depth of 2.32 m (Figure 2.13). About 0.50 m above the bottom of the shaft a narrow opening gave onto a tiny side chamber (1.35 by 0.54 m) to the northwest of the shaft. The body was presumably placed in this chamber, although, as usual in the Valle de la Plata, acid soils precluded the preservation of skeletal remains.

Offerings had been placed in the shaft of the tomb as it was being filled in (Figure 2.14). They included a metate (face down) and two manos placed at about 1593.90, and two Barranquilla Buff hemispherical bowls (right side up—Figure 1.10 a. and d.), one Barranquilla Buff vertical wall bowl (on its side—Figure 1.10 e.), and one upside down Barranquilla Buff olla with its neck broken off and missing. The ceramic offerings were placed at about 1593.65. The contents of these vessels were subjected to flotation, yielding a sizeable amount of carbonized plant remains. Most of these were wood charcoal, but there were also one maize cupule fragment and 16 pieces of cucurbit rind (squash or gourd).

The sherds in the fill in the shaft of Tomb 6 were mostly Barranquilla Buff, with some Guacas Reddish Brown mixed in (the various "Tomb" layers listed in Table 2.1), as might be expected of a shaft that had been dug partly through deposits containing just such a mixture and then refilled with the same earth. The extraordinarily high sherd densities in the uppermost two levels of the shaft fill (in excess of 2000 sherds per m^3), might suggest use of concentrated midden deposit scraped up to complete the filling operation. A flotation sample from the fill in the tomb shaft (from the layer with its lowest point at 1594.30) contained one cupule fragment and one kernel fragment of maize.

A sample of wood charcoal for radiocarbon dating was collected from the olla with the broken neck. It yielded a date of 385 AD (±40 years; PITT-0160). Two more samples of wood charcoal were collected from the fill in the shaft of the tomb. One at an elevation of 1594.50, in the uppermost layer of fill in the shaft, yielded a date of 1345 AD (±145 years; PITT-0162), while the other, at an elevation of 1594.35, in the next lower layer of shaft fill, gave 365 AD (±60 years; PITT-0161). These three dates offer two clearly different options for dating the tomb. They will be discussed in the next chapter in conjunction with other radiocarbon dates.

The test at **959E1018N** yielded even higher densities of ceramics, reaching a peak of 1325 sherds per m^3 in the second level (Table 2.1). All sherds were Barranquilla Buff down to the lowest artifact-bearing level, which contained a single sherd of Lourdes Red Slipped. Although this sample of Lourdes Red Slipped is even smaller than that from the test at 929E984N, the implication that it predates Barranquilla Buff is the same. The lens of dark brown soil with carbon that can

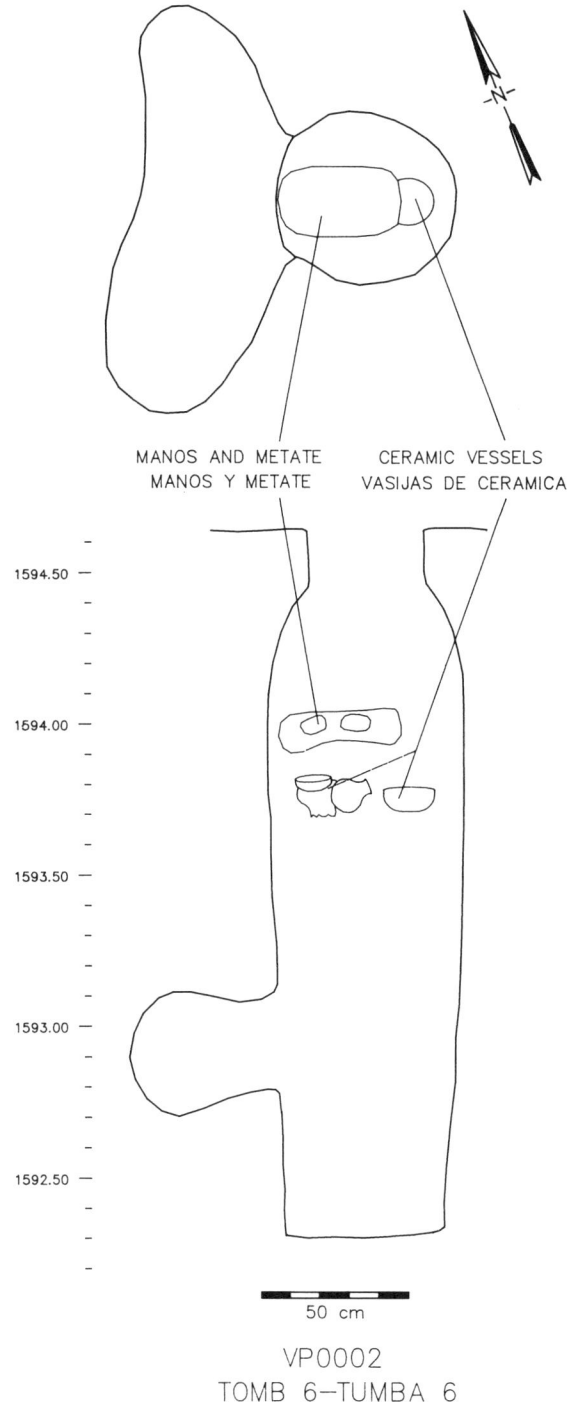

MANOS AND METATE
MANOS Y METATE

CERAMIC VESSELS
VASIJAS DE CERAMICA

1594.50 —

1594.00 —

1593.50 —

1593.00 —

1592.50 —

50 cm

VP0002
TOMB 6—TUMBA 6

Figure 2.13. Plan and section of Tomb 6 at VP0002, Barranquilla.
Figura 2.13. Plano y sección de la Tumba 6, VP0002, Barranquilla.

dicho nivel. Hacia 1594.60 apareció un círculo mayor de tierra oscura que resultó ser el pozo de una tumba. Se le llamó Tumba 6, pues se había denominado Tumbas 1–5 a las tumbas guaqueadas mencionadas anteriormente. El pozo botelliforme tenía una boca de 0.40 m de diámetro y una profundidad total de 2.32 m (Figura 2.13). A unos 0.50 m de la base del pozo una abertura estrecha conducía a una pequeña cámara lateral (1.35 por 0.54 m) al noroeste del pozo. El cuerpo fue presumiblemente colocado en esta cámara, aunque como es usual en el Valle de la Plata, la acidez de los suelos impidió la preservación de los restos óseos.

Las ofrendas habían sido colocadas en el pozo de la tumba a medida que dicho pozo era rellenado (Fig 2.14). Ellas incluyeron un metate (boca abajo) y dos manos colocadas a una altura de 1593.90, y dos cuencos semiesféricos de tipo Barranquilla Crema (boca arriba—Figura 1.10 a. y d.), un cuenco de paredes rectas Barranquilla Crema (sobre un lado—Figura 1.10 e.), y una olla Barranquilla Crema boca abajo con el cuello quebrado y ausente. Las ofrendas cerámicas fueron colocadas a una altura de 1593.65. El contenido de estas vasijas fue sometido a flotación, proveyendo una considerable cantidad de restos de plantas carbonizadas. La mayoría de ellos correspondían a madera carbonizada, pero había también un fragmento de cúpula de maíz y 16 pedazos de corteza de cucurbitácea (calabaza).

Los tiestos en el relleno del pozo de la Tumba 6 fueron mayormente del tipo Barranquilla Crema, con algunos tiestos Guacas Café Rojizo mezclados en él (los varios niveles denominados "Tumba" en la Tabla 2.1), como se podría esperar en un pozo que había sido excavado a través de depósitos que contenían tal mezcla de tipos y luego rellenado con esa misma tierra. La extraordinariamente alta densidad de tiestos en los dos niveles superiores del relleno del pozo (excediendo los 2000 tiestos por m^3), podría sugerir el uso de la acumulación de los depósitos de basural para concluir la operación de relleno. Una muestra de flotación del relleno del pozo de la tumba (del nivel cuya base está a 1594.30) contuvo un fragmento de cúpula y un fragmento de grano de maíz.

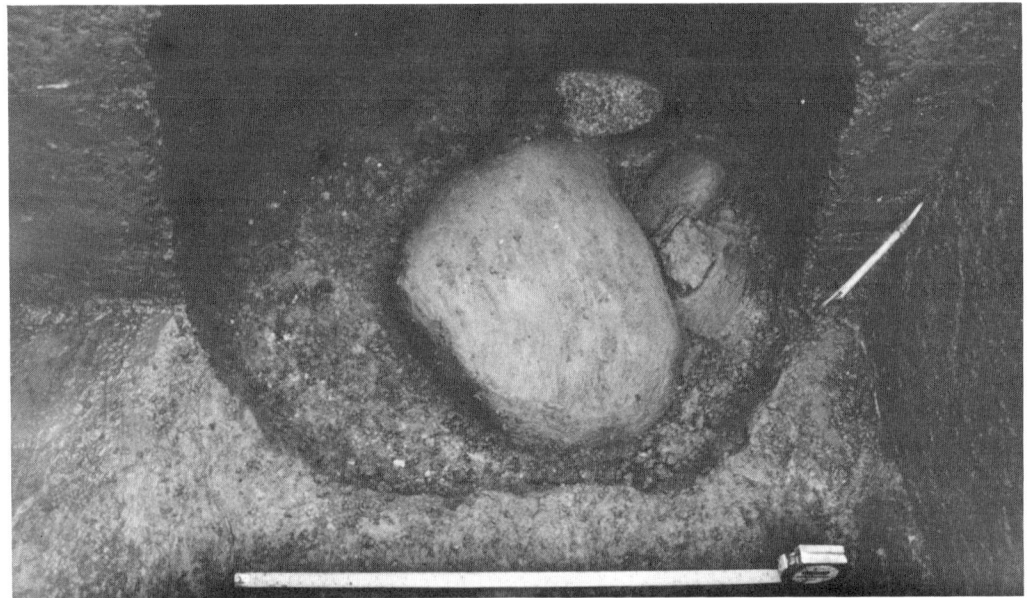

a.

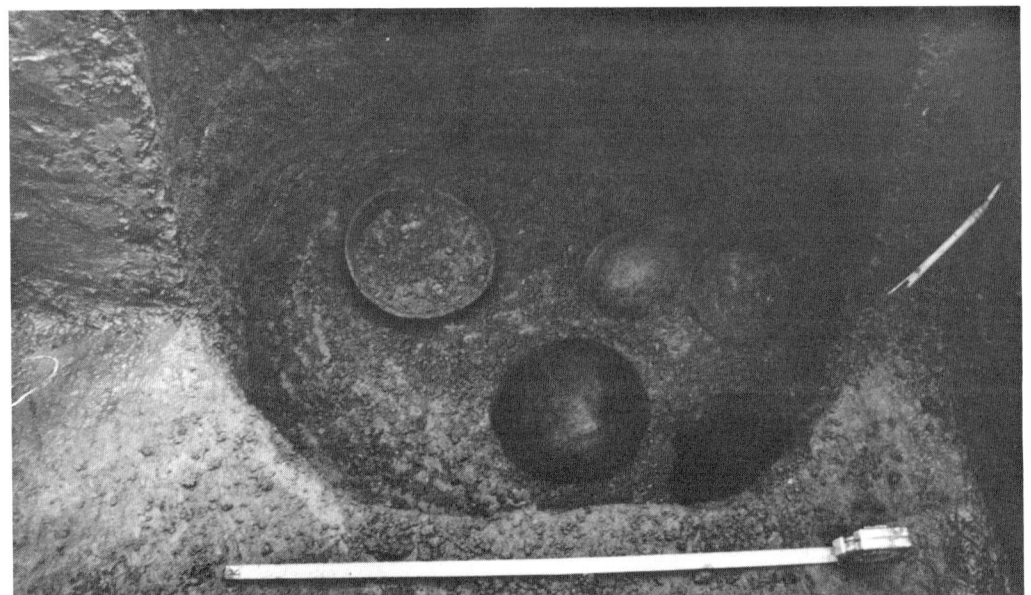

b.

Figura 2.14
Ofrendas en el pozo de la
Tomba 6, VP0002,
Barranquilla.
a) metate y manos de
moler;
b) vasijas de cerámica.

Figure 2.14
Offerings in shaft of Tomb
6 at VP0002, Barranquilla.
a) metate and manos;
b) ceramic vessels.

VP0002 959E1018N

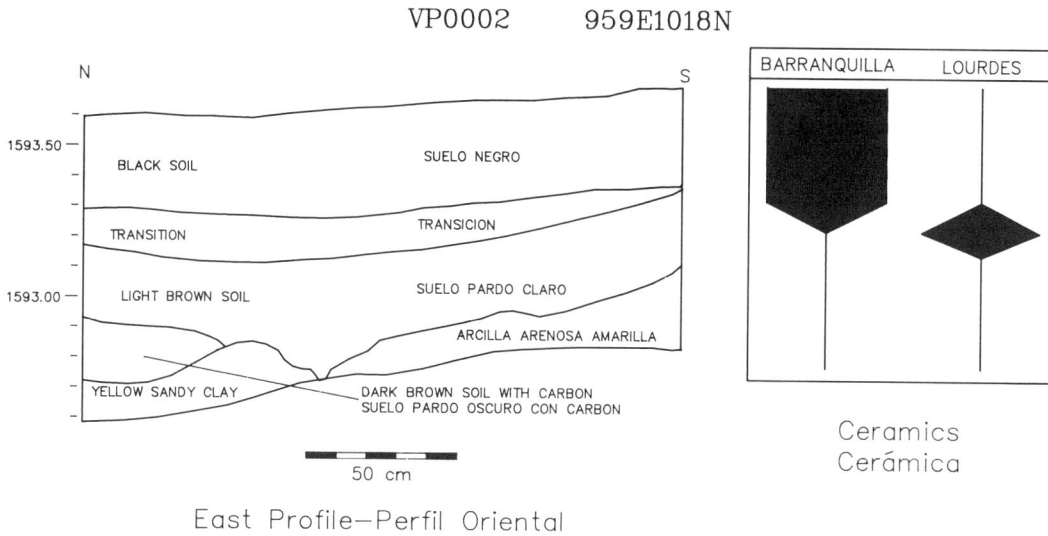

East Profile—Perfil Oriental

Figure 2.15
Stratigraphy of test at
959E1018N (VP0002,
Barranquilla).

Figura 2.15
Estratigrafía de la prueba
959E1018N (VP0002,
Barranquilla).

VP0002 977E1073N

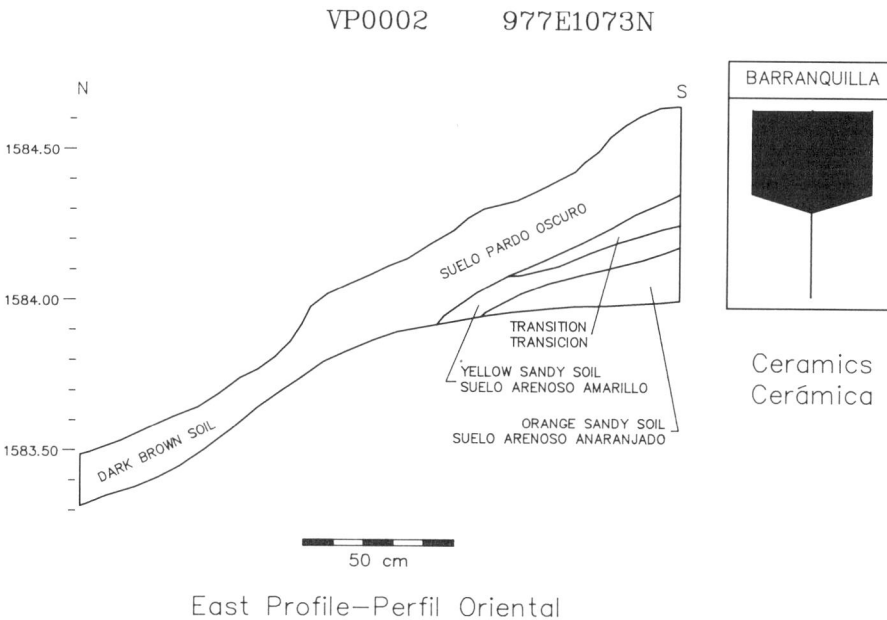

East Profile—Perfil Oriental

Figure 2.16
Stratigraphy of test at 977E1073N
(VP0002, Barranquilla).

Figura 2.16
Estratigrafía de la prueba
977E1073N (VP0002,
Barranquilla).

be seen in Figure 2.15 certainly had the appearance of cultural deposition, but it yielded no artifacts. (Nor did any other level below 1593.05.) A sample of wood charcoal was collected for radiocarbon dating at an elevation of 1592.90, which placed it 15 cm below the lowest artifacts. The result was 5275 BC (±75 years; PITT-0163), which lends weight to the interpretation that these lower deposits resulted not from cultural but from natural processes. A possible alternative, raised by this early date, of course, is that these deposits date to the preceramic or archaic, but it must be emphasized that not only were there no ceramics at this depth but no lithics or any other artifacts either.

977E1073N is over the edge of the steep slope leading down from the hill crest into the deeply cut *quebrada* to the north. We excavated a test here largely because there were a few sherds visible on the surface on this slope, and we wanted to confirm the notion that these were nothing more than sherds washing down from the occupation on top of the hill. The first level excavated (of approximately 10 cm depth parallel to the angle of slope) yielded merely 3 sherds of Barranquilla Buff (Table 2.1 and Figure 2.16). There were no features and no artifacts farther down. Nothing suggested that these three sherds represented *in situ* deposition rather than downslope migration of sherds from their original location of deposition.

The test at **1010E987N** contained no features, although artifacts were fairly dense in the uppermost two levels at least (Table 2.1). As Figure 2.17 shows, the one sherd of Guacas Reddish Brown among the much larger number of Barranquilla Buff sherds is in an intermediate layer. Examination of

Una muestra de madera carbonizada para fechamiento radiocarbónico fue tomada de la olla con el cuello quebrado. Ella arrojó una fecha de 385 DC (±40 años; PITT-0160). Dos muestras adicionales de madera carbonizada fueron tomadas del relleno en el pozo de la tumba. La primera, a una altura de 1594.50, en el nivel más alto del relleno del pozo, arrojó una fecha de 1345 DC (±145 años; PITT-0162), mientras que la otra, ubicada a una altura de 1594.35, en la siguiente capa inferior del relleno del pozo, dio una fecha de 365 DC (±60 años; PITT-0161). Estas tres fechas ofrecen dos opciones claramente diferentes para fechar la tumba. Ellas serán discutidas en el siguiente capítulo en conjunción con otras fechas radiocarbónicas.

La prueba estratigráfica en **959E1018N** produjo densidades aún mayores de cerámica, alcanzando un máximo de 1325 tiestos por m^3 en el segundo nivel (Tabla 2.1). Todos los tiestos fueron del tipo Barranquilla Crema hasta el último nivel con presencia de artefactos, que contuvo un solo tiesto de Lourdes Rojo Engobado. Si bien esta muestra de Lourdes Rojo Engobado es aún más pequeña que la de la prueba estratigráfica en 929E984N, la implicación que ella antecede al tipo Barranquilla Crema es similar. El lente de suelo pardo oscuro con carbón que puede verse en la Figura 2.15 tuvo ciertamente la apariencia de una deposición cultural, pero no presentó artefactos. (Así como ningún otro nivel bajo 1593.05.) Una muestra de carbón de madera fue recogida para fechamiento radiocarbónico a una altura de 1592.90, que la colocaba 15 cm bajo los artefactos más profundos. El resultado fue 5275 AC (±75 años; PITT-0163), que brinda fundamento a la interpretación que afirma que estos depósitos inferiores son resultado no de procesos culturales sino mas bien de procesos naturales anteriores. Por supuesto, una posible explicación alternativa, sugerida por esta fecha temprana, es que uno de estos depósitos pertenece al período precerámico o arcaico, pero debe enfatizarse que los depósitos a esta profundidad cerecían no sólo de cerámica sino también de caulquier otro artefacto.

La unidad **977E1073N** está localizada en el borde de la abrupta ladera, que desciende desde la cima del cerro hacia la profunda quebrada ubicada hacia el norte. Excavamos una prueba estratigráfica en esta área en gran parte porque habían unos pocos tiestos en la superficie de la ladera, y porque queríamos confirmar la noción que ellos no eran más que tiestos lavados de la ocupación en la cima del cerro. El primer nivel excavado (de aproximadamente 10 cm de profundidad paralelo al ángulo de la pendiente) arrojó únicamente 3 tiestos de Barranquilla Crema (Tabla 2.1 y Figura 2.16). No había rasgos ni artefactos en depósitos más profundos. Nada sugirió que estos tres tiestos representaran deposición *in situ* en vez de desplazamiento hacia abajo de tiestos desde su ubicación original de deposición.

La prueba estratigráfica en **1010E987N** no contuvo rasgos culturales, aunque la densidad de artefactos fue bastante alta, por lo menos en los dos niveles superiores (Tabla 2.1). Como lo muestra la Figura 2.17, el único tiesto Guacas Café Rojizo entre el número mayor de tiestos Barranquilla Crema ocurre en una capa intermedia. Sin embargo, un examen de las cifras en la Tabla 2.1 revela que fue estratigraficamente inferior a la vasta mayoría de tiestos Barranquilla Crema en la prueba estratigráfica. Las implicaciones cronológicas de esta prueba estratigráfica son entonces bastante ambiguas.

Es así que el sitio de Barranquilla ha provisto una gran muestra de cerámica compuesta casi enteramente del tipo Barranquilla Crema. Un número muy reducido de tiestos tipo Lourdes Rojo Engobado, en dos diferentes pruebas estratigráficas, parecían anteceder de manera consistente al tipo Barranquilla Crema. La prueba estratigráfica que produjo el único tiesto Guacas Café Rojizo del sitio no mostró conclusivamente como se relacionó cronológicamente con el tipo Barranquilla Crema.

VP0010—Barranquilla Alta

Las excavaciones estratigráficas fueron llevadas a cabo en Barranquilla Alta en mayo y junio de 1984. El sitio se compone de un pequeño grupo de terrazas de construcción artificial, referidas en la región como *tambos*, en una pendiente de 11° o más, entre 1620 y 1650 m sobre el nivel del mar. Varias terrazas adicionales existen al oeste del área mostrada en la Figura 2.18. Al iniciar nuestras excavaciones, y en memoria reciente, el sitio ha sido usado como área de pastoreo de ganado. Esta fue la primera excavación estratigráfica que

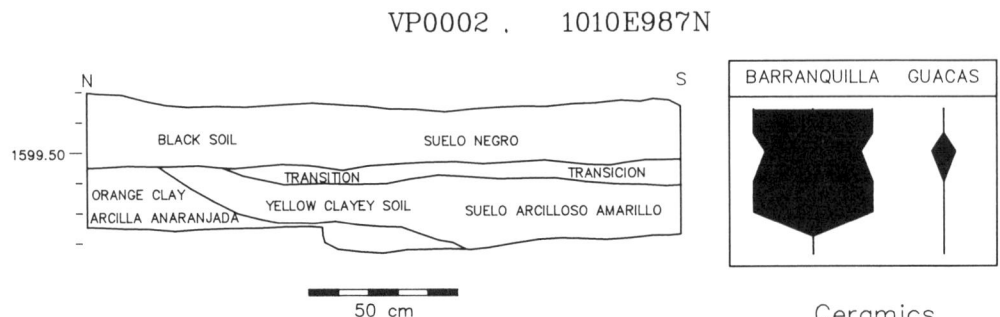

Figura 2.17
Estratigrafía de la prueba 1010E987N (VP0002, Barranquilla).

Figure 2.17
Stratigraphy of test at 1010E987N (VP0002, Barranquilla).

the numbers in Table 2.1, however, reveals that it was below the vast majority of Barranquilla Buff ceramics in the test. The chronological implications of this test, then, are at best ambiguous.

Barranquilla thus provided a large sample of ceramics composed almost entirely of Barranquilla Buff. A very small number of Lourdes Red Slipped sherds in two different stratigraphic tests consistently seemed to predate Barranquilla Buff. The test that produced the only Guacas Reddish Brown sherd from the site did not show conclusively how it related to Barranquilla Buff in time.

VP0010—Barranquilla Alta

Stratigraphic excavations were conducted at Barranquilla Alta in May and June, 1984. The site consists of a small group of artificially constructed terraces, locally referred to as *tambos*, on a slope of 11° or greater between 1620 and 1650 m above sea level. Several more terraces exist to the west of the area shown in Figure 2.18. At the time of our excavations, and during recent memory, the site has been in use as cattle pasture. This was the first stratigraphic excavation we conducted in such a setting, and we modified the usual excavation procedure, so as to learn more about the construction of this terrace and the deposits that formed it. Instead of 1 by 2 m stratigraphic tests, we dug a stratigraphic trench 1 m wide and 16 m long across the terrace from the unmodified slope above it to the unmodified slope below it (Figure 2.19).

Excavation began with 2 units, each 1 by 2 m like our standard stratigraphic tests, which were later joined into a single long trench by excavating a series of 1 by 1 m squares between them. Since the orientation of the trench across the terrace did not correspond to the site grid system, the 1-m squares were simply assigned numbers in sequence along the trench from southwest to northeast (with numbers allowed for extension of the trench in either direction should that prove desirable). Since work mostly proceeded from excavated squares into unexcavated ones, it was quick and easy to excavate by natural units, subdivided arbitrarily into subunits no more than 10 cm thick when necessary. Information on ceramic frequencies is provided in Table 2.1 according to these natural stratigraphic layers, which are labeled there and in Figure 2.20 with roman numerals. All squares were excavated into culturally sterile soil, and deeper deposits were probed with a soil auger in squares 19 and 25. The deepest layer, a culturally sterile orange clay (Figure 2.20), was reached only in these two auger probes. The next higher layer, of brown soil with lumps of orange clay (IV), was the layer which the prehispanic inhabitants of Barranquilla Alta cut and filled to produce the relatively level surface of the terrace. Material cut from this layer on the upslope side was redeposited on the downslope side to form the layer of mixed fill (III). Artifacts were not especially dense in either of these layers (Table 2.1), and represent occupation prior to the construction of the terrace either on our near the spot where the terrace was subsequently built. The uppermost two strata (II and I) represent

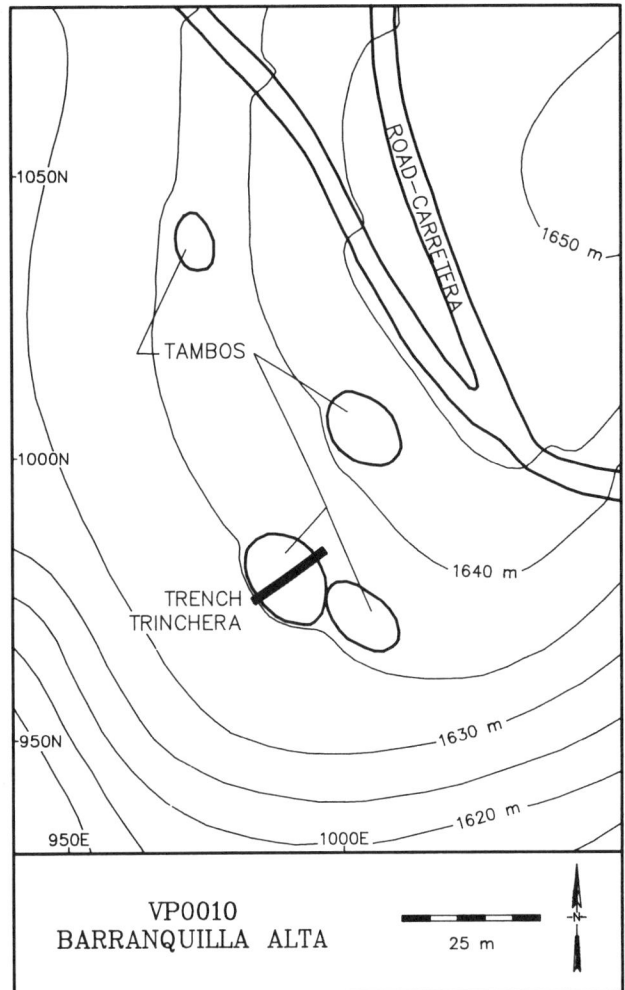

Figure 2.18. Map of VP0010, Barranquilla Alta.
Figura 2.18. Mapa de VP0010, Barranquilla Alta.

cultural deposition and soil formation processes after the construction of the terrace.

Information on variation in artifact densities horizontally across the terrace has been presented in detail elsewhere (Drennan 1985:134–135). The pattern is of high densities toward the downslope lip of the terrace and in the deepest part of the cut at the upslope side. An area of lower artifact densities in the center may reflect the floor of a house constructed on the terrace, where artifact accumulation was less as a consequence of keeping the floor clean. A single poorly defined possible post mold in the upper surface of the terrace construction in square 26 may represent the back wall of a house, but without exposing a larger area it is impossible to say anything about a pattern of post molds.

All of the sherds recovered in the trench were of Guacas Reddish Brown, with the exception of one unclassified sherd from layer IV (which is included only in the "Total Sherds" column of Table 2.1). Since the stratigraphic layers slope downward, the graphical representation of ceramic propor-

Figura 2.19. Vista hacia el sur de la trinchera estratigráfica en el tambo de VP0010, Barranquilla Alta, durante la excavación.
Figure 2.19. View (toward south) of stratigraphic trench across tambo at VP0010, Barranquilla Alta—excavation in progress.

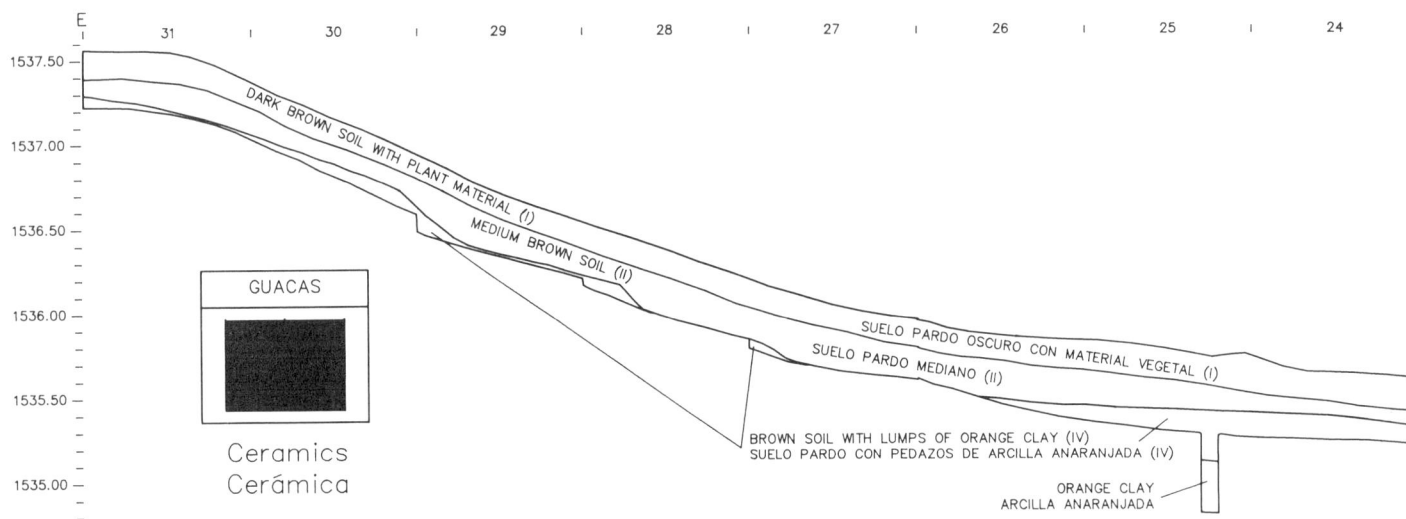

VP0010   TRENCH–TRINCHERA

Figura 2.20. Estratigrafía de la trinchera, VP0010, Barranquilla Alta.

tions in Figure 2.20 does not align with the layers represented, but this is of little consequence since Guacas Reddish Brown was the only identified type. Processes of bioturbation were more obvious at this site than any other we excavated, although we came to notice more subtle indications elsewhere as well. Very modern undecomposed organic material was abundant down to some 30 cm below the ground surface at Barranquilla Alta, and occasionally even deeper. We did not attempt to study the processes that produced this effect in any detail, but they certainly have implications for the interpretation of samples of cultural material from different stratigraphic units. We will return to this subject below.

The trench at Barranquilla Alta also provided a pollen column which has been analyzed and reported elsewhere (Herrera 1989:207–220). The more detailed soil analysis conducted as part of the pollen study confirms the depositional interpretation presented here, and adds the observation that the cutting and filling of the terrace was not a single event but a series of separate construction episodes, adding fill to enlarge the terrace and/or make up for settling of fill deposited earlier. Evidence of cultivated plants appears in the pollen sample in the form of maize (*Zea mays*), manioc (*Manihot esculenta*), sweet potato (*Ipomea*), and Anonaceae.

For purposes of building chronology, the principal opportunity provided by Barranquilla Alta was a fairly sizeable pure sample of Guacas Reddish Brown. Especially coming early as it did in the work of the Proyecto Arqueológico Valle de la Plata, this was a considerable aid in the definition of the type. It also told us something of the construction and depositional history of one of the artificial terraces that dot the landscape in the middle and upper elevations of the Valle de la Plata, and this information was useful to the regional settlement pattern survey. Lacking ceramics of any type other than Guacas Reddish Brown, however, except the single aberrant unclassified sherd, Barranquilla Alta made little contribution to the relative placement of Guacas Reddish Brown in time.

VP0243—El Rosario

Near the school at El Rosario the road that now runs from La Argentina to Oporapa crosses a colluvial slope between two small *quebradas* at about 1780 m above sea level. A road cut provides a cross section over 50 m long of 2 m or more of cultural deposition at VP0243 (Figure 2.21). The site is currently dedicated to coffee cultivation. This site attracted attention early on in the work of the Proyecto Arqueológico Valle de la Plata, not only because of the high density of sherds on its surface, which made large surface collections possible, but also because those surface collections included ceramics of five different types. This variety of ceramics, together with the clearly demonstrated depth of the cultural deposits and the ready access to them provided by the road cut, made the site at El Rosario an obvious choice for stratigraphic testing aimed at building ceramic chronology. The initial stratigraphic test at the site was made by Carlos Augusto Sánchez in late July and early August, 1985 (Sánchez 1986), and further work was conducted in July, 1989.

As at Barranquilla Alta, the special conditions presented by the site led us to modify our usual procedures. At El Rosario excavation was along the road cut, producing, in effect, a trench approximately 1 m wide and 13 m long (Figure 2.22). Excavation of each 1 by 1 m square proceeded from the cleaned profile of the road cut by natural stratigraphic units (as always, arbitrarily divided into subunits no more than 10 cm thick where necessary). Squares along the profile were given letter designations since the orientation of the road cut ran diagonally across the site grid system. The 2-m long area designated T in Figure 2.23 is the excavation conducted by Sánchez in 1985. Squares I through S extended our view of the site's stratigraphy farther to the northeast in 1989. Ceramic frequencies are presented in Table 2.1 according to natural stratigraphic layers, which are labeled with roman numerals in the table and in Figure 2.23.

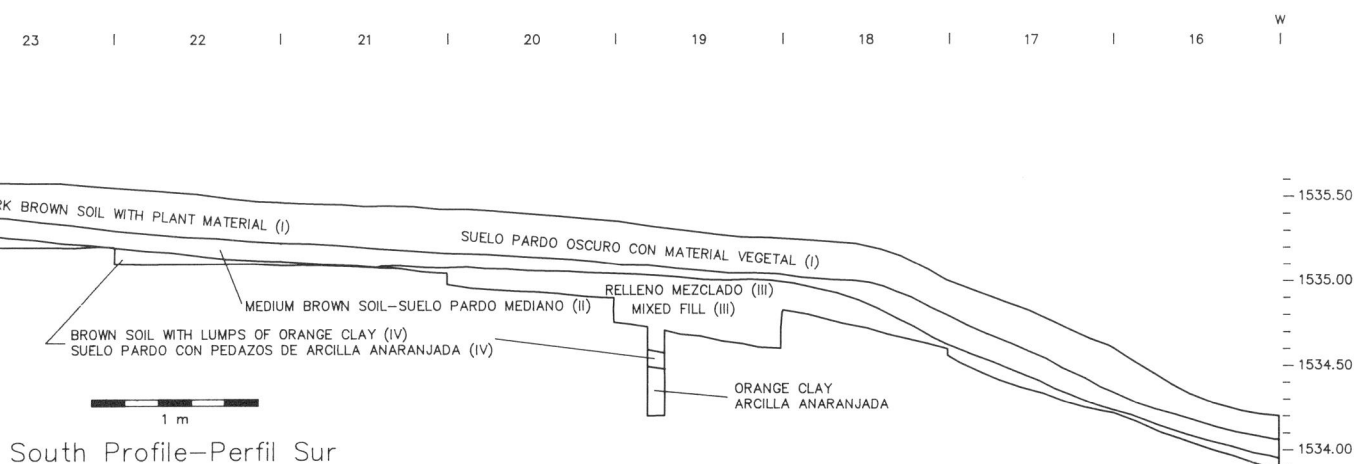

Figure 2.20. Stratigraphy of trench at VP0010, Barranquilla Alta.

condujimos en esto tipo de localización, y por ello modificamos el procedimiento usual de excavación, con la intención de entender más de la construcción de esta terraza y de los depósitos que la formaron. En vez de establecer pruebas estratigráficas de 1 por 2 m, excavamos una trinchera estratigráfica de 1 m de ancho y 16 m de largo orientada a lo ancho de la terraza desde la ladera natural sobre la terraza a la ladera natural cuesta abajo (Figura 2.19).

La excavación se inició con 2 unidades, cada una de 1 por 2 m como nuestras pruebas estratigráficas stándard, que fueron más tarde unidas en una sola larga trinchera, al excavarse una serie de cuadrículas de 1 por 1 m entre ellas. Dado que la orientación de la trinchera a lo ancho de la terraza no correspondía al sistema de cuadriculación del sitio, se le asignó a las cuadrículas de 1 m una numeración en secuencia a lo largo de la trinchera de suroeste a noreste (los números permitirían la extensión de la trinchera en cualquiera de ambas direcciones si ello se decidía). Dado que el trabajo se dirigía de cuadrículas excavadas hacia no excavadas, fue rápido y fácil el excavar por unidades naturales, subdivididas arbitrariamente en sub-unidades de no más de 10 cm de profundidad en caso necesario. La información de las frecuencias cerámicas se provee en la Tabla 2.1 de acuerdo con las capas estratigráficas naturales, que están numeradas allí y en la Figura 2.20 con números romanos. Todas las cuadrículas fueron excavadas hasta el sedimento culturalmente estéril, y depósitos más profundos fueron examinados con una barrena de sedimento en las cuadrículas 19 y 25. La capa más profunda, de arcilla anaranjada culturalmente estéril (Figura 2.20), fue alcanzada sólo en aquellos dos sondeos de barrena. La capa inmediatamente superior, de suelo pardo con pedazos de arcilla anaranjada (IV), fue la capa que los habitantes prehispánicos de Barranquilla Alta cortaron y rellenaron para construir la superficie relativamente nivelada de la terraza. El sedimento removido de esta capa cuesta arriba de la terraza fue depositado cuesta abajo formando la capa de relleno mezclado (III). Los artefactos no fueron especialmente densos en ninguna de estas capas (Tabla 2.1), y rep-

resentan la ocupación anterior a la construcción de la terraza, sea sobre o cerca al lugar donde la terraza fue subsecuentemente construida. Los dos estratos superiores (II y I) representan deposición cultural y procesos de formación de sedimento posteriores a la construcción de la terraza.

Información de la variación en la densidad de distribución horizontal de artefactos en la terraza ha sido presentada en detalle en otra publicación (Drennan 1985:134–135). El patrón consiste en altas densidades de tiestos en el área frontal de la terraza y en la parte de atrás. Una área de baja densidad de artefactos en el centro podría reflejar el piso de una casa construida sobre la terraza, donde la acumulación de artefactos fue menor como consecuencia de mantener el piso limpio. Un solo hueco de poste pobremente definido en la superficie de construcción de la terraza en la cuadrícula 26 podría representar el muro de una casa, pero sin exponer una área más amplia es imposible decir algo sobre un patrón en la disposición de huecos de poste.

Todos los tiestos recuperados en la trinchera fueron del tipo Guacas Café Rojizo, con la excepción de un tiesto no clasificado de la capa IV (que es incluido sólo en la columna "Total de Tiestos" de la Tabla 2.1). Dado que las capas estratigráficas se orientan hacia la ladera, la representación gráfica de las proporciones cerámicas en la Figura 2.20 no está alineada con las capas representadas, mas esto tiene poca importancia dado que el tipo Guacas Café Rojizo fue el único identificado. Los procesos de bioturbación fueron más obvios en este sitio que en cualquier otro excavado, aunque logramos percibir indicaciones más sutiles también en otros lugares. Material orgánico no descompuesto muy moderno era abundante hasta unos 30 cm bajo la superficie en Barranquilla Alta, y ocasionalmente en capas aún más profundas. No nos dedicamos a estudiar los procesos que produjeron este efecto en detalle, pero ciertamente tienen implicaciones para la interpretación de muestras de material cultural de diferentes unidades estratigráficas. Volveremos a este tema más adelante.

La trinchera en Barranquilla Alta también proveyó una columna de polen que ha sido analizada y descrita en una

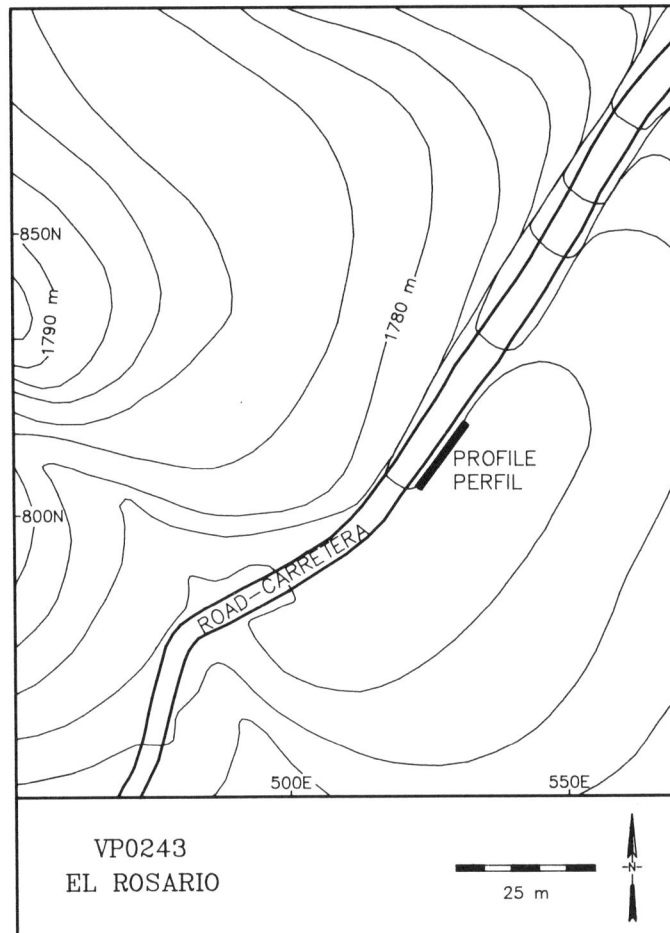

Figure 2.21. Map of VP0243, El Rosario.
Figura 2.21. Mapa de VP0243, El Rosario.

Figure 2.22. View of work on the road cut profile at VP0243, El Rosario.
Figura 2.22. Limpieza del perfil en el corte de camino a VP0243, El Rosario.

The same four layers (IV through I) overlay a sterile sandy yellow clay and formed the principal stratigraphy all along the profile. Altogether, these main layers provided a sample of 7,859 sherds, with sherd densities in the uppermost three layers fully justifying the impression gained from surface collection that this site contained very concentrated deposits of cultural material. Three of these sherds (one each from layers II, III, and IV) were aberrant; they remain unclassified, and are included only in the totals in Table 2.1. The proportions of the classified sherds from the four principal layers are shown graphically at the left of Figure 2.23. Barranquilla Buff is clearly the dominant type in the upper layers, tapering to lower and lower proportions of the sherds in the lower layers. Guacas Reddish Brown and Lourdes Red Slipped follow roughly similar patterns, reaching their highest proportions in the next to lowest layer (III), and thus would seem to be earlier types than Barranquilla. Planaditas Burnished Red occurs in such small quantities that its pattern does not show very clearly in Figure 2.23, but a glance at Table 2.1 reveals that, like Guacas and Lourdes, its principal concentration is in layer III. However, in the next layer up (II), Planaditas tapers off much more strongly than does either Guacas or Lourdes, suggesting that Planaditas belongs in an earlier chronological position than

either of these types. Tachuelo Burnished must clearly be named the earliest of the five types. A flotation sample from the lowest layer (IV) contained three maize cupule fragments.

Toward the southwest end of the profile, in square T, an area of gray clay (V) lay at the same depths as layers II, III, and IV. Excavation did not make entirely clear the origin of this distinct soil, but the patterns of sherd densities and type proportions strongly parallel those of the principal layers. In Table 2.1 and the type proportion graph to the right in Figure 2.23, this layer of gray clay is divided arbitrarily into three subunits corresponding in elevation to the divisions between natural layers II, III, and IV. Once again, Barranquilla Buff dominates at the top of the sequence. Guacas Reddish Brown and Lourdes Red Slipped follow patterns similar to each other, with their major concentrations below those of Barranquilla. This time, however, Lourdes tapers off more quickly to lower proportions in upper layers than Guacas does, suggesting that, between Guacas and Lourdes, Lourdes is the earlier type. Tachuelo Burnished is again clearly in the earliest position. Planaditas Burnished Red did not appear in layer V.

Other highly localized soil distinctions are designated VI, VII, VIII, and IX. All are at levels comparable to the lowest of the principal stratigraphic layers in the site (IV). The sherd

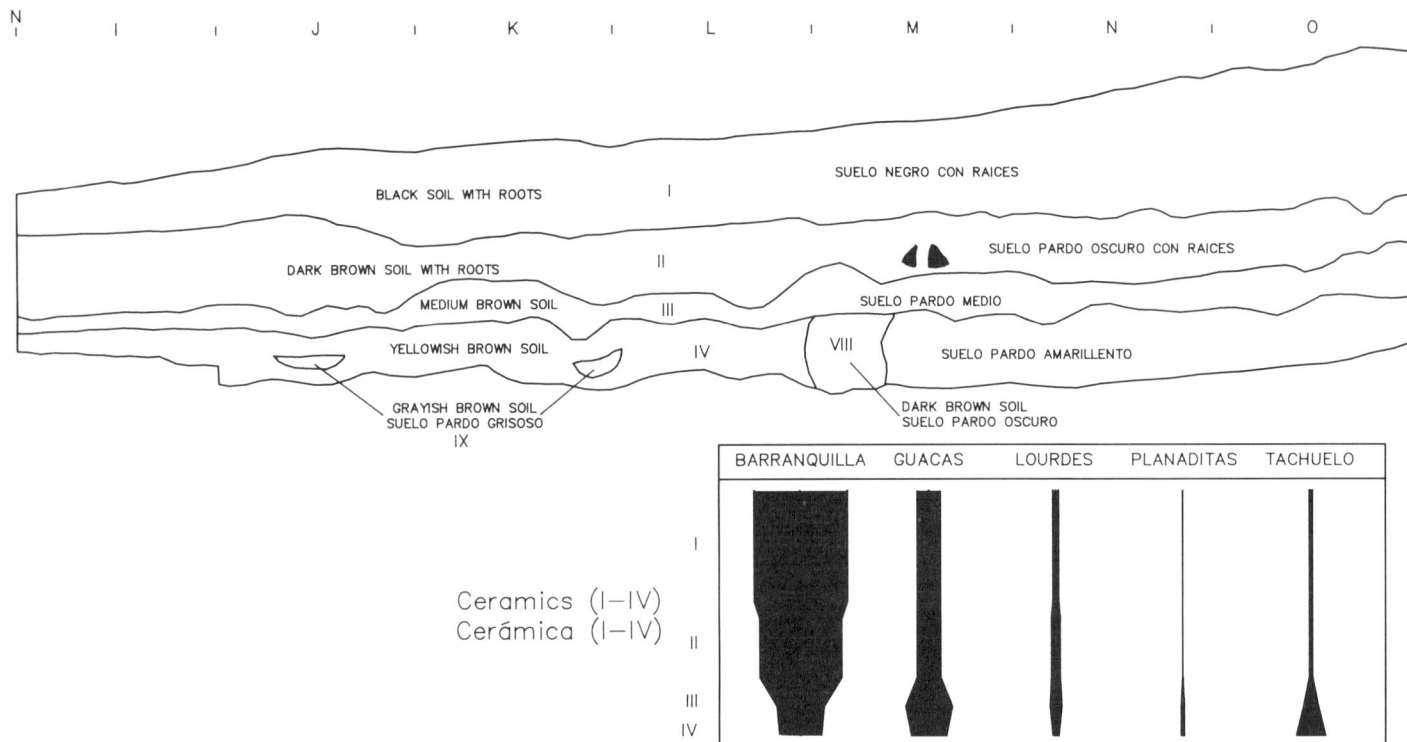

Figura 2.23. Estratigrafía del perfil de VP0243, El Rosario.

anterior publicación (Herrera 1989:207–220). El análisis de sedimento más detallado realizado como parte del estudio de polen confirma la interpretación de deposición de suelos presentada aquí, y añade la observación que el corte y relleno de la terraza no ocurrió en un único evento sino en una serie de episodios de construcción separados, añadiendo relleno para ampliar la terraza y/o renivelarla después de la compactación del relleno más temprano. Evidencias de plantas cultivadas aparecen en la muestra de polen, representando maíz (*Zea mays*), yuca (*Manihot esculenta*), batata (*Ipomea*) y Anonaceae.

Para los propósitos de construir la cronología, la principal oportunidad provista en Barranquilla Alta fue una muestra bastante grande consistente en tiestos sólo del tipo Guacas Café Rojizo. Por presentarse tan temprano en el curso del Proyecto Arqueológico Valle de la Plata, esta fue una considerable ayuda en la definición del tipo. También nos dijo algo de la historia de la construcción y la deposición de una de las terrazas artificiales que están desperdigadas en los paisajes de las zonas medias y altas del Valle de la Plata, y esta información fue útil para el reconocimiento regional. Sin embargo, al carecer de cerámica de cualquier otro tipo que no sea Guacas Café Rojizo, exceptuando la única ocurrencia de un tiesto no clasificado, Barranquilla Alta contribuyó poco a la ubicación temporal del tipo Guacas Café Rojizo.

VP0243—El Rosario

Cerca a la escuela de El Rosario el camino que hoy une La

Argentina con Oporapa cruza una ladera coluvial entre dos pequeñas quebradas a unos 1780 m sobre el nivel del mar. Un corte del camino provee un perfil de más de 50 m de largo de 2 m o más de depósitos culturales en VP0243 (Figura 2.21). El sitio es ocupado actualmente por cultivos de café. Este sitio atrajo atención al inicio de los trabajos del Proyecto Arqueológico Valle de la Plata, no sólo por la alta densidad de tiestos en la superficie, que hicieron posible una gran recolección de superficie, sino también porque dichas colecciones de superficie incluyeron cerámica de cinco tipos diferentes. Esta variedad de cerámica, junto con la profundidad claramente demostrada de los depósitos culturales y el fácil acceso a ellos provisto por el corte del camino, hicieron del sitio El Rosario una elección obvia para pruebas estratigráficas dirigidas a la construcción de la cronología cerámica. La prueba estratigráfica inicial en el sitio fue hecha por Carlos Augusto Sánchez a fines de julio e inicios de agosto de 1985 (Sánchez 1986), y trabajos posteriores se realizaron en julio de 1989. Como en Barranquilla Alta, las condiciones especiales presentadas por el sitio nos llevaron a modificar nuestros procedimientos usuales. En El Rosario la excavación fue realizada a lo largo del corte del camino, produciendo, en efecto, una trinchera de aproximadamente 1 m de ancho y 13 m de largo (Figura 2.22). Después de la limpieza del perfil del corte del camino se procedió a la excavación de las cuadrículas de 1 por 1 m que se realizó usando unidades estratigráficas naturales (como siempre, arbitrariamente divididas en sub-unidades de no más de 10 cm de ancho donde fuera necesario). Las cuadrículas a

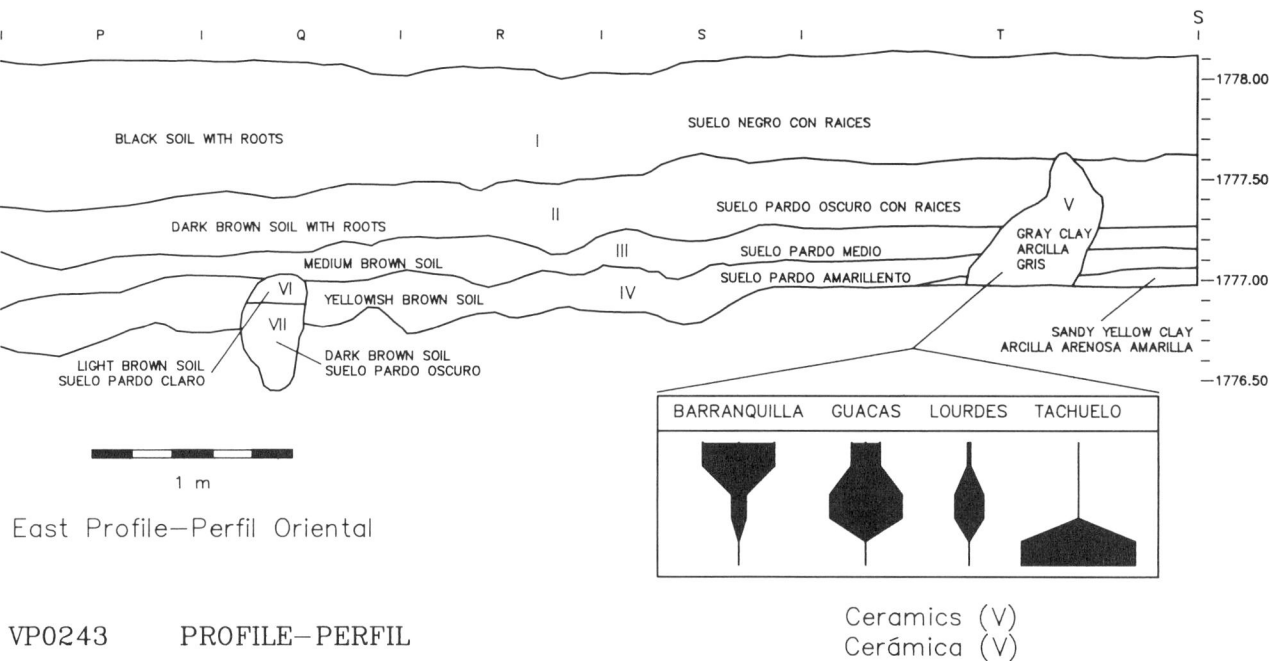

East Profile—Perfil Oriental

VP0243   PROFILE—PERFIL

Ceramics (V)
Cerámica (V)

Figure 2.23. Stratigraphy of profile at VP0243, El Rosario.

samples they produced are small, owing to the small volume of the deposits, but in each case one or more of the apparently earlier types in the sequence (Lourdes, Planaditas, and Tachuelo) accounts for a large proportion (Table 2.1). (Layer VI also contained two unclassified sherds included only in the totals in Table 2.1.)

Some six possible post molds, ranging from about 8 cm to slightly over 20 cm in diameter, appeared in the lowest of the principal layers (IV). Other small localized soil distinctions similar to those that appear in Figure 2.23 may represent specific refuse discard incidents in accumulating midden deposit and, in a few instances, poorly defined pit features. The clarity with which such stratigraphic niceties can be detailed is substantially reduced by such factors as burrowing and root action, which penetrate to the lowest levels excavated.

El Rosario, then, provided some very good indications of relative

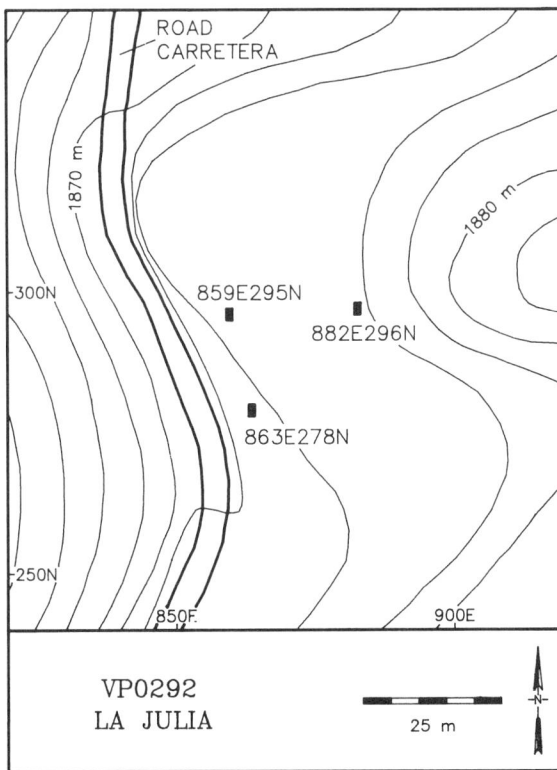

Figure 2.24. Map of VP0292, La Julia.
Figura 2.24. Mapa de VP0292, La Julia.

chronological positions of the types we had defined. Our confidence in these indications is bolstered by the large size of the sample, and by the fact that the proportions of the ceramic types in the different layers are highly consistent from one square to the next along the profile. Specifically, El Rosario makes it clear that Tachuelo Burnished is very early; that it is followed by Planaditas Burnished Red, Lourdes Red Slipped, and Guacas Reddish Brown, probably in that order; and that Barranquilla Buff is late.

VP0292—La Julia

Located on a colluvial slope above the Quebrada La Plata at about 1875 m above sea level, the site of La Julia was chosen for stratigraphic excavation principally because surface collections made there contained both Lourdes Red Slipped and Planaditas Burnished Red in some quantity. It thus offered the opportunity to clarify the relative chronological placements

VP0292   859E295N

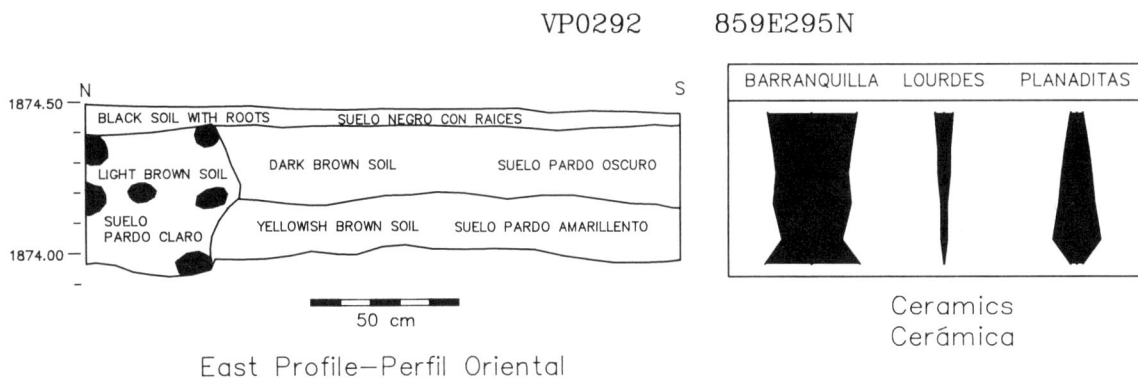

East Profile—Perfil Oriental

Figura 2.25
Estratigrafía de la
prueba 859E295N
(VP0292, La Julia).

Figure 2.25
Stratigraphy of test at
859E295N (VP0292,
La Julia).

lo largo del perfil recibieron una designación alfabética dado que la orientación del corte del camino era diagonal al sistema de cuadriculación del sitio. El área de 2 m de largo designada T en la Figura 2.23 es la excavación conducida por Sánchez en 1985. Las cuadrículas I a S extendieron nuestra percepción de la estratigrafía del sitio hacia el noreste en 1989. Las frecuencias de cerámica son presentadas en la Tabla 2.1 de acuerdo con las capas estratigráficas naturales designadas con números romanos en dicha Tabla y en la Figura 2.23.

Las mismas cuatro capas (IV a I) se extienden sobre un sedimento estéril de arcilla arenosa amarilla y forman la principal estratigrafía a lo largo de todo el perfil. En conjunto estas capas proveyeron una muestra de 7,859 tiestos, con una densidad de tiestos en las tres capas superiores que justificaban plenamente la impresión recibida de la colección de superficie que el sitio contenía depósitos muy concentrados de material cultural. Tres de estos tiestos (uno de cada una de las capas II, III y IV) quedaron no clasificados y son incluidos sólo en los totales de la Tabla 2.1. Las proporciones de los tiestos clasificados de las cuatro capas principales se muestran graficados a la izquierda de la Figura 2.23. El tipo Barranquilla Crema es claramente dominante en las capas superiores, reduciendo gradualmente su proporción en cada una de las capas inferiores. Los tipos Guacas Café Rojizo y Lourdes Rojo Engobado siguen a grandes rasgos el mismo patrón, alcanzando su mayor proporción en la penúltima capa (III), y de tal manera parecerían ser tipos más tempranos que Barranquilla. Planaditas Rojo Pulido ocurre en cantidades tan pequeñas que su patrón no se percibe muy claramente en la Figura 2.23, pero un vistazo a la Tabla 2.1 revela que, como Guacas y Lourdes, su principal concentración ocurre en la capa III. Sin embargo, en la siguiente capa superior (II), Planaditas se reduce de manera más drástica que los tipos Guacas o Lourdes, sugiriendo que Planaditas tiene una posición cronológica más temprana que cualquiera de esos dos tipos. El tipo Tachuelo Pulido debe ser claramente definido como el más temprano de los cinco tipos. Una muestra de flotación de la capa más profunda (IV) contuvo tres fragmentos de cúpulas de maíz.

Hacia el extremo sudoeste del perfil, en la cuadrícula T, una área de arcilla gris (V) ocurría a la misma profundidad que las capas II, III y IV. Las excavaciones no aclararon totalmente el origen de este sedimento diferente, pero el patrón de densidad de tiestos y proporciones de tipos se comparan fuertemente a aquellos de las capas principales. En la Tabla 2.1 y en el gráfico de proporciones de tipos a la derecha de la Figura 2.23, esta capa de arcilla gris es dividida arbitrariamente en tres sub-unidades correspondientes en profundidad a las divisiones entre las capas naturales II, III y IV. Una vez más, el tipo Barranquilla Crema domina en la parte superior de la secuencia. Los tipos Guacas Café Rojizo y Lourdes Rojo Engobado siguen patrones similares entre sí, con concentraciones máximas inferiores a la del tipo Barranquilla. Sin embargo, esta vez el tipo Lourdes se reduce más rápidamente a proporciones menores en las capas superiores que el tipo Guacas, sugiriendo que, entre Guacas y Lourdes, Lourdes es el tipo más temprano. Tachuelo Pulido es otra vez claramente colocado en la posición más temprana. El tipo Planaditas Rojo Pulido no apareció en la capa V.

Otros suelos restringidos espacialmente son designados VI, VII, VIII y IX. Todos están a un nivel comparable a la capa inferior de las principales capas estratigráficas en el sitio (IV). Las muestras de tiestos que ellas produjeron son pequeñas, hecho atribuible al pequeño volumen de los depósitos, pero en cada caso uno o más de los tipos aparentemente más tempranos de la secuencia (Lourdes, Planaditas y Tachuelo) representan una gran proporción (Tabla 2.1). (La capa VI también contuvo dos tiestos no clasificados incluidos sólo en los totales de la Tabla 2.1.)

Unos seis posibles huecos de poste, con diámetros entre 8 cm y un poco más de 20 cm, aparecieron en la más profunda de las capas principales (IV). Otras pequeñas deposiciones de suelo restringidas espacialmente y similares a los que aparecen en la Figura 2.23 podrían representar episodios específicos de desecho en la acumulación del depósito de basura y, en unos pocos casos, rasgos que consisten en pozos pobremente definidos. La claridad con que tales pormenores estratigráficos pueden ser detallados es substancialmente reducida por factores como presencia de madrigueras y acción de raíces que penetraron los niveles más profundos que fueron excavados.

El Rosario proveyó de esta manera algunas muy buenas indicaciones de la posición cronológica relativa de los tipos que hemos definido. Nuestra confianza en estas indicaciones

VP0292   863E278N

N ⸺⸺⸺⸺⸺⸺⸺⸺⸺⸺⸺⸺⸺ S

BLACK SOIL WITH ROOTS   SUELO NEGRO CON RAICES

DARK BROWN SOIL   SUELO PARDO OSCURO

YELLOW CLAY
ARCILLA AMARILLA

1873.50

50 cm

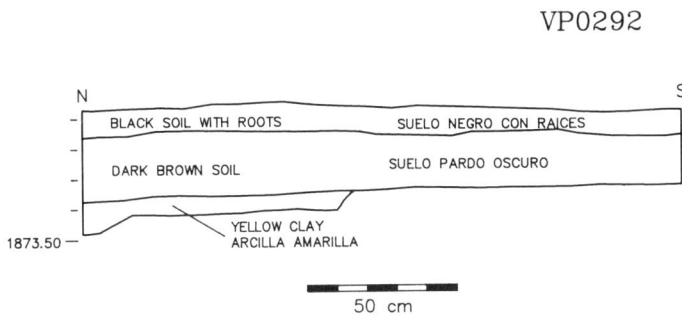

East Profile—Perfil Oriental

BARRANQUILLA   LOURDES   PLANADITAS

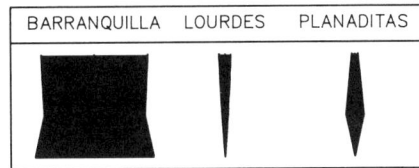

Ceramics
Cerámica

Figure 2.26
Stratigraphy of test
at 863E278N
(VP0292, La Julia).

Figura 2.26
Estratigrafía de la
prueba 863E278N
(VP0292, La Julia).

of these two types. The use to which the site has been put in recent years is cattle pasture. We excavated three 1 by 2 m stratigraphic tests (Figure 2.24) at the site during July, 1989.

A test at **859E295N** revealed three well-distinguished stratigraphic layers with cultural material, the lower two of which had been interrupted by a pit feature, of which only a small portion appeared in the northeast corner of the test (the light brown soil with large rocks in Figure 2.25). The pit feature was only incompletely separated from the other layers during excavation, but the sample of ceramics from it does not show very different proportions of types than we see in the layers it apparently interrupted. Thus it was evidently finally filled in with a mixture of materials, rather than with pure discarded material of the relatively late date at which it was apparently dug. The material in the fill of this pit feature, for example, included a very large but still incomplete portion of a Planaditas Burnished Red olla broken into 46 sherds, but all still in place. (These sherds occurred between about 1874.21 and 1874.02 in elevation but are not counted in Table 2.1.) This large olla piece seems most likely to have arrived at its final resting place as a consequence of being dug up when the pit feature was excavated long after the initial deposition of the olla, and then being used as part of the fill when this later pit feature was covered over.

The chronological relation between Lourdes Red Slipped and Planaditas Burnished Red implied by this test is clear. Planaditas reaches its highest proportion in the lower layers and then tapers off, while Lourdes only begins to appear in the second layer up from the bottom and increases in proportion right up to the uppermost layer (Figure 2.25). Barranquilla Buff, however, provides the majority of the ceramics in every layer, reaching its highest proportion of all in the very lowest. It thus presents us with a paradox. Given the evidence from other sites (above, below, and elsewhere in the Alto Magdalena), it is impossible to take this as an indication of a chronological position for Barranquilla Buff prior to Lourdes Red Slipped or Planaditas Burnished Red. It seems much more likely that this represents downward movement of Barranquilla Buff through processes of stratigraphic disturbance such as bioturbation and the excavation and refilling of the late pit feature. It is important to note (Table 2.1) that the high proportion of Barranquilla Buff in the lowest layer is the consequence

of eight Barranquilla sherds outnumbering the single Planaditas sherd that is the only other artifact in the layer. Although this makes Barranquilla represent an exceedingly large proportion of the sherds in this layer, these eight sherds would represent downward movement of only a very small proportion of the 253 Barranquilla sherds found in this test. The most likely interpretation, then, of the high proportion of Barranquilla sherds in the lowest layer is that it is a mathematical peculiarity of processes of moderate stratigraphic disturbance operating in perfectly expectable ways.

A second test, at **863E278N**, presented a simpler stratigraphic picture and very similar ceramic proportions (Figure 2.26). Once again, Lourdes Red Slipped and Planaditas Burnished Red formed a distinct minority of the ceramics, but their relative chronological positions were clear: Planaditas before Lourdes. The majority of sherds were Barranquilla Buff, also reaching their highest proportion (this time 100%) in the lowest layer. Here the case for downward movement of cultural materials from their original depositional position is perhaps even clearer. Although there is nothing similar to the pit feature that intruded into the lowest levels of the test at 859E295N, the lowest level here was a layer with all the usual attributes of the sterile soil that underlies the site. Nevertheless, it contained four Barranquilla Buff sherds (100% of the sherds in the lowest layer but less than 4% of the Barranquilla sherds in the test). If processes of post-depositional disturbance moved 4% of the cultural material downward to this extent, then they were operating at a recognizable level, but not one that would be disastrous for our purposes. Moreover, processes creating such a downward movement would likely not have left any Planaditas or Lourdes sherds in this bottom layer, since 4% of the five Lourdes sherds in the test is only 0.20, and 4% of the 9 Planaditas sherds is only 0.36. Two maize rachis fragments were picked from the stratigraphic layer with its lowest point at 1873.66.

A piece of charcoal collected from the upper portion of the lowest stratigraphic layer in the test at 863E278N was submitted for radiocarbon dating. The result was a date of 1855 AD (±150 years; PITT-0862). This clearly does not date any of the prehispanic periods involved, and must be more related to the processes of stratigraphic disturbance discussed above. In particular, a piece of burned root from modern forest clearance

es apoyada por el gran tamaño de la muestra, y por el hecho que las proporciones de los tipos cerámicos en las diferentes capas eran altamente consistentes de una cuadrícula a otra, a lo largo del perfil. En especial, El Rosario muestra claramente que el tipo Tachuelo Pulido es muy temprano; que es seguido por los tipos Planaditas Rojo Pulido, Lourdes Rojo Engobado y Guacas Café Rojizo, probablemente en tal orden; y que el tipo Barranquilla Crema es tardío.

VP0292—La Julia

Ubicado en una ladera coluvial sobre la Quebrada La Plata a unos 1875 m sobre el nivel del mar, el sitio de La Julia fue escogido para excavaciones estratigráficas principalmente porque las recolecciones de superficie realizadas en el sitio arrojaron buena cantidad tanto del tipo Lourdes Rojo Engobado como del tipo Planaditas Rojo Pulido. El sitio ofrecía entonces la oportunidad de esclarecer la ubicación cronológica relativa de estos dos tipos. El área del sitio ha sido utilizada para pastoreo de ganado en años recientes. En julio de 1989, excavamos tres pruebas estratigráficas de 1 por 2 m (Figura 2.24) en el sitio. Un prueba estratigráfica en **859E295N** reveló tres capas estratigráficas muy bien distinguibles con material cultural, de las cuales las dos más profundas fueron interrumpidas por un pozo, del cual sólo una reducida parte apareció en la esquina noreste de la prueba estratigráfica (el suelo pardo claro con piedras grandes en la Figura 2.25). El pozo fue sólo separado de manera incompleta de las otras capas durante la excavación, pero la muestra de cerámica de dicho pozo no refleja proporciones de tipos muy diferentes a las de las capas que aparentemente intersectó. De tal manera, el pozo fue finalmente rellenado con una mezcla de materiales, más que con material de desecho del período tardío en que fue aparentemente excavado. El material del relleno de este pozo, por ejemplo, incluyó gran parte, pero incompleta, de una olla Planaditas Rojo Pulido quebrada en 46 tiestos, pero todos aún en su lugar. (Estos tiestos ocurrieron entre 1874.21 y 1874.02 de altura pero no son contados en la Tabla 2.1.) Esta olla parece haber llegado a su contexto final como consecuencia de haber sido removida cuando el pozo fue excavado, mucho después de la deposición de la olla, siendo entonces usado como parte del relleno cuando el pozo fue tapado.

La relación cronológica entre los tipos Lourdes Rojo Engobado y Planaditas Rojo Pulido implicada por esta prueba estratigráfica es clara. El tipo Planaditas alcanza su proporción más alta en las capas inferiores y luego se reduce, mientras que el tipo Lourdes no aparece en la capa más profunda; sólo comienza en la segunda, e incrementa su proporción en cada capa hasta la más alta (Figura 2.25). Sin embargo, el tipo Barranquilla Crema provee la mayoría de la cerámica en todas las capas, alcanzando su máxima proporción en la capa más profunda. Es así que se nos presenta una paradoja. Dada la evidencia de otros sitios (descritos en este capítulo y en otros lugares del Alto Magdalena), es imposible tomar este hecho como una indicación de una posición cronológica para el tipo Barranquilla Crema previo al tipo Lourdes Rojo Engobado o

Planaditas Rojo Pulido. Es mucho más probable que este hecho represente movimientos de los tiestos Barranquilla Crema hacia abajo por procesos de perturbación estratigráfico como bioturbación y la excavación y relleno del pozo tardío. Es importante notar (Tabla 2.1) que la alta proporción del tipo Barranquilla Crema en la capa más profunda es consecuencia de ocho tiestos Barranquilla que superan al único tiesto Planaditas que es el único otro artefacto en dicha capa. Si bien esto hace que el tipo Barranquilla represente una proporción excesivamente grande de tiestos en esta capa, estos ocho tiestos representarían movimientos hacia abajo de sólo una muy pequeña proporción de los 253 tiestos Barranquilla encontrados en esta prueba estratigráfica. La interpretación más probable es entonces, que la alta proporción de tiestos Barranquilla en la capa más profunda representa una peculiaridad matemática de procesos de perturbación estratigráfico moderado, operando en formas perfectamente esperables.

Una segunda prueba estratigráfica en **863E278N**, presenta un cuadro estratigráfico más simple y proporciones cerámicas muy similares (Figura 2.26). Una vez más, los tipos Lourdes Rojo Engobado y Planaditas Rojo Pulido formaron una minoría distintiva de la cerámica, pero su posición cronológica relativa fue clara: el tipo Planaditas ocurre antes que Lourdes. La mayoría de tiestos fueron del tipo Barranquilla Crema, alcanzando también su proporción más alta (esta vez 100%) en la capa más profunda. Aquí la evidencia para el movimiento hacia abajo del material cultural desde su lugar de deposición original es quizás aún más claro. Si bien no hay nada similar al pozo que intruyó en los niveles inferiores de la prueba estratigráfica en 859E295N, el nivel inferior aquí estaba constituido por una capa con todos los atributos usuales del sedimento estéril sobre el que se asienta el sitio. A pesar de ello, contuvo cuatro tiestos Barranquilla Crema (100% de los tiestos en la capa más profunda pero menos de 4% de los tiestos Barranquilla en la prueba estratigráfica). Si lo que ocurrió fue que procesos de perturbación post-deposicionales movieron 4% del material cultural hacia abajo, entonces dichos procesos operaban en niveles perceptibles, pero no a una escala que impidiera nuestros propósitos. Más aún, aquellos procesos que crearon tales movimientos hacia abajo no dejaron probablemente ningún tiesto Planaditas o Lourdes en esta capa inferior, dado que 4% de los cinco tiestos Lourdes en la prueba estratigráfica representan sólo 0.20, y 4% de los 9 tiestos Planaditas tiestos sólo 0.36. Dos fragmentos de raquis de maíz fueron recuperados en la capa estratigráfica cuyo punto más profundo era 1873.66.

Un pedazo de carbón recogido de la parte superior de la capa estratigráfica más profunda de la prueba en 863E278N fue sometida a fechamiento radiocarbónico. El resultado fue una fecha de 1855 DC (±150 años; PITT-0862). Este resultado claramente no tiene que ver con ninguno de los períodos prehispánicos en cuestión, y debe estar más relacionado con procesos de perturbación estratigráfica discutidos anteriormente. En especial, este pedazo de carbón parece provenir muy probablemente de un resto de raíz quemada de la tala y quema

seems a likely interpretation for this piece of charcoal since the date's one-sigma error range certainly includes the period of modern re-colonization and re-clearance of the area.

A final test at **882E296N** presented fundamentally two cultural layers, although the bottom surface of the lower cultural layer was extremely uneven (Figure 2.27). Again the majority of the sherds were Barranquilla Buff, with a smaller proportion of Lourdes Red Slipped and Planaditas Burnished Red. Planaditas clearly appears in an earlier position than Lourdes. And once again, the proportion of Barranquilla Buff in the lowest layer, with a very small total number of sherds, rises sharply. All of the considerations discussed for this situation in the other two stratigraphic tests at this site apply equally well to this test. In the second layer down from the top were 12 carbonized fragments of tap root with secondary thickening, which could possibly be jícama (*Pachyrrhizus* sp.). A piece of charcoal from the lowest stratigraphic layer was submitted for radiocarbon dating and gave a result of 106.2% modern (PITT-0861). Clearly, this sample was contaminated and tells us nothing about the absolute date of any of the ceramics recovered.

Despite some disturbance of the stratigraphic record, La Julia did provide clear and consistent evidence placing Planaditas Burnished Red before Lourdes Red Slipped. The absolute dates corresponding to Planaditas that were hoped for from the two radiocarbon samples collected from the lowest stratigraphic layers in two tests, however, failed to materialize. La Julia, as might have been expected from surface collections there and at nearby sites, also produced an unusually large number (eight) of aberrant sherds that did not fit into our classification. These eight sherds are included only in the totals in Table 2.1. They occurred in the uppermost three layers of the test at 859E295N (one in the top layer, one in the next layer, and three in the third layer) and in the test at 882E296N (two in the uppermost layer and one in the third layer). Although this is indeed a far higher proportion of unclassified sherds than encountered elsewhere, it still represents only slightly more than 1% of the sherds from the site. These eight sherds were of several different kinds, as were the unclassified sherds recovered in surface collections in this small area. This concentration of sherds that were aberrant in terms of our typology most likely represents a small part of some pattern of regional variation, only a tiny fringe of which was included along this boundary of the regional survey zone. This phenomenon will be discussed further in the future, when the results of the regional survey are presented.

VP0357—Caja de Agua

Three stratigraphic tests were excavated at Caja de Agua in July, 1986 (Figure 2.28). The site lies at about 815 m above sea level on colluvial deposits at the foot of a steep slope above a small *quebrada*. In 1986 the land was in use as cattle pasture and for cultivation of *badea*. The excavations were conducted by Veronica M. Kennedy as part of her Ph.D. dissertation field research.

The test that turned out to have the deepest deposits was at **1980E1184N**. The sequence of stratigraphic layers was relatively straightforward, as was the pattern of ceramic frequencies (Figure 2.29). Although the total sample of sherds from the test was only 44, and only two types were represented, Guacas Reddish Brown was clearly in a stratigraphic position below Barranquilla Buff.

A second test at **1996E1027N** failed to be very informative. Its location was alongside an irrigation canal just beyond the edge of a *badea* field, where its excavation would not interfere with the growing crop. The ground surface here had been covered by backdirt from the excavation of the irrigation canal (the sandy brown soil and the light brown soil in Figure 2.30), but it seemed likely that this might have helped to protect the deposits underneath from disturbance. No artifacts were encountered in the canal backdirt, and the deposits underneath were thin and contained extremely sparse ceramics: 1 sherd each of Barranquilla Buff and Guacas Reddish Brown (Table 2.1). This one stratigraphic layer told us very little about chronology.

The final test, at **2017E994N**, yielded results very similar to the first. A relatively simple sequence of stratigraphic layers produced ceramics in low density (Table 2.1), but the total sample of 148 sherds is reasonable for making inferences about patterns. The two cultural layers (the gray clay in Figure 2.31 was sterile), demonstrated once again that Guacas Reddish Brown is an earlier type than Barranquilla Buff.

In sum, Caja de Agua provided still more evidence that Barranquilla Buff comes after Guacas Reddish Brown in the

Figure 2.27
Stratigraphy
of test at
882E296N
(VP0292,
La Julia).

Figura 2.27
Estratigrafía
de la prueba
882E296N
(VP0292,
La Julia).

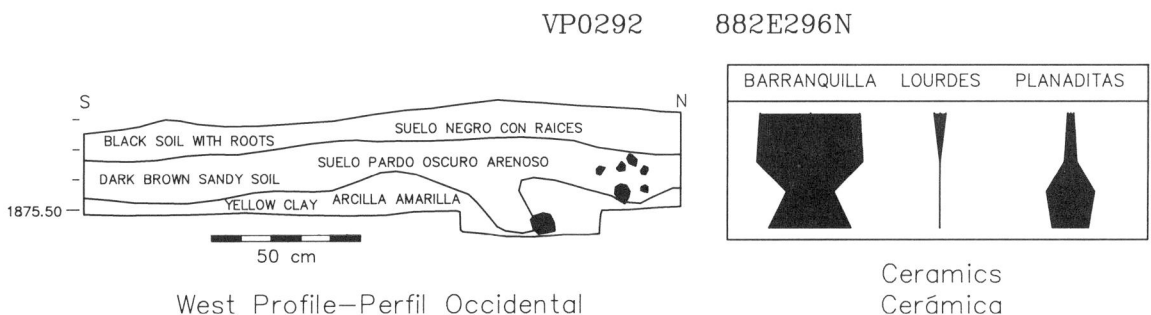

VP0292   882E296N

S ____ N
BLACK SOIL WITH ROOTS   SUELO NEGRO CON RAICES
SUELO PARDO OSCURO ARENOSO
DARK BROWN SANDY SOIL
YELLOW CLAY   ARCILLA AMARILLA
1875.50

50 cm

West Profile—Perfil Occidental

BARRANQUILLA   LOURDES   PLANADITAS

Ceramics
Cerámica

del bosque moderno dado que el rango de error de un sigma del fechamiento ciertamente incluye el período de colonización y roza moderna del área.

Una última prueba estratigráfica en **882E296N** presentó básicamente dos capas culturales, aunque la superficie inferior de la capa cultural más profunda era extremadamente irregular (Figura 2.27). Nuevamente la mayoría de los tiestos fueron del tipo Barranquilla Crema, con una pequeña proporción de Lourdes Rojo Engobado y Planaditas Rojo Pulido. El tipo Planaditas aparece claramente en una posición más temprana que Lourdes. Y otra vez más, la proporción de Barranquilla Crema en la capa más profunda, con un número de tiestos muy reducido, aumenta drasticamente. Todas las consideraciones discutidas para esta situación en las otras dos pruebas estratigráficas en este sitio se aplican igualmente a esta prueba estratigráfica. En la capa 1875.59 se encontraron 12 fragmentos carbonizados de una raíz vertical con engrosamiento secundario, que posiblemente podría ser jícama (*Pachyrrhizus* sp.). Un pedazo de carbón de la capa estratigráfica más profunda fue sometida a fechamiento radiocarbónico y dio un resultado de 106.2% moderno (PITT-0861). Claramente, se puede decir que esta muestra estuvo contaminada y no nos dice nada de la fecha absoluta de ninguna de la cerámica recuperada.

A pesar de cierta perturbación del registro estratigráfico, La Julia proveyó evidencia clara y consistente que coloca al tipo Planaditas Rojo Pulido antes que el tipo Lourdes Rojo Engobado. Sin embargo, las fechas absolutas correspondientes al tipo Planaditas que se esperaron obtener en las dos muestras radiocarbónicas de la capa estratigráfica más profunda en dos prueba estratigráficas no lograron materializarse. La Julia produjo también, como debió haberse esperado de las colecciones de superficie en este y sitios aledaños, un alto número (ocho) de tiestos aberrantes que no se definieron en nuestra clasificación. Estos ocho tiestos son incluidos sólo en los totales de la Tabla 2.1. Ellos ocurrieron en las tres capas superiores de la prueba estratigráfica en 859E295N (uno en la capa superior, uno en la capa siguiente y tres en la tercera capa) y en la prueba estratigráfica en 882E296N (dos en la capa superior y una en la tercera capa). Si bien esto repre-

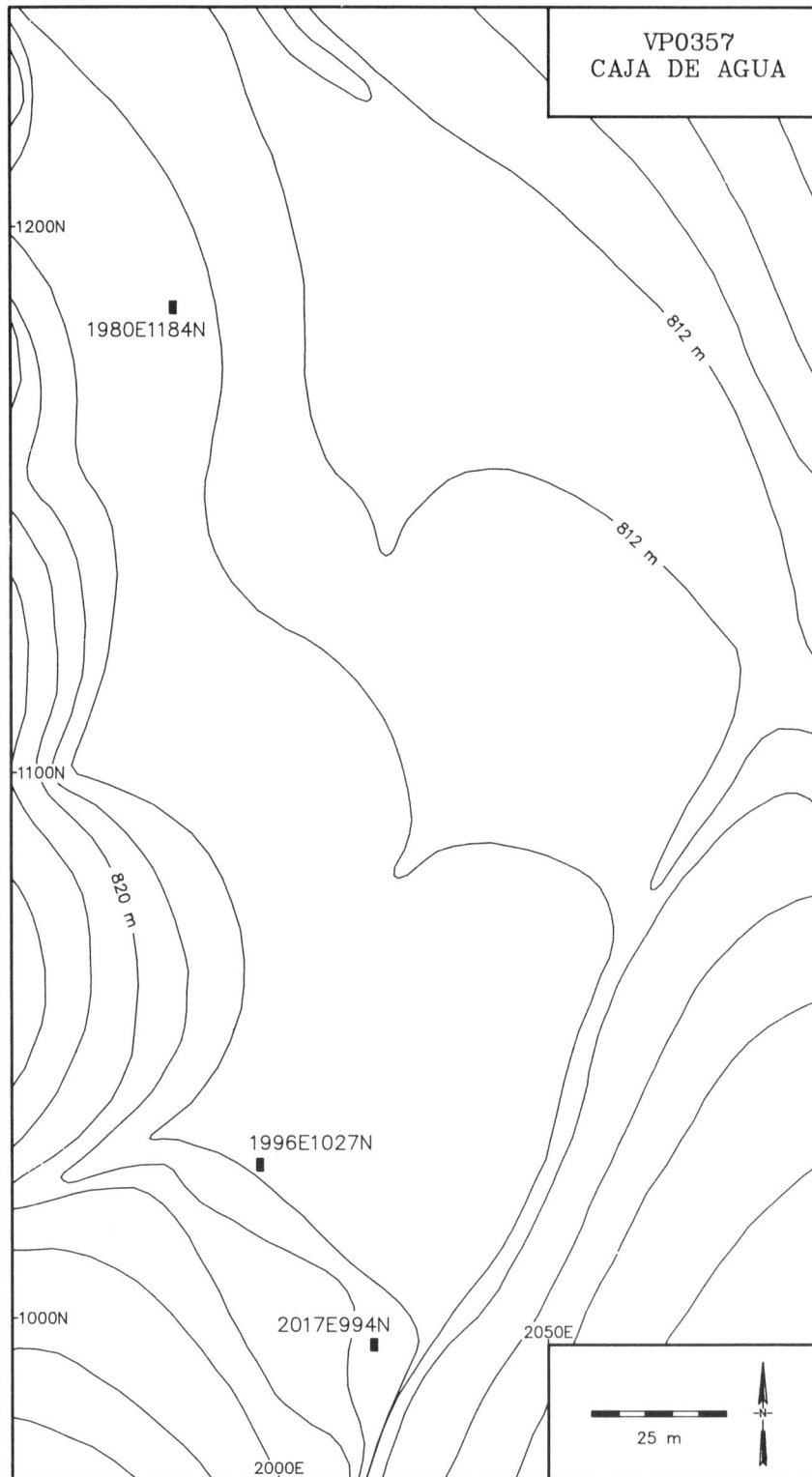

Figura 2.28. Mapa de VP0357, Caja de Agua.
Figure 2.28. Map of VP0357, Caja de Agua.

VP0357   1980E1184N

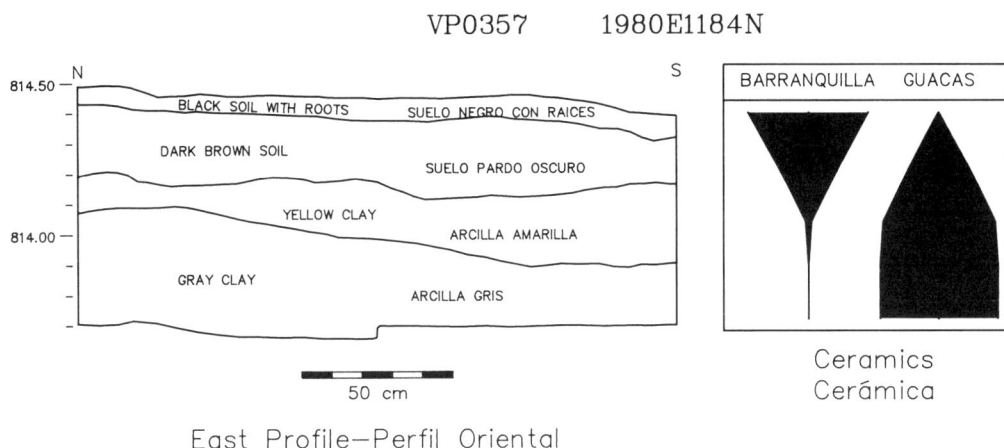

East Profile—Perfil Oriental

Figure 2.29
Stratigraphy of test at 1980E1184N
(VP0357, Caja de Agua).

Figura 2.29
Estratigrafía de la prueba
1980E1184N (VP0357, Caja de
Agua).

Figure 2.30
Stratigraphy of test at
1996E1027N (VP0357, Caja
de Agua).

Figura 2.30
Estratigrafía de la prueba
1996E1027N (VP0357, Caja
de Agua).

VP0357   1996E1027N

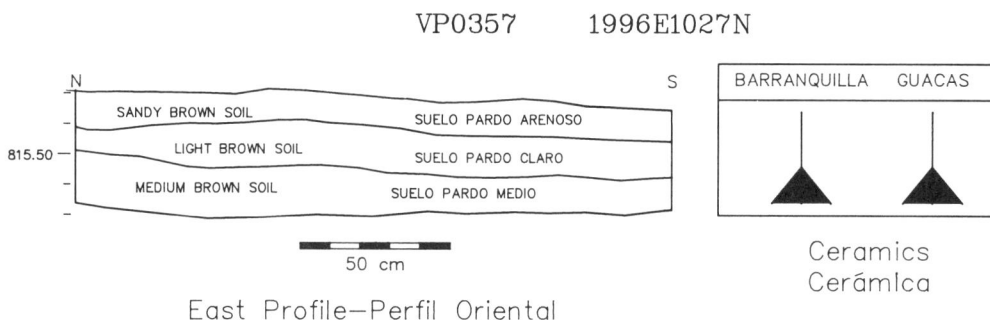

East Profile—Perfil Oriental

VP0357   2017E994N

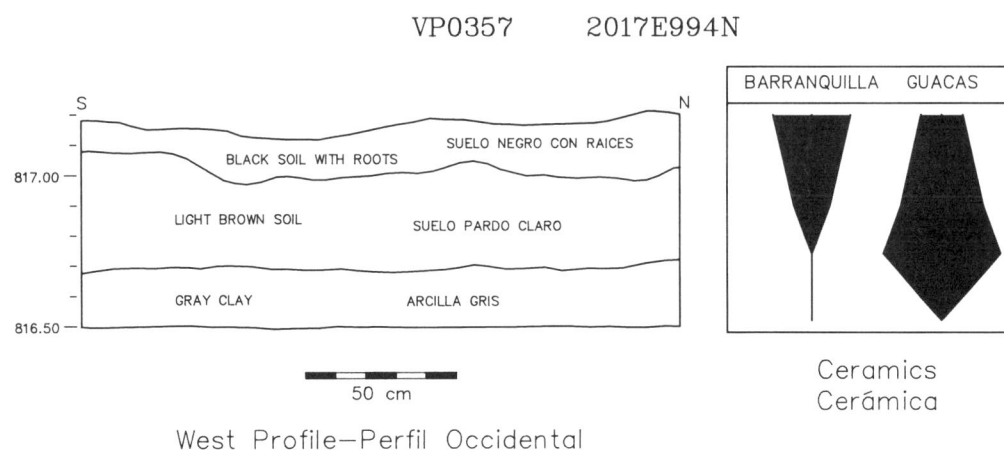

West Profile—Perfil Occidental

Figure 2.31
Stratigraphy of test at 2017E994N
(VP0357, Caja de Agua).

Figura 2.31
Estratigrafía de la prueba
2017E994N (VP0357, Caja de
Agua).

chronological sequence. It also helped to take the ceramic classification and chronology farther afield, since Caja de Agua is located in the low eastern end of the Valle de la Plata at some distance from the sites discussed above (Figure 2.1).

VP0394—El Espino

El Espino is also in the low eastern end of the Valle de la Plata, at about 760 m above sea level, on the broad natural terraces that form the banks of the Río Páez. Six stratigraphic tests were excavated there in late June and early July, 1985

(Figure 2.32), at which time the entire site was in use as a cattle pasture. The excavations were conducted as part of Ph.D. dissertation fieldwork by Veronica M. Kennedy.

At **986E950N** a test revealed very simple and fairly shallow stratigraphy and yielded moderate sherd densities (Figure 2.33 and Table 2.1). The majority of the sherds were Barranquilla Buff, and the rest were Guacas Reddish Brown. The changes in proportion are just what the evidence already reported would lead us to expect: higher percentages of Guacas Reddish Brown in lower levels, and higher percentages of Barranquilla

senta una proporción de tiestos no clasificados más alta que en algún otro lugar, sólo representa algo más que el 1% de los tiestos del sitio. Estos ocho tiestos manifestaron mucha variedad entre ellos, tal como los tiestos no clasificados recuperados en recolecciones de superficie en esta pequeña área. Esta concentración de tiestos aberrantes en términos de nuestra tipología representa probablemente una pequeña parte de algún patrón de variación regional, del cual sólo una pequeña muestra fue incluida en los límites de nuestra área de reconocimiento regional. Este fenómeno será discutido con más detalle en el futuro, cuando presentemos los resultados del reconocimiento regional.

VP0357—Caja de Agua

Tres pruebas estratigráficas fueron excavadas en el sitio de Caja de Agua en julio de 1986 (Figura 2.28). El sitio se ubica a unos 815 m sobre el nivel del mar sobre depósitos coluviales al pie de una abrupta ladera y sobre una pequeña quebrada. En 1986 las tierras estaban siendo usadas para pastoreo de ganado y para cultivo de badea. Las excavaciones fueron conducidas por Verónica M. Kennedy como parte de su investigación de campo para la disertación doctoral.

La prueba estratigráfica que resultó tener los depósitos más profundos se ubicó en **1980E1184N**. La secuencia de capas estratigráficas fue relativamente simple, tal como lo fue también el patrón de frecuencias cerámicas (Figura 2.29). Si bien la muestra total de la prueba estratigráfica fue sólo de 44 tiestos, y sólo dos tipos fueron representados, Guacas Café Rojizo estuvo colocado claramente en una posición estratigráfica inferior al tipo Barranquilla Crema.

Una segunda prueba estratigráfica en **1996E1027N** no resultó ser muy informativa. Tal prueba se ubicó a lo largo de un canal de irrigación en los límites de un cultivo de badea, donde su excavación no pudiera interferir con la siembra. La superficie del suelo había sido cubierta por la tierra de la excavación del canal de irrigación (el suelo pardo arenoso y el suelo pardo claro en la Figura 2.30), pero parecía probable que tal deposición pudiera haber protegido los depósitos inferiores de posible perturbación. No se encontraron artefactos en la tierra de excavación del canal, y los depósitos bajo ella fueron delgados y contuvieron muy pocos tiestos: 1 tiesto de cada uno de los tipos Barranquilla Crema y Guacas Café Rojizo (Tabla 2.1). Esta única capa estratigráfica nos dijo poco del aspecto cronológico.

La última prueba estratigráfica, en **2017E994N**, arrojó resultados muy similares a los de la primera prueba. Una secuencia relativamente simple de capas estratigráficas produjo bajas densidades de cerámica (Tabla 2.1), pero el total de la muestra de 148 tiestos es razonable para establecer inferencias sobre patrones cerámicos. Las dos capas culturales (la de arcilla gris en la Figura 2.31 fue estéril), demostraron una vez más que el tipo Guacas Café Rojizo es más temprano que el tipo Barranquilla Crema.

En suma, Caja de Agua proveyó aún más evidencia para decir que el tipo Barranquilla Crema sucede al tipo Guacas Café Rojizo en la secuencia cronológica. También ayudó a ampliar el área geográfica de la clasificación y de la cronología cerámica, dado que el sitio de Caja de Agua está ubicado en el extremo bajo oriental del Valle de la Plata a cierta distancia de los sitios descritos previamente (Figura 2.1).

VP0394—El Espino

El Espino está también ubicado en el extremo bajo oriental del Valle de la Plata, a unos 760 m sobre el nivel del mar, sobre las amplias terrazas naturales que forman los bancos del Río Páez. Seis pruebas estratigráficas fueron excavadas en el sitio a fines de junio y comienzos de julio de 1985 (Figura 2.32), mientras que el área del sitio se usaba para pastoreo de ganado. Las excavaciones fueron conducidas por Verónica M. Kennedy como parte de su investigación de campo para la disertación doctoral.

En **986E950N** una prueba estratigráfica reveló una estratigrafía muy simple y bastante superficial y arrojó una densidad moderada de tiestos (Figura 2.33 y Tabla 2.1). La mayoría de los tiestos fueron del tipo Barranquilla Crema, y el resto fue del tipo Guacas Café Rojizo. Los cambios en proporción de ellos corresponden a lo que la evidencia ya descrita nos lleva a esperar: un porcentaje más alto de Guacas Café Rojizo en los niveles más profundos, y un porcentaje más alto de Barranquilla Crema en los niveles superiores.

Una prueba estratigráfica en **1000E1000N** sólo tuvo una capa de 5 a 6 cm de suelo pardo oscuro y raices sobre una capa de grava fina. En ella no se encontraron artefactos. La estratigrafía en **1052E923N** consistió en una capa de 3 a 4 cm de suelo pardo oscuro con raices sobre una arcilla dura. Tampoco aquí se encontró material cultural. La prueba estratigráfica en **1106E974N** no fue mucho más productiva, pues se encontraron tres tiestos en una capa de suelo pardo oscuro con raices, de una profundidad de 4 a 10 cm, y ubicada sobre una capa de arcilla estéril (Tabla 2.1). Con tan baja densidad de tiestos en depósitos tan poco profundos, no hay evidencias para evaluar la posición cronológica relativa de los dos tipos representados, Barranquilla Crema y Guacas Café Rojizo. La prueba estratigráfica excavada en **1156E1009N** fue algo más profunda, pero la densidad de tiestos fue extremadamente baja, y todos los tiestos fueron del tipo Barranquilla Crema (Figura 2.34 y Tabla 2.1).

Finalmente, una prueba estratigráfica en **1209E879N** arrojó una modesta muestra de tiestos que incluyó tanto el tipo Barranquilla Crema como Guacas Café Rojizo. El número total de tiestos Guacas Café Rojizo fue sólo dos, pero ambos ocurrieron en la capa más profunda de la excavación (Figura 2.35). Esta prueba estratigráfica, entonces, y la primera descrita previamente, brindaron resultados consistentes con aquellos del sitio cercano de Caja de Agua. Los tipos Barranquilla Crema y Guacas Café Rojizo pueden ser identificados con los mismos criterios aplicados a alturas mayores en la parte occidental del Valle de la Plata, y esta evidencia independiente los coloca en la misma relación cronológica postulada previamente.

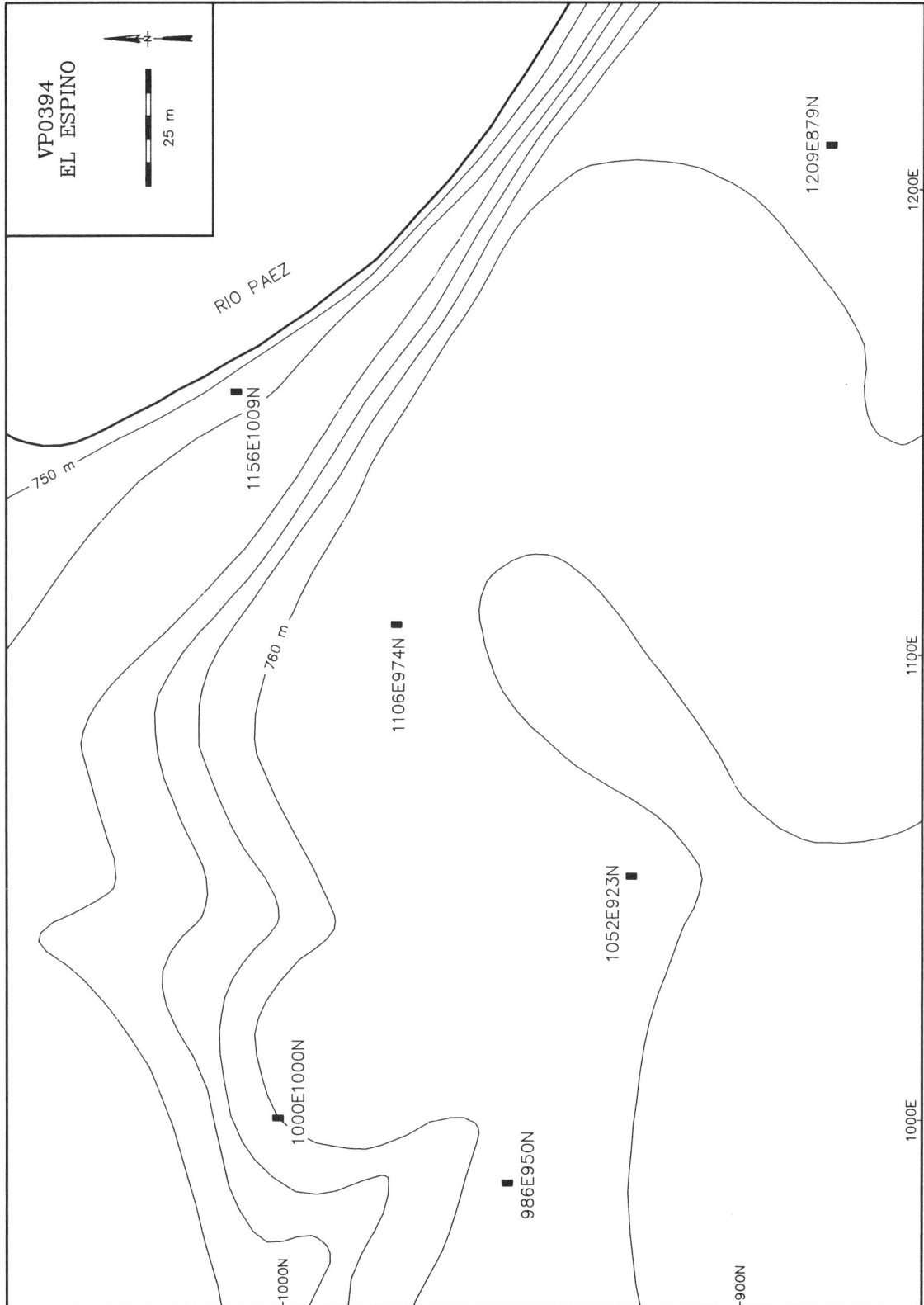

VP0394
EL ESPINO

25 m

RIO PAEZ

750 m

760 m

1156E1009N

1106E974N

1000E1000N

986E950N

1052E923N

1209E879N

1000N

900N

1000E

1100E

1200E

Figure 2.32. Map of VP0394, El Espino.—Figura 2.32. Mapa de VP0394, El Espino.

Figura 2.33
Estratigrafía de la prueba
986E950N (VP0394, El
Espino).

Figure 2.33
Stratigraphy of test at
986E950N (VP0394, El
Espino).

VP0394   986E950N

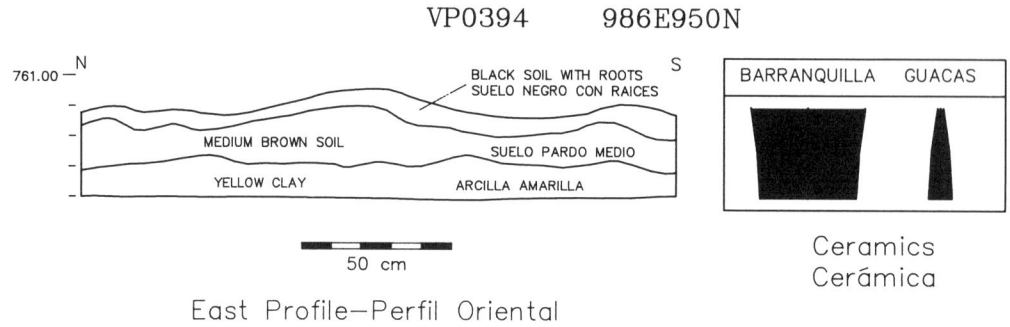

East Profile—Perfil Oriental

VP0394   1156E1009N

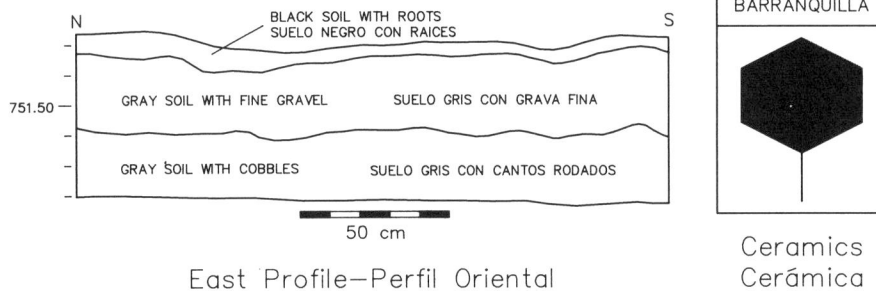

East Profile—Perfil Oriental

Figura 2.34
Estratigrafía de la prueba 1156E1009N
(VP0394, El Espino).

Figure 2.34
Stratigraphy of test at 1156E1009N
(VP0394, El Espino).

Figura 2.35
Estratigrafía de la prueba
1209E879N (VP0394, El
Espino).

Figure 2.35
Stratigraphy of test at
1209E879N (VP0394, El
Espino).

VP0394   1209E879N

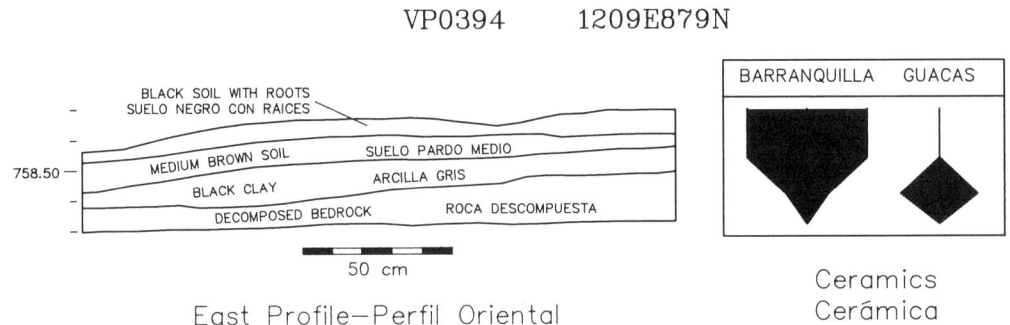

East Profile—Perfil Oriental

VP0718—Buenos Aires A

El sitio de Buenos Aires A está situado en la cima de un cerro a unos 1800 m sobre el nivel del mar. Cuando se realizaron los trabajos de excavación, en julio de 1987, el área estaba en barbecho y comenzaba a cubrirse de un denso matorral. Se percibió la existencia de una terraza artificial relativamente amplia, o tambo, y una de las dos pruebas estratigráficas realizadas fue ubicada en este tambo (Figura 2.36). Las excavaciones fueron conducidas por María Angela Ramírez como parte de su investigación de campo para la tesis de grado (Ramírez 1988). Buenos Aires A fue escogido especialmente por la alta proporción de tiestos Planaditas Rojo Pulido en las colecciones recuperadas en el reconocimiento.

Una prueba estratigráfica excavada en **267E610N** contuvo cerámica en muy baja densidad (Tabla 2.1), pero, aunque la

muestra de tiestos fue por ello pequeña, demostraba una relación entre el tipo Planaditas Rojo Pulido y Barranquilla Crema (Figura 2.37). La zona de raices inmediatamente bajo la superficie no tenía artefactos, pero sí se encontraron en las siguientes tres capas. De estas, la capa superior contuvo mayormente tiestos Barranquilla Crema con una pequeña cantidad de Planaditas Rojo Pulido. La siguiente capa inferior contuvo sólo el tipo Planaditas. El tipo Barranquilla Crema subió a una proporción más alta en la tercera capa, aunque su porcentaje todavía era menor que en la capa superior. Más relevante es la baja densidad de tiestos a esta profundidad, de tal manera que el porcentaje elevado de Barranquilla Crema representa sólo un tiesto (Tabla 2.1). La capa más profunda que se excavó era estéril. De esta manera, el tipo Planaditas Rojo Pulido parecería ser más temprano que el tipo Barranquilla Crema. Un pedazo de carbón de una profundidad de 1793.05, ubicado en

Buff in upper levels.

A test at **1000E1000N** had only a 5 to 6 cm layer of dark brown soil and roots over fine gravel. No artifacts were encountered. The stratigraphy at **1052E923N** consisted of 3 to 4 cm of dark brown soil with roots over hard clay. No cultural material was found here either. Only slightly more productive was the test at **1106E974N**, where there were three sherds in the 4 to 10 cm thick layer of dark brown soil with roots that overlay sterile clay (Table 2.1). With such a low density of sherds in such shallow deposits, there is no basis for evaluating the relative chronological positions of the two types represented, Barranquilla Buff and Guacas Reddish Brown. The test excavated at **1156E1009N** was slightly deeper, but sherd densities were extremely low, and all sherds were of Barranquilla Buff (Figure 2.34 and Table 2.1).

Finally, a test at **1209E879N** yielded a modest sample of sherds including both Barranquilla Buff and Guacas Reddish Brown. The total number of Guacas Reddish Brown sherds was only two, but both were in the lowest layer of the excavation (Figure 2.35). This test, then, and the first one described above, amount to results consistent with those from relatively nearby Caja de Agua. The types Barranquilla Buff and Guacas Reddish Brown can be identified by the same criteria used farther west in the middle and upper elevations of the Valle de la Plata, and this independent evidence places them in the same chronological relationship previously postulated.

VP0718—Buenos Aires A

Buenos Aires A is situated on a hilltop at about 1800 m above sea level. At the time excavations were conducted there, in July, 1987, the land was fallow and beginning to be heavily overgrown in dense brush. One relatively large artificial terrace, or *tambo*, was noticeable, and one of the two stratigraphic tests conducted was placed on this *tambo* (Figure 2.36). The excavations were conducted by María Angela Ramírez as part

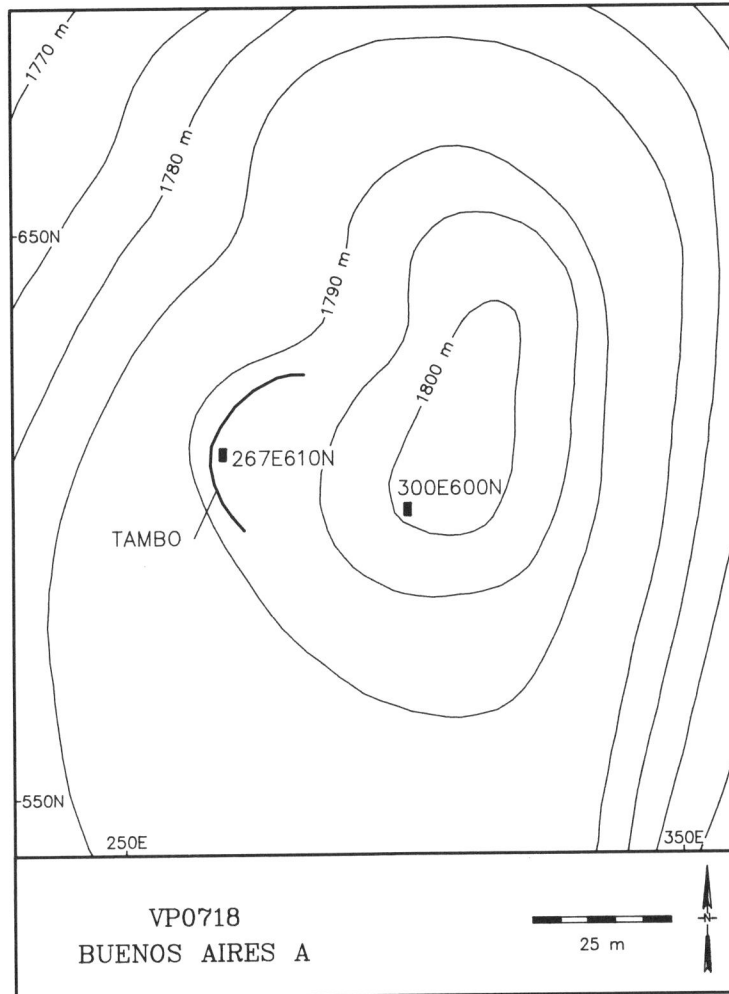

Figure 2.36. Map of VP0718, Buenos Aires A.
Figura 2.36. Mapa de VP0718, Buenos Aires A.

of undergraduate thesis fieldwork (Ramírez 1988). Buenos Aires A was chosen especially for the high proportion of Planaditas Burnished Red sherds in the collections recovered on survey.

A stratigraphic test excavated at **267E610N** contained ceramics only at very low densities (Table 2.1), but, although the sherd sample was therefore small, it did demonstrate a relationship between Planaditas Burnished Red and Barranquilla Buff (Figure 2.37). The root zone immediately below the surface had no artifacts, but the next three layers did. Of these, the uppermost contained mostly Barranquilla Buff with a smaller amount of Planaditas Burnished Red. The next layer down had only Planaditas. Barranquilla Buff staged something of a comeback in the third layer down, although its proportion was still lower than in the upper layer. Perhaps most important, sherd densities were so low by this depth, that the presence of Barranquilla Buff comprised only one sherd (Table 2.1). The lowest layer excavated was sterile. Thus Planaditas Burnished Red would seem an earlier type than Barranquilla Buff. A piece of charcoal from a depth of 1793.05, well down in the yellow sandy soil would seem most likely associated with Planaditas ceramics rather than Barranquilla Buff. It gave a radiocarbon date of 425 BC (± 90 years; PITT-0164).

The other test, at **300E600N**, was also deep enough to provide a stratigraphic sequence, and it showed a very clear pattern of Planaditas Burnished Red as an earlier type, replaced later on by Barranquilla Buff (Figure 2.38). Ceramic densities were quite low, so the sample again was relatively small, but there is no mistaking the pattern. A single modern sherd appeared in the second layer down from the top (not included in Table 2.1 except in the "Total Sherds" column). It should also be noted here that the frequencies of ceramic types in Table 2.1 and Figure 2.38 for the test at 300E600N do not agree

Figura 2.37
Estratigrafía de la prueba
267E610N (VP0718, Buenos
Aires A).

Figure 2.37
Stratigraphy of test at
267E610N (VP0718, Buenos
Aires A).

VP0718   267E610N

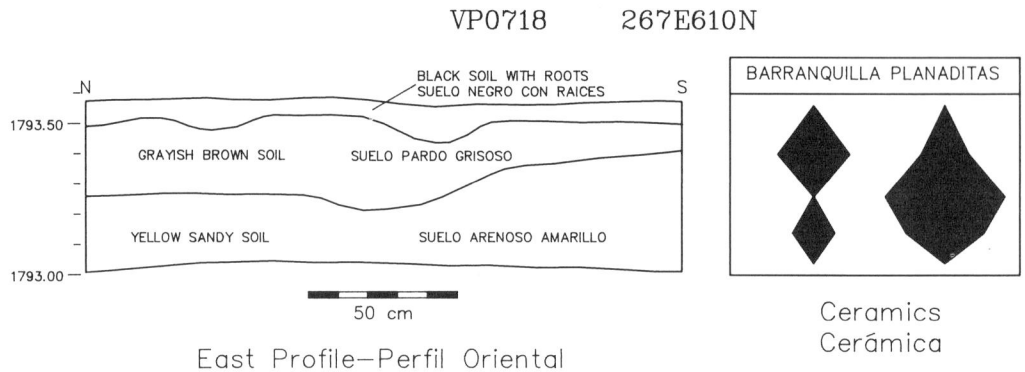

East Profile—Perfil Oriental

VP0718   300E600N

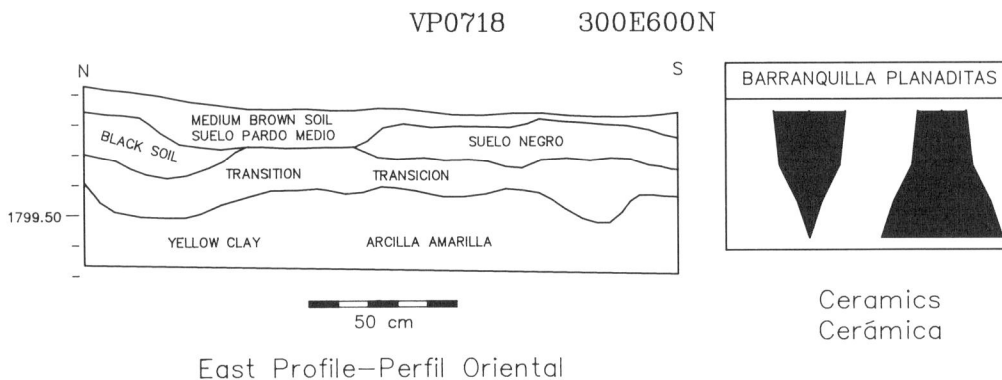

East Profile—Perfil Oriental

Figura 2.38
Estratigrafía de la prueba
300E600N (VP0718, Buenos
Aires A).

Figure 2.38
Stratigraphy of test at 300E600N
(VP0718, Buenos Aires A).

el suelo arenoso amarillo parecería asociarse a la cerámica Planaditas más que a Barranquilla Crema. Tal carbón arrojó una fecha radiocarbónica de 425 AC (±90 años; PITT-0164).

La otra prueba estratigráfica, en **300E600N**, fue también suficientemente profunda para proveer una secuencia estratigráfica, y mostró un muy claro patrón del tipo Planaditas Rojo Pulido como más temprano, remplazado más tarde por el tipo Barranquilla Crema (Figura 2.38). Las densidades cerámicas fueron bastante bajas, de manera que la muestra fue de nuevo relativamente pequeña, mas no hay confusión en el patrón observado. Un único tiesto moderno apareció en la segunda capa (no incluido en la Tabla 2.1 excepto en la columna "Total de Tiestos"). Debemos también mencionar aquí que las frecuencias de tipos cerámicos en la Tabla 2.1 y Figura 2.38 de la prueba estratigráfica en 300E600N no concuerdan con aquellas publicadas anteriormente (Drennan et al. 1989:136). Esto se debe a que, al concluir la definición de los criterios para los diferentes tipos, fue claro que los tiestos de esta prueba estratigráfica clasificados en la publicación anterior como del tipo Tachuelo Pulido pertenecían en realidad al tipo Planaditas Rojo Pulido.

En suma, el sitio Buenos Aires A, proveyó claras indicaciones que el tipo Planaditas Rojo Pulido precede al tipo Barranquilla Crema y arrojó una fecha radiocarbónica para el tipo Planaditas Rojo Pulido.

VP789—Buenos Aires B

Buenos Aires B está situado al extremo de una cuchilla a unos 1780 m sobre el nivel del mar a sólo unos cientos de metros de Buenos Aires A (Fig 2.39). Cuando las excavaciones fueron conducidas en julio de 1987, el área tenía un intenso uso en actividades domésticas; siembra, transplante y procesamiento de café; y cultivo regular de café. El sitio fue escogido para excavación porque tiestos de cinco diferentes tipos fueron recuperados en el reconocimiento, y porque parecía probable que los depósitos serían suficientemente profundos para proveer información sobre sus relaciones estratigráficas. La relación entre el tipo Guacas Café Rojizo y Barranquilla Crema fue, al momento de realizar estas excavaciones, muy bien documentada, de manera que nuestro interés se enfocó especialmente en los tipos Lourdes Rojo Engobado, Planaditas Rojo Pulido y Tachuelo Pulido. Tres pruebas estratigráficas fueron realizadas (Figura 2.40). Como en Buenos Aires A, las excavaciones fueron conducidas por María Angela Ramírez (1988) como parte de su investigación de campo para la tesis de grado.

Una prueba estratigráfica en **476E771N** tuvo depósitos culturales de más de 50 cm de profundidad. Sin embargo, sólo los tipos Guacas Café Rojizo y Barranquilla Crema estuvieron representados en la cerámica prehispánica, y no se percibieron relaciones estratigráficas claras. Evidentemente, los depósitos

with those previously published (Drennan et al. 1989:136). This is because, as the criteria for the different types were finalized, it became clear that sherds from this test originally called Tachuelo Burnished were actually Planaditas Burnished Red.

Buenos Aires A, in summary, provided clear indications that Planaditas Burnished Red preceded Barranquilla Buff and yielded a radiocarbon date for Planaditas Burnished Red.

VP789—Buenos Aires B

Buenos Aires B is situated on the tip of a ridge at about 1780 m above sea level only a few hundred meters from Buenos Aires A (Fig 2.39). When excavations were conducted there in July, 1987, the area was in fairly intensive use for household activities; coffee seeding, transplanting, and processing; and regular coffee cultivation. The site was chosen for excavation because sherds from five different types had been recovered on survey, and because it seemed likely that the deposits would be deep enough to provide information about their stratigraphic relations. The relationship between Guacas Reddish Brown and Barranquilla Buff was, by the time these excavations were conducted, well documented, so our interest focused especially on Lourdes Red Slipped, Planaditas Bur-

nished Red, and Tachuelo Burnished. Three stratigraphic tests were dug (Figure 2.40). As at Buenos Aires A, the excavations were conducted by María Angela Ramírez (1988) as part of undergraduate thesis fieldwork.

A test at **476E771N** had cultural deposits over 50 cm deep. Only Guacas Reddish Brown and Barranquilla Buff were represented in the prehispanic ceramics, however, and no clear stratigraphic relationship was indicated. Evidently the deposits here were quite thoroughly mixed by modern activities down to sterile soil. The wood indicated in Figure 2.41 at a depth of about 1779.85 (over 25 cm below the surface) was very recent undecomposed wood. Five modern sherds (not included in Table 2.1 except in the "Total Sherds" column) were encountered in the uppermost layer, and two more were in the layer that extended down to 1779.70.

Cultural deposits at **482E751N** were not as deep but provided more useful information. Modern materials (including one sherd that does not appear except in the totals in Table 2.1) were restricted to the uppermost layer. The majority of the ceramics were Barranquilla Buff, but the smaller samples of Guacas Reddish Brown and Lourdes Red Slipped were arrayed in proportions indicating the earliest position for Lourdes, a later one for Guacas, and the latest for Barranquilla (Figure 2.42). A post mold 18 cm in diameter appeared in the southern section of the test as high as 1780.65, although it was somewhat indistinct in the black and dark brown soil of the upper layers. It extended down into the yellow clay, however, where it was very clearly defined, reaching a maximum depth of 1779.97. The sherds from the post mold fill were kept separate from others below 1780.25, and are tabulated separately in Table 2.1. There were only four of them, but all were Barranquilla Buff, which would seem an appropriate date for a post mold originating at such a high stratigraphic layer. A flotation sample from the post mold yielded two maize kernel fragments, and a sample of charcoal from near the bottom of the post mold gave a date of 1185 AD (± 30 years; PITT-0165). Another charcoal sample collected from a depth of 1780.40 where Lourdes Red Slipped becomes most frequent was hoped to provide a date for these ceramics but the result was 106.1% modern (PITT-0166). This contaminated sample clearly tells us nothing about the absolute date of the ceramics en-

Figure 2.39. View of Buenos Aires A and B. In the foreground is the excavation of the test at 267E610N at VP0718; the cleared area on the ridge top in the middle distance is VP0789.
Figura 2.39. Vista de Buenos Aires A y B. Se ve la prueba 267E610N de VP0718; el área desyerbada hacia atrás es VP0789.

en el sitio fueron constantemente disturbados por actividades modernas hasta el sedimento estéril. La madera indicada en la Figura 2.41 a una profundidad de 1779.85 (más de 25 cm bajo la superficie) fue madera reciente sin descomponer. Cinco tiestos modernos (no incluidos en la la Tabla 2.1 excepto en la columna "Total de Tiestos") fueron encontrados en la capa superior, y dos más lo fueron en la capa que se extendía hasta 1779.70.

Los depósitos culturales en **482E751N** no fueron tan profundos pero proveyeron información más útil. Materiales modernos (incluyendo un tiesto que no aparece excepto en los totales de la Tabla 2.1) se restringieron a la capa superior. La mayoría de la cerámica fue del tipo Barranquilla Crema, pero las muestras menores de los tipos Guacas Café Rojizo y Lourdes Rojo Engobado fueron halladas en proporciones que indicaban una posición más temprana para el tipo Lourdes, una más tardía para Guacas y la más tardía para el tipo Barranquilla (Figura 2.42). Un hueco de poste de 18 cm de diámetro apareció en el lado sur de la prueba estratigráfica a una altura de 1780.65, aunque fuera poco perceptible en el suelo negro y suelo pardo oscuro de las capas superiores. Sin embargo, se extendió en profundidad en la arcilla amarilla donde fue muy claramente definido, alcanzando una profundidad máxima de 1779.97. Los tiestos del relleno del hueco de poste fueron separados de los demás bajo 1780.25, y son tabulados separadamente en la Tabla 2.1. Sólo ocurrieron cuatro tiestos, pero todos fueron del tipo Barranquilla Crema, lo que parecería ser una fecha apropiada para el hueco de poste que se origina en una capa estratigráfica más alta. Una muestra de flotación del relleno del hueco de poste arrojó dos fragmentos de granos de maíz, y una muestra de carbón cerca al fondo de la base del hueco de poste dio una fecha de 1185 DC (±30 años; PITT-0165). Se esperó que otra muestra de carbón recogida a una profundidad de 1780.40 donde el tipo Lourdes Rojo Engobado ocurre con más frecuencia

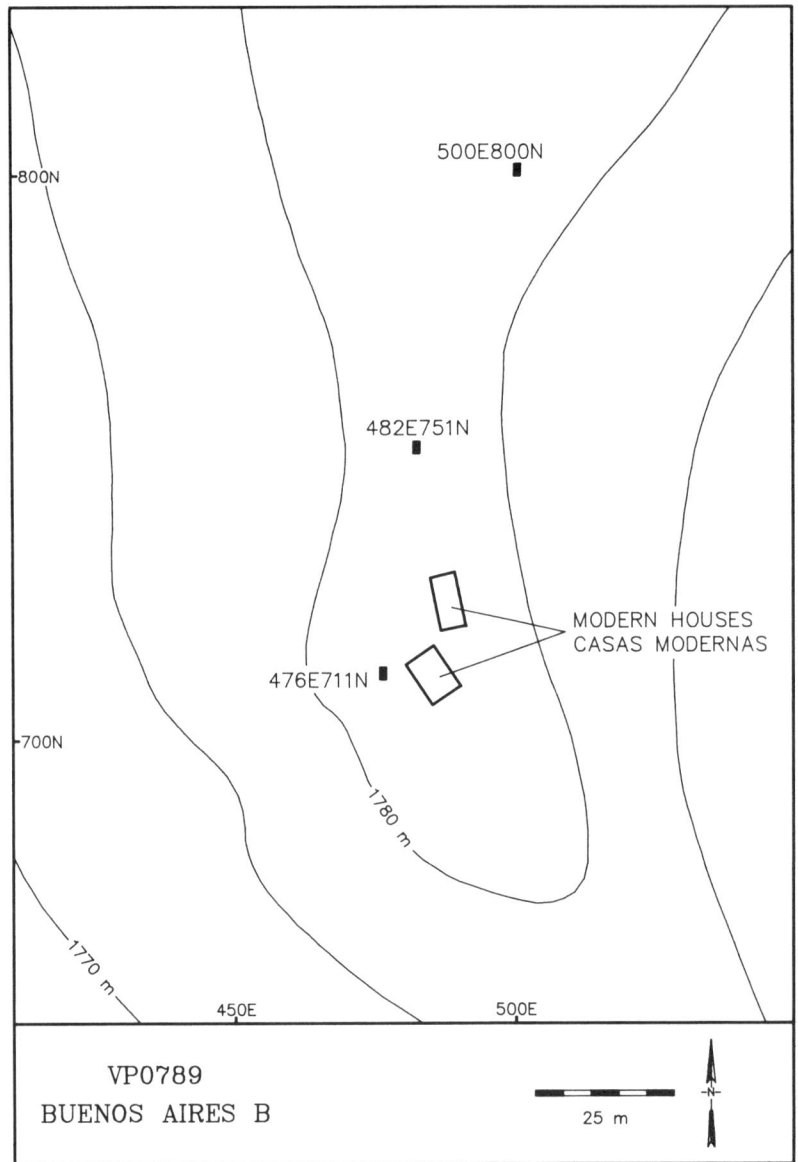

Figura 2.40. Mapa de VP0789, Buenos Aires B.
Figure 2.40. Map of VP0789, Buenos Aires B.

Figura 2.41
Estratigrafía de la prueba 476E711N (VP0789, Buenos Aires B).

Figure 2.41
Stratigraphy of test at 476E711N (VP0789, Buenos Aires B).

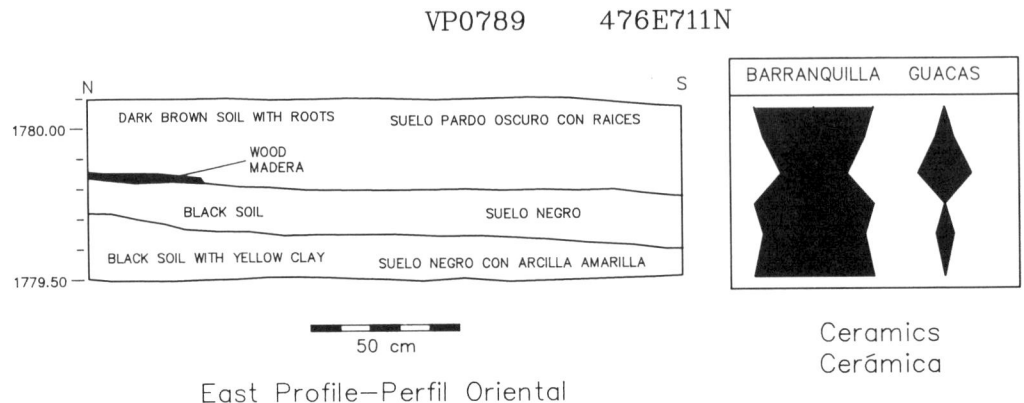

VP0789   476E711N

East Profile—Perfil Oriental

VP0789   482E751N

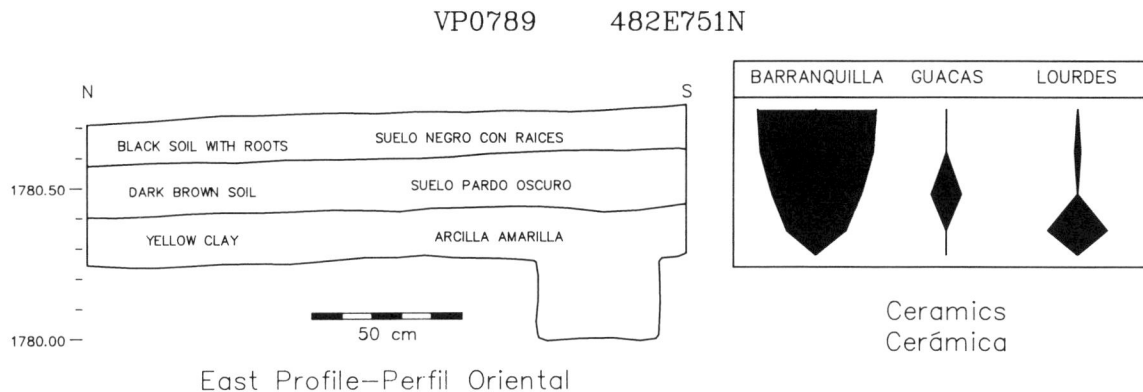

Figure 2.42 . Stratigraphy of test at 482E751N (VP0789, Buenos Aires B).—Figura 2.42. Estratigrafía de la prueba 482E751N (VP0789, Buenos Aires B).

Figure 2.43. Stratigraphy of test at 500E800N (VP0789, Buenos Aires B).—Figura 2.43. Estratigrafía de la prueba 500E800N (VP0789, Buenos Aires B).

VP0789   500E800N

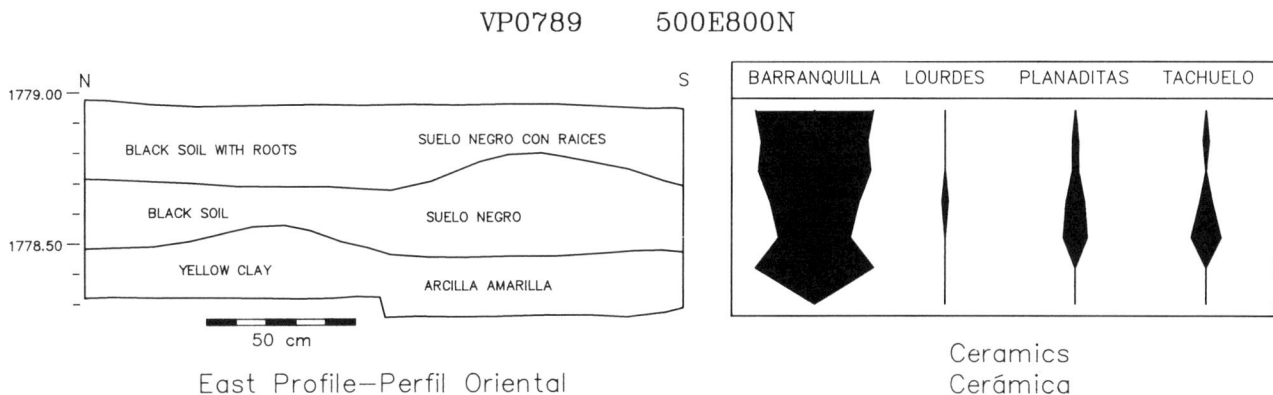

countered in this test.

The test at **500E800N** produced ceramics of four different types and did not show evidence of much modern disturbance. As in the other tests at Buenos Aires B, the majority of the ceramics were Barranquilla Buff. These had evidently been moved downward by various processes, with the result that five Barranquilla Buff sherds were the entire ceramic sample in the lowest artifact-bearing layer. With this exception, however, the proportion of Barranquilla Buff increased fairly regularly toward the top of the sequence (Figure 2.43). Planaditas Burnished Red and Tachuelo Burnished reached their peak in the same low layer, but the proportion of Tachuelo Burnished tapered off more quickly than that of Planaditas Burnished Red in the next two layers upward. This suggests that Tachuelo Burnished occupies an earlier chronological position than Planaditas Burnished Red. The sample of Lourdes Red Slipped is tiny, but it provides a peak for this type above that of either Tachuelo Burnished or Planaditas Burnished Red and below the bulk of Barranquilla Buff. This one stratigraphic test, then, gives indications of the relationship between all four types, from earliest to latest: Tachuelo Burnished, Planaditas Burnished Red, Lourdes Red Slipped, and Barranquilla Buff. Two samples of charcoal from the bottom of the layers containing

artifacts were radiocarbon dated in the hope of providing a date for the earliest ceramics in the test. A sample from a depth of 1778.45 yielded 1350 AD (± 165 years; PITT-0167), which, as will be discussed more fully in the next chapter, is clearly too recent for the earliest of these ceramics. Another sample, from a slightly lower stratigraphic position at 1778.50, gave 3735 BC (± 235 years; PITT-0168), which is clearly too old for any of the possible ceramic associations.

The two tests at Buenos Aires B that were not badly mixed with modern materials, then, did give useful indications of relative chronological positions of all five of the ceramic types that had appeared in the surface collections from the site: Tachuelo Burnished, Planaditas Burnished Red, Lourdes Red Slipped, Guacas Reddish Brown, and Barranquilla Buff, in that order. Of the four charcoal samples submitted for radiocarbon dating, however, only one provided a plausible date for the materials that seemed to be associated.

VP0924—El Roble

El Roble is on a hill crest that also forms the tip of a ridge at about 1790 m above sea level (Figure 2.44). Three stratigraphic tests were excavated there in late July and early August, 1987 (Figure 2.45). The site was at that time partly

proveyera una fecha para esta cerámica, pero el resultado fue 106.1% moderno (PITT-0166). Esta muestra claramente contaminada no nos dice nada sobre la fecha absoluta de la cerámica encontrada en esta prueba estratigráfica.

La prueba estratigráfica en **500E800N** produjo cerámica de cuatro tipos diferentes y no mostró evidencia de perturbación moderna. Como en las otras pruebas estratigráficas de Buenos Aires B, la mayoría de la cerámica fue del tipo Barranquilla Crema. Esta había sido evidentemente movida hacia abajo como resultado de varios procesos, con el resultado de que cinco tiestos Barranquilla Crema constituyeron la muestra total en la capa más profunda con presencia de artefactos. Sin embargo, con excepción de esta capa, la proporción de tiestos Barranquilla Crema se incrementó de manera regular hacia las capas superiores de la secuencia (Figura 2.43). Los tipos Planaditas Rojo Pulido y Tachuelo Pulido alcanzaron su máxima proporción en la misma capa inferior, pero la proporción del tipo Tachuelo Pulido se redujo más rápidamente que la del tipo Planaditas Rojo Pulido en las dos siguientes capas superiores.

Esto sugiere que el tipo Tachuelo Pulido ocupa una posición cronológica más temprana que el tipo Planaditas Rojo Pulido. La muestra del tipo Lourdes Rojo Engobado es pequeña, pero provee una posición estratigráfica superior a la de los tipos Tachuelo Pulido o Planaditas Rojo Pulido e inferior a la de Barranquilla Crema. Esta prueba estratigráfica, entonces, brinda indicaciones de las relaciones entre los cuatro tipos, de más temprano a más tardío: Tachuelo Pulido, Planaditas Rojo Pulido, Lourdes Rojo Engobado y Barranquilla Crema. Dos muestras de carbón de la base de las capas que contuvieron artefactos fueron sometidos a fechamiento radiocarbónico, con la esperanza que pudieran proveer una fecha para la cerámica más temprana en la prueba estratigráfica. Una muestra de una profundidad de 1778.45 arrojó la fecha de 1350 DC (±165 años; PITT-0167), que, como será discutido en más detalle en el siguiente capítulo, es claramente demasiado reciente para el tipo cerámico más temprano. Otra muestra, de una posición estratigráfica algo más profunda en 1778.50, arrojó una fecha de 3735 AC (±235 años; PITT-0168), que es claramente demasiado antigua para cualquiera de las posibles asociaciones de tipos cerámicos.

Las dos pruebas estratigráficas en Buenos Aires B que no estuvieron mezcladas con materiales modernos, brindaron de esta manera indicaciones muy útiles de la posición cronológica relativa de los cinco tipos cerámicos que se percibieron en las colecciones de superficie del sitio: Tachuelo Pulido, Planaditas Rojo Pulido, Lourdes Rojo Engobado, Guacas Café Rojizo y Barranquilla Crema, en tal orden. Sin embargo, de las cuatro muestras de carbón sometidas a fechamiento, sólo una proveyó una fecha coherente para los materiales a los que parecía estar asociado.

VP0924—El Roble

El Roble está ubicado en la cima de un cerro que forma a la vez el extremo de una cuchilla a unos 1790 m sobre el nivel del mar (Figura 2.44). A fines de julio e inicios de agosto de 1987 se excavaron en el sitio tres pruebas estratigráficas (Figura 2.45). El sitio estaba en ese momento en período de barbecho después del cultivo de yuca y parcialmente bajo cultivo de café. El hecho de recuperar sustanciales cantidades de tiestos Planaditas Rojo Pulido y Lourdes Rojo Engobado en su superficie fue importante en la elección del sitio para la excavación de pruebas estratigráficas. Se encontraron cantidades aún mayores de tiestos Barranquilla Crema, como es usual, pero el objetivo primordial fue recuperar información sobre la relación cronológica de los otros dos tipos. Las pruebas estratigráficas en El Roble fueron conducidas por Elizabeth Ramos, como parte de su tesis de grado (Ramos 1988).

Una prueba estratigráfica en **771E525N** descubrió un pozo

Figura 2.44. Vista de VP0924, El Roble, hacia el suroeste. Se realiza la prueba estratigráfica 800E500N a la derecha de la cerca.
Figure 2.44. View of VP0924, El Roble, looking southwest. Work is in progress on the stratigraphic test at 800E500N just to the right of the fenced enclosure.

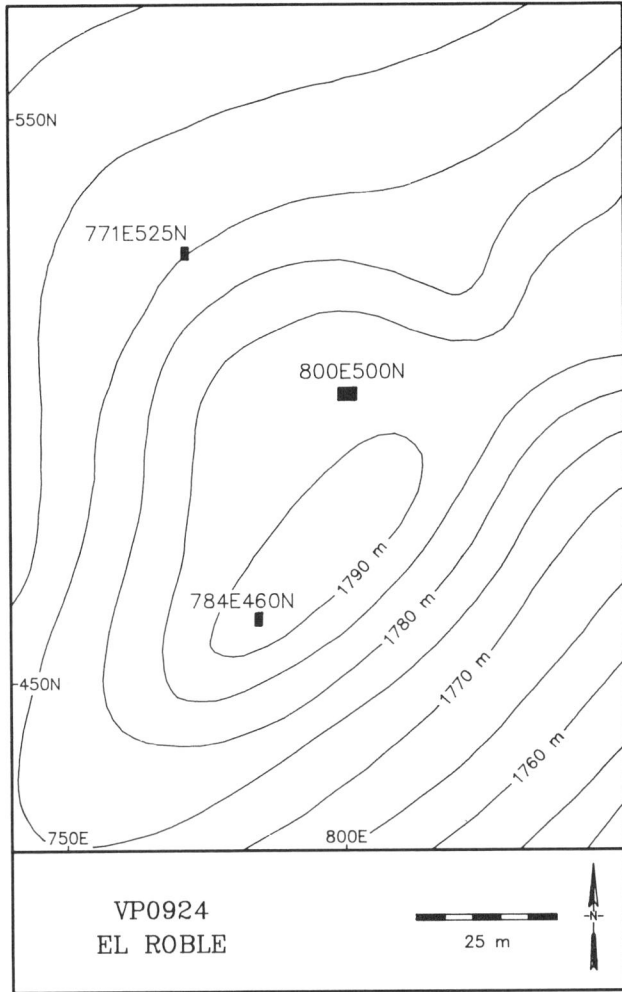

Figure 2.45. Map of VP9824, El Roble.
Figura 2.45. Mapa de VP9824, El Roble.

quilla Buff were present, as usual, but gathering evidence on the chronological relationship of the other two types was the major aim. The stratigraphic testing at El Roble was conducted by Elizabeth Ramos as part of the fieldwork for her undergraduate thesis (Ramos 1988).

A test at **771E525N** uncovered a large pit feature, a portion of which appears in the profile drawing (Figure 2.46). It was disappointing, however, as far as information for building ceramic chronology was concerned, since sherd densities were fairly low and all the ceramics were of Barranquilla Buff. Precisely the same can be said for the ceramic results of the test at **784E460N** (Figure 2.47). This test also contained one post mold about 20 cm in diameter and 35 cm deep near the northwest corner. The two sherds listed from the lowest layer in Table 2.1 actually came from the fill in the bottom of this post mold below the upper surface of the yellow clay.

Much more useful were the results of the test at **800E500N**. Initially excavated in the usual manner as a 1 by 2 m test, this excavation was later enlarged to a total of 6 m^2 by expanding the test 1 m to the east and 1 m to the west. The expanded area was excavated as four separate 1 by 1 m squares. The profile illustrated in Figure 2.48 is the east side of the original test (i.e. a section along the 801E grid line). The enlarged excavation could easily have been conducted by the natural stratigraphy visible in the walls of the original test except that the cultural deposits were a single undifferentiated layer of dark brown soil overlying sterile yellow clay. This layer was arbitrarily divided into subunits 10 cm thick, roughly paralleling the slope of the ground surface. Carbonized plant material picked from the lowest subunit included three maize kernel fragments.

Since sherd densities were fairly high in this area, the result of expanding this stratigraphic test was to produce a good sized sample of sherds (Table 2.1). The majority were Barranquilla Buff, which peaked in the upper layers as usual, with proportions tapering off downward through the stratigraphic sequence. Lourdes Red Slipped and Planaditas Burnished Red both had their highest proportions in the lowest layer, where Planaditas was in the majority (Figure 2.48). Lourdes persisted in higher proportions into later layers than did Planaditas, however, indicating a chronological order for these types of

fallow following manioc cultivation and partly under coffee cultivation. Of particular interest, when the site was chosen for test excavation, was the fact that substantial quantities of Planaditas Burnished Red and Lourdes Red Slipped had been recovered from its surface. Even larger amounts of Barran-

VP0924   771E525N

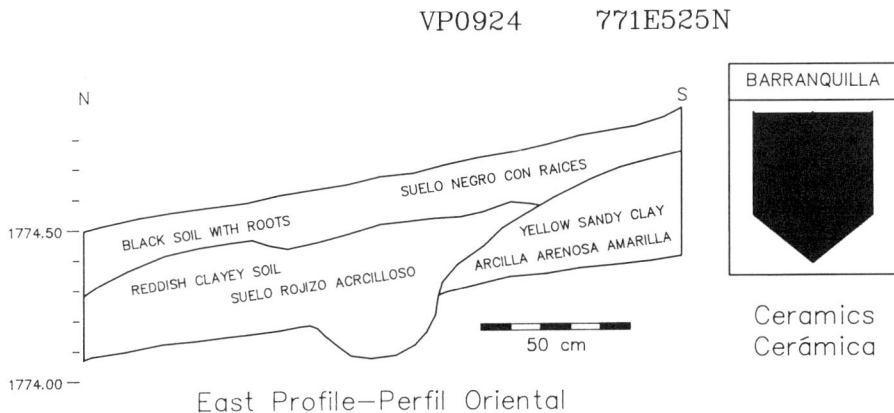

Figure 2.46
Stratigraphy of test at 771E525N (VP0924, El Roble).

Figura 2.46
Estratigrafía de la prueba 771E525N (VP0924, El Roble).

VP0924   784E460N

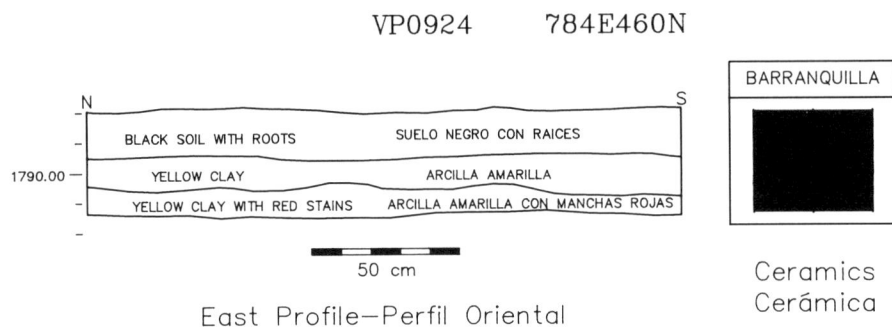

East Profile—Perfil Oriental

Figura 2.47 (superior)
Estratigrafía de la prueba 784E460N
(VP0924, El Roble).

Figure 2.47 (above)
Stratigraphy of test at 784E460N (VP0924, El Roble).

Figura 2.48 (inferior)
Estratigrafía de la prueba 800E500N
(VP0924, El Roble).

Figure 2.48 (below)
Stratigraphy of test at 800E500N (VP0924, El Roble).

VP0924   800E500N

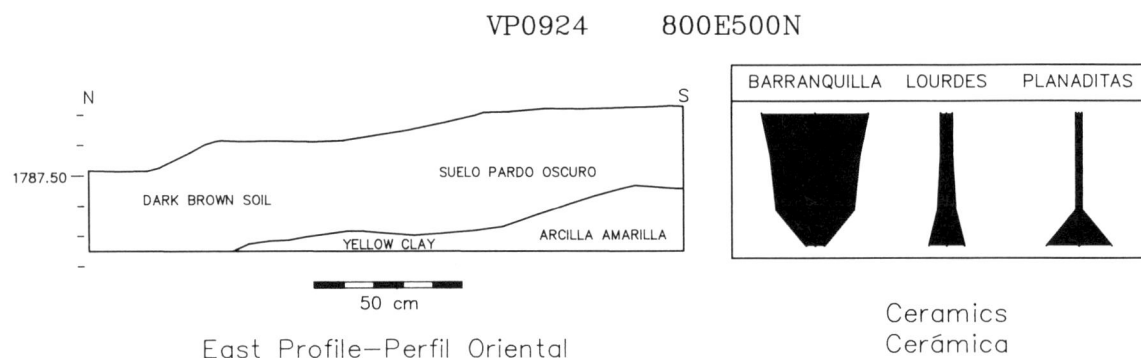

East Profile—Perfil Oriental

de gran tamaño, una parte del cual aparece en el dibujo de perfil (Figura 2.46). Sin embargo, fue una prueba desilusionante, al menos en lo que concierne a la información para la elaboración de la cronología cerámica, dado que las densidades de tiestos fueron bastante bajas y todos los tiestos fueron del tipo Barranquilla Crema. Precisamente lo mismo puede decirse de los resultados cerámicos de la prueba estratigráfica en **784E460N** (Figura 2.47). Esta prueba estratigráfica también mostró un hueco de poste de unos 20 cm de diámetro y 35 cm de profundidad cerca a la esquina noroeste. Los dos tiestos listados de la capa más profunda en la Tabla 2.1 en realidad provinieron del relleno en la base del hueco de poste a un nivel equivalente a la arcilla amarilla.

Mucho más útiles fueron los resultados de la prueba estratigráfica en **800E500N**. Excavada inicialmente como un pozo de 1 por 2 m, esta excavación fue luego ampliada a una área total de 6 m^2 al extender la prueba estratigráfica 1 m hacia el este y 1 m hacia el oeste. El área extendida fue excavada en cuatro cuadrículas separadas de 1 por 1 m. El perfil ilustrado en la Figura 2.48 corresponde al lado este de la prueba estratigráfica inicial, (i.e. una sección a lo largo de la línea de la coordenada 801E). La ampliación de la excavación pudo haber sido realizada siguiendo la estratigrafía natural visible en los perfiles de la excavación inicial excepto que los depósitos culturales resultaron ser una única capa de suelo pardo oscuro no diferenciado sobre la arcilla amarilla estéril. Esta capa fue arbitrariamente dividida en sub-unidades 10 cm de profundidad, más o menos paralelas a la pendiente de la superficie. Restos de plantas carbonizadas recogidas en la sub-unidad más profunda incluyeron tres fragmentos de granos de maíz.

Dado que las densidades de tiestos fueron bastante altas en esta área, el resultado de la ampliación de esta prueba estratigráfica fue producir una amplia muestra de tiestos (la Tabla 2.1). La mayoría de ellos fueron del tipo Barranquilla Crema, que tuvo su proporción más alta en las capas superiores, como es usual, y con un decrecimiento gradual de dicha proporción en las sucesivas capas inferiores de la secuencia estratigráfica. Los tipos Lourdes Rojo Engobado y Planaditas Rojo Pulido tuvieron ambos sus proporciones más altas en la capa más profunda, donde el tipo Planaditas fue mayoritario (Figura 2.48). Sin embargo, el tipo Lourdes persistió en proporciones más altas en capas más tardías que el tipo Planaditas, indicando un orden cronológico para estos tipos, siendo tal, Planaditas, luego Lourdes, y finalmente Barranquilla. Las frecuencias de tipos cerámicos presentadas aquí difieren de aquellos presentados en anteriores publicaciones (Drennan et al. 1989:132), como consecuencia de la nueva clasificación de la cerámica con base en la definición final de los tipos involucrados. Principalmente esto implicó reconocer que los tiestos inicialmente clasificados como Tachuelo Pulido en realidad pertenecían al grupo Planaditas Rojo Pulido. El único rasgo en esta prueba fue un hueco de poste de 17 cm de diámetro y al menos 20 cm de profundidad en el área norcentral de la cuadrícula 801E501N.

Las excavaciones en El Roble proveyeron entonces una indicación adicional de las relaciones cronológicas, particularmente importantes para los dos tipos tempranos, donde el tipo Planaditas Rojo Pulido precede al tipo Lourdes Rojo Engobado.

Figure 2.49. View of VP0951, Santa Isabel, as stratigraphic testing began.
Figura 2.49. Vista de VP0951, Santa Isabel, a comienzos de las excavaciones estratigráficas.

Planaditas, then Lourdes, then Barranquilla. The frequencies of ceramic types given here differ from those presented earlier (Drennan et al. 1989:132) as a consequence of reclassifying the ceramics on the basis of the final definitions of the types involved. Principally this involved the recognition that sherds originally classified as Tachuelo Burnished really belonged with Planaditas Burnished Red. The only feature in this excavation was a post mold 17 cm in diameter and at least 20 cm deep in the north central portion of grid square 801E501N.

Excavations at El Roble, then, provided a further indication of chronological relationships, particularly important for the two earlier types, with Lourdes Red Slipped following Planaditas Burnished Red.

VP0951—Santa Isabel

The site of Santa Isabel takes us back to the lower eastern end of the Valle de la Plata. It is located at the foot of colluvial slopes on a broad natural terrace of the Río La Plata, just at the edge of the town of La Plata, at an elevation of 1028 m above sea level (Figure 2.49). The land was in use as cattle pasture at the time we excavated three stratigraphic tests there, in August, 1987 (Figure 2.50). Of major interest here were ceramics of a sort that had not yet been clearly defined because they only appeared in quantity as the regional survey turned to the lower elevations of the valley. They eventually became California Heavy Gray and Mirador Heavy Red. The stratigraphic testing at Santa Isabel was conducted by Augusto Ramírez as part of undergraduate thesis fieldwork (Ramírez 1989).

A test at **500E300N** produced relatively deep if undifferentiated stratigraphy, and a large sample of ceramics. The sherd densities were among the highest encountered in any of the stratigraphic testing we did. The proportions of types by layer clearly indicate a position for Barranquilla Buff below Mirador

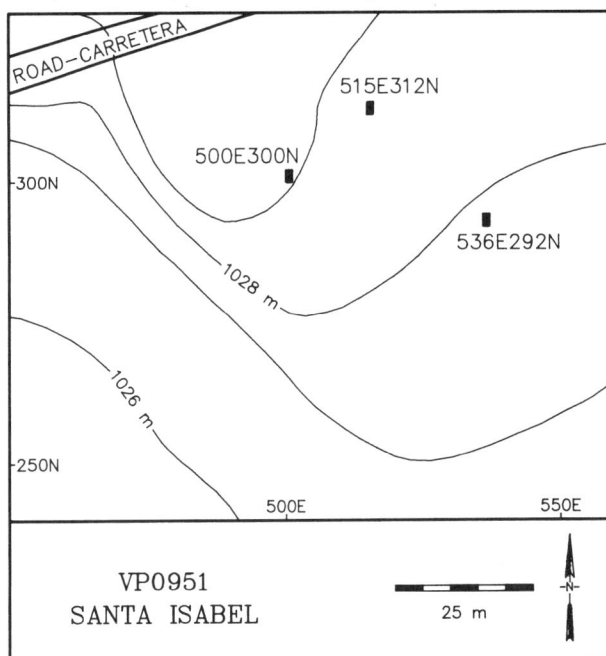

Figure 2.50. Map of VP0951, Santa Isabel.
Figura 2.50. Mapa de VP0951, Santa Isabel.

VP0951   500E300N

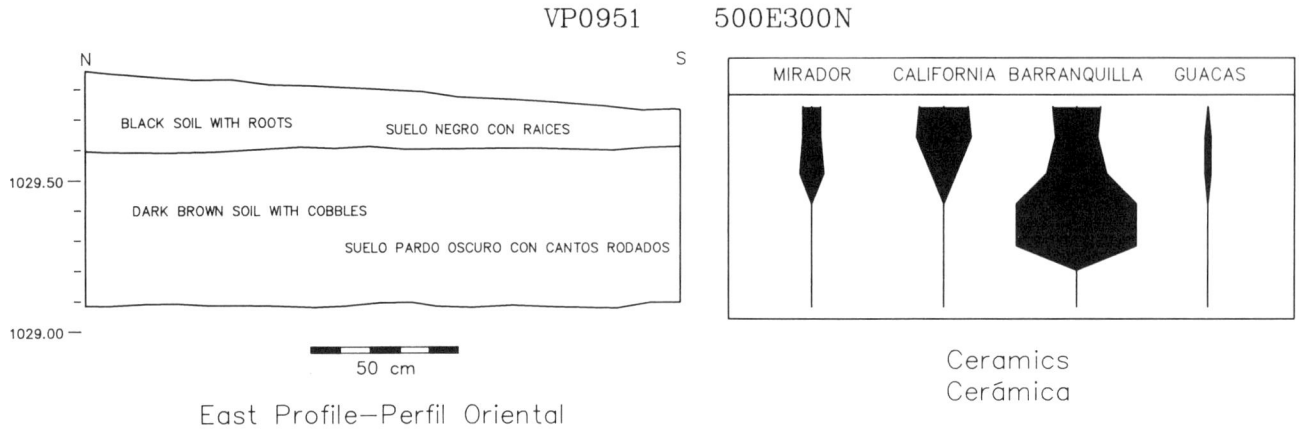

Figura 2.51. Estratigrafía de la prueba 500E300N (VP0951, Santa Isabel).—Figure 2.51. Stratigraphy of test at 500E300N (VP0951, Santa Isabel).

VP0951—Santa Isabel

El sitio de Santa Isabel nos lleva otra vez a la zona baja y oriental del Valle de la Plata. Está ubicado al pie de las laderas coluviales sobre una amplia terraza natural del Río La Plata, en los límites del casco urbano de La Plata, a una altura de 1028 m sobre el nivel del mar (Figura 2.49). El área era usada para pastoreo de ganado en el período que excavamos tres pruebas estratigráficas, en agosto de 1987 (Figura 2.50). El mayor interés en el sitio fue la cerámica de un tipo que no había sido aún claramente definido porque sólo se había estado recuperando en buena cantidad durante el reconocimiento regional de las zonas bajas del valle. Esta cerámica fue luego identificada como los tipos California Gris Pesado y Mirador Rojo Pesado. Las pruebas estratigráficas en Santa Isabel fueron realizadas por Augusto Ramírez como parte de su investigación de campo para la tesis de grado (Ramírez 1989). Una prueba estratigráfica en **500E300N** produjo una estratigrafía relativamente profunda pero no diferenciada, y una amplia muestra de cerámica. Las densidades de tiestos estuvieron entre las más altas encontradas en las pruebas estratigráficas que realizamos. Las proporciones de tipos por capas indican claramente una posición del tipo Barranquilla Crema inferior

a la de los tipos Mirador Rojo Pesado y California Gris Pesado (Figura 2.51). Entre estos dos últimos tipos, California alcanza su máxima proporción en un nivel más alto que el tipo Mirador. Algunos pocos tiestos del tipo Guacas aparecieron en los niveles intermedios. Estos datos indicarían una posición para Guacas más tardía que el tipo Barranquilla Crema, pero esto contradice en demasía evidencias más sólidas. De esta manera es difícil darle crédito, y debe ser atribuida al reducido número de tiestos implicados. Debe también ser anotado que la máxima proporción del tipo Barranquilla Crema en las dos capas culturales más profundas también se basa en un número reducido de tiestos (Tabla 2.1). Finalmente, la presencia de tiestos modernos debe ser anotada; las tres capas superiores produjeron uno, dos y un tiestos modernos, respectivamente, que son incluidos sólo en la columna "Total de Tiestos" de la Tabla 2.1.

Los depósitos en la prueba estratigráfica en **515E312N** no fueron tan profundos, pero se percibió un claro patrón de cambio en la proporción de diferentes tipos cerámicos (Figura 2.52). En esta prueba el tipo Guacas Café Rojizo fue seguido por el tipo Barranquilla Crema, con los tipos California Gris Pesado y Mirador Rojo Pesado colocados después de Barranquilla Crema. Las frecuencias relativas sugerirían que el tipo Mirador Rojo Pesado precede al tipo California Gris Pesado.

VP0951   515E312N

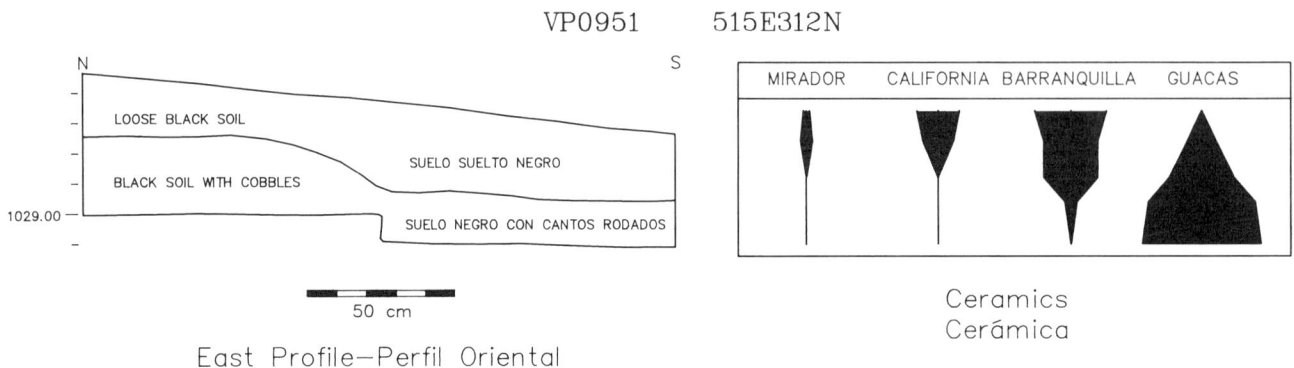

Figura 2.52. Estratigrafía de la prueba 515E312N (VP0951, Santa Isabel).—Figure 2.52. Stratigraphy of test at 515E312N (VP0951, Santa Isabel).

VP0951   536E292N

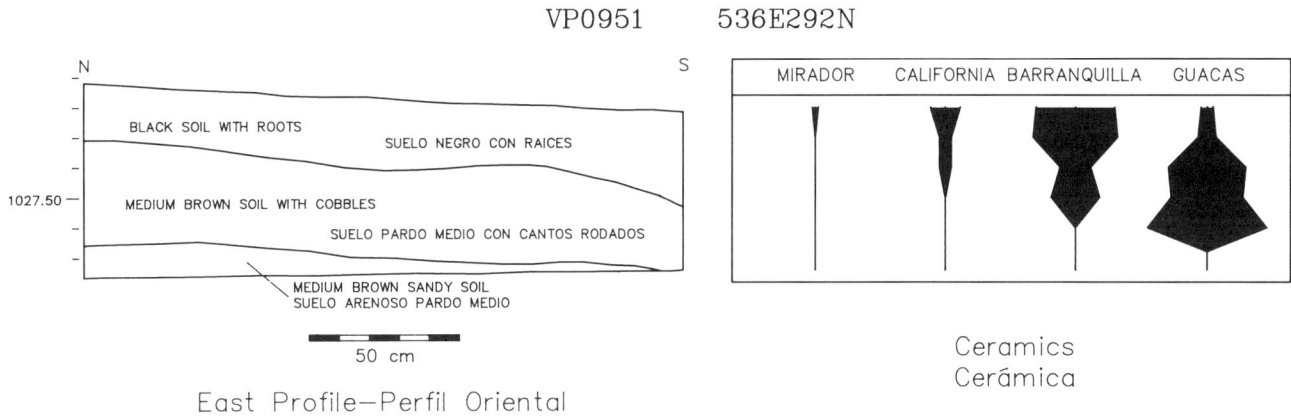

East Profile—Perfil Oriental

Figure 2.53. Stratigraphy of test at 536E292N (VP0951, Santa Isabel).—Figura 2.53. Estratigrafía de la prueba 536E292N (VP0951, Santa Isabel).

Heavy Red and California Heavy Gray (Figure 2.51). Between these latter two, California reaches its peak proportion in a higher level than that of Mirador. A very few Guacas sherds appeared in middle levels. The position later than Barranquilla Buff that this would indicate contradicts too much other stronger evidence to be believed, and must be attributable to the tiny number of sherds involved. It should also be noted,

among *caveats*, that the peak proportion of Barranquilla Buff in the lowest two cultural layers is also the product of a tiny number of sherds (Table 2.1). Finally, the presence of modern sherds must be noted; the upper three layers produced one, two, and one modern sherds, respectively, which are included only in the "Total Sherds" column of Table 2.1.

Deposits in the test at **515E312N** were not as deep, but there was a clear pattern of change in proportion of different ceramic types (Figure 2.52). Here Guacas Reddish Brown was followed by Barranquilla Buff, with California Heavy Gray and Mirador Heavy Red falling after Barranquilla Buff. The relative frequencies would suggest that Mirador Heavy Red precedes California Heavy Gray. Worries about modern mixing and tiny samples are less of a concern with this test than with the previous one. A single modern sherd appeared in the uppermost layer here, and, although the Guacas Reddish Brown peak in the lowest layer is the result of a very few sherds, the impression that Guacas is the earliest of these types does not depend on that small sample. Even if the lowest layer were ignored, Guacas would still show as the earliest type.

A test excavated at **536E292N** also produced useful stratigraphic information (Figure 2.53). Here Guacas Reddish Brown peaked in the lowest layers, followed by Barranquilla Buff. California Heavy Gray and Mirador Heavy Red came still later. In this instance, however, the relation indicated between these last two types was the reverse of that seen in the other two tests. Here California Heavy Gray preceded Mirador Heavy Red in the stratigraphic sequence, and the pattern of changes in proportion between

Figure 2.54. View of VP1226, Santa Rosa, looking northwest past work in the stratigraphic test at 476E904N.
Figura 2.54. Vista de VP1226, Santa Rosa, hacia el noroeste. Se ve la prueba estratigráfica 476E904N.

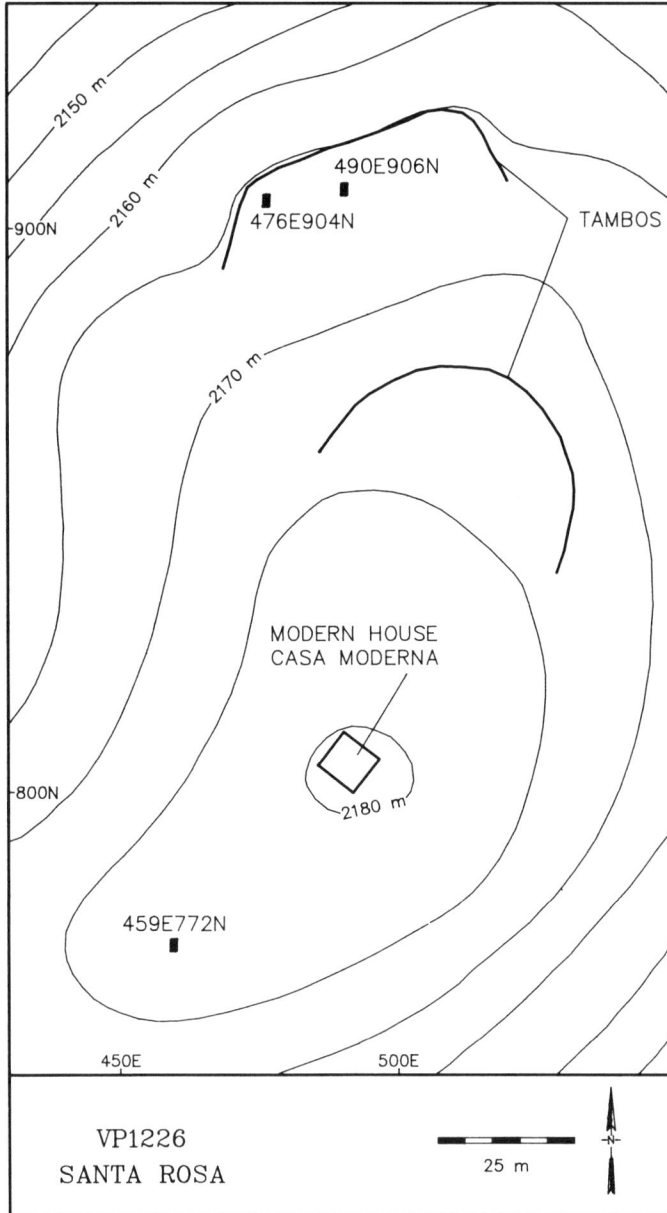

Figura 2.55 (superior). Mapa de VP1226, Santa Rosa.
Figure 2.55 (above). Map of VP1226, Santa Rosa.

Figura 2.56 (inferior). Estratigrafía de la prueba 459E772N (VP1226, Santa Rosa).
Figure 2.56 (below). Stratigraphy of test at 459E772N (VP1226, Santa Rosa).

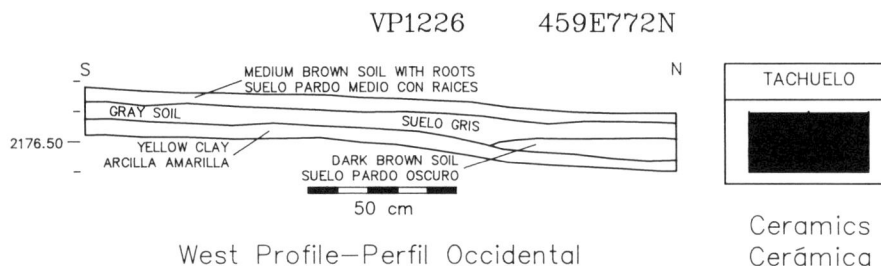

Preocupaciones con perturbaciones modernas y muestras reducidas son de menor importancia en esta prueba que en la anterior. Un solo tiesto moderno se encontró en la capa superior y, si bien la proporción máxima del tipo Guacas Café Rojizo en la capa más profunda es resultado de muy pocos tiestos, la impresión de que Guacas es el más temprano de estos tipos no depende totalmente en dicha pequeña muestra. Aunque la capa más profunda fuera ignorada, el tipo Guacas se percibiría aún como el tipo más temprano.

Una prueba estratigráfica excavada en **536E292N** también produjo información estratigráfica sumamente útil Figura 2.53). En esta prueba el tipo Guacas Café Rojizo tuvo su máxima proporción en las capas más profundas, siendo seguido por el tipo Barranquilla Crema. Los tipos California Gris Pesado y Mirador Rojo Pesado ocurrieron en un período posterior. Sin embargo, en esta instancia la relación indicada entre estos últimos dos tipos fue inversa a aquella percibida en las otras dos pruebas estratigráficas. En esta prueba el tipo California Gris Pesado precedió al tipo Mirador Rojo Pesado en la secuencia estratigráfica, y el patrón de cambios en la proporción entre ambos tipos es más claro y nítido que el patrón contrario visto en las otras dos pruebas estratigráficas. La evidencia de esta prueba estratigráfica no depende de muestras de tiestos extremadamente pequeñas, ni tampoco es de mayor preocupación la perturbación moderno de los depósitos, dado que apareció un solo tiesto moderno (en la segunda capa desde la superficie).

Santa Isabel confirmó una vez más que el tipo Guacas Café Rojizo es un tipo más temprano que el tipo Barranquilla Crema. También proveyó indicaciones consistentes en las tres pruebas estratigráficas que el tipo California Gris Pesado y Mirador Rojo Pesado son aún más tardíos que el tipo Barranquilla Crema. Sin embargo, la evidencia concerniente a la relación cronológica entre los tipos California Gris Pesado y Mirador Rojo Pesado fue internamente inconsistente.

VP1226—Santa Rosa

Santa Rosa, el último sitio a ser descrito, está ubicado a mayor altura que cualquiera de los anteriores en la cima de una cuchilla en las laderas superiores de la Serranía de las Minas, a 2175 m sobre el nivel del mar (Figura 2.54). Tres pruebas estratigráficas fueron excavadas aquí durante julio de 1989 (Figura 2.55). La razón para seleccionar este sitio fue la gran proporción de tiestos del tipo Tachuelo Pulido y la pequeña cantidad de tiestos Planaditas Rojo Pulido recuperados durante el reconocimiento. Ofrecía la oportunidad de aclarar la definición de estos dos tipos y proporcionar evidencia adicional en relación a su ubicación cronológica.

Una prueba estratigráfica en **459E772N** encontró sólo depósitos muy poco profundos (Figura 2.56). La cerámica no fue tan densa, y toda ella perte-

VP1226   476E904N

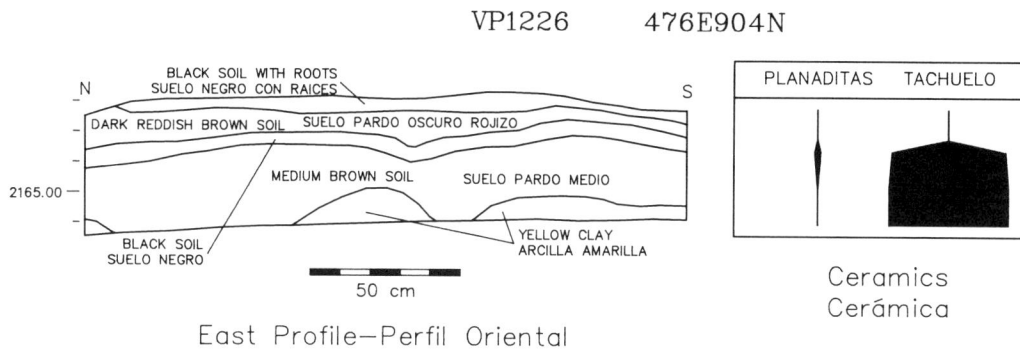

East Profile—Perfil Oriental

Figure 2.57.
Stratigraphy of test at 476E904N
(VP1226, Santa Rosa).

Figura 2.57
Estratigrafía de la prueba
476E904N (VP1226, Santa
Rosa).

the two types is clearer and cleaner than the contrary ones in the other two tests. The evidence from this test is not dependent on extremely small samples, nor is excessive modern mixing of deposits a major concern, since only a single modern sherd appeared (in the second layer down from the top).

Santa Isabel confirmed once again that Guacas Reddish Brown is an earlier type than Barranquilla Buff. It also provided consistent indications in all three stratigraphic tests that California Heavy Gray and Mirador Heavy Red are still later than Barranquilla Buff. The evidence concerning the chronological relationship between California Heavy Gray and Mirador Heavy Red, however, was internally inconsistent.

VP1226—Santa Rosa

Santa Rosa, the final site to be discussed, is at a higher elevation than any of the others, on a ridge crest in the upper slopes of the Serranía de las Minas at 2175 m above sea level (Figure 2.54). Three stratigraphic tests were excavated there during July, 1989 (Figure 2.55). The reason for selecting this site was the large proportion of Tachuelo Burnished and the smaller amount of Planaditas Burnished Red recovered during survey. It offered the opportunity of a clearer definition of these two types and additional evidence concerning their chronological placement.

A test at **459E772N** encountered only very shallow deposits (Figure 2.56). Ceramics were not at all dense, and all were Tachuelo Burnished. They thus added a little to our sample of pure Tachuelo Burnished, but gave no further information concerning the type's chronological position.

Results were better all around at **476E904N**. Sherd densities were higher, resulting in a larger sample. Planaditas Burnished

Red was included as well as Tachuelo Burnished, although there was only one sherd of Planaditas. This one sherd, though, did occur in the uppermost artifact-bearing layer, with a substantial amount of Tachuelo Burnished occurring below it (Figure 2.57). It thus provides one more indication of a position for Planaditas Burnished Red later than Tachuelo Burnished. Two specimens of charcoal were collected for radiocarbon dating from the next to lowest layer excavated. Their associations would thus seem to be Tachuelo Burnished ceramics. The dates were 370 BC (± 55 years; PITT-0865) and 325 AD (± 125 years; PITT-0866).

The test at **490E906N** also produced deep enough deposits to show stratigraphic change and high enough sherd densities to yield a good sample, but, as in the first test discussed, all the ceramics were Tachuelo Burnished (Figure 2.58). Two specimens of charcoal were submitted for radiocarbon dating, both recovered from the next to lowest stratum listed in Table 2.1. They were thus well down in the stratigraphic sequence, and would seem associated to Tachuelo Burnished ceramics. The results were 845 BC (± 55 years; PITT-0863) and 680 BC (± 45 years; PITT-0864). In the second layer below the surface was found a carbonized fragment of an unidentified dense tuberous root.

While the stratigraphic tests at Santa Rosa provided only one very slim addition to our information concerning the relative placement of Planaditas Burnished Red and Tachuelo Burnished, they did give us an almost completely pure sample of Tachuelo Burnished, which was very helpful in finalizing the definition of this type. The site also produced four radiocarbon dates for Tachuelo Burnished, which will be discussed in detail in the next chapter.

Figura 2.58
Estratigrafía de la prueba 490E906N
(VP1226, Santa Rosa).

Figure 2.58
Stratigraphy of test at 490E906N
(VP1226, Santa Rosa).

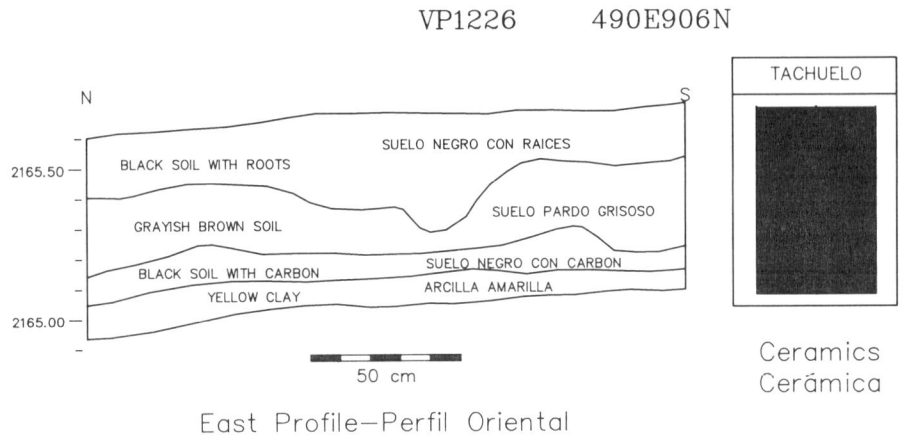

VP1226   490E906N

N   S

SUELO NEGRO CON RAICES

BLACK SOIL WITH ROOTS

2165.50 —

GRAYISH BROWN SOIL

SUELO PARDO GRISOSO

BLACK SOIL WITH CARBON

SUELO NEGRO CON CARBON

YELLOW CLAY

ARCILLA AMARILLA

2165.00 —

50 cm

East Profile—Perfil Oriental

TACHUELO

Ceramics
Cerámica

neció al tipo Tachuelo Pulido. De tal manera los resultados añadieron algo a nuestra muestra de tiestos Tachuelo Pulido, pero poca información adicional concerniente a la posición cronológica del tipo.

Los resultados fueron mejores en la prueba de **476E904N**. Las densidades de tiestos fueron más altas, resultando una muestra mayor. El tipo Planaditas Rojo Pulido estuvo incluido como lo estuvo el tipo Tachuelo Pulido, aunque sólo se tratara de un tiesto Planaditas. Este único tiesto, en todo caso, ocurrió en el nivel con material cultural superior, con una sustancial cantidad de tiestos Tachuelo Pulido bajo él (Figura 2.57). Proveyó de tal manera un indicador para la posición más tardía del tipo Planaditas Rojo Pulido respecto al tipo Tachuelo Pulido. Dos especímenes de carbón fueron recogidos para fechamiento radiocarbónico de la siguiente capa más profunda. Su asociación parecería ser con los tiestos del tipo Tachuelo Pulido. Las fechas fueron 370 AC (±55 años; PITT-0865) y 325 DC (±125 años; PITT-0866).

La prueba estratigráfica en **490E906N** también produjo depósitos suficientemente profundos para mostrar cambios estratigráficos y una densidad de tiestos suficientemente altos para proveer una buena muestra, pero, tal como ocurrió en la primera prueba estratigráfica descrita, todos los tiestos fueron del tipo Tachuelo Pulido (Figura 2.58). Dos especímenes de carbón fueron sometidos para fechamiento radiocarbónico, ambos recuperados de la penúltima capa listada en la Tabla 2.1. Ellos se encontraron a bastante profundidad de la secuencia estratigráfica, y parecían asociarse a tiestos Tachuelo Pulido. Los resultados fueron 845 AC (±55 años; PITT-0863) y 680 AC (±45 años; PITT-0864). En la segunda capa bajo la superficie se encontró un fragmento carbonizado de una densa raíz tuberosa no identificada.

Mientras las pruebas estratigráficas en Santa Rosa proveyeron sólo una muy limitada adición a nuestra información en relación a la ubicación cronológica relativa del tipo Planaditas Rojo Pulido y Tachuelo Pulido, nos brindaron muestras muy puras del tipo Tachuelo Pulido, que fueron muy útiles en la definición final del tipo. El sitio también produjo cuatro fechas radiocarbónicas para el tipo Tachuelo Pulido, que serán discutidas en el siguiente capítulo.

TABLE 2.1. FREQUENCIES OF CERAMIC TYPES IN STRATIGRAPHIC EXCAVATIONS.
TABLA 2.1. FRECUENCIAS DE TIPOS CERAMICOS EN EXCAVACIONES ESTRATIGRAFICAS.

Layer Number or Elevation at Maximum Depth / Número de Capa o Altura a Profundidad Máxima	Mirador Heavy Red / Mirador Rojo Pesado	California Heavy Gray / California Gris Pesado	Barran-quilla Buff / Barran-quilla Crema	Guacas Reddish Brown / Guacas Café Rojizo	Lourdes Red Slipped / Lourdes Rojo Engobado	Planaditas Burnished Red / Planaditas Rojo Pulido	Tachuelo Burnished / Tachuelo Pulido	Total Sherds / Total de Tiestos	Volume Excavated (m³) / Volumen Excavado (m³)	Sherd Density (per m³) / Densidad de Tiestos (por m³)
VP0001 (Cerro Guacas)—1894E980N										
1583.44	0	0	0	0	0	0	0	0	.200	0
1583.33	0	0	0	6	0	0	0	6	.210	29
1583.23	0	0	0	4	0	0	0	4	.190	21
VP0001 (Cerro Guacas)—1951E1011N										
1590.60	0	0	0	7	0	0	0	7	.230	30
1590.50	0	0	0	56	0	0	0	56	.200	280
1590.43	0	0	0	6	0	0	0	6	.130	46
1590.20	0	0	0	6	0	0	0	6	.100	60
VP0001 (Cerro Guacas)—1970E1031N										
1590.86	0	0	2	26	0	0	0	28	.240	117
1590.74	0	0	1	21	0	0	0	22	.230	96
1590.65	0	0	0	1	0	0	0	1	.180	6
VP0002 (Barranquilla)—903E992N										
1590.86	0	0	37	0	0	0	0	37	.200	185
1590.81	0	0	36	0	0	0	0	36	.220	163
1590.74	0	0	16	0	0	0	0	16	.138	116
1590.64	0	0	0	0	0	0	0	0	.136	0
1590.58	0	0	0	0	0	0	0	0	.100	0
1590.50	0	0	0	0	0	0	0	0	.170	0
Pit—Pozo	0	0	5	0	0	0	0	5	.205	24
VP0002 (Barranquilla)—929E984N										
1591.80	0	0	230	0	2	0	0	232	.180	1289
1591.74	0	0	95	0	0	0	0	95	.220	432
1591.66	0	0	29	0	0	0	0	29	.080	363
1591.56	0	0	21	0	0	0	0	21	.200	105
1591.46	0	0	1	0	0	0	0	1	.190	5
1591.34	0	0	7	0	3	0	0	11	.200	55
1591.30	0	0	0	0	0	0	0	0	.240	0
1591.23	0	0	0	0	0	0	0	0	.140	0
VP0002 (Barranquilla)—951E926N										
1594.80	0	0	52	0	0	0	0	52	.200	260
1594.70	0	0	36	0	0	0	0	36	.085	424
1594.64	0	0	74	2	0	0	0	76	.120	633
1594.55	0	0	46	11	0	0	0	57	.200	285
1594.45	0	0	0	1	0	0	0	1	.160	6
Tomb—Tumba 1594.50	0	0	7	4	0	0	0	11	.005	2200
Tomb—Tumba 1594.30	0	0	62	10	0	0	0	72	.034	2118
Tomb—Tumba 1593.90	0	0	5	1	0	0	0	6	.109	55
Tomb—Tumba 1593.55	0	0	38	0	0	0	0	38	.102	373
Tomb—Tumba 1592.90	0	0	0	0	0	0	0	0	.186	0
Tomb—Tumba 1592.40	0	0	0	0	0	0	0	0	.150	0
Tomb—Tumba 1592.25	0	0	0	0	0	0	0	0	.036	0

TABLE 2.1, CONT.—TABLA 2.1, CONT.

Layer Number or Elevation at Maximum Depth / Número de Capa o Altura a Profundidad Máxima	Mirador Heavy Red / Mirador Rojo Pesado	California Heavy Gray / California Gris Pesado	Barranquilla Buff / Barranquilla Crema	Guacas Reddish Brown / Guacas Café Rojizo	Lourdes Red Slipped / Lourdes Rojo Engobado	Planaditas Burnished Red / Planaditas Rojo Pulido	Tachuelo Burnished / Tachuelo Pulido	Total Sherds / Total de Tiestos	Volume Excavated (m^3) / Volumen Excavado (m^3)	Sherd Density (per m^3) / Densidad de Tiestos (por m^3)
VP0002 (Barranquilla)—959E1018N										
1593.50	0	0	141	0	0	0	0	141	.200	705
1593.40	0	0	265	0	0	0	0	265	.200	1325
1593.30	0	0	175	0	0	0	0	175	.200	875
1593.20	0	0	31	0	0	0	0	31	.200	155
1593.10	0	0	8	0	0	0	0	8	.200	40
1593.05	0	0	0	0	1	0	0	1	.150	7
1593.00	0	0	0	0	0	0	0	0	.200	0
1592.90	0	0	0	0	0	0	0	0	.200	0
1592.80	0	0	0	0	0	0	0	0	.160	0
1592.70	0	0	0	0	0	0	0	0	.110	0
1592.60	0	0	0	0	0	0	0	0	.120	0
VP0002 (Barranquilla)—977E1073N										
1584.40	0	0	3	0	0	0	0	3	.226	13
1583.30	0	0	0	0	0	0	0	0	.459	0
VP0002 (Barranquilla)—1010E987N										
1599.65	0	0	130	0	0	0	0	130	.240	542
1599.54	0	0	55	0	0	0	0	55	.180	306
1599.47	0	0	10	1	0	0	0	11	.150	73
1599.32	0	0	4	0	0	0	0	4	.227	18
1599.23	0	0	2	0	0	0	0	2	.090	22
1599.15	0	0	0	0	0	0	0	0	.050	0
VP0010 (Barranquilla Alta)—Trench—Trinchera										
I	0	0	0	151	0	0	0	151	2.375	64
II	0	0	0	183	0	0	0	183	1.555	118
III	0	0	0	32	0	0	0	32	1.210	26
IV	0	0	0	46	0	0	0	47	.757	62
VP0243 (El Rosario)—Profile—Perfil										
I	0	0	1843	444	77	4	32	2400	4.163	577
II	0	0	3145	833	304	14	53	4350	3.887	1119
III	0	0	393	337	94	23	108	956	2.025	472
IV	0	0	58	44	6	5	39	153	2.810	54
V—1777.38	0	0	92	31	3	0	0	126	.160	788
V—1777.16	0	0	2	10	4	0	0	16	.080	200
V—1776.98	0	0	0	0	0	0	3	3	.080	38
VI	0	0	8	6	0	1	0	17	.072	236
VII	0	0	10	0	2	0	0	12	.113	106
VIII	0	0	0	2	0	0	3	5	.084	60
IX	0	0	2	2	2	0	7	13	.031	419
VP0292 (La Julia)—859E295N										
1874.38	0	0	19	0	4	2	0	26	.160	163
1874.30	0	0	78	0	15	27	0	121	.196	617
1874.21	0	0	96	0	17	41	0	157	.157	1000
1874.10	0	0	38	0	3	16	0	57	.140	407
1874.00	0	0	14	0	2	11	0	27	.139	194
1873.90	0	0	8	0	0	1	0	9	.244	37

TABLE 2.1, CONT.—TABLA 2.1, CONT.

Layer Number or Elevation at Maximum Depth	Mirador Heavy Red	California Heavy Gray	Barran-quilla Buff	Guacas Reddish Brown	Lourdes Red Slipped	Planaditas Burnished Red	Tachuelo Burnished	Total Sherds	Volume Excavated (m³)	Sherd Density (per m³)
Número de Capa o Altura a Profundidad Máxima	Mirador Rojo Pesado	California Gris Pesado	Barran-quilla Crema	Guacas Café Rojizo	Lourdes Rojo Engobado	Planaditas Rojo Pulido	Tachuelo Pulido	Total de Tiestos	Volumen Excavado (m³)	Densidad de Tiestos (por m³)
VP0292 (La Julia)—863E278N										
1873.78	0	0	44	0	3	2	0	49	.260	188
1873.66	0	0	61	0	2	7	0	70	.288	243
1873.55	0	0	4	0	0	0	0	4	.030	133
VP0292 (La Julia)—882E296N										
1875.69	0	0	36	0	4	1	0	43	.139	309
1875.59	0	0	35	0	0	4	0	39	.159	245
1875.50	0	0	2	0	0	2	0	5	.142	35
1875.39	0	0	7	0	0	3	0	10	.176	57
VP0357 (Caja de Agua)—1980E1184N										
814.30	0	0	2	0	0	0	0	2	.140	14
814.15	0	0	3	3	0	0	0	6	.160	38
814.00	0	0	1	21	0	0	0	22	.360	61
813.85	0	0	0	13	0	0	0	13	.260	50
813.65	0	0	0	1	0	0	0	1	.280	4
VP0357 (Caja de Agua)—1996E1027N										
815.35	0	0	1	1	0	0	0	2	.360	6
VP0357 (Caja de Agua)—2017E994N										
816.97	0	0	26	15	0	0	0	41	.460	89
816.78	0	0	6	15	0	0	0	21	.380	55
816.65	0	0	0	1	0	0	0	1	.250	4
816.52	0	0	0	0	0	0	0	0	.270	0
VP0394 (El Espino)—986E950N										
760.80	0	0	30	2	0	0	0	32	.300	106
760.70	0	0	145	21	0	0	0	166	.240	691
760.60	0	0	58	13	0	0	0	71	.200	355
VP0394 (El Espino)—1106E974N										
761.45	0	0	2	1	0	0	0	3	.140	21
VP0394 (El Espino)—1156E1009N										
751.59	0	0	0	0	0	0	0	0	.290	0
751.50	0	0	3	0	0	0	0	3	.190	16
751.40	0	0	6	0	0	0	0	6	.240	25
751.20	0	0	0	0	0	0	0	0	.270	0
VP0394 (El Espino)—1209E879N										
758.47	0	0	11	0	0	0	0	11	.100	110
758.42	0	0	47	0	0	0	0	47	.160	294
758.33	0	0	1	2	0	0	0	3	.220	14
758.29	0	0	0	0	0	0	0	0	.080	0
VP0718 (Buenos Aires A)—267E610N										
1793.41	0	0	0	0	0	0	0	0	.160	0
1793.31	0	0	8	0	0	5	0	13	.200	65
1793.21	0	0	0	0	0	2	0	2	.200	10
1793.11	0	0	1	0	0	2	0	3	.200	15
1792.99	0	0	0	0	0	0	0	0	.220	0

TABLE 2.1, CONT.—TABLA 2.1, CONT.

Layer Number or Elevation at Maximum Depth	Mirador Heavy Red	California Heavy Gray	Barran-quilla Buff	Guacas Reddish Brown	Lourdes Red Slipped	Planaditas Burnished Red	Tachuelo Burnished	Total Sherds	Volume Excavated (m³)	Sherd Density (per m³)
Número de Capa o Altura a Profundidad Máxima	Mirador Rojo Pesado	California Gris Pesado	Barran-quilla Crema	Guacas Café Rojizo	Lourdes Rojo Engobado	Planaditas Rojo Pulido	Tachuelo Pulido	Total de Tiestos	Volumen Excavado (m³)	Densidad de Tiestos (por m³)
VP0718 (Buenos Aires A)—300E600N										
1799.70	0	0	7	0	0	5	0	12	.280	43
1799.60	0	0	7	0	0	7	0	15	.200	75
1799.50	0	0	2	0	0	9	0	11	.200	55
1799.30	0	0	0	0	0	2	0	2	.400	5
VP0789 (Buenos Aires B)—476E711N										
1780.00	0	0	34	0	0	0	0	39	.140	279
1779.90	0	0	48	8	0	0	0	56	.200	280
1779.80	0	0	17	13	0	0	0	30	.200	150
1779.70	0	0	31	0	0	0	0	33	.200	165
1779.60	0	0	26	5	0	0	0	31	.200	155
1779.50	0	0	1	0	0	0	0	1	.200	5
VP0789 (Buenos Aires B)—482E751N										
1780.64	0	0	6	0	0	0	0	7	.180	39
1780.54	0	0	126	0	10	0	0	136	.200	680
1780.45	0	0	16	6	0	0	0	22	.180	122
1780.35	0	0	1	0	1	0	0	2	.200	10
1780.25	0	0	0	0	0	0	0	0	.200	0
Post mold—Poste	0	0	4	0	0	0	0	4	.007	571
VP0789 (Buenos Aires B)—500E800N										
1778.90	0	0	8	0	0	0	0	8	.100	80
1778.77	0	0	26	0	0	2	1	29	.220	132
1778.70	0	0	38	0	0	2	0	40	.200	200
1778.60	0	0	46	0	1	9	5	61	.200	305
1778.50	0	0	11	0	0	3	4	18	.200	90
1778.40	0	0	5	0	0	0	0	5	.160	31
1778.25	0	0	0	0	0	0	0	0	.280	0
VP0924 (El Roble)—771E525N										
1774.40	0	0	19	0	0	0	0	19	.200	95
1774.31	0	0	13	0	0	0	0	13	.120	108
1774.21	0	0	5	0	0	0	0	5	.094	53
1774.08	0	0	0	0	0	0	0	0	.110	0
VP0924 (El Roble)—784E460N										
1790.10	0	0	12	0	0	0	0	12	.200	60
1789.00	0	0	10	0	0	0	0	10	.200	50
1789.90	0	0	2	0	0	0	0	2	.200	70
1789.85	0	0	2	0	0	0	0	2	.087	23
VP0924 (El Roble)—800E500N										
1787.60	0	0	333	0	31	8	0	372	.680	547
1787.50	0	0	318	0	39	14	0	371	.600	618
1787.40	0	0	59	0	13	3	0	75	.685	109
1787.25	0	0	1	0	2	4	0	7	.695	10

TABLE 2.1, CONT.—TABLA 2.1, CONT.

Layer Number or Elevation at Maximum Depth	Mirador Heavy Red	California Heavy Gray	Barran-quilla Buff	Guacas Reddish Brown	Lourdes Red Slipped	Planaditas Burnished Red	Tachuelo Burnished	Total Sherds	Volume Excavated (m^3)	Sherd Density (per m^3)
Número de Capa o Altura a Profundidad Máxima	Mirador Rojo Pesado	California Gris Pesado	Barran-quilla Crema	Guacas Café Rojizo	Lourdes Rojo Engobado	Planaditas Rojo Pulido	Tachuelo Pulido	Total de Tiestos	Volumen Excavado (m^3)	Densidad de Tiestos (por m^3)
VP0951 (Santa Isabel)—500E300N										
1029.67	15	34	32	0	0	0	0	82	.260	315
1029.57	78	185	158	12	0	0	0	435	.200	2175
1029.47	20	18	50	8	0	0	0	97	.210	462
1029.37	0	0	4	0	0	0	0	4	.200	20
1029.27	0	0	1	0	0	0	0	1	.190	5
1029.08	0	0	0	0	0	0	0	0	.380	0
VP0951 (Santa Isabel)—515E312N										
1029.27	1	10	17	0	0	0	0	29	.200	145
1029.20	3	9	17	7	0	0	0	36	.180	200
1029.10	0	0	12	14	0	0	0	26	.200	130
1029.00	0	0	3	23	0	0	0	26	.200	130
1028.90	0	0	0	4	0	0	0	4	.100	40
VP0951 (Santa Isabel)—536E292N										
1027.71	1	8	21	3	0	0	0	33	.200	165
1027.65	0	4	28	6	0	0	0	39	.200	195
1027.55	0	1	2	6	0	0	0	9	.190	47
1027.46	0	0	2	3	0	0	0	5	.320	16
1027.35	0	0	0	1	0	0	0	1	.188	5
1027.24	0	0	0	0	0	0	0	0	.210	0
VP1226 (Santa Rosa)—459E772N										
2176.59	0	0	0	0	0	0	2	2	.090	22
2176.48	0	0	0	0	0	0	5	5	.146	34
2176.42	0	0	0	0	0	0	13	13	.158	82
VP1226 (Santa Rosa)—476E904N										
2165.18	0	0	0	0	0	0	0	0	.180	0
2165.14	0	0	0	0	0	0	0	0	.030	0
2165.05	0	0	0	0	0	1	96	97	.120	808
2164.96	0	0	0	0	0	0	119	119	.230	517
2164.85	0	0	0	0	0	0	1	1	.180	6
VP1226 (Santa Rosa)—490E906N										
2165.49	0	0	0	0	0	0	1	1	.220	5
2165.39	0	0	0	0	0	0	34	34	.218	156
2165.25	0	0	0	0	0	0	9	9	.270	33
2165.12	0	0	0	0	0	0	11	11	.138	80
2164.95	0	0	0	0	0	0	5	5	.290	17

Chapter 3

Radiocarbon Dates and Chronology

The stratigraphic excavations discussed in the previous chapter provide sufficient evidence to assign chronological positions to the seven ceramic types we have defined. As is to be expected, the proportions of the different types change from one stratum to the next in each stratigraphic sequence, providing indication of the relative chronological precedence of each type. These indications are highly consistent from one excavation to another, providing the best kind of security possible in the face of the numerous sources of error in archeological interpretation. No matter how carefully executed a single excavation is, and no matter how carefully considered the conclusions drawn from it are, there is always a very real possibility of drawing erroneous conclusions as a consequence of some unimagined disturbing factor. When results with the same implications are obtained repeatedly, however, from different and independent excavations unlikely to be affected by the same extraneous circumstances, then stronger support is lent to interpretations. Such repeated consistent results form recognizable patterns against which aberrant results are readily identified as such and discredited. Precisely the same thing can be said about evaluating the evidence for absolute chronology provided by radiocarbon dating. A single radiocarbon date, like any other single archeological datum, has very little real meaning. The patterns provided by multiple radiocarbon dates, particularly when they come from a number of excavations in different sites, however, provide very powerful evidence.

In this chapter we translate the ceramic types and stratigraphic evidence already presented into a set of phases which forms the chronological scheme used in Part Two of this volume and in future volumes concerning the regional survey. We then present the most complete information we can gather on radiocarbon dating for the Alto Magdalena at large, casting our nets farther than just the Valle de la Plata on the basis of the regional ceramic relationships that were listed in Chapter 1. All the radiocarbon dates for the Alto Magdalena that we have been able to learn about are included, although our aim remains a chronological scheme for the Valle de la Plata. For each date, we consider how it can (or why it cannot) be related to the ceramic and stratigraphic evidence from the Valle de la Plata. For all dates that can be related to the Valle de la Plata, we then examine patterns, identify aberrant dates (whether the reasons for their aberrant nature can be pinpointed or not), and

suggest an absolute chronological position for each phase.

Order of Ceramic Types

The evidence for stratigraphic relations between ceramic types presented excavation by excavation in Chapter 2 forms a clear overall pattern. The earliest of the types defined in Chapter 1 is Tachuelo Burnished. It appears with other types in four different stratigraphic sequences from three different sites. Its proportions peak earlier than Barranquilla Buff, Guacas Reddish Brown, and Lourdes Red-Slipped in two separate sequences at El Rosario (VP0243). Buenos Aires B (VP0789) provides further evidence, in the test at 500E800N, that it precedes Barranquilla Buff and Lourdes Red Slipped. In the same test, its early peak proportion is in the same layer as the peak of Planaditas Burnished Red, but Planaditas persists in higher proportions than Tachuelo into higher layers. And at Santa Rosa (VP1226), Tachuelo Burnished is clearly below Planaditas Burnished Red in the test at 476E904N.

Planaditas Burnished Red is the second of the types in chronological order. As noted above, it follows Tachuelo Burnished. Its position before the other types in the sequence is demonstrated in eight different stratigraphic sequences at five different sites. In the one sequence at El Rosario (VP0243) where it appears, Planaditas Burnished Red is clearly below Barranquilla Buff, Guacas Reddish Brown, and Lourdes Red Slipped. The evidence is for a position prior to both Barranquilla Buff and Lourdes Red Slipped in three tests at La Julia (VP0292), and prior to Barranquilla Buff in two tests at Buenos Aires A (VP0718). And the test at 500E800N at Buenos Aires B (VP0789) puts Planaditas Burnished Red below Barranquilla Buff and Lourdes Red Slipped, as does the test at 800E500N at El Roble (VP0924).

The third chronological position goes to Lourdes Red Slipped. Consistently above Tachuelo Burnished and Planaditas Burnished Red, as just discussed, it also appears in stratigraphic relation to later types in nine stratigraphic sequences from five different sites. In two tests at Barranquilla (VP0002) and one at El Roble (VP0924), Lourdes Red Slipped is clearly below Barranquilla Buff. It is also below Barranquilla Buff's peak in the test at 500E800N at Buenos Aires B (VP0789). In the other test where it appears at Buenos Aires B (482E751N), Lourdes Red Slipped is clearly below both Barranquilla Buff

Capítulo 3

Fechas Radiocarbónicas y Cronología

Las excavaciones estratigráficas discutidas en el capítulo anterior brindan suficiente evidencia para asignar posiciones cronológicas a los siete tipos cerámicos que hemos definido. Como debería esperarse, las proporciones de los diferentes tipos cambian de un estrato al siguiente en cada secuencia estratigráfica, proveyendo indicaciones de la precedencia cronológica relativa de cada tipo. Estas indicaciones son altamente consistentes de una excavación a otra, proveyendo las mejores pruebas posibles frente a las numerosas fuentes de error en la interpretación arqueológica. No importa cuan cuidadosamente se haya realizado una excavación particular, y no importa cuan cuidadosamente se hayan considerado las conclusiones derivadas de ella, existe siempre una posibilidad muy real de derivar conclusiones erróneas como consecuencia de algún factor de perturbación no considerado. Sin embargo, aquellos resultados con las mismas implicaciones obtenidos repetidamente en excavaciones diferentes e independientes y sin la posibilidad de ser afectados por las mismas circunstancias extrañas, brindan un apoyo muy fuerte a las conclusiones. Tales resultados que se repiten de manera consistente crean patrones reconocibles a partir de los cuales resultados aberrantes son prontamente identificados como tales y desde luego desechados. Precisamente lo mismo puede decirse de la evaluación de la evidencia para la cronología absoluta provista por el fechamiento radiocarbónico. Una sola fecha radiocarbónica, tal como cualquier otro dato arqueológico aislado, tiene un muy reducido significado real. Sin embargo, los patrones provistos por múltiples fechas radiocarbónicas, particularmente cuando provienen de un número de excavaciones en diferentes sitios, aportan evidencia muy sólida.

En este capítulo habremos de traducir los tipos cerámicos y la evidencia estratigráfica presentada en los capítulos precedentes en un grupo de fases que conforman el esquema cronológico usado en la Parte Segunda de este volumen y en futuros volumenes que conciernan el reconocimiento regional. Presentamos, entonces, la información completa que hemos acumulado sobre el fechamiento radiocarbónico del Alto Magdalena en su totalidad, extendiendo nuestras redes allende el Valle de la Plata a partir de las relaciones cerámicas regionales que fueron enumeradas en el Capítulo 1. Se ha incluido todas las fechas radiocarbónicas de la región del Alto Magdalena que hemos podido identificar, aunque nuestro objetivo se restringe al esquema cronológico del Valle de la Plata. Para cada fecha consideramos como puede ser relacionada (o porqué no puede serlo) con la evidencia cerámica y estratigráfica del Valle de la Plata. Para todas las fechas que pueden ser relacionadas al Valle de la Plata, examinamos sus patrones, identificamos fechas aberrantes (sean las razones de su carácter aberrante establecidas o no), y sugerimos la posición cronológica absoluta para cada fase.

Orden de los Tipos Cerámicos

La evidencia usada para establecer las relaciones estratigráficas entre tipos cerámicos presentada para cada excavación en el Capítulo 2 forma un patrón general muy claro. El tipo Tachuelo Pulido es el más temprano de los tipos establecidos en el Capítulo 1. Aparece asociado a otros tipos en cuatro secuencias estratigráficas de tres sitios diferentes. En dos secuencias separadas en El Rosario (VP0243) sus proporciones son más altas en períodos anteriores a la presencia de los tipos Barranquilla Crema, Guacas Café Rojizo y Lourdes Rojo Engobado. La prueba en 500E800N en Buenos Aires B (VP0789) provee evidencia adicional que el tipo Tachuelo precede a los tipos Barranquilla Crema y Lourdes Rojo Engobado. En la misma prueba, su temprana y elevada proporción ocurre en la misma capa en que se registró la máxima proporción del tipo Planaditas Rojo Pulido, pero en capas superiores Planaditas persiste con mayores proporciones que el tipo Tachuelo. Y en la prueba en 476E904N en Santa Rosa (VP1226), el tipo Tachuelo Pulido está claramente bajo Planaditas Rojo Pulido.

El tipo Planaditas Rojo Pulido ocupa el segundo lugar en la secuencia cronológica. Como fue anotado anteriormente, este tipo le sigue al tipo Tachuelo Pulido. Su posición anterior a los otros tipos en la secuencia es demostrada en ocho secuencias estratigráficas en cinco sitios diferentes. En la secuencia en El Rosario (VP0243), donde el tipo fue detectado, Planaditas Rojo Pulido está claramente bajo los tipos Barranquilla Crema, Guacas Café Rojizo y Lourdes Rojo Engobado. En tres pruebas en La Julia (VP0292) la evidencia apunta a una posición anterior tanto al tipo Barranquilla Crema como al tipo Lourdes Rojo Engobado, y anterior a Barranquilla Crema en dos pruebas en Buenos Aires A (VP0718). Y la prueba en 500E800N en Buenos Aires B (VP0789) coloca a Planaditas Rojo Pulido bajo Barranquilla Crema y Lourdes Rojo Engobado, ocurrien-

and Guacas Reddish Brown. In the two stratigraphic sequences at El Rosario (VP0243), Lourdes Red Slipped is clearly below Barranquilla Buff. Its relation to Guacas Reddish Brown is not so clearly marked. It is less frequent in general at El Rosario than Guacas Reddish Brown, but these two types reach their peak proportions in the same layers. In both sequences, Lourdes Red Slipped undergoes sharper declines in proportion in upper layers than does Guacas Reddish Brown. At first glance the type proportions from the tests at 863E278N and 882E296N at La Julia (VP0292) would put Lourdes Red Slipped after Barranquilla Buff. The reasons for discounting this impression, so strongly at variance with the other (much more abundant) evidence, are discussed in Chapter 2.

Fourth place, above Tachuelo Burnished, Planaditas Burnished Red, and Lourdes Red Slipped, goes to Guacas Reddish Brown. Much more abundant in all parts of the Valle de la Plata than these earlier types, it occurs together with still later types in 16 stratigraphic sequences at seven different sites. Unambiguous placements before Barranquilla Buff come from the one test at Cerro Guacas (VP0001) that contained Barranquilla Buff and from the one test at Barranquilla (VP0002) that contained Guacas Reddish Brown in any quantity. Both sequences at El Rosario (VP0243) place Guacas Reddish Brown before Barranquilla Buff, as do both meaningful sequences at Caja de Agua (VP0357) and both meaningful sequences at El Espino (VP0394). The test at 482E751N at Buenos Aires B (VP0789) also places Guacas Reddish Brown below Barranquilla Buff. Two tests at Santa Isabel (VP0951) showed Guacas Reddish Brown below not only Barranquilla Buff, but also Mirador Heavy Red and California Heavy Gray. A third test at Santa Isabel (500E300N) is ambiguous in its placement of Guacas Reddish Brown against these three other types, probably owing to the fact that Guacas Reddish Brown represents only 20 of the 2,977 sherds recovered from this one test. Precisely the same can be said for the test at 1010E987N at Barranquilla (VP0002), where there was one sherd of Guacas Reddish Brown in a total sample of 961. Two tests (1996E1027N at Caja de Agua [VP0357] and 1106E974N at El Espino [VP0394]) yielded such tiny samples of Guacas Reddish Brown and Barranquilla Buff in such shallow deposits as to provide no useful information concerning their relative position. These two types also appeared in the test at 476E711N at Buenos Aires B (VP0789), but its deposits were badly mixed with modern material and thus discounted. Altogether, then, 11 stratigraphic sequences show Guacas Reddish Brown below the other types that remain to be described. The other sequences where Guacas Reddish Brown appears together with these other types fail to provide any substantial challenge to this pattern.

Following Tachuelo Burnished, Planaditas Burnished Red, Lourdes Red Slipped, and Guacas Reddish Brown, then, we have left Barranquilla Buff, California Heavy Gray, and Mirador Heavy Red. These three types appear together in stratigraphic sequence only at Santa Isabel (VP0951). Indeed, Santa Isabel is the only site where California Heavy Gray and Mirador Heavy Red appear in stratigraphic excavations at all. In all three tests, Barranquilla Buff is below the other two types, so Barranquilla Buff takes fifth place in chronological order.

Finally we place California Heavy Gray and Mirador Heavy Red together in sixth place. Two of the three tests at Santa Isabel (VP0951) suggest that California Heavy Gray follows Mirador Heavy Red. The third, however, suggests the opposite relationship and is, for reasons suggested in Chapter 2, a clearer and more reliable indicator than either of the other two. Such results are simply too inconclusive to allow us to confidently assign chronological precedence in this case. There are, moreover, such parallels between some of the decoration and vessel forms in these two types as to make contemporaneity a stronger *a priori* probability. Thus for now there is insufficient evidence to distinguish separate chronological placements for California Heavy Gray and Mirador Heavy Red, and they end the sequence as a pair.

In summary, then, our conclusion concerning the relative chronological placement of the seven ceramic types defined in Chapter 1 is as follows, from earliest to latest:

1. Tachuelo Burnished
2. Planaditas Burnished Red
3. Lourdes Red Slipped
4. Guacas Reddish Brown
5. Barranquilla Buff
6. California Heavy Gray and Mirador Heavy Red.

Phases

In general, the seven ceramic types discussed above with six distinct chronological placements will be taken to define a series of separate blocks of time, which we will call *phases*. This requires some explicit justification, since it is not apparent in the graphs of proportions of different types in the various stratigraphic sequences (Chapter 2) that any one of these types can accurately be taken to represent a distinct time period. Indeed, a simplistic view of the graph, say, for either of the stratigraphic sequences at El Rosario (VP0243—Figure 2.23) might be that Barranquilla Buff, Guacas Reddish Brown, Lourdes Red Slipped, and Tachuelo Burnished were all four made throughout the sequence represented, from the very beginning to the very end, even though their proportions may change through time. This interpretation, however, is sharply contradicted by the extent to which each of the seven types defined differs in distribution from each of the others.

Of the total of 5,882 separate collections of ceramics made during the regional survey, 2,684 (46%) contained only one of the seven types. There were single-type collections for each of the seven types, ranging from a low of 2% (for Lourdes Red Slipped) to a high of 38% (for Guacas Reddish Brown). That is, 2% of the collections containing Lourdes Red Slipped had *only* Lourdes Red Slipped, and 38% of the collections containing Guacas Reddish Brown had *only* Guacas Reddish Brown. Looking specifically at transitions from one type to the next

do lo mismo en la prueba en 800E500N en El Roble (VP0924).

La tercera posición cronológica corresponde al tipo Lourdes Rojo Engobado. Este tipo se encuentra de manera recurrente superpuesto a los tipos Tachuelo Pulido y Planaditas Rojo Pulido, como acabamos de mencionar, y también aparece en relación estratigráfica a tipos más tardíos en nueve secuencias estratigráficas de cinco sitios diferentes. En dos pruebas en Barranquilla (VP0002) y una en El Roble (VP0924), el tipo Lourdes Rojo Engobado está claramente colocado bajo el tipo Barranquilla Crema. En la prueba en 500E800N en Buenos Aires B (VP0789) ocurre también bajo la proporción más alta del tipo Barranquilla Crema. En las otras pruebas donde está presente en Buenos Aires B (482E751N), Lourdes Rojo Engobado está claramente bajo los tipos tanto Barranquilla Crema como Guacas Café Rojizo. En las dos secuencias estratigráficas en El Rosario (VP0243), Lourdes Rojo Engobado está claramente colocado bajo el tipo Barranquilla Crema. Su relación con el tipo Guacas Café Rojizo no está claramente bien establecida aquí. En El Rosario es, en general, menos frecuente que el tipo Guacas Café Rojizo, pero estos dos tipos alcanzan sus máximas proporciones en las mismas capas. En ambas secuencias, el tipo Lourdes Rojo Engobado tiene un mayor decrecimiento de su proporción en las capas superiores que el decrecimiento del tipo Guacas Café Rojizo. A primera vista, las proporciones del tipo Lourdes Rojo Engobado en las pruebas en 863E278N y 882E296N en La Julia (VP0292) lo colocarían posterior a Barranquilla Crema. Las razones para descalificar esta impresión, en extrema discordancia con la demás evidencia (mucho más abundante), son discutidas en el Capítulo 2.

En cuarto lugar, después de los tipos Tachuelo Pulido, Planaditas Rojo Pulido y Lourdes Rojo Engobado, se encuentra el tipo Guacas Café Rojizo. Mucho más abundante en toda el área del Valle de la Plata que los tipos más tempranos, Guacas Café Rojizo ocurre junto a tipos más tardíos en 16 secuencias estratigráficas en siete sitios diferentes. Evidencia de su inequívoca ubicación antes del tipo Barranquilla Crema proviene de una prueba en Cerro Guacas (VP0001) que contuvo tiestos Barranquilla Crema y la única prueba en Barranquilla (VP0002) que contuvo cierta cantidad de Guacas Café Rojizo. Ambas secuencias en El Rosario (VP0243) colocan al tipo Guacas Café Rojizo antes de Barranquilla Crema, así como ocurre en ambas secuencias significativas de Caja de Agua (VP0357) y en ambas secuencias de El Espino (VP0394). La prueba en 482E751N en Buenos Aires B (VP0789) también coloca al tipo Guacas Café Rojizo bajo el tipo Barranquilla Crema. Dos pruebas en el sitio de Santa Isabel (VP0951) mostraron al tipo Guacas Café Rojizo no solamente bajo el tipo Barranquilla Crema, sino también bajo los tipos Mirador Rojo Pesado y California Gris Pesado. Una tercera prueba en Santa Isabel (500E300N) es ambigua en la ubicación del tipo Guacas Café Rojizo con respecto a los tres tipos más tardíos, probablemente debido al hecho que el tipo Guacas Café Rojizo representa solamente 20 de los 2,977 tiestos recuperados de esta prueba. Precisamente lo mismo

puede decirse de la prueba en 1010E987N en Barranquilla (VP0002), donde se encontró un tiesto Guacas Café Rojizo en una muestra total de 961. Dos pruebas (1996E1027N en Caja de Agua [VP0357] y 1106E974N en El Espino [VP0394]) arrojaron muestras tan pequeñas de los tipos Guacas Café Rojizo y Barranquilla Crema en depósitos tan poco profundos que no proveyeron información útil en relación a su posición relativa. Estos dos tipos también aparecen en la prueba en 476E711N en Buenos Aires B (VP0789), pero sus depósitos estuvieron muy mezclados con material moderno y por ello fueron obviados. En conjunto, entonces, 11 secuencias estratigráficas muestran al tipo Guacas Café Rojizo bajo los otros tipos que quedan por ser descritos. Las otras secuencias donde el tipo Guacas Café Rojizo aparece junto a estos otros tipos no logran proveer ningún desafío substancial a este patrón.

Posteriores a los tipos Tachuelo Pulido, Planaditas Rojo Pulido, Lourdes Rojo Engobado y Guacas Café Rojizo nos quedan entonces los tipos Barranquilla Crema, California Gris Pesado y Mirador Rojo Pesado. Estos tres tipos aparecen juntos en una secuencia estratigráfica sólo en el sitio de Santa Isabel (VP0951). En efecto, Santa Isabel es el único sitio donde los tipos California Gris Pesado y Mirador Rojo Pesado aparecen en alguna excavación estratigráfica. En las tres pruebas, el tipo Barranquilla Crema se encuentra bajo los otros dos tipos, de manera que Barranquilla Crema toma el quinto lugar en la secuencia cronológica.

Finalmente, colocamos los tipos California Gris Pesado y Mirador Rojo Pesado juntos en sexto lugar. Dos de las tres pruebas en Santa Isabel (VP0951) sugieren que el tipo California Gris Pesado es posterior al tipo Mirador Rojo Pesado. Sin embargo, la tercera prueba sugiere la relación contraria y es, por razones sugeridas en el Capítulo 2, un indicador más claro y confiable que las otras dos pruebas. Estos resultados son simplemente demasiado inconcluyentes para permitirnos asignar con confianza una precedencia cronológica en este caso. Más aún, existen ciertos paralelos con algunos rasgos decorativos y formas de vasijas entre estos dos tipos sugiriendo que su contemporaneidad es una posibilidad a priori más sólida. Por el momento entonces existe insuficiente evidencia para distinguir posiciones cronológicas separadas para los tipos California Gris Pesado y Mirador Rojo Pesado, y por lo tanto concluyen la secuencia en pareja.

En suma, entonces, nuestra conclusión de la posición cronológica relativa de los siete tipos cerámicos definidos en el Capítulo 1 es de la siguiente manera, de más temprano a más tardío:

1. Tachuelo Pulido
2. Planaditas Rojo Pulido
3. Lourdes Rojo Engobado
4. Guacas Café Rojizo
5. Barranquilla Crema
6. California Gris Pesado y Mirador Rojo Pesado.

creates an even stronger picture of the disjunctures between types. In all cases at least 25% of the collections containing a type fail to contain even a single sherd of the type that next follows it in chronological order. Such a pattern is entirely inconsistent with the notion of much temporal overlap between the different types.

A look at the sites where stratigraphic excavations were conducted makes it clear that this is not just the product of small samples or of relying on surface collections and shovel probes. Cerro Guacas (VP0001) and Barranquilla Alta (VP0010) are sites that produced virtually nothing but Guacas Reddish Brown. (The only exception was three sherds of Barranquilla Buff at Cerro Guacas.) Barranquilla (VP0002), on the other hand, produced 1,658 sherds, all but 34 of which were Barranquilla Buff. These are clearly not regional variations in the proportions of ceramic types, since all three sites are within a distance only slightly over 1 km. The only plausible explanation for such differences in ceramic complexes is that Cerro Guacas and Barranquilla Alta are sites occupied during a period when Guacas Reddish Brown was the overwhelmingly dominant kind of ceramics made and used in the region and that Barranquilla is a site occupied during a period when Barranquilla Buff was the overwhelmingly dominant kind of ceramics made and used in the region. Continuing down the list of excavated sites, we find a similar situation with other types as well. La Julia (VP0292) and El Roble (VP0924) had Planaditas Burnished Red, Lourdes Red Slipped, and Barranquilla Buff but none of the other four types. Buenos Aires A (VP0718) yielded only Barranquilla Buff and Planaditas Burnished Red. Santa Isabel (VP0951) had abundant Guacas Reddish Brown, Barranquilla Buff, California Heavy Gray, and Mirador Heavy Red, while (also in the zone where California Heavy Gray and Mirador Heavy Red were common) Caja de Agua (VP0357) and El Espino (VP0394) had both Barranquilla Buff and Guacas Reddish Brown but nothing else. Santa Rosa (VP1226) gave us a pure sample of Tachuelo Burnished except for one sherd.

The only interpretation consistent with these observations is that, by and large, the ceramic types represent distinct spans of time, each being manufactured and used for a time before giving way to its successor. Why, then, is the separation of types not clearer and cleaner in the stratigraphic record? There

Figure 3.1. Soil disturbance created by falling trees in the middle elevations of the Valle de la Plata.
Figura 3.1. Perturbación de los suelos por la caída de árboles en las alturas medias del Valle de la Plata.

would seem to be two principal reasons.

First, we do not intend to suggest that on some particular morning in, say, 587 BC, everyone in the Valle de la Plata got out of bed and smashed all remaining Tachuelo Burnished vessels, which were never made or used thereafter, being replaced completely and instantaneously by Planaditas Burnished Red. There was surely a period of transition as one type faded from use and the other gained in popularity. Continuities in vessel form and decoration are such that the development of each type out of its predecessor is easy to understand. At no point is there such a stylistic disjuncture that one is led to think of one human population replacing another with a completely different ceramic tradition. Periods of transition from one type to the next would be reflected in the stratigraphic record in a declining proportion of one type and an increasing proportion of the other. Thus normal transitions would produce some stratigraphic blurring of the sort we have seen in a number of sites. Nevertheless, these transitional periods seem to have been brief enough to allow for a considerable time when each type (except possibly California Heavy Gray and Mirador Heavy Red at the end of the sequence) was essentially the sole ceramic style in use in the Valle de la Plata. Otherwise we would not find so many survey collections to consist of just one type, nor would it be such a common occurrence to find a site where one type was present but its immediate successor in chronological order was absent.

Second, and probably considerably more important, there is much evidence of various processes that disturbed the stratigraphic record in the Valle de la Plata. These include the usual human activities where people lived on the same locations used for occupation during previous periods. Digging graves, pits, post holes, or anything else in such a location brings earlier material up to the surface where it is mixed with contemporary material and redeposited in a fresh new context. Complete purity is thus unlikely in multicomponent sites. Several natural processes also suggest themselves. Soil creep on steep slopes, which abound in the Valle de la Plata, can confuse stratigraphy. Bioturbation may be even more serious. As noted several times in Chapter 2, we commonly found undecomposed modern organic materials down to 20 or 30 cm or more below the surface, and prehispanic artifactual material

Fases

En general, los siete tipos cerámicos recién discutidos con seis distintas posiciones cronológicas serán tomados para definir una serie de bloques temporales separados, que llamaremos *fases*. Esto requiere de alguna justificación explícita, dado que no es aparente en los gráficos de las proporciones de los diferentes tipos en las varias secuencias estratigráficas (Capítulo 2) que cualquiera de estos tipos pueda ser tomado con exactitud para representar un período temporal distinto. De hecho, una visión simplista del gráfico, por ejemplo, para cualquiera de las secuencias estratigráficas de El Rosario (VP0243—Figura 2.23), podría ser que los cuatro tipos Barranquilla Crema, Guacas Café Rojizo, Lourdes Rojo Engobado y Tachuelo Pulido fueron todos fabricados durante toda la secuencia representada, desde su inicio hasta su fin, aunque sus proporciones puedan variar a través del tiempo. Sin embargo, esta interpretación se invalida claramente por la manera en que cada uno de los siete tipos definidos difiere en su distribución regional respecto a cada uno de los demás.

Del total de 5,882 recolecciones individuales de cerámica recuperadas durante el reconocimiento regional, 2,684 (46%) de ellas contuvieron solamente uno de los siete tipos. Se recuperaron colecciones de un sólo tipo que corresponden a todos los siete tipos definidos, variando de un mínimo de 2% (para colecciones del tipo Lourdes Rojo Engobado) a un máximo de 38% (para el tipo Guacas Café Rojizo). Esto es, 2% de las colecciones que contuvieron el tipo Lourdes Rojo Engobado tuvieron *únicamente* tiestos Lourdes Rojo Engobado, y 38% de las colecciones conteniendo el tipo Guacas Café Rojizo tuvieron *únicamente* tiestos Guacas Café Rojizo. Al examinar específicamente las transiciones de un tipo al siguiente se crea una imagen aún más completa de las discordancias entre los tipos. En todos estos casos, al menos 25% de las colecciones que contuvieron un tipo cerámico (solo o con otros) no presentan un solo tiesto del tipo posterior en la secuencia cronológica. Tal patrón es totalmente inconsistente con la noción que los diferentes tipos se entremezclaron temporalmente.

Una mirada a los sitios donde se realizaron excavaciones estratigráficas muestra claramente que esta imagen no es únicamente producto de muestras reducidas o de confiar en las colecciones de superficie o de las pruebas de garlancha. Cerro Guacas (VP0001) y Barranquilla Alta (VP0010) son sitios que produjeron virtualmente sólo tiestos del tipo Guacas Café Rojizo. (La única excepción fueron tres tiestos Barranquilla Crema en Cerro Guacas.) Barranquilla (VP0002), de otro lado, produjo 1,658 tiestos, todos los cuales, excepto 34, fueron del tipo Barranquilla Crema. Claramente, estas no son variaciones regionales en las proporciones de tipos cerámicos, dado que los tres sitios se encuentran agrupados en un área de algo más de 1 km de largo. La única explicación plausible para tales diferencias en los complejos cerámicos es que los sitios de Cerro Guacas y Barranquilla Alta fueron ocupados durante un período cuando Guacas Café Rojizo era el tipo que dominaba ampliamente la fabricación y uso de la cerámica en la región, y que Barranquilla fue un sitio ocupado durante un período cuando Barranquilla Crema era el tipo cerámico que dominaba ampliamente la fabricación y uso en la región. Revisando la lista de otros sitios excavados, encontramos una situación similar con otros tipos cerámicos. Los sitios de La Julia (VP0292) y El Roble (VP0924) tenían cerámica de los tipos Planaditas Rojo Pulido, Lourdes Rojo Engobado y Barranquilla Crema, pero ninguno de los otros cuatro tipos. Buenos Aires A (VP0718) arrojó sólo tiestos de los tipos Barranquilla Crema y Planaditas Rojo Pulido. Santa Isabel (VP0951) tenía abundantes tiestos de los tipos Guacas Café Rojizo, Barranquilla Crema, California Gris Pesado y Mirador Rojo Pesado, mientras que (también en la zona donde los tipos California Gris Pesado y Mirador Rojo Pesado eran comunes) Caja de Agua (VP0357) y El Espino (VP0394) tenían tanto los tipos Barranquilla Crema y Guacas Café Rojizo pero ninguno más. Santa Rosa (VP1226) proporcionó una muestra pura del tipo Tachuelo Pulido, excepto por un tiesto.

La única interpretación consistente con estas observaciones es que, de manera muy amplia, los tipos cerámicos representan distintas extensiones temporales, cada uno siendo fabricado y usado durante un tiempo antes de dar lugar al tipo siguiente. ¿Porqué, entonces, no es la separación de tipos más clara y nítida en el registro estratigráfico? Parecerían haber dos razones principales.

En primer lugar, no es nuestra intención sugerir que una cierta mañana, digamos en el 587 AC, toda la población en el Valle de la Plata se levantó de la cama y destruyó todas las vasijas aún en uso del tipo Tachuelo Pulido, que nunca más fueron fabricadas o usadas a partir de tal hecho siendo remplazadas completa e instantáneamente por el tipo Planaditas Rojo Pulido. Hubo seguramente un período de transición en el cual un tipo decreció en uso y el otro ganó en popularidad. La continuidad en las formas de vasijas y la decoración son tales que el desarrollo de cada tipo a partir de su predecesor es fácil de comprender. En ningún momento se percibe una disyuntura estilística que lleve a pensar que una población humana con una tradición cerámica completamente diferente remplazara a otra. Los períodos de transición de un tipo al siguiente estarían reflejados en el registro estratigráfico por un decrecimiento de la proporción de un tipo y un incremento de la proporción de otros tipos. De esta manera, transiciones normales producirían alguna forma de nebulosidad estratigráfica del tipo que hemos visto en un número de sitios. A pesar de ello, estos períodos transicionales parecen haber sido suficientemente cortos como para permitir un tiempo considerable en el cual cada tipo (excepto posiblemente los tipos California Gris Pesado y Mirador Rojo Pesado al final de la secuencia) fuera esencialmente el único estilo cerámico en uso en el Valle de la Plata. De otra manera no encontraríamos tantas colecciones de superficie que consisten en un sólo tipo cerámico, ni tampoco sería ocurrencia común encontrar un sitio donde un tipo estuviera presente pero su sucesor inmediato en la secuencia

was often found at low density 20 cm or more down into soils of noncultural origin at the base of excavations. Insect activity and burrowing animals move soil and artifacts upward and downward within the deposits. Root activity does the same. In this connection, it is important to remember that the upper and middle elevations of the Valle de la Plata (where most of the excavated sites occur) were abandoned from the sixteenth century AD until about 1900. Lush tropical forest grew unimpeded over practically the entire area until clearance for harvesting hardwoods and for agriculture and cattle raising began after 1900. Figure 3.1 provides an especially dramatic example of the magnitude of stratigraphic disturbance a tropical forest can create. These natural processes were at work in uninterrupted fashion for some 400 years or more at most of the sites we excavated. Thus it should not surprise us that the separation of artifacts between strata is not pure and clean and easy to recognize.

Given these considerations, the surprise might be that stratigraphic patterns persisted in recognizable form at all. But persist they did, as evidenced by the regularly recognizable consistent patterns observed in the stratigraphic record. It is as if the various stratigraphic excavations we conducted gave us a series of somewhat out of focus photographs—each identifiable as a photograph of the same thing, but none clearly focused enough to be very revealing by itself. It does no good to squint harder and harder at a single photograph as if by sheer force of will we could make it come into focus. In this situation, the only solid inferences are provided by patterns that are repeated in picture after picture. The consistent patterns in the stratigraphic evidence cannot possibly be attributed to the randomizing processes of stratigraphic disturbance, but must instead be the cultural patterns that interest us showing through despite a certain amount of interference. Of the possible interpretations, we find most reasonable the view that the ceramic types we have defined represent six distinct periods (with one partial exception as noted below). The accuracy of this view has still to be checked against the patterns of radiocarbon dates which could yet show it to be wrong, and this correlation of ceramic types and stratigraphy with absolute dating occupies most of the rest of this chapter.

Before proceeding to the subject of radiocarbon dates, however, we will attach some names to the time periods the ceramic types represent so that they can be referred to and related to the broader context of the Alto Magdalena more easily. Rather than invent a new one, we have adopted the set of terms offered for the San Agustín zone by Duque Gómez and Cubillos (1988): Formative, Regional Classic, and Recent. We use these terms to refer only to blocks of time, eschewing their obvious developmental implications. The Regional Classic, as used here for example, is the period when Guacas Reddish Brown ceramics formed the virtual entirety of the ceramics made and used in the Valle de la Plata. We do not define it as the period when the inhabitants of the Valle de la Plata carved statues, built burial mounds, or did anything else besides make and use Guacas Reddish Brown ceramics. The

period names, then, are simply designations attached to chronologically bounded ceramic styles which can then be related to contemporaneous ceramic styles in adjacent regions and assigned absolute beginning and ending dates to the extent that chronometric dating results permit.

The three types Tachuelo Burnished, Planaditas Burnished Red, and Lourdes Red Slipped are clearly closely related to ceramics that have been assigned to the Formative in the San Agustín zone, as discussed in Chapter 1. Since they form three chronologically separable parts of this period, we will refer to the three phases as Formative 1 (corresponding to Tachuelo Burnished ceramics), Formative 2 (corresponding to Planaditas Burnished Red ceramics), and Formative 3 (corresponding to Lourdes Red Slipped ceramics). Guacas Reddish Brown ceramics relate clearly to the ceramics assigned to the Regional Classic in the San Agustín zone, and so the Regional Classic becomes the phase defined by the presence of Guacas Reddish Brown ceramics.

Barranquilla Buff ceramics are clearly linked to Recent ceramics of the San Agustín zone, but the Recent period is somewhat more complicated, and our evidence concerning its ceramics is as yet not entirely conclusive. California Heavy Gray and Mirador Heavy Red follow Barranquilla Buff, and therefore must in some way differentiate an earlier and later part of the Recent period. These three types might even provide a tripartite subdivision of the Recent, but as yet we cannot document the chronological relationship between California Heavy Gray and Mirador Heavy Red. The chronological patterns are complicated, however, by clear patterns of regional variation. California Heavy Gray and Mirador Heavy Red are almost entirely absent from the middle and upper elevations in the western section of the Valle de la Plata, although both are quite abundant in the lower elevations in the eastern end of the study area (as is Barranquilla Buff). There are two possible interpretations of the situation, which will be discussed much more fully in future volumes in this series when regional survey results are presented.

The first interpretation is that California Heavy Gray and Mirador Heavy Red are not contemporaneous with Barranquilla Buff and represent the latter part of the Recent period. This interpretation is supported by the stratigraphic evidence from Santa Isabel (VP0951) in the lower eastern sector of the Valle de la Plata. It also implies that part way through the Recent period (before the time the California Heavy Gray or Mirador Heavy Red were popular) the middle and upper elevations of the Valle de la Plata were virtually abandoned, although occupation persisted in the much less desirable lower elevations to the east. Although perfectly consistent with all the evidence available at present, such a situation certainly raises a number of further interpretive questions.

The second interpretation is that Barranquilla Buff was replaced by California Heavy Gray and Mirador Heavy Red part way through the Recent period, but only in the lower eastern sector of the Valle de la Plata. This is also consistent with the stratigraphic evidence from Santa Isabel, and further

cronológica estuviera ausente.

En segundo lugar, y probablemente de importancia más considerable, existe mucha evidencia de varios procesos que perturbaron el registro estratigráfico en el Valle de la Plata. Estos incluyen las actividades humanas usuales donde poblaciones se asentaron en los mismos lugares ocupados durante períodos previos. La excavación de tumbas, pozos, huecos de poste, o cualquier otro hueco en tales ubicaciones coloca materiales más tempranos en la superficie donde son mezclados con material contemporáneo y vueltos a depositar en nuevos contextos. Una pureza completa de los materiales es entonces muy improbable en sitios con múltiples ocupaciones. Varios procesos naturales también son sugeridos. El movimiento de sedimentos en las pendientes empinadas, que abundan en el Valle de la Plata, puede confundir la estratigrafía. La bioturbación puede ser aún más seria. Como fue notado varias veces en el Capítulo 2, encontramos comunmente materiales orgánicos modernos no descompuestos a una profundidad de 20 a 30 cm o más bajo la superficie, y artefactos prehispánicos fueron muchas veces hallado en bajas densidades a 20 cm o más de profundidad en sedimentos de origen no cultural en la base de las excavaciones. La actividad de insectos y animales de madriguera mueve sedimentos y artefactos hacia arriba y hacia abajo en los depósitos. La actividad de raices genera el mismo efecto. En relación a esto, es importante recordar que las zonas de altitud media y alta del Valle de la Plata (donde se ubican la mayoría de sitios excavados) fueron abandonadas desde el siglo XVI hasta aproximadamente 1900. Un denso bosque creció sin impedimentos sobre la mayoría del área, hasta que la tala de árboles para maderas y para agricultura y ganadería se inició después de 1900. La Figura 3.1 provee un ejemplo especialmente dramático de la magnitud de las perturbaciones estratigráficas que puede crear un bosque de árboles grandes. En efecto, estos procesos naturales procedieron de manera ininterrumpida por unos 400 años o más en la mayoría de los sitios que excavamos. De tal manera, no nos debería sorprender que la separación de artefactos entre estratos no sea pura y nítida ni fácil de reconocer.

Dadas estas consideraciones, la sorpresa sería que los patrones estratigráficos persistieran de alguna manera en forma reconocible. Pero sí persistieron, tal como lo evidencian los patrones regularmente reconocibles observados en el registro estratigráfico. Es como si las varias excavaciones estratigráficas que llevamos a cabo nos dieran una serie de fotografías fuera de foco—cada una identificable como una fotografía de la misma cosa, pero ninguna suficientemente enfocada para ser reveladora por sí misma. No es práctico forzarse a discernir algo en una única fotografía como si por pura fuerza de voluntad pudiéramos enfocarla. En esta situación, las únicas inferencias sólidas son provistas por patrones que se repiten de fotografía en fotografía. Los patrones consistentes obtenidos de la evidencia estratigráfica no pueden ser atribuidos a los procesos aleatorios de perturbación estratigráfica, sino que por el contrario tienen que ser atribuidos a los patrones culturales que nos interesan—patrones aún perceptibles a pesar de

un cierto número de interferencias. De las posibles interpretaciones encontramos más razonable el punto de vista de que los tipos cerámicos que hemos definido representan seis períodos distintos (con una excepción parcial como se notará más adelante). La validez de esta perspectiva tiene aún que ser comprobada con los patrones de fechas radiocarbónicas que aún podrían mostrar que es erronea. Esta correlación de tipos cerámicos y estratigrafía con fechas absolutas ocupa gran parte del resto de este capítulo.

Sin embargo, antes de proceder al tema de las fechas radiocarbónicas, estableceremos algunas denominaciones a los períodos temporales que representan los tipos cerámicos de manera que puedan ser referidos y relacionados de manera más fácil al contexto más amplio del Alto Magdalena. En vez de inventar un nuevo grupo de términos, hemos adoptado la serie de términos propuesta para la región de San Agustín por Duque Gómez y Cubillos (1988): Formativo, Clásico Regional y Reciente. Usamos estos términos para referirnos únicamente a bloques temporales, evitando sus obvias implicaciones respecto a características del desarrollo social. El Clásico Regional, tal como es usado aquí por ejemplo, es el período en que la cerámica Guacas Café Rojizo formaba virtualmente la totalidad de la cerámica fabricada y usada en el Valle de la Plata. No lo hemos definido como el período en el que los habitantes del Valle de la Plata esculpieron estatuas, construyeron montículos funerarios, o hicieron otras cosas además de fabricar y usar cerámica Guacas Café Rojizo. Los nombres de los períodos, entonces, son simplemente designaciones ligadas a estilos cerámicos limitados cronológicamente que pueden ser luego relacionados a estilos cerámicos contemporáneos en regiones adyacentes y asignados con fechas absolutas de inicio y fin en la medida en que lo permitan los fechamientos cronométricos.

Como se discutió en el Capítulo 1, los tres tipos Tachuelo Pulido, Planaditas Rojo Pulido y Lourdes Rojo Engobado son clara y cercanamente relacionados con la cerámica que ha sido asignada al período Formativo en la región de San Agustín. Dado que forman tres partes cronológicamente separables de este período, nos referiremos a estas tres fases como Formativo 1 (correspondiente a la cerámica Tachuelo Pulido), Formativo 2 (correspondiente a la cerámica Planaditas Rojo Pulido), y Formativo 3 (correspondiente a la cerámica Lourdes Rojo Engobado). La cerámica Guacas Café Rojizo se relaciona claramente a cerámica asignada al período Regional Clásico en la región de San Agustín, y de tal manera el Clásico Regional llega a ser la fase definida por la presencia de cerámica Guacas Café Rojizo.

La cerámica Barranquilla Crema está claramente relacionada a cerámica Reciente de la región de San Agustín, pero el período Reciente es algo más complicado, y nuestra evidencia concerniente a su cerámica no es aún enteramente concluyente. Los tipos California Gris Pesado y Mirador Rojo Pesado siguen al tipo Barranquilla Crema, y por lo tanto deben marcar de alguna manera una diferencia en las fases temprana y tardía del período Reciente. Estos tres tipos podrían inclusive marcar una subdivisión tripartita del período Reciente, pero aún no

implies that Barranquilla Buff ceramics continued to dominate in the higher western part of the Valle de la Plata at a date when they had disappeared from the lower eastern sector. This might be consistent with notions of population replacement in the lower elevations part way through the Recent period, if a different ethnic group, for example, was responsible for California Heavy Gray and Mirador Heavy Red. In this case the descendants of the earlier inhabitants persisted in manufacturing and using their traditional pottery in the higher western part of the valley after withdrawing from the east.

It is simply not possible to choose between these two interpretations at present. Radiocarbon or some other means of chronometric dating would seem to offer the likeliest source of evidence concerning how long Barranquilla Buff ceramics persisted in the western portion of the Valle de la Plata. Only two such dates are currently available (see below); both are in the earlier part of the Recent and thus fail to provide conclusive evidence either way. For now, we treat the Recent as a single period with three distinguishable ceramic complexes, each with somewhat different temporal and spatial distributions. These spatial distributions will be presented and discussed in detail in a future volume with the rest of the information from regional survey.

Radiocarbon Dates

The purpose of this review of radiocarbon dates for the Alto Magdalena is to assign absolute dates to the beginning and end of each of the phases defined above on the basis of ceramic associations. Our focus is on the Valle de la Plata, but we do not restrict ourselves to radiocarbon dates from the Valle de la Plata because of the importance of working, not with single radiocarbon dates for particular events, but with patterns produced by multiple radiocarbon dates from different sites. Since the ceramics of the Valle de la Plata can be related to those of other sites in the Alto Magdalena, it is possible to use radiocarbon dates from sites outside the Valle de la Plata so as to increase the size of the sample in which patterns are sought. Such reliance on patterns rather than single dates is especially important in dealing with radiocarbon evidence, because of the numerous additional sources of error to which radiocarbon dates are subject, including the problem of association between the carbon sample and the materials actually to be dated, the problem of sample contamination, the statistical inaccuracy in measuring the amount of radioactive carbon, and others.

To be useful here, a radiocarbon date must be associated with ceramics that can be related to the types we have defined for the Valle de la Plata. It is easy to use radiocarbon dates in a logically circular manner, and we have tried scrupulously to avoid such circular reasoning. For example, one may begin to develop the idea that the Regional Classic ends at 1000 AD. If a charcoal sample is recovered from, say, a tomb, and it gives a date of 1100 AD, then it would likely be assigned to the Recent, on the basis of the preliminary idea that the Regional

Classic ends in 1000 AD. This is all well and good until that date of 1100 AD for a Recent tomb is then used to bolster the conclusion that the Regional Classic ends in 1000 AD. The only reason the tomb was judged to be Recent was that its radiocarbon date was 1100 AD, and the only reason the radiocarbon date was judged to be Recent was that it fell after the 1000 AD tentative ending date for the Regional Classic. If that date is used to help support the conclusion that the Regional Classic ends at 1000 AD, then the logical circle is complete. With such reasoning, any date one picks initially will be confirmed when enough radiocarbon samples have been run, no matter what results they give.

Thus, before anything else in our attempt to link ceramic phases with radiocarbon dates, we ask ourselves for each radiocarbon date available, "What kind of ceramics are associated with this date?" If the answer is "None" or if the answer is unclear, then we cannot use the date for regional ceramic chronology building. If ceramics are associated with a date, we then ask "Can these ceramics be related clearly to one (and only one) of the types defined for the Valle de la Plata?" Only if the answer to this question too is "Yes," can the date become part of the group in which we try to recognize patterns.

All dates of which we are aware for the Alto Magdalena (defined as broadly as possible) are included in Table 3.1 and in the discussion below. Three recent compilations of radiocarbon dates from the Alto Magdalena have been made (Sotomayor and Uribe 1987:14–16; Duque Gómez and Cubillos 1988:106–113; and Groot de Mahecha and Mora 1989:176–179), as well as one for Colombia as a whole (Uribe 1990), and the page references for those dates that appear in these compilations are included in Table 3.1. References to the original published description of the context of each date are included in the text where possible. In cases where errors of transcription have resulted in inconsistencies in the published sources, we have used the version that appears in the primary or most detailed discussion of the date. Other variants are noted in the text to avoid further bibliographic confusion. Sites from which the dated samples were excavated are located on the map in Figure 3.2. If a date is included in Figure 3.3, the rationale for its placement is discussed below. If it is excluded, the reasons for its exclusion are enumerated. Any questions or problems involving ceramic associations are also discussed. Table 3.1 is organized chronologically in an effort to make it easy to find dates of a particular age. The discussion below is organized alphabetically by site to avoid repeating the same information about sites in discussions of individual dates.

All radiocarbon results are referred to here as dates BC and AD. This is the way most archeologists working in the Alto Magdalena (and in many other regions) are accustomed to thinking of time, rather than in years BP. Thus any dates for which information was obtained in the form of a radiocarbon age have been subtracted from 1950. We have not applied any form of correction to the radiocarbon dates. Correction would move the dates for the very beginning of the sequence back perhaps 200 years; more recent dates would be affected only

podemos documentar la relación cronológica entre los tipos California Gris Pesado y Mirador Rojo Pesado. Sin embargo, los claros patrones de variación regional complican los patrones cronológicos. Los tipos California Gris Pesado y Mirador Rojo Pesado están casi enteramente ausentes de la zona de elevación media y alta del área occidental del Valle de la Plata, aunque ambos son abundantes en la zona del valle bajo en el extremo oriental de la región de estudio (como lo es también el tipo Barranquilla Crema). Existen dos posibles interpretaciones para esta situación, que serán discutidos de manera más completa en futuros volumenes de esta serie cuando sean presentados los resultados del reconocimiento regional.

La primera interpretación es que los tipos California Gris Pesado y Mirador Rojo Pesado no son contemporáneos con el tipo Barranquilla Crema y representan la parte más tardía del período Reciente. Esta interpretación es apoyada por la evidencia estratigráfica del sitio de Santa Isabel (VP0951) en el extremo oriental y bajo del Valle de la Plata. También implica que durante el transcurso del período Reciente (antes del período en que los tipos California Gris Pesado o Mirador Rojo Pesado fueran populares) las zonas de elevación media y alta del área occidental del Valle de la Plata fueron virtualmente abandonadas, aunque cierta ocupación persistió en zonas bajas menos provechosas ubicadas al extremo este del valle. Aunque perfectamente consistente con toda la evidencia disponible actualmente, dicha situación ciertamente plantea una serie de cuestionamientos interpretativos adicionales.

La segunda interpretación es que el tipo Barranquilla Crema fue remplazado por los tipos California Gris Pesado y Mirador Rojo Pesado en el transcurso del período Reciente, pero sólo en el sector oriental y bajo del Valle de la Plata. Esta interpretación es también consistente con la evidencia estratigráfica de Santa Isabel, e implica adicionalmente que la cerámica Barranquilla Crema continúa dominando en la región occidental y más alta del Valle de la Plata en un período en que había desaparecido del sector oriental y bajo. Esto podría ser consistente con nociones de remplazo poblacional en el valle bajo en el transcurso del período Reciente, por ejemplo, si diferentes grupos étnicos fueron responsables de los tipos California Gris Pesado y Mirador Rojo Pesado. En este caso los descendientes de los habitantes más tempranos persistieron en fabricar y usar su cerámica tradicional en la parte occidental y más alta del valle después de haberse retirado del área oriental.

Es simplemente imposible escoger entre estas dos interpretaciones a estas alturas del estudio. El fechamiento radiocarbónico y otros medios de fechamiento cronométrico parecerían ofrecer las fuentes de evidencia más probables respecto al período en que la cerámica Barranquilla Crema persiste en el sector occidental del Valle de la Plata. Sólo dos de estas fechas están disponibles por el momento (ver mas adelante); ambas pertenecen a la fase temprana del período Reciente y por lo tanto no pueden proporcionar evidencia concluyente. Por el momento, trataremos al período Reciente como el único período con tres complejos cerámicos distinguibles, cada uno con distribución temporal y espacial diferentes. Estas distribucio-

nes espaciales serán presentadas y discutidas en detalle en un futuro volumen con el resto de la información del reconocimiento regional.

Fechas Radiocarbónicas

El propósito de esta reseña de las fechas radiocarbónicas para el Alto Magdalena es asignar fechas absolutas al inicio y fin de cada una de las fases definidas anteriormente con base en las asociaciones cerámicas. Nuestro interés es el Valle de la Plata, pero no nos restringimos a las fechas radiocarbónicas de este valle por la importancia de trabajar no con fechas radiocarbónicas únicas para eventos particulares, sino con patrones que son resultado de múltiples fechas radiocarbónicas de diferentes sitios. Dado que la cerámica del Valle de la Plata puede ser relacionada a la de otros sitios del Alto Magdalena, es posible usar las fechas radiocarbónicas de sitios fuera del Valle de la Plata de tal manera que se puede incrementar el tamaño de la muestra en la cual ciertos patrones pueden ser investigados. Tal dependencia en patrones más que en fechas aisladas es especialmente importante al tratar la evidencia radiocarbónica, dado las numerosas fuentes de error adicionales a que las fechas radiocarbónicas están sujetas—incluyendo el problema de la asociación entre la muestra de carbón y los materiales que se busca fechar, el problema de la contaminación de la muestra, la imprecisión estadística en la medición de la cantidad de carbón radioactivo y otros.

Para ser útil aquí una fecha radiocarbónica debe estar asociada con cerámica que puede ser relacionada con los tipos que hemos definido para el Valle de la Plata. Es muy fácil usar las fechas radiocarbónicas en un argumento lógico circular, y hemos tratado escrupulosamente de evitar tal tipo de razonamiento. Por ejemplo, uno puede desarrollar la idea de que el período Clásico Regional termina hacia el 1000 DC. Si una muestra de carbón se recupera, digamos de una tumba, y arroja una fecha de 1100 DC, sería probablemente asignada al período Reciente a partir de la idea original de que el período Clásico Regional termina en 1000 DC. Esto está bien si la fecha de 1100 DC para la tumba del período Reciente no sea usada para apoyar la conclusión que el Clásico Regional termina en 1000 DC. La única razón para que la tumba fuera asignada al período Reciente fue su fecha radiocarbónica de 1100 DC, y la única razón para que la fecha radiocarbónica fuera asignada al período Reciente es que se ubicaba después del final tentativo del período Clásico Regional. Si dicha fecha es usada para ayudar a apoyar la conclusión de que el Clásico Regional termina en el 1000 DC, entonces el argumento lógico circular se completa. Con tal razonamiento, cualquier fecha que uno tomara inicialmente sería confirmada cuando suficientes muestras radiocarbónicas hayan sido analizadas, sin importar qué resultados hayan arrojado.

Es por ello que en nuestro intento de correlacionar las fases cerámicas con fechas radiocarbónicas, nos preguntamos antes que nada para cada fecha disponible: "¿Qué tipo de cerámica estaba asociada con esta fecha?" Si la respuesta es "ninguna",

TABLE 3.1. RADIOCARBON DATES FOR THE ALTO MAGDALENA.
TABLA 3.1 FECHAS RADIOCARBONICAS PARA EL ALTO MAGDALENA

Date	Laboratory and Number	Site	Duque Gómez y Cubillos 1988:	Sotomayor y Uribe 1987:	Groot y Mora 1989:	Uribe 1990:	Phase in Fig. 3.3
Fecha	Laboratorio y Número	Sitio					Fase en Fig. 3.3
5275±75 BC	PITT-0163	Barranquilla (VP0002)	—	—	—	—	—
3735±235 BC	PITT-0168	Buenos Aires B (VP0789)	—	—	—	—	—
3300±120 BC	IAN-39	Alto de Lavapatas	106	14	—	—	—
845±55 BC	PITT-0863	Santa Rosa (VP1226)	—	—	—	—	Form. 1
800±30 BC	GrN-9244	Alto de Lavapatas	106	—	—	220	—
680±? BC	?-1	Alto de Lavapatas	106	—	—	220?	—
680±45 BC	PITT-0864	Santa Rosa (VP1226)	—	—	—	—	Form. 1
555±50 BC	GrN-3016	Alto de Lavapatas	107	14	177	220	—
425±90 BC	PITT-0164	Buenos Aires A (VP0718)	—	—	—	222	Form. 2
370±55 BC	PITT-0865	Santa Rosa (VP1226)	—	—	—	—	Form. 1
260±70 BC	Beta-20120	El Mondey	—	—	—	220?	Form. 3
250±120 BC	Beta-25157	Cálamo	—	—	—	220	Form. 3
130±50 BC	GrN-1717	Mesita B	107	14	179	220	—
40±50 BC	GrN-7602	Alto de los Idolos	108	14	178	220	Form. 3
25±60 BC	GrN-7301	Cueva de los Guácharos	—	—	—	—	Form. 3
20±30 BC	Beta-10405	Alto de El Purutal	108	14	—	220	Reg. Clas.
10±50 BC	GrN-4205	Mesita B	108	14	177	220	—
10±35 BC	GrN-6910	El Parador	107	14	178	220	Form. 3
20±70 AD	Beta-20119	El Mondey	—	—	—	220?	Form. 3
20±120 AD	I-2318	Alto de los Idolos	—	14	177	220	Form. 3
20±50 AD	GrN-3643	Mesita B	109	14	177	220	Form. 3
25±55 AD	GrN-6909	El Parador	110	14	178	220	Form. 3
40±110 AD	I-2315	Mesitas	—	15	178	220	Reg. Clas.
50±140 AD	I-2313	Mesitas	—	15	178	220	Reg. Clas.
85±115 AD	IAN-38	Alto de Lavapatas	109	—	—	220	—
100±100 AD	I-2314	Mesitas	—	15	178	220	Reg. Clas.
110±110 AD	I-2312	Mesitas	—	15	178	220	Reg. Clas.
140±100 AD	I-2317	Alto de los Idolos	—	15	177	—	Reg. Clas.
150±100 AD	I-?a	Mesita B	103	15	177	220	—
170±60 AD	GrN-7716	Mesita A	110	15	179	220	—
195±35 AD	GrN-7079	El Estrecho	110	15	178	220	Reg. Clas.
255±65 AD	GrN-7080	Mesita C	111	15	179	220	Reg. Clas.
290±60 AD	GrN-7715	Mesita B	110	—	—	221	—
325±126 AD	PITT-0866	Santa Rosa (VP1226)	—	—	—	—	Form. 1
330±100 AD	I-2316	Alto de los Idolos	—	15	178	221	Reg. Clas.
365±60 AD	PITT-0161	Barranquilla (VP0002)	—	—	—	222	Reg. Clas.
385±40 AD	PITT-0160	Barranquilla (VP0002)	—	—	—	222	Reg. Clas.
425±150 AD	I-1409	Mesita B	111	15	177	221	—
510±50 AD	Beta-10232	Morelia	—	15	—	221	Reg. Clas.
520±370 AD	Beta-25156	Cálamo	—	—	—	221	Reg. Clas.
520±60 AD	Beta-10404	Alto de El Purutal	111	16	—	221	Reg. Clas.
570±50 AD	GrN-?	Alto de los Idolos	112	15	178	221	—
615±90 AD	?-2	La Gaitana	—	16	179	221	—
630±80 AD	?-3	Santa Rosa (Tierradentro)	—	16	176	222	Reg. Clas.
655±50 AD	GrN-7300	Cueva de los Guácharos	—	—	—	—	—
690±80 AD	GrN-7081	Mesita C	112	16	—	221	Reg. Clas.
850±220 AD	?-4	El Aguacate	—	16	176	222	—
870±? AD	?-7	Segovia	—	—	176	222	—
900±100 AD	Beta-10233	Morelia	—	16	—	221	Reg. Clas.
930±80 AD	I-8428	Alto de Lavapatas	112	—	—	221	—

Table cont. p. 90—Tabla cont. p. 90

TABLE 3.1 (CONT.)—TABLA 3.1 (CONT.)

Date	Laboratory and Number	Site	Duque Gómez y Cubillos 1988:	Sotomayor y Uribe 1987:	Groot y Mora 1989:	Uribe 1990:	Phase in Fig. 3.3
Fecha	Laboratorio y Número	Sitio					Fase en Fig. 3.3
1080±80 AD	?-5	Quinchana	—	16	179	221	Rec.
1090±60 AD	Beta-38277	El Mondey	—	—	—	—	Rec.
1150±80 AD	I-?b	Alto de Lavapatas	113	—	—	221	—
1180±120 AD	GrN-3447	Potrero de Lavapatas	112	16	177	221	Rec.
1185±30 AD	PITT-0165	Buenos Aires B (VP0789)	—	—	—	222	Rec.
1320±80 AD	?-6	Aguabonita	—	16	—	222	—
1345±145 AD	PITT-0162	Barranquilla (VP0002)	—	—	—	222	Rec.
1350±165 AD	PITT-0167	Buenos Aires B (VP0789)	—	—	—	222	Form. 1
1400±50 AD	Beta-27818	Rodapasos	—	—	—	—	—
1410±110 AD	I-2309	Mesitas	—	16	177	221	Rec.
1545±25 AD	GrN-9247	La Estación	113	16	179	221	Rec.
1620±50 AD	Beta-?	Santiago	—	—	—	222	—
1630±90 AD	I-2310	Mesitas	—	16	177	221	Rec.
1700±90 AD	Beta-12073	Morelia	—	16	—	221	Rec.
1855±150 AD	PITT-0862	La Julia (VP0292)	—	—	—	—	—
106.1% mod.	PITT-0166	Buenos Aires B (VP0789)	—	—	—	—	—
106.2% mod.	PITT-0861	La Julia (VP0292)	—	—	—	—	—

o si la respuesta no es clara, entonces no podemos usar tal fecha para la construcción de la cronología cerámica regional. Si la fecha está asociada a cierta cerámica, entonces nos preguntamos: "¿Puede esta cerámica ser claramente relacionada a uno (y sólo uno) de los tipos definidos para el Valle de la Plata?" Sólo si la respuesta a esta pregunta es también "sí", la fecha se convierte en parte del grupo en el cual intentamos reconocer patrones.

Todas las fechas que conocemos para la región del Alto Magdalena (definida lo más ampliamente posible) están incluidas en la Tabla 3.1 y en la discusión que se presenta a continuación. Tres compilaciones recientes de fechas radiocarbónicas del Alto Magdalena han sido realizadas (Sotomayor y Uribe 1987:14–16; Duque Gómez y Cubillos 1988:106–113; y Groot de Mahecha y Mora 1989:176–179), tanto como una completa para Colombia (Uribe 1990), y las páginas de referencia para las fechas que aparecen en dichas compilaciones están incluidas en la Tabla 3.1. Las referencias a la descripción original publicada de los contextos de cada fecha están incluidas en el texto allí donde es posible hacerlo. Cuando los datos publicados para una fecha no concuerdan, hemos utilizado la versión que aparece en la discusión primaria o más detallada de la fecha y su contexto. Otros variantes publicados han sido notados en el texto para que no se aumente la confusión bibliográfica. Los sitios donde las muestras fechadas fueron excavadas están ubicados en el mapa de la Figura 3.2. En el caso de que una fecha esté incluida en la Figura 3.3, las razones para ello serán discutidas más adelante. Si es excluida, las razones de su exclusión son explicadas. También se plantea cualquier pregunta o problema relacionado con las asociacio-

nes cerámicas. La Tabla 3.1 está organizada cronológicamente en un esfuerzo por hacer más sencilla la ubicación de fechas de una edad en particular. La discusión que sigue a continuación está organizada alfabéticamente por sitio para evitar repetir la misma información acerca de los sitios en las discusiones de fechas individuales.

Todos los resultados radiocarbónicos son expresados aquí como fechas AC y DC. Esta es la forma en que muchos arqueólogos que trabajan en el Alto Magdalena (y en muchos otros sitios) están acostumbrados a pensar en relación a la dimensión temporal, en lugar de usar años antes del presente. Por ello las fechas para las cuales se obtuvo información en edad radiocarbónica han sido sustraidas de 1950. No hemos aplicado ningún tipo de corrección a las fechas radiocarbónicas. Dicha corrección habría hecho retroceder las fechas del inicio de la secuencia unos 200 años; y las fechas más recientes serían muy poco afectadas. Parece haber poco que ganar salvo mayor confusión al hacer tales correcciones a estas alturas. No existe un calendario nativo u otro calendario con el cual las fechas radiocarbónicas necesiten ser correlacionadas. Las otras fuentes de error en el establecimiento de las fechas iniciales y finales de las fases tienen mayores consecuencias que los errores introducidos por los niveles atmosféricos fluctuantes de ^{14}C. Por ello toda la discusión se hace en términos de "años radiocarbónicos".

Aguabonita, en la región de Tierradentro, produjo una sola fecha de 1320±80 DC (Laboratorio Desconocido-6 en la Tabla 3.1). Sin embargo, Chaves y Puerta (1978:51) no describen asociaciones cerámicas, y por ello no es utilizada aquí. Uribe (1990:222) da el rango de error como 180.

very slightly. There seems little to gain but confusion in making such corrections at this point. There is no native or other calendar with which the radiocarbon dates need to be correlated. The other sources of error in fixing beginning and ending dates of phases loom larger than the errors introduced by fluctuating levels of atmospheric ^{14}C. Thus all discussion here is in terms of "radiocarbon years."

Aguabonita, in the Tierradentro zone, produced a single date of 1320±80 AD (Unknown Laboratory-6 in Table 3.1). Chaves and Puerta (1978:51) do not describe ceramic associations, however, so it is not utilized here. Its error range is given as 180 by Uribe (1990:222).

El Aguacate is also part of the Tierradentro zone. Chaves and Puerta (1986:160) report a date of 850±220 AD (Unknown Laboratory-4 in Table 3.1) for a secondary burial but the ceramic associations are unclear.

Alto de los Idolos, one of the larger and more impressive sites in the San Agustín zone, has given us five dates. Three come from excavations conducted by Reichel-Dolmatoff (1975:120). A date of 20±120 AD (I-2318) is associated with ceramics of Reichel's Primavera complex, which show strong relations to what we have called Lourdes Red Slipped in the Valle de la Plata. Consequently it appears as a Formative 3 date in Figure 3.3. Two others, 140±100 AD (I-2317) and 330±100 AD (I-2316), are associated with Reichel's Isnos complex, which is strongly linked to Guacas Reddish Brown. (The latter

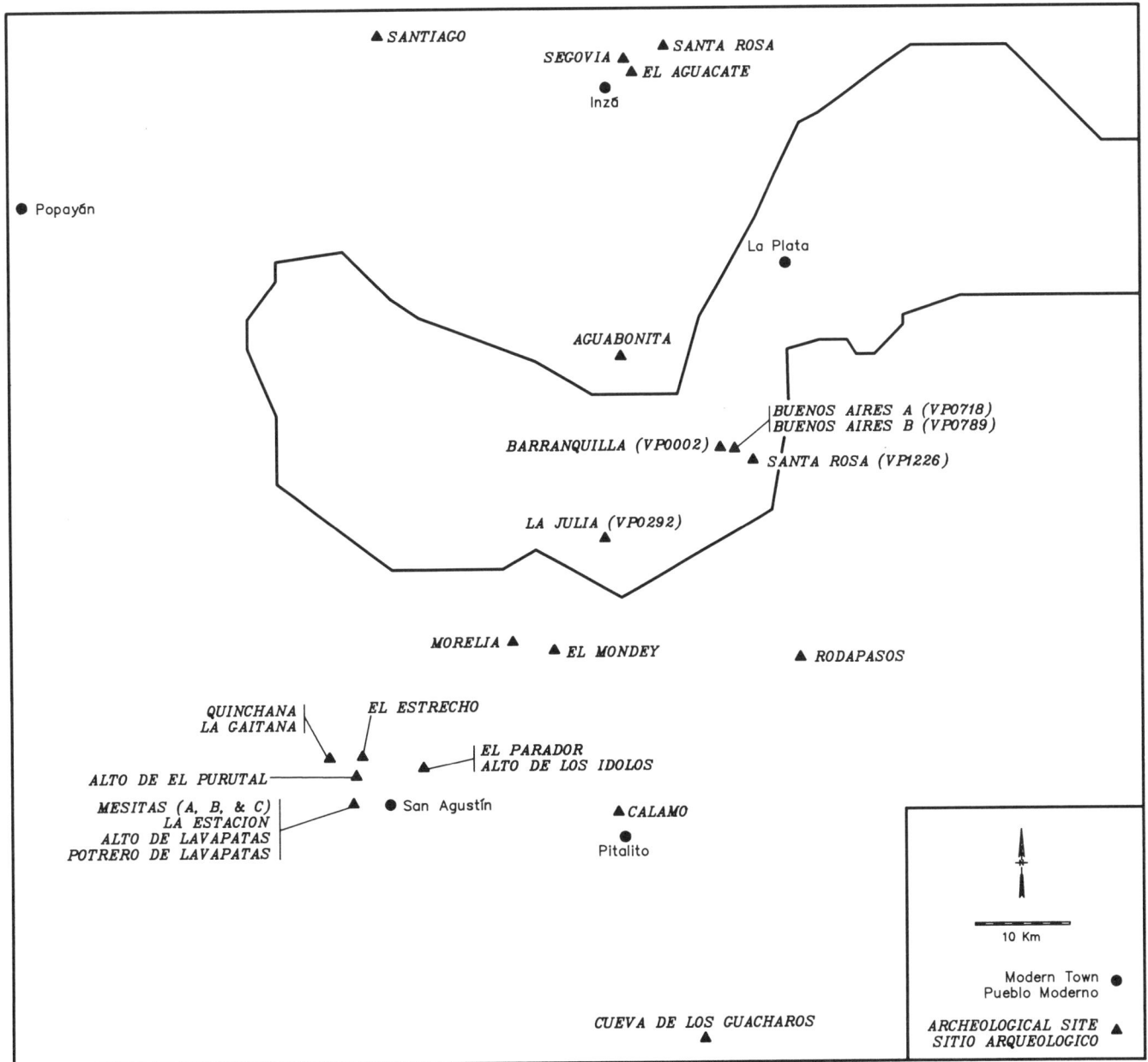

Figure 3.2. Locations of sites that have produced radiocarbon dates for the Alto Magdalena.
Figura 3.2. Ubicaciones de los sitios que han producido fechas radiocarbónicas en el Alto Magdalena.

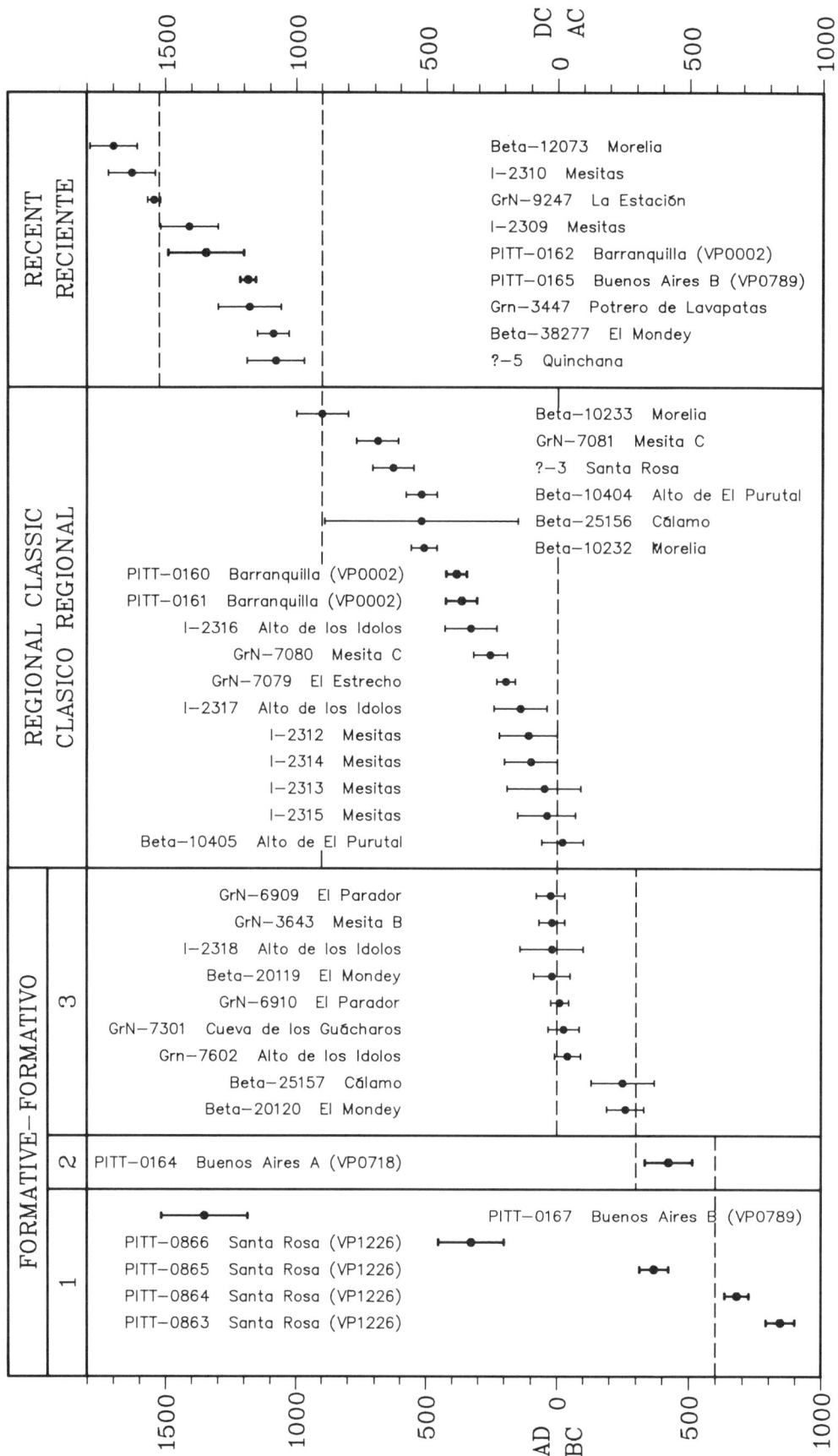

Figura 3.3. Fechas radiocarbónicas relacionadas con las fases cerámicas del Valle de la Plata, con promedios y errores estándar. Fechas enfatizadas están asociadas directamente con cerámica del Valle de la Plata; otras están asociadas a cerámica con semejanzas claras a los tipos del Valle de la Plata.

Figure 3.3. Radiocarbon dates associated with the Valle de la Plata ceramic phases. Means and one-sigma error ranges are shown. Emphasized dates are associated directly with Valle de la Plata ceramics; others are associated with ceramics showing clear relations to Valle de la Plata types.

is given as 300±100 AD by Groot and Mora [1989:178] and by Uribe [1990:221].) These two appear as Regional Classic dates in Figure 3.3. Duque Gómez and Cubillos (1979:33) report a date of 40±50 BC (GrN-7602) on a sample collected near the stone sarcophagus in Mound 1 on Meseta A. The ceramics discussed in connection with this excavation are Mesitas Roja, whose clear relationships are with Lourdes Red Slipped, so this date is included in the Formative 3 section of Figure 3.3. (The error range for this date is reported as 40 years in Sotomayor and Uribe 1987:14 and in Groot and Mora 1989:178.) A final date from Alto de los Idolos has been the victim of a series of errors in publication. Duque Gómez and Cubillos (1979:133, 223) identify it as GrN-16, which seems impossible, and as GrN-1380, which seems more plausible except that 1380 is also the radiocarbon age in years BP. The date is evidently 570±50 AD, although Sotomayor and Uribe (1987:15) and Uribe (1990:221) give it as 550 AD. In any event, the ceramic associations are not clear enough to relate the date to our effort here.

Alto de Lavapatas, also in the San Agustín zone, has provided seven dates. One at 3300±120 BC (IAN-39) has been taken as an Archaic date (Duque Gómez and Cubillos 1988:76) not because of any cultural associations but simply because it falls at 3300 BC. Another at 680 BC (Unknown Laboratory-1 in Table 3.1) is mentioned by Duque Gómez and Cubillos (1988:106), but no error range is given, and we have not found any description of its associations. This may be the same date listed by Uribe (1990:220) as 650 BC with no error range; she gives GrN-2630 as the laboratory number. The other five dates from Alto de Lavapatas cannot be reliably related to ceramics from the Valle de la Plata—800±30 BC (GrN-9244, Duque Gómez and Cubillos 1988:34, 106; given as 770 BC in Uribe 1990:220), 555±50 BC (GrN-3016, Duque Gómez 1964:409, 456; Vogel and Lerman 1969:371–372), 85±115 AD (Duque Gómez and Cubillos [1988:74, 109] do not give a laboratory number, but Uribe [1990:220] has IAN-38 with a date of 95±115 AD), 930±80 AD (I-8428, Duque Gómez and Cubillos 1988:112, 153; given as 940 AD in Uribe 1990:221), and 1150±80 AD (I-?b in Table 3.1, Duque Gómez and Cubillos 1988:113, 188; given as 1160 AD in Uribe 1990:221).

Alto de El Purutal in the San Agustín zone has two dates—520±60 AD (Beta-10404) and 20±30 BC (Beta-10405)—reported by Cubillos (1986:102). The error range for the latter is also given as 80 years instead of 30 years by Cubillos (1986:102) and by Sotomayor and Uribe (1987:14); its mean appears as 10 BC in Uribe (1990:221). Both these dates appear in Figure 3.3 as Regional Classic dates because all the ceramics described by Cubillos from his excavations at El Purutal seem to relate strongly to Guacas Reddish Brown. Since there is no indication of other relationships for the site as a whole, fixing the precise details of the samples' context is less important.

Barranquilla (VP0002), with an overwhelming preponderance of Barranquilla Buff ceramics, gave four dates, whose specific contexts are discussed above on pp. 39 and 41. One

result was 5275±75 BC (PITT-0163). It was located in soils that gave the appearance of cultural deposition but that were stratigraphically 15 cm below the lowest artifacts in the excavation. The date is much too early for any ceramic association. It lends support to the view that these deposits, despite their appearance, were of natural origin, but it has little relevance to building the regional ceramic chronology. The other three dates were all from the fill in the shaft of Tomb 6. Tomb 6 clearly dates to the Recent period on the basis of the ceramics incorporated into its fill (which included Barranquilla Buff) and included as offerings (which were also of Barranquilla Buff). The dates were 365±60 AD (PITT-0161), 385±40 AD (PITT-0160), and 1345±145 AD (PITT-0162). Two dates close together and one a millennium later like this suggest, not just mixing, but good dates for two specific different events. The only other possible event, besides the period of construction of the tomb, is the period of deposition of earlier residential garbage which is evidenced by the inclusion of Guacas Reddish Brown ceramics in the fill of the tomb shaft. We have thus included the earlier two dates in the Regional Classic section of Figure 3.3 and the later date in the Recent section. To some this may seem uncomfortably close to the kind of circular reasoning we cautioned against above. We recognize the merit in such a view and only point out two things in defense of our practice. First, our division of these dates between Regional Classic and Recent is not based solely on the absolute dates that they gave, but also on a consideration of specific details of ceramic associations. And second, the positioning of these dates in Figure 3.3 does not alter the final patterning to be observed one way or the other, because the patterns are determined by too many other dates.

Buenos Aires A (VP0718) in the Valle de la Plata yielded one date directly associated with Planaditas Burnished Red ceramics, 425±90 BC (PITT-0164). Its specific context is discussed above (p. 59), and it is included in Figure 3.3 as Formative 2.

Buenos Aires B (VP0789) is represented by four charcoal samples directly associated with Valle de la Plata ceramics. Their associations are detailed above on pp. 61 and 63. One is from a post mold related to a ground surface relatively high in the stratigraphic sequence and whose fill contained several Barranquilla Buff sherds. This date, 1185±30 AD (PITT-0165), is included in the Recent section of Figure 3.3. Another, which was hoped to date Lourdes Red Slipped ceramics, gave a result of 106.1% modern (PITT-0166), which is to say an apparent date still in the future, and was clearly contaminated. (See Broecker and Walton [1959] and Broecker and Olson [1960] for a discussion of the processes that produce such dates.) The two other dates came from the lowest layers of a test that contained Tachuelo Burnished ceramics as well as several other types. It was hoped that these samples would date Tachuelo Burnished. One date was 3735±235 BC (PITT-0168), which is clearly too old for these ceramic associations and must be discarded. The other was 1350±165 AD (PITT-0167). Its error range is listed as 65 by Uribe (1990:222), presumably

El Aguacate es también parte de la región de Tierradentro. Chaves y Puerta (1986:160) reportan la fecha de 850±220 DC (Laboratorio Desconocido-4 en la Tabla 3.1) para un entierro secundario pero las asociaciones cerámicas no son claras.

Alto de los Idolos, uno de los sitios más grandes e impresionantes en la región de San Agustín, nos ha dado cinco fechas. Tres provienen de excavaciones conducidas por Reichel-Dolmatoff (1975:120). Una fecha de 20±120 DC (I-2318) está asociada con cerámica del complejo Primavera de Reichel, el cual muestra fuertes relaciones con lo que nosotros hemos llamado tipo Lourdes Rojo Engobado en el Valle de la Plata. Consecuentemente aparece como una fecha del período Formativo 3 en la Figura 3.3. Otras dos, 140±100 DC (I-2317) y 330±100 DC (I-2316), están asociadas con el complejo Isnos de Reichel, el cual está fuertemente ligado al tipo Guacas Café Rojizo. (Este último aparece como 300±100 DC en Groot y Mora [1989:178] y en Uribe [1990:221].) En la Figura 3.3 estas dos aparecen como fechas del período Clásico Regional. Duque Gómez y Cubillos (1979:33) reportan una fecha de 40±50 AC (GrN-7602) para una muestra recogida cerca al sarcófago de piedra en el Montículo 1 en la Meseta A. La cerámica discutida en relación con esta excavación es del tipo Mesitas Roja, que es claramente relacionada con el tipo Lourdes Rojo Engobado, y por ello esta fecha está incluida en la sección del Formativo 3 de la Figura 3.3. (El rango de error para esta fecha está reportado como 40 años en Sotomayor y Uribe 1987:14 y en Groot y Mora 1989:178.) Una fecha final del Alto de los Idolos ha sido víctima de una serie de errores al ser publicada. Duque Gómez y Cubillos (1979:133, 223) la identifican como GrN-16, lo cual parece imposible, y como GrN-1380, lo cual parece mas plausible excepto que 1380 es también la edad radiocarbónica (en años antes del presente). La fecha es evidentemente 570±50 DC, aún cuando Sotomayor y Uribe (1987:15) y Uribe (1990:221) la dan como 550 DC. En cualquier caso, las asociaciones cerámicas no son suficientemente claras como para relacionar dicha fecha a la cerámica del Valle de la Plata.

Alto de Lavapatas, también en la zona de San Agustín, ha provisto siete fechas. Una fecha de 3300±120 AC (IAN-39) ha sido asociada al período Arcaico (Duque Gómez y Cubillos 1988:76) no debido a asociaciones culturales sino simplemente porque ocurre en 3300 AC. Otra fecha de 680 AC (Laboratorio Desconocido-1 en la Tabla 3.1) es mencionada por Duque Gómez y Cubillos (1988:106), pero no se proporciona un rango de error, y no hemos encontrado ninguna descripción de sus asociaciones. Puede ser la misma fecha dada por Uribe (1990:220) como 650 AC—GrN2630. Las otras cinco fechas de Alto de Lavapatas—800±30 AC (GrN-9244, Duque Gómez y Cubillos 1988:34, 106; pero 770±30 AC en Uribe 1990:220), 555±50 AC (GrN-3016, Duque Gómez 1964:409, 456; Vogel y Lerman 1969:371–372), 85±115 DC (Duque Gómez y Cubillos [1988:74, 109] no indican número de laboratorio, pero Uribe [1990:220] da una fecha de 95±115 DC para IAN-38), 930±80 DC (I-8428, Duque Gómez y Cubillos 1988:112, 153; 940 DC en Uribe 1990:221), y 1150±80 DC (I-?b en la Tabla 3.1, Duque Gómez y Cubillos 1988:113,188; 1160 DC en Uribe 1990:221)—no pueden ser relacionadas con seguridad a la cerámica del Valle de la Plata.

Alto de El Purutal ubicado en la zona de San Agustín, tiene dos fechas—520±60 DC (Beta-10404) y 20±30 AC (Beta-10405)—reportado por Cubillos (1986:102). El rango de error para esta última fecha también es expresado como 80 años en lugar de 30 años por Cubillos (1986:102) y por Sotomayor y Uribe (1987:14); la fecha aparece como 10 AC en Uribe (1990:220). Ambas fechas aparecen en la Figura 3.3 como fechas del Clásico Regional debido a que toda la cerámica descrita por Cubillos de sus excavaciones en El Purutal parece fuertemente relacionada al tipo Guacas Café Rojizo. Dado que no existe indicación de otras relaciones para el sitio como conjunto, establecer con precisión los detalles de los contextos de las muestras es de menor importancia.

Barranquilla (VP0002), con una abrumadora preponderancia de cerámica Barranquilla Crema, brindó cuatro fechas, cuyos contextos específicos han sido discutidos anteriormente en la p. 42. Un resultado fue 5275±75 AC (PITT-0163). Estuvo localizado en suelos que dieron la apariencia de deposiciones culturales pero que estratigráficamente están 15 cm más abajo que los artefactos más profundos de la excavación. La fecha es demasiado temprana para cualquier asociación cerámica. Ello apoya el punto de vista que estos depósitos, a pesar de su apariencia, fueron de origen natural, pero tiene poca relevancia para construir la cronología cerámica regional. Las otras tres fechas fueron todas del relleno del pozo de la Tumba 6. La tumba 6 pertenece claramente al período Reciente, como se establece por la cerámica incorporada al relleno (el cual incluye el tipo Barranquilla Crema) e incluidas como ofrendas (que fueron también Barranquilla Crema). Las fechas fueron 365±60 DC (PITT-0161), 385±40 DC (PITT-0160) y 1345±145 DC (PITT-0162). Dos fechas cercanas y otra un milenio más tardía, como ocurre en este caso, sugiere no mezcla, sino dos buenas fechas para dos eventos diferentes y específicos. El único otro evento posible, además del período de construcción de la tumba, es el período de deposición de basura residencial más temprana, evento reflejado en la presencia de cerámica Guacas Café Rojizo en el relleno del pozo de la Tumba. Es por ello que hemos incluido las dos fechas más tempranas en la sección del período Clásico Regional en la Figura 3.3 y la fecha más tardía en la sección del período Reciente. Para algunos este argumento debe ser incómodamente parecido al tipo de razonamiento circular contra el que advertimos anteriormente. Reconocemos los méritos de este punto de vista y solamente resaltamos dos cosas en defensa de nuestra acción. En primer lugar, nuestra división de estas fechas entre el período Clásico Regional y el período Reciente no se hace únicamente a partir de los valores absolutos pertenecientes a las fechas, sino también con una consideración a los detalles específicos de las asociaciones cerámicas. Y en segundo lugar, la ubicación de estas fechas en la Figura 3.3 no altera el patrón final a ser observado de una manera u otra, debido a que los patrones están determinados por muchas otras fechas.

owing to a typographical error in Drennan et al. (1989:134). It is included in the Formative 1 section of Figure 3.3, although, as we shall see, it is much too young to fit the overall pattern of dates.

Cálamo produced two dates, both of which can be related to Valle de la Plata ceramics and included in Figure 3.3. A date of 250±120 BC (Beta-25157, Llanos 1990:17, 46) from the first occupation is associated with ceramics strongly relating to Lourdes Red Slipped, and is used as a Formative 3 date. This date is given by Uribe (1990:220) as 320±120 BC. The other, 520±370 AD (Beta-25156, Llanos 1990:17, 48) pertains to the second occupation, whose ceramics are clearly linked to Guacas Reddish Brown. Thus, it becomes a Regional Classic date in Figure 3.3. This second date appears in Uribe (1990:221) as 550±370 AD.

Cueva de los Guácharos is fairly far from the other sites of the Alto Magdalena, since it lies across the Magdalena Valley in the Cordillera Oriental. The ceramics, however, can be clearly linked to those recovered in the San Agustín zone (Héctor Llanos, personal communication) and thus to those of the Valle de la Plata. One date, 25±60 BC (GrN-7301), comes from the lower cultural strata where the ceramics described relate most strongly to Lourdes Red Slipped (Correal and Van der Hammen 1988:261, 270), so it is included in the Formative 3 section of Figure 3.3. The other date, 655±50 AD (GrN-7300), is from the upper cultural stratum which includes material corresponding to both Mesitas Inferior and Mesitas Medio (Correal and Van der Hammen 1988:261, 270). Thus no clear assignment can be made for its associations.

La Estación yielded remains of residences associated with ceramics whose relationships are clearly to Barranquilla Buff, California Heavy Gray, and Mirador Heavy Red. Since no other relationships to Valle de la Plata ceramics appear here, the single date, 1545±25 AD (GrN-9247, Duque Gómez and Cubillos 1981:155), is in the Recent section of Figure 3.3.

El Estrecho gives us a date whose context is residential debris (Cubillos 1980:55) which, like all the ceramics from El Estrecho, relates clearly to Guacas Reddish Brown. The date, 195±35 AD (GrN-7079) is included in Figure 3.3 for the Regional Classic. A history of typographical errors confuses the published record of this date, which is called GrN-2079 in Duque and Cubillos 1988:110 and given as 194 AD in Sotomayor and Uribe 1987:15 and in Groot and Mora 1989:178.

La Gaitana has one date, 615±90 AD (Unknown Laboratory-2 in Table 3.1), mentioned by Llanos and Durán (1983:96), but its ceramic associations are not clear.

La Julia (VP0292) produced two samples that were radiocarbon dated; their contexts are detailed above on pp. 51 and 53. Since neither date produced useful results, further evaluation of these contexts is unneeded. One date was 1855±150 AD (PITT-0862), and the other was 106.2% modern (PITT-0861). Clearly, neither one helps us with prehispanic periods.

Mesita A is one of the principal complexes of burial mounds and statues at San Agustín. It has given us one date,

170±60 AD (GrN-7716, Duque Gómez and Cubillos 1983:70), but its ceramic associations are unclear. Uribe (1990:220) gives this date as 180±60 AD.

Mesita B, another complex near Mesita A where considerable excavation has been carried out, produced a series of dates, only one of which has clear ceramic associations that can be related unequivocally to the Valle de la Plata types. This date, 20±50 AD (GrN-3643) is from the Western Mound (Duque Gómez 1964:456; Vogel and Lerman 1969:371), and the ceramics described in association relate most clearly to Lourdes Red Slipped. The quantity of other ceramics at Mesita B, however, make this a tentative identification. The date is nonetheless included in the Formative 3 section of Figure 3.3, where it in no way alters the pattern formed by a number of other dates, so lengthy debate over its inclusion seems unwarranted. Other dates from Mesita B include 10±50 BC (GrN-4205, Duque Gómez 1964:409, 456; evidently the same as GrN 4206 in Vogel and Lerman 1969:371) and 150±100 AD (I-?a in Table 3.1, Duque Gómez 1964:262, 456). A date of 290±60 AD (GrN-7715, Duque Gómez and Cubillos 1983:72, 1988:110) appears as 300±60 AD in Uribe (1990:221). A date of 130±50 BC (GrN-1717, Duque Gómez and Cubillos 1983:126, 1988:107) is cited in Sotomayor and Uribe (1987:14) as 150 BC, and in Uribe (1990:220) as 120 BC with the laboratory number GrN-7717. And a date of 425±150 AD (I-1409, Duque Gómez 1964:317, 456) is given as 420 AD in Sotomayor and Uribe (1987:15) and with an error range of 50 years in Duque Gómez and Cubillos (1988:111) and Uribe (1990:221). None of these other dates has ceramic associations that can be related to the Valle de la Plata types.

Mesita C is yet another mound complex at San Agustín, but the situation is more fortunate than in the cases of Mesitas A and B, since all the ceramics discussed for the excavations there relate well to Guacas Reddish Brown. Thus, both dates available for Mesita C are considered Regional Classic for Figure 3.3. The earlier date is 255±65 AD (GrN-7080, Cubillos 1980:55, 150–151), although it is cited in Sotomayor and Uribe (1987:15) and in Groot and Mora (1989:179) as 225 AD. The later date is 690±80 AD (GrN-7081, Cubillos 1980:151–152).

Mesitas includes the entire group of mound and statue complexes just outside the modern town of San Agustín (Mesita A, Mesita B and Mesita C). Reichel-Dolmatoff excavated in several locations in this area and produced six radiocarbon dates, all of which can be related to ceramics from the Valle de la Plata. Four dates for Reichel's Isnos complex (Reichel Dolmatoff 1975:138), which is linked with Guacas Reddish Brown, are 40±110 AD (I-2315), 50±140 AD (I-2313), 100±100 AD (I-2314), and 110±110 AD (I-2312). These four are all in the Regional Classic section of Figure 3.3. Two dates correspond to Reichel's Sombrerillos complex (Reichel-Dolmatoff 1975:65), whose relationships are to Barranquilla Buff, California Heavy Gray, and Mirador Heavy Red. These dates, 1410±110 AD (I-2309) and 1630±90 AD (I-2310), are listed for Recent in Figure 3.3.

Buenos Aires A (VP0718) en el Valle de la Plata mostró una fecha directamente asociada con la cerámica Planaditas Rojo Pulido, 425±90 AC (PITT-0164). Su contexto específico fue discutido anteriormente (pp. 58 y 60), y es incluido en la Figura 3.3 como fecha del período Formativo 2.

Buenos Aires B (VP0789) está representado por cuatro muestras de carbón directamente asociadas con la cerámica del Valle de la Plata. Sus asociaciones fueron detalladas anteriormente en las pp. 62 y 64. Una de ellas pertenece a un hueco de poste relacionado a un piso relativamente alto en la secuencia estratigráfica y cuyo relleno contuvo varios tiestos pertenecientes al período Barranquilla Crema. Esta fecha, 1185±30 DC (PITT-0165), está incluida en la sección del período Reciente en la Figura 3.3. Otra fecha, que esperábamos se asociaría a la cerámica Lourdes Rojo Engobado, dio un resultado de 106.1% moderno (PITT-0166), es decir una fecha aparente aún en el futuro. Claramente esta muestra estuvo contaminada. (Véase Broecker y Walton [1959] y Broecker y Olson [1960] para una discusión de los procesos que producen tales fechas.) Las otras dos fechas provinieron de las capas inferiores de una prueba que contuvo cerámica Tachuelo Pulido así como varios otros tipos. Se esperaba que estas muestras pertenecieran al período de Tachuelo Pulido. Una fecha fue 3735±235 AC (PITT-0168), la cual es claramente muy temprana para estas asociaciones cerámicas y debe ser descartada. La otra fue 1350±165 DC (PITT-0167); Uribe (1990:222) da el rango de error como 65 años, probablemente consecuencia de un error tipográfico en Drennan et al. 1989:134. Esta fecha se incluye en la sección del período Formativo 1 de la Figura 3.3. Sin embargo, como veremos, es demasiado tardía para adaptarse al patrón general de fechas radiocarbónicas.

Cálamo produjo dos fechas; ambas pueden ser relacionadas a la cerámica del Valle de la Plata, y están incluidas en la Figura 3.3. Una fecha de 250±120 AC (Beta-25157, Llanos 1990:17, 46) de la primera ocupación está asociada con cerámica que se relaciona fuertemente al tipo Lourdes Rojo Engobado, y es usada como una fecha perteneciente al período Formativo 3. Esta fecha aparece como 320±120 AC en la lista de Uribe (1990:220). La otra fecha, 520±370 DC (Beta-25156, Llanos 1990:17, 48; pero 550±370 DC en Uribe 1990:221) pertenece a la segunda ocupación, cuya cerámica está claramente ligada al tipo Guacas Café Rojizo. Por ello, se convirtió en una fecha del período Clásico Regional en la Figura 3.3.

Cueva de los Guácharos está moderadamente alejado de los otros sitios del Alto Magdalena, dado que se ubica en el margen opuesto del Valle del Magdalena en la Cordillera Oriental. Sin embargo, la cerámica puede ser claramente ligada a aquella recuperada en la zona de San Agustín (Héctor Llanos, comunicación personal) y en consecuencia a aquella del Valle de la Plata. Una fecha, 25±60 AC (GrN-7301), proviene del estrato cultural inferior, donde la cerámica descrita se relaciona más fuertemente al tipo Lourdes Rojo Engobado (Correal y Van der Hammen 1988:261, 270), por ello es incluida en la sección del período Formativo 3 en la Figura 3.3. La otra fecha, 655±50 DC (GrN-7300), es del estrato cultural superior, el cual

incluye material correspondiente tanto a las fases Mesitas Inferior como Mesitas Medio (Correal y Van der Hammen 1988:261, 270). De esta manera, no es posible asignar claramente su asociación.

La Estación es un sitio en que se documentaron restos de residencias asociados con cerámica que se relaciona claramente con los tipos Barranquilla Crema, California Gris Pesado y Mirador Rojo Pesado. Dado que no aparecen otras relaciones con la cerámica del Valle de la Plata, la única fecha, 1545±25 DC (GrN-9247, Duque Gómez y Cubillos 1981:155), se colocó en la sección del período Reciente en la Figura 3.3.

El Estrecho nos dio una fecha cuyo contexto es de desecho residencial (Cubillos 1980:55) el cual, como toda la cerámica proveniente de El Estrecho, se relaciona claramente al tipo Guacas Café Rojizo. La fecha, 195±35 DC (GrN-7079) está incluida en la Figura 3.3 para el Clásico Regional. Una historia de errores tipográficos confunde los registros publicados de esta fecha, la cual es llamada GrN-2079 en Duque y Cubillos 1988:110 y está dada como 194 DC en Sotomayor y Uribe 1987:15 y en Groot y Mora 1989:178.

La Gaitana tiene una fecha, 615±90 DC (Laboratorio Desconocido-2 en la Tabla 3.1), mencionada por Llanos y Durán (1983:96), pero sus asociaciones cerámicas no son claras.

La Julia (VP0292) produjo dos muestras que fueron fechadas por método radiocarbónico; sus contextos han sido descritos anteriormente en las pp. 52 y 54. Dado que ninguna fecha produjo resultados útiles, una mayor evaluación de los contextos es innecesaria. Una fecha fue 1855±150 DC (PITT-0862), y la otra fue 106.2% moderna (PITT-0861). Es claro que ninguna de ellas nos ayuda con los períodos prehispánicos.

Mesita A es uno de los principales complejos de montículos funerarios y estatuas en San Agustín. Ha brindado una fecha, 170±60 DC (GrN-7716, Duque Gómez y Cubillos 1983:70), pero sus asociaciones cerámicas no fueron claras. La fecha es 180±60 DC en la lista de Uribe (1990:220).

Mesita B, otro complejo cercano a Mesita A donde considerables trabajos de excavación han sido realizados, produjo una serie de fechas, donde sólo una tiene asociaciones cerámicas claras que pueden ser relacionadas inequívocamente a los tipos del Valle de la Plata. Esta fecha, 20±50 DC (GrN-3643), proveniente del Montículo Occidental (Duque Gómez 1964:456; Vogel y Lerman 1969:371), y las asociaciones cerámicas descritas, se relacionan claramente al tipo Lourdes Rojo Engobado. Sin embargo, la cantidad de otros tipos cerámicos en Mesita B hace de esta una identificación tentativa. La fecha es a pesar de ello incluida en la sección del Formativo 3 en la Figura 3.3, donde de ninguna manera altera el patrón formado por las demás fechas, y por lo tanto un largo debate sobre su inclusión no es necesario. Otras fechas de Mesita B incluyen 10±50 AC (GrN-4205, Duque Gómez 1964:409, 456; aparentemente la misma fecha dada por Vogel y Lerman 1969:371 como GrN-4206) y 150±100 DC (I-?a en la Tabla 3.1, Duque Gómez 1964:262, 456). Una fecha de 290±60 DC (GrN-7715, Duque Gómez y Cubillos 1983:72; 1988:110) también aparece como 300±60 DC de Mesita A en Uribe

El Mondey had two distinct occupations for which there are three dates. For the earlier occupation (Moreno 1991:13, 43) we have 260±70 BC (Beta-20120) and 20±70 AD (Beta-20119). These may be the unnumbered dates given as 230±70 BC and 50±70 AD for Saladoblanco by Uribe (1990:220). The dominant link in the Valle de la Plata with the ceramics of the first occupation at El Mondey is Lourdes Red Slipped, so these two dates appear in the Formative 3 section of Figure 3.3. The other date, 1090±60 AD (Beta-38277) pertains to the second occupation (Moreno 1991:13, 49), whose ceramics relate most to Barranquilla Buff, California Heavy Gray, and Mirador Heavy Red. It is not yet possible to establish the relationship so clearly as to use this date to discriminate among these Recent types, but the date does appear in the Recent section of Figure 3.3.

Morelia gives us three dates. From Corte I comes a date of 510±50 AD (Beta-10232, Llanos 1988:51) with ceramics whose relationships are to Guacas Reddish Brown, although Llanos (personal communication) regards the ceramic associations of this date as ambiguous. Uribe (1990:221) gives this date as 540±50 AD. Since it suggests no contradiction to the pattern formed by other dates, we have gone ahead and included it under Regional Classic in Figure 3.3. From Corte II comes a date of 900±100 AD (Beta-10233, Llanos 1988:52) with strong ceramic links to Guacas Reddish Brown, although Llanos also illustrates some rim forms (e.g. folded-over rims) that are most characteristic of Barranquilla Buff. Uribe (1990:221) has 930 AD as the mean date for this sample. We have included the date in the Regional Classic, although it could possibly be especially meaningful as a transitional date between Regional Classic and Recent. The third date from Morelia comes from Corte III whose Recent ceramics are clearly tied to Barranquilla Buff, California Heavy Gray, and Mirador Heavy Red. The date, which appears in Figure 3.3, is 1700±90 AD (Beta-12073, Llanos 1988:13); it is given as 1730 AD in Uribe (1990:221).

El Parador produced a complement of ceramics relating strongly to Lourdes Red Slipped. Detailing the specific contexts of the two radiocarbon samples from El Parador is not especially important because it is the lack of ceramics relating to other Valle de la Plata types at the site as a whole that provides the greatest confidence in assigning them to Formative 3 in Figure 3.3. The dates are 10±35 BC (GrN-6910, Cubillos 1980:55, 150–151) and 25±55 AD (GrN-6909, Cubillos 1980:55, 149–150). The number of the latter is given as GrN-6925 by Duque Gómez and Cubillos (1988:110) and by Uribe (1990:220).

Potrero de Lavapatas is an area of residential debris whose ceramics all seem related to Barranquilla Buff, California Heavy Gray, and Mirador Heavy Red. Thus, regardless of details of specific context, the one date from this site is taken to represent the Recent in Figure 3.3. That date is 1180±120 AD (GrN-3447, Duque Gómez 1964:359, 456); its laboratory number is given by Duque Gómez and Cubillos (1988:112) and Uribe (1990:221) as GrN-3647. This is probably the

correct number, since it also appears as GrN-3647 in *Radiocarbon* (Vogel and Lerman 1969:371), but it is listed here according to its first-published number.

Quinchana is another site whose entire ceramic sample seems related to Barranquilla Buff, California Heavy Gray, and Mirador Heavy Red. Thus its one date, 1080±110 AD (Unknown Laboratory-5 in Table 3.1, Llanos and Durán 1983:96) is included in the Recent section of Figure 3.3.

Rodapasos produced a date of 1400±50 AD (Beta-27818, Sánchez 1991:66), but the ceramic associations are highly varied and relate to several different Valle de la Plata types.

Santa Rosa (VP1226) gave a ceramic sample in stratigraphic excavation consisting almost entirely of Tachuelo Burnished. Four charcoal samples were collected from two stratigraphic tests. Their specific contexts are discussed above (p. 71), but all were in association with Tachuelo Burnished ceramics. All four dates, then, appear in the Formative 1 section of Figure 3.3: 845±55 BC (PITT-0863), 680±45 BC (PITT-0864), 370±55 BC (PITT-0865), and 325±126 AD (PITT-0866).

Santa Rosa is a different site of the same name in the Tierradentro zone. Chaves and Puerta (1980:112–114) compare the site's ceramics to those of San Agustín, and their descriptions relate to Guacas Reddish Brown in the Valle de la Plata. The date, 630±80 AD (Unknown Laboratory-3 in Table 3.1, Chaves and Puerta 1980:73), is included in the Regional Classic in Figure 3.3.

Santiago is in the Resguardo Indígena de Guambía, not far from the Tierradentro region. A date of 1620±50 AD (Beta-? in Table 3.1) was produced from this site (Urdaneta 1988:64). Although the ceramics illustrated show a number of resemblances to those of the Valle de la Plata, they are varied, and it is not clear whether the date had specific associations to one of the several types.

Segovia is a cluster of tombs in the central part of the Tierradentro archeological park. Uribe (1990:222) lists a date of 870 AD without error range (Unknown Laboratory-7 in Table 3.1), but we know of know published information on its ceramic associations.

In summary, the entire corpus of radiocarbon dates of which we are aware for the Alto Magdalena is represented in Table 3.1. Of this total of 67, 20 were not usable in the effort to anchor the Valle de la Plata regional ceramic chronology in absolute time because they either had no clear ceramic associations or the relationship of their ceramic associations to the Valle de la Plata types could not be unequivocally established. Three more dates falling before 3000 BC were eliminated from consideration for lack of any evidence of the existence of ceramic complexes in this region extending so far back in time. None of these dates had any unequivocal ceramic associations. Three more dates following 1800 AD were also eliminated because the latest two (after 2000 AD) are impossible, and the earlier one has to be an erroneous date for an artifact assemblage including nothing recognizably modern. Finally, 41 dates were assigned to the ceramic phases represented in Figure 3.3, either

(1990:221). La fecha 130±50 AC (GrN-1717, Duque Gómez y Cubillos 1983:126; 1988:107) es citada en Sotomayor y Uribe (1987:14) como 150 AC y en Uribe (1990:220) como 120 AC con número GrN-7717. Y una fecha de 425±150 DC (I-1409, Duque Gómez 1964:317, 456) es dada como 420 DC en Sotomayor y Uribe (1987:15) y con un rango de error de 50 años en Duque Gómez y Cubillos (1988:111) y en Uribe (1990:221). Ninguna de estas otras fechas tiene asociaciones cerámicas que puedan relacionarse a los tipos del Valle de la Plata.

Mesita C es aún otro complejo de montículos en San Agustín, pero su situación es más afortunada que en los casos de Mesita A y B, dado que toda la cerámica discutida para sus excavaciones se relaciona bien al tipo Guacas Café Rojizo. De tal manera, ambas fechas disponibles para Mesita C son consideradas pertenecientes al período Clásico Regional en la Figura 3.3. La fecha más temprana es 255±65 DC (GrN-7080, Cubillos 1980:55, 150–151), la cual es citada como 225 DC en Sotomayor y Uribe (1987:15) y en Groot y Mora (1989:179). La fecha más tardía es 690±80 DC (GrN-7081, Cubillos 1980:151–152).

Mesitas incluye el grupo completo de complejos de montículos y estatuas aledaño al actual pueblo de San Agustín (Mesita A, Mesita B y Mesita C). Reichel-Dolmatoff excavó en varios lugares en este complejo y produjo seis fechas radiocarbónicas, todas las cuales pueden ser relacionadas a cerámica del Valle de la Plata. Cuatro fechas del complejo Isnos de Reichel (Reichel Dolmatoff 1975:138), que está ligado al tipo Guacas Café Rojizo, son 40±110 DC (I-2315), 50±140 DC (I-2313), 100±100 DC (I-2314) y 110±110 DC (I-2312). Estas cuatro fechas se ubican todas en la sección del Clásico Regional de la Figura 3.3. Dos fechas corresponden al complejo Sombrerillos de Reichel (Reichel-Dolmatoff 1975:65), cuyas relaciones son los tipos Barranquilla Crema, California Gris Pesado y Mirador Rojo Pesado. Estas fechas, 1410±110 DC (I-2309) y 1630±90 DC (I-2310), están colocadas en el período Reciente de la Figura 3.3.

El Mondey tuvo dos ocupaciones distintas para las cuales existen tres fechas. Para la ocupación más temprana (Moreno 1991:13, 43) tenemos las fechas 260±70 AC (Beta-20120) y 20±70 DC (Beta-20119). Estas pueden ser las fechas sin números 230±70 AC y 50±70 DC de Saladoblanco referidas por Uribe (1990:220). La principal relación en el Valle de la Plata con la cerámica de la primera ocupación de El Mondey es el tipo Lourdes Rojo Engobado, de tal manera que estas dos fechas aparecen en la sección del Formativo 3 de la Figura 3.3. La otra fecha, 1090±60 DC (Beta-38277) pertenece a la segunda ocupación (Moreno 1991:13, 49), cuya cerámica se relaciona más a los tipos Barranquilla Crema, California Gris Pesado y Mirador Rojo Pesado. No es aún posible establecer la relación de manera clara como para utilizar esta fecha para discriminar entre los tipos del período Reciente. Sin embargo, la fecha aparece en la sección del período Reciente de la Figura 3.3.

Morelia nos brindó tres fechas. Del Corte I provino una fecha de 510±50 DC (Beta-10232, Llanos 1988:51; 540±50 DC en Uribe 1990:221) con cerámica cuya relación es con el tipo Guacas Café Rojizo, aunque Llanos (comunicación personal) percibe ambigüedades en las asociaciones cerámicas de esta fecha. Dado que no sugiere contradicciones con el patrón formado por otras fechas, hemos procedido a incluirlo en el período Clásico Regional en la Figura 3.3. Del Corte II proviene una fecha de 900±100 DC (Beta-10233, Llanos 1988:52; 930 DC en Uribe 1990:221) con fuertes relaciones cerámicas con el tipo Guacas Café Rojizo, aunque Llanos también ilustra algunas formas de borde (e.g. bordes doblados) que son más característicos del tipo Barranquilla Crema. Hemos incluido esta fecha en el período Clásico Regional, aunque podría posiblemente ser especialmente significativo como una fecha transicional entre el período Clásico Regional y el período Reciente. Una tercera fecha de Morelia proviene del Corte III cuya cerámica del período Reciente está claramente ligada a los tipos Barranquilla Crema, California Gris Pesado y Mirador Rojo Pesado. La fecha, que aparece en la Figura 3.3, es 1700±90 DC (Beta-12073, Llanos 1988:13; 1730 DC en Uribe 1990:221).

El Parador produjo un grupo de cerámica fuertemente relacionada al tipo Lourdes Rojo Engobado. La descripción en detalle de los contextos específicos de las dos muestras radiocarbónicas de El Parador no es especialmente importante porque la carencia en el sitio de cerámica relacionada a otros tipos del Valle de la Plata es lo que provee gran confianza para asignarlo al período Formativo 3 en la Figura 3.3. Las fechas son 10±35 AC (GrN-6910, Cubillos 1980:55, 150–151) y 25±55 DC (GrN-6909, Cubillos 1980:55, 149–150; GrN6925 en Duque Gómez y Cubillos 1988:100 y en Uribe 1990:220).

Potrero de Lavapatas es una área de desecho habitacional cuyos restos cerámicos parecen todos relacionados a los tipos Barranquilla Crema, California Gris Pesado y Mirador Rojo Pesado. Entonces, sin tomar en cuenta los detalles específicos del contexto, la fecha de este sitio es asignada al período Reciente en la Figura 3.3. Dicha fecha es 1180±120 DC (GrN-3447, Duque Gómez 1964:359, 456; GrN-3647 en Duque Gómez y Cubillos 1988:112 y en Uribe 1990:221). GrN-3647 puede ser el número correcto, ya que así aparece en *Radiocarbon* (Vogel y Lerman 1969:371), pero aquí hemos utilizado el número publicado primero.

Quinchana es otro sitio cuya muestra cerámica completa parece relacionarse a los tipos Barranquilla Crema, California Gris Pesado y Mirador Rojo Pesado. De tal manera, su única fecha, 1080±110 DC (Laboratorio Desconocido-5 en la Tabla 3.1, Llanos y Durán 1983:96) está incluida en la sección del período Reciente de la Figura 3.3.

Rodapasos produjo una fecha de 1400±50 DC (Beta-27818, Sánchez 1991:66), pero las asociaciones cerámicas son altamente variables y se relacionan a varios tipos diferentes del Valle de la Plata.

Santa Rosa (VP1226) brindó una muestra cerámica proveniente de una excavación estratigráfica que consistió casi enteramente en cerámica Tachuelo Pulido. Se recogieron cua-

as a consequence of their specific contexts and associations or because they came from sites whose entire assemblages related to one of the phases. Of these 41 dates, ten were produced from samples collected in Valle de la Plata sites and were thus directly associated with the ceramics described and classified in this volume. The other 31 dates come from sites elsewhere in the Alto Magdalena, but all are related to the Valle de la Plata sequence specifically through the similarities of their associated ceramics to those of the Valle de la Plata.

The first impression that struck us when we arrived at Figure 3.3 was of its clearness and consistency. The patterns seem tidier than usual in such charts of radiocarbon dates associated to ceramic phases. They have less of the overlap between dates of adjacent phases than one comes to expect as the natural consequence of stratigraphic mixing, mistaken associations, sample contamination, statistical counting error, etc. No dates were excluded from Figure 3.3 because their results simply failed to make sense in a pattern of dates (except the three that were much too old and the three that were much too young for the whole sequence). Given this fact, the degree of consistency in the patterning is quite good, and leads one to have considerable confidence in the outcome.

The final step, then, is to use Figure 3.3 to establish estimates of the absolute dates when the ceramic phases began and ended. These divisions are indicated with dotted lines in Figure 3.3 and the entire chronological scheme is summarized in Figure 3.4. The number of dates for Formative 1 is not very large. It thus seems reasonable to use 1000 BC as an approximation for the beginning of Formative 1. This date has already been in use for the San Agustín zone, based on the date of 800±30 BC from Alto de Lavapatas which, although it could not be clearly associated with the Valle de la Plata's Tachuelo Burnished ceramics and therefore does not appear in Figure 3.3, is clearly a Formative date with ceramic associations.

Bounds for Formative 2 are harder to establish. Clearly the few dates for Formative 1 string along into much later territory than can be believed, and at least the latest Formative 1 date is from a site with substantial amounts of much later material. With only a single radiocarbon date for Formative 2, there is little indication of the phase's span. Since nothing in the evidence actually suggests that its duration was significantly different from the duration of the preceding and following phases, we have chosen to place a priority on allotting a similar length of time to it and have invaded the date span for Formative 1 and Formative 3 slightly to do this. It is, of course, to be expected that precisely this would happen if there were more dates for Formative 2. They would have to spread out along the time scale unless they all turned out exactly equal to the one available now, which strains credulity. Thus we have chosen to begin Formative 2 in 600 BC and to begin Formative 3 in 300 BC.

Pinpointing the next transition presents no such problem. A remarkable series of eight dates from six different sites, all within a few decades of each other, delineates the break between the Formative and the Regional Classic. One is

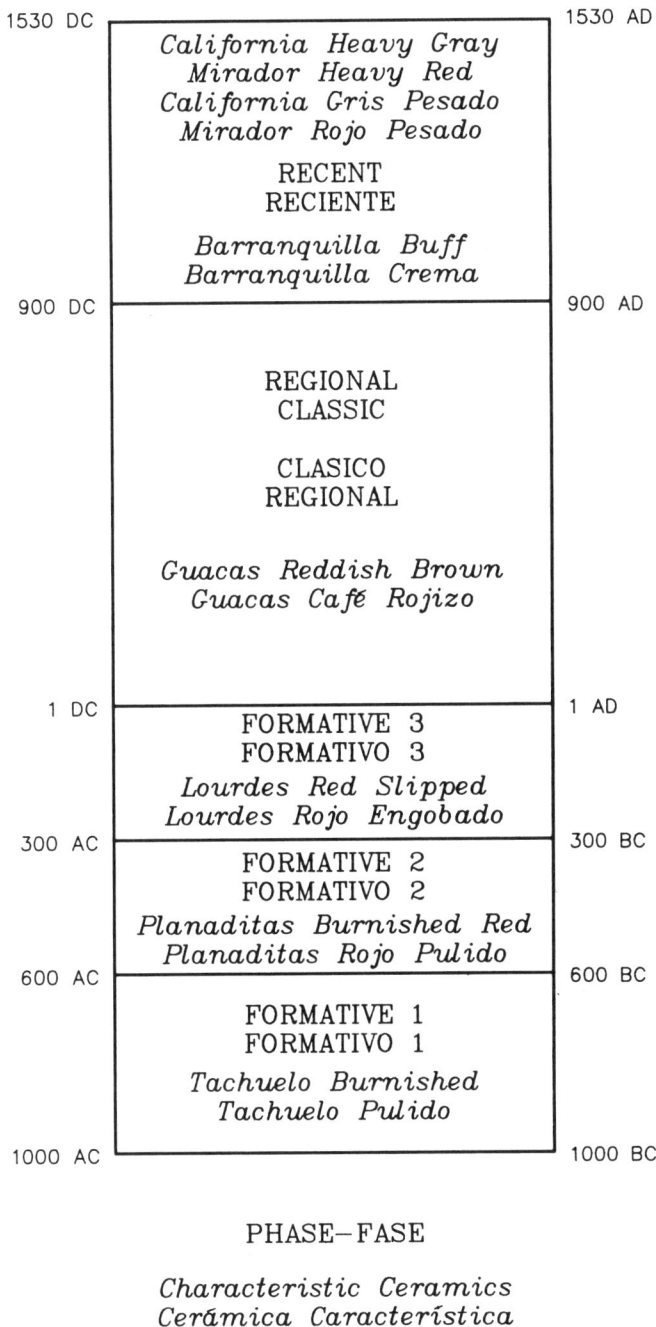

1530 DC		1530 AD
	California Heavy Gray *Mirador Heavy Red* *California Gris Pesado* *Mirador Rojo Pesado* RECENT RECIENTE *Barranquilla Buff* *Barranquilla Crema*	
900 DC		900 AD
	REGIONAL CLASSIC CLASICO REGIONAL *Guacas Reddish Brown* *Guacas Café Rojizo*	
1 DC	FORMATIVE 3 FORMATIVO 3 *Lourdes Red Slipped* *Lourdes Rojo Engobado*	1 AD
300 AC	FORMATIVE 2 FORMATIVO 2 *Planaditas Burnished Red* *Planaditas Rojo Pulido*	300 BC
600 AC	FORMATIVE 1 FORMATIVO 1 *Tachuelo Burnished* *Tachuelo Pulido*	600 BC
1000 AC		1000 BC

PHASE–FASE

Characteristic Ceramics
Cerámica Característica

Figure 3.4. Summary of the regional ceramic chronology for the Valle de la Plata.
Figura 3.4. Resumen de la cronología cerámica regional del Valle de la Plata.

tempted by this sample to put the dividing line at 21 AD, but we will resist the temptation of such spurious precision and begin the Regional Classic at the zero point in the Christian calendar, 1 AD.

The other end of the Regional Classic is represented by something of a gap in dates from 900 AD to 1080 AD. Even the 900 AD date is set off from the preceding Regional Classic

tro muestras de carbón de dos pruebas estratigráficas. Sus contextos específicos fueron discutidos anteriormente (p. 72), pero todos estaban en asociación con cerámica Tachuelo Pulido. Las cuatro fechas, entonces, aparecen en la sección del Formativo 1 de la Figura 3.3: 845±55 AC (PITT-0863), 680±45 AC (PITT-0864), 370±55 AC (PITT-0865) y 325±126 DC (PITT-0866).

Santa Rosa es un sitio diferente con el mismo nombre en la región de Tierradentro. Chaves y Puerta (1980:112–114) comparan la cerámica del sitio a aquellas de San Agustín, y sus descripciones la relacionan al tipo Guacas Café Rojizo del Valle de la Plata. La fecha, 630±80 DC (Laboratorio Desconocido-3 en la Tabla 3.1, Chaves y Puerta 1980:73), está incluida en el período Clásico Regional de la Figura 3.3.

Santiago se encuentra en el Resguardo Indígena de Guambía, no muy lejos de la zona de Tierradentro, y proporcionó una fecha de 1620±50 DC (Beta-? en la Tabla 3.1; Urdaneta 1988:64). Aunque los tipos de cerámica ilustrados se parecen a los del Valle de la Plata, son muy variados, y no es claro si la fecha tuviera asociación específica a uno de los tipos.

Segovia es un conjunto de hipogeos en la parte central del Parque Arqueológico Tierradentro. Uribe (1990:222) da una fecha de 870 DC sin rango de error ni número de laboratorio, pero no hemos encontrado información publicada sobre sus posibles asociaciones cerámicas (Laboratorio Desconocido-7 en la Tabla 3.1).

En suma, el conjunto entero de fechas radiocarbónicas que conocemos para el Alto Magdalena está presentado en la Tabla 3.1. Del total de 67 muestras, 20 no fueron útiles en nuestro esfuerzo por ligar la cronología cerámica regional del Valle de la Plata en el tiempo absoluto, sea porque no tuvieron claras asociaciones cerámicas o porque las relaciones de dichas asociaciones respecto a los tipos del Valle de la Plata no podían establecerse inequívocamente. Tres fechas adicionales que se ubicaron antes del 3000 AC no se consideraron por falta de evidencia sobre la existencia de complejos cerámicos en esta región que se extendieran en tiempos tan antiguos. Ninguna de estas tres fechas tuvo alguna asociación cerámica inequívoca. Tres fechas más, que fueron posteriores a 1800 DC, fueron también eliminadas porque las dos más tardías (posteriores al 2000 DC) son imposibles, y la fecha más temprana sería una fecha errónea para un conjunto de artefactos que no incluyen nada reconocidamente moderno. Finalmente, 41 fechas fueron asignadas a las fases cerámicas representadas en la Figura 3.3, sea como consecuencia de sus contextos específicos y asociaciones o sea porque provinieron de sitios cuyos conjuntos enteros se relacionaban a una de las fases. De estas 41 fechas, diez fueron producidas de muestras recogidas en sitios del Valle de la Plata y fueron entonces directamente asociadas con la cerámica descrita y clasificada en este volumen. Las otras 31 fechas provienen de sitios en otras zonas del Alto Magdalena, pero todas se relacionan a la secuencia del Valle de la Plata, específicamente, a través de las similitudes de su cerámica asociada con la del Valle de la Plata.

La primera característica que nos llamó la atención cuando terminamos la Figura 3.3 fue su claridad y consistencia. Los patrones parecen ser más ordenados de lo que es usual en aquellas tablas de fechas radiocarbónicas asociadas a fases cerámicas. No se entremezclan las fechas de fases adyacentes tanto como uno podría esperar a consecuencia natural de la mezcla estratigráfica, falsas asociaciones, contaminación de las muestras, errores estadísticos de conteo, etc. Ninguna fecha fue excluida de la Figura 3.3 porque sus resultados simplemente carecieran de sentido en los patrones de fechado (excepto las tres que fueron demasiado tempranas y las tres que fueron demasiado tardías para la secuencia completa). Dado este hecho, el grado de consistencia en el patrón es bastante bueno, y el resultado es considerablemente confiable.

El paso final, entonces, es usar la Figura 3.3 para establecer estimativos de las fechas absolutas del inicio y fin de las fases cerámicas. Estas divisiones son indicadas con líneas punteadas en la Figura 3.3 y el esquema cronológico completo es resumido en la Figura 3.4. El número de fechas para el Formativo 1 no es muy grande. Parece entonces razonable usar el 1000 AC como una aproximación para el inicio del Formativo 1. Esta fecha ya ha sido usada en la zona de San Agustín, con base en la fecha de 800±30 AC del sitio de Alto de Lavapatas. Dicha fecha no puede ser asociada especificamente con la cerámica Tachuelo Pulido del Valle de la Plata y es por ello que no aparece en la Figura 3.3. Sin embargo, es claramente una fecha Formativa con asociaciones cerámicas.

Los límites para la fase Formativo 2 son más difíciles de establecer. Es claro que las pocas fechas que se han obtenido para el Formativo 1 se extienden en un período temporal más tardío de lo que uno pudiera imaginar, y al menos la fecha más tardía del Formativo 1 es de un sitio con substanciales cantidades de material muy tardío. Con sólo una fecha radiocarbónica para el Formativo 2, existe poca indicación de la extensión de la fase. Dado que nada de la actual evidencia sugiere que su duración fue significativamente diferente de la duración de la fase precedente y de la fase siguiente, hemos optado por priorizar en asignarle una variabilidad temporal similar, y para ello hemos tomado una ligera parte de la extensión temporal de las fases Formativo 1 y Formativo 3. Esperaríamos, por supuesto, que precisamente ello ocurriría si existieran más fechas para el Formativo 2. Ellas tendrían una mayor extensión en la escala temporal a menos que resultaran ser exactamente iguales a la fecha disponible en la actualidad, la cual genera cierta incredulidad. Hemos escogido entonces iniciar la fase Formativo 2 en 600 AC e iniciar la fase Formativo 3 en 300 AC.

Definir el siguiente punto de transición no presenta el mismo problema. Una notable serie de ocho fechas de seis sitios diferentes, todas separadas entre ellas por unas pocas décadas, marcan el cambio entre el período Formativo y el período Clásico Regional. La muestra de fechas nos tienta a establecer la linea divisoria exactamente en el 21 DC, pero omitiremos la tentación de establecer una precisión tan exagerada y colocaremos el inicio del período Regional Clásico en el punto cero de la era Cristiana, es decir 1 DC.

El otro extremo del período Clásico Regional está repre-

dates by over 200 years back to 690 AD. Since the ceramics associated with the 900 AD date suggested both Guacas Reddish Brown and Barranquilla Buff in different ways, and since it splits the gap from 690 to 1080 very nearly exactly in the middle, we have chosen to use it as a dividing point and begin the Recent in 900 AD.

The end of the prehispanic sequence, of course, comes after 1536 AD with the arrival of the Spanish. The slight overlap of Recent dates beyond this point is not bothersome, but rather exactly what one expects of radiocarbon dates. It does not necessarily indicate a persistence of Recent ceramics well into the Colonial period, although there is no reason to suppose that pottery styles changed the instant indigenous potters laid eyes on a Spaniard either. The fact is that neither the Proyecto Arqueológico Valle de la Plata nor other reported archeological research in the Alto Magdalena has encountered much evidence of early Colonial occupation. Although demonstrably present, populations in the early Colonial period must have been far less dense than those in preceding prehispanic times.

sentado por una suerte de hiato de fechas entre el 900 DC al 1080 DC. Inclusive la fecha de 900 DC está fuera del rango de las fechas del período que precede al Clásico Regional por más de 200 años, si la relacionamos al 690 DC. Dado que la cerámica asociada con la fecha 900 DC sugiere características diversas de los tipos Guacas Café Rojizo y Barranquilla Crema, y dado que divide el hiato de 690 a 1080 DC, casi exactamente en el medio, hemos escogido usarlo como un punto divisorio e iniciar el período Reciente en el 900 DC.

El final de la secuencia prehispánica, por supuesto, ocurre después de 1536 DC con la conquista española. La ligera extención de las fechas radiocarbónicas del período Reciente después de tal fecha no debe preocuparnos, sino es lo que uno esperaría de las fechas radiocarbónicas. Ello no necesariamente indica la persistencia de cerámica del período Reciente después del inicio de la conquista, aunque no existen tampoco razones para suponer que los estilos de cerámica cambiaran desde el momento que los alfareros indígenas avistaran un español. El hecho es que ni el Proyecto Arqueológico Valle de la Plata ni otras investigaciones arqueológicas que han sido reportadas en el Alto Magdalena han encontrado mucha evidencia de ocupación colonial temprana. A pesar de que se puede demonstrar que poblaciones coloniales tempranas estuvieron presentes, ellas deben haber sido mucho menos densas que en los períodos prehispánicos anteriores.

PART TWO

Patterns of Ceramic Production and Distribution

PARTE SEGUNDA

Patrones de Producción y Distribución de la Cerámica

MARY M. TAFT

Chiefdom Economies and Craft Production

Understanding the organization of the local economy has, for a number of researchers, been the key to understanding the origins and development of chiefdoms. (The word *chiefdom* is used here to refer to a broadly defined category of "societies with complex hierarchical patterns of organization but without the bureaucratic political institutions of the state" [Drennan et al. 1991:298; cf. also Drennan and Uribe 1987:x–xii].) Two contrasting approaches to the role of the local economy in chiefdom evolution can be distinguished: theories treating political administration of the local economy as a form of system-serving management, and theories treating chiefly administration of the local economy as a means of self-interested control and manipulation (cf. Earle 1987a).

The first, of course, has its roots in several classic treatments of chiefdoms (e.g. Sahlins 1958, 1968; Service 1962, 1975; Fried 1960). Here the chief is a neutral intermediary who manages specialized local production (perhaps based on ecological diversity) and facilitates the distribution of the products. Service, Sahlins, and Fried equate centrally managed exchange with redistribution, and see the primary beneficiaries of the chief's managerial activity to be the populace at large and not the chiefs themselves. This view has been challenged on the basis that even the Polynesian case, which provided its principal inspiration, is not accurately described in this way (Finney 1966; Earle 1977, 1978, 1987b). More popular currently is the related notion that chiefly redistribution protects people from economic hardship resulting from environmental perturbation (cf. Peebles and Kus 1977; Isbell 1978; Earle 1978; Halstead and O'Shea 1982; Upham 1982, 1983; Lightfoot 1983; Steponaitis 1983; Braun 1986; Muller 1987). Here the fundamental notion is still that chiefly organization is based on local redistribution of goods, and the process of its development is to be understood largely by focusing on the economic benefits it provides the society at large.

The contrasting approach emphasizes chiefly control and manipulation of the local economy as a means of furthering elite self interest. Many different mechanisms of control are possible, but the common theme is "the transfer of goods from producers to political elites," which "sustain[s] the elites and enabl[es] them to fund new institutions and activities calculated to extend their power" (Brumfiel and Earle 1987:3). Although the existence of such mobilization was once taken as definitional of stratification or state-level organization (as opposed to chiefly organization), it has now become common to advance arguments that such processes are at the heart of chiefdom formation (cf. Coe 1974; Linares 1977; Earle 1977, 1978, 1987b, 1991; Muller 1978; Roosevelt 1980; Carneiro 1981, 1991; Gilman 1981, 1991). Particularly germane to the present study is Rice's (1981) suggestion that in Guatemala, Kaminaljuyú elites may have controlled specialized pottery production by controlling limited clay sources.

The Aims of this Study

Despite the pivotal importance of local economic organization in much discussion of chiefdom evolution, empirical evidence enabling us to reconstruct relevant aspects of local economies is extremely scarce. This chapter and those that follow present the results of a study undertaken to help remedy that situation. The objective is to use intraregional patterns of pottery production and distribution in the Valle de la Plata (and changes in these patterns through a sequence of some 2500 years) as a window through which to view the local economy and its relationship to changing political organization. It is recognized from the outset that pottery production and distribution by no means comprise the entire local economy. This is one sector of the local economy, however, in which one might expect to see at work one or the other of the two opposed schemes discussed above—if, indeed, either is an accurate account of chiefdom evolution in the Valle de la Plata. Failure to find evidence of such processes in the production and distribution of ceramics would not, of course, prove that they were not at work elsewhere in the local economy. It would, however, provide a concrete view of the operation of one part of the local economy.

This study makes use of a model developed by Feinman, Kowalewski, and Blanton (1984) which relates patterns of ceramic production and distribution to demographic, economic, land use, and political factors operating in societies of increasing sociopolitical complexity. Although Feinman, Kowalewski, and Blanton apply this model to the ceramic sequence from the Valley of Oaxaca, Mexico, which attained a level of sociopolitical complexity beyond that of the chiefdom, the model itself is drawn from a substantial body of ethnographic and archeological literature (e.g., Nicklin 1971; Balfet 1965; Birmingham 1975; Foster 1965; Garner 1967;

Capítulo 4

Economía de Cacicazgos y Producción Artesanal

Entender la organización de las economías locales ha sido, para un número de investigadores, la clave para entender los orígenes y el desarrollo de los cacicazgos. (La palabra *cacicazgo* es usada aquí para referirse a una categoría definida ampliamente como "sociedades con patrones de organización jerárquica complejos pero sin las instituciones políticas burocráticas del estado" [Drennan et al. 1991:298; cf. también Drennan y Uribe 1987:x–xii].) Se pueden distinguir dos aproximaciones contrastantes del rol de la economía local en la evolución del cacicazgo: teorías que perciben la administración política de la economía local como una forma de manejo de recursos que benefician al sistema, y teorías que tratan la administración cacical de la economía local como un medio de control y manipulación de los recursos para beneficios personales (cf. Earle 1987a).

La primera posición tiene, por supuesto, su origen en los varios análisis clásicos de cacicazgos (e.g. Sahlins 1958, 1968; Service 1962, 1975; Fried 1974). En ella el cacique es un intermediario neutral que administra la producción especializada local (sustentada quizás en diversidad ecológica) y facilita la distribución de los productos. Service, Sahlins y Fried igualan el concepto de administración centralizada del intercambio con el concepto de redistribución, y creen que el beneficiario principal de la actividad administrativa del cacique es el conjunto de la población y no el cacique mismo. Esta aproximación ha sido cuestionada considerando que inclusive en el caso Polinesio, que brindó la principal inspiración para dicha posición, la situación no puede ser descrita precisamente de esa manera (Finney 1966; Earle 1977, 1978, 1987b). De mayor popularidad en la actualidad es la noción derivada del argumento anterior en la que la redistribución administrada por el cacique protege a la población de crisis económica que resultan de perturbaciones medioambientales (cf. Peebles y Kus 1977; Isbell 1978; Earle 1978; Halstead y O'Shea 1982; Upham 1982, 1983; Lightfoot 1983; Steponaitis 1983; Braun 1986; Muller 1987). Aquí la noción fundamental es aún que la organización cacical está sustentada en la redistribución local de bienes, y que el proceso de su desarrollo debe ser entendido en gran parte concentrándose en los beneficios económicos que provee al conjunto de la sociedad.

La segunda aproximación enfatiza el control y manipulación por parte del cacique de la economía local como un medio de profundizar los intereses propios de la élite. Muchos mecanismos de control diferentes son posibles, pero el tema en común es "la transferencia de bienes de los productores a las élites políticas", que "sostiene a las élites y les permite fundar nuevas instituciones y actividades calculadas para ampliar su poder" (Brumfiel y Earle 1987:3). Si bien la existencia de tal movilización fue alguna vez tomada como un rasgo definitorio de estratificación o de un nivel de organización estatal (como opuesto a organización cacical), es más común en la actualidad presentar argumentos en los cuales tales procesos son esenciales en la formación de cacicazgos (cf. Coe 1974; Linares 1977; Earle 1977, 1978, 1987b, 1991; Muller 1978; Roosevelt 1980; Carneiro 1981, 1991; Gilman 1981, 1991). De particular importancia para el presente estudio es la sugerencia de Rice (1981) que en Guatemala, las élites de Kaminaljuyú podrían haber controlado la producción especializada de cerámica gracias al control de las limitadas fuentes de arcilla.

Objetivos de este Estudio

A pesar de la importancia fundamental de la organización de economías locales en las discusiones de la evolución del cacicazgo, la evidencia empírica que nos permita reconstruir aspectos relevantes de ellas es extremadamente escasa. Este capítulo y aquellos que siguen presentan los resultados de un estudio llevado a cabo con la intención de ayudar a remediar tal situación. El objetivo es usar patrones de producción y distribución alfarera intra-regional en el Valle de la Plata (y cambios en estos patrones a través de una secuencia de unos 2500 años) como una ventana a través de la cual se puedan percibir las características de la economía local y sus relaciones con la cambiante organización política. Se debe reconocer, de entrada, que la producción y distribución alfarera de ninguna manera reflejan el rango total de la economía local. Sin embargo, es un sector de ella en el cual uno pudiera esperar percibir empíricamente uno u otro de los dos esquemas contrastantes descritos anteriormente—si, en realidad, alguno de ellos ofrece un cuadro adecuado de la evolución del cacicazgo en el Valle de la Plata. La incapacidad de encontrar evidencia de tales procesos en la producción y distribución alfarera no sería, por supuesto, prueba de que no estuvieran presentes en otras áreas de la economía local. Sin embargo, ello proveería una imagen concreta de la operación de una parte de dicha economía.

Allen 1978; Irwin 1978; Stolmaker 1976; van der Leeuw 1980; Fontana et al. 1962; Browne 1981; and Rathje 1975) which deals with ceramic production and distribution in a broad assortment of geographic locations and political environments. In addition, the demographic, economic, and political factors outlined in the model (cf. Feinman, Kowalewski, and Blanton 1984:301) assume varying levels of complexity. Thus, there appears to be no reason why the model would not apply equally well to chiefdom-level societies.

Along similar lines, it can be argued that the model is applicable to chiefdom- and early state-level societies, in spite of the inherently (and apparently unintentionally) capitalist terminology employed by Feinman, Kowalewski, and Blanton in discussing the model. Economic functions such as craft production and distribution can and do occur in noncapitalist contexts. Feinman, Kowalewski, and Blanton use modern, free market terminology, such as "competition" and "consumer choice," to describe strategies of craft production and distribution that are not necessarily confined to capitalist economies. While such an ambiguous use of terminology is a weakness in the model, it does not prevent the model from being useful or enlightening. Economic concepts such as "competition," "consumer" (i.e., any person who consumes or uses agricultural produce or manufactured items), and "choice" (i.e., the ability of a person to choose between two or more comparable items), can be used without an underlying assumption of profit oriented, free market principles.

Unfortunately, Feinman, Kowalewski, and Blanton do not attempt to explore the possible cultural contexts for commodity distribution that could occur in prehispanic or precapitalist societies. In the case of the Valle de la Plata, the specific cultural context for ceramic manufacture and distribution remains unknown. It is more than likely, however, that households in the Valle de la Plata were engaged in some sort of kinship-based distribution system, such as that outlined by Michels (1979) for the Kaminaljuyú chiefdom in Guatemala, rather than a market economy. This does not preclude the use of contemporary terminology in describing patterns of craft production and distribution, so long as it is clearly understood that modern economic systems are not being projected onto precapitalist societies.

The Feinman, Kowalewski, and Blanton (1984:301) model considers ceramic production in terms of scale and competition. Scale of manufacture is asserted to be a function of population size and density, intensity of agricultural production, and degree of political consolidation in the region. Competition between potters is asserted to be a function of the degree of administrative control over the economy, and again, regional political consolidation. Precisely such demographic, economic, and political factors are involved in the models of elite political control of the local economy important to scholars of chiefdom evolution. The Feinman, Kowalewski, and Blanton model will be used here as a springboard for analysis of the network of ceramic manufacture and distribution operating in the prehispanic Valle de la Plata. Because it treats

ceramic manufacture and distribution as functions of political consolidation and administrative control over the economy, the Feinman, Blanton, and Kowalewksi model provides a direct link between elite control over one aspect of the local economy and elite political power.

Feinman, Kowalewski, and Blanton's (1984) model correlates the degree of regional administrative consolidation with scale of ceramic production and competition between potters. In an administratively consolidated region which exhibits expansive regional borders, intensive agricultural practices, higher population densities, and greater population nucleation than a less administratively consolidated region, there is likely to be a greater economy of scale in which vessels are essentially mass produced. This is evidenced in greater vessel standardization. In an economy of scale vessels will be the products of increased task mechanization and routinization (Feinman, Kowalewski, and Blanton 1984:299), both of which result in greater standardization.

Political consolidation would promote mass production in other ways, such as by expanding the size of the population that could be served by a full-time ceramic specialist (Feinman, Kowalewski, and Blanton 1984:303). With a large potential market it is a more efficient use of the potter's time to mass produce similar pots, thus spending less time and attention on each pot. Competition between potters is reduced in a politically consolidated region, again arguing for a decreased expenditure of energy per vessel and an increase in the spatial homogeneity of ceramic type distribution (Feinman, Kowalewski, and Blanton 1984:303).

In an administrative region which has smaller, more restricted borders, lower population densities, and less overall population nucleation, the converse situation is likely to apply. There will be less of an economy of scale with less mass production and vessel standardization, since the narrow political boundaries would limit the number of potential consumers that a given potter could reach (Feinman, Kowalewski, and Blanton 1984:302). Competition between potters would probably be increased, since smaller political domains would presumably each support their own potters; more political domains would mean more potters competing in the same general geographic region (unless boundaries were completely impermeable to movement of goods or people). Greater competition between potters would be manifested in an increased energy expenditure in vessel preparation, less standardized ceramics, and increased spatial heterogeneity of ceramic type distribution (Feinman, Kowalewski, and Blanton 1984:303).

Feinman, Kowalewski, and Blanton (1984:305–312) analyzed an enormous body of data from the valley of Oaxaca collected by many researchers over the course of many years. The sample of 3000 ceramics analyzed, the procedures used to measure and characterize the ceramic complexes, and the methods used to locate ceramic manufacturing centers were conditioned to a large extent by the nature of this preexisting body of data. Feinman, Kowalewski, and Blanton do not, however, explicitly advocate the duplication of their analytical

Este estudio hace uso del modelo desarrollado por Feinman, Kowalewski y Blanton (1984) que relaciona patrones de producción y distribución alfarera a factores demográficos, económicos, de utilización de tierras, y políticos que operan en sociedades de creciente complejidad sociopolítica. Si bien estos autores aplicaron este modelo a la secuencia cerámica del Valle de Oaxaca, México, que alcanzó niveles de complejidad sociopolítica más allá del nivel cacical, el modelo mismo fue elaborado a partir de un sustancial conjunto de información etnográfica y arqueológica (e.g., Nicklin 1971; Balfet 1965; Birmingham 1975; Foster 1965; Garner 1967; Allen 1978; Irwin 1978; Stolmaker 1976; van der Leeuw 1980; Fontana et al. 1962; Browne 1981; y Rathje 1975) relacionada con problemas de producción y distribución alfarera en una amplia variedad de lugares geográficos y contextos políticos. Además, los factores demográficos, económicos y políticos esquematizados en el modelo (cf. Feinman, Kowalewski y Blanton 1984:301) asumen la existencia de diferentes niveles de complejidad. De tal manera, no parece haber ninguna razón por la cual el modelo no se podría aplicar de manera similar a sociedades de nivel cacical.

Bajo esta misma perspectiva, se puede argüir que el modelo es aplicable a sociedades de nivel cacical y estatal temprano, a pesar de la inherente (y aparentemente no intencionada) terminología capitalista empleada por Feinman, Kowalewski y Blanton cuando discuten su tema. Las funciones económicas tales como producción y distribución artesanal ocurren en contextos no capitalistas. Feinman, Kowalewski y Blanton usan terminología moderna, de libre mercado, con términos tales como "competencia" y "elección de consumidor", para describir estrategias de producción y distribución que no están necesariamente restringidas a economías capitalistas. Mientras tal uso ambiguo de la terminología es una debilidad en el modelo, ello no implica que el modelo no sea útil o esclarecedor. Conceptos económicos tales como "competencia", "consumidor" (i.e., cualquier persona que consume o use productos agrícolas o bienes manufacturados) y "elección" (i.e., la habilidad de una persona para escoger entre dos o más bienes comparables), pueden ser usados sin una presuposición subyacente de principios de libre mercado y orientados a la ganancia monetaria.

Desafortunadamente, Feinman, Kowalewski y Blanton no buscan explorar los posibles contextos culturales para la distribución de bienes que podrían ocurrir en sociedades prehispánicas o precapitalistas. En el caso del Valle de la Plata, el contexto cultural específico para la manufactura y distribución cerámica es aún desconocido. Sin embargo, existe una buena posibilidad que las unidades domésticas en el Valle de la Plata estuvieran organizadas en algún tipo de sistema de distribución a partir del factor de parentesco, tales como aquellos mencionados por Michels (1979) para el cacicazgo de Kaminaljuyú en Guatemala, más que en una economía de mercado. Esto no excluye el uso de terminología contemporánea para describir los patrones de producción y distribución artesanal, mientras esté claramente entendido que sistemas económicos modernos no están siendo extrapolados a sociedades precapitalistas.

El modelo de Feinman, Kowalewski y Blanton (1984:301) considera la producción cerámica en términos de escala y competencia. La escala de manufactura es concebida como una función del tamaño y la densidad de la población, la intensidad de la producción agrícola y el grado de consolidación política en la región. La competencia entre alfareros es concebida como una función del grado de control administrativo sobre la economía, y nuevamente, consolidación política regional. Precisamente tales factores demográficos, económicos y políticos están implicados en los modelos de control político de la élite de la economía local, importantes para los investigadores de la evolución de los cacicazgos. El modelo de Feinman, Kowalewski y Blanton será usado aquí como un punto de partida para el análisis de la red de manufactura y distribución alfarera que operaba en el Valle de la Plata durante el período prehispánico. Debido a que el modelo considera la manufactura y distribución alfarera como funciones de la consolidación política y del control administrativo sobre la economía, el modelo provee una conexión directa entre el control de la élite sobre un aspecto de la economía local y el poder político de la élite.

El modelo de Feinman, Kowalewski y Blanton (1984) correlaciona el grado de consolidación administrativa regional con la escala de producción cerámica y la competencia entre alfareros. En una región consolidada administrativamente que exhiba fronteras regionales expansivas, prácticas agrícolas intensivas, mayores densidades poblacionales, y mayor agrupamiento poblacional que regiones menos consolidadas administrativamente, es muy probable que exista una economía de mayor escala en la cual las piezas cerámicas son producidas en masa. Esto puede ser percibido en una mayor estandarización de las formas cerámicas. En una economía de tal escala las vasijas serán el producto del incremento de la mecanización y la rutina de la labor alfarera (Feinman, Kowalewski y Blanton 1984:299), los cuales resultan en una mayor estandarización.

La consolidación política podría promocionar la producción alfarera en masa de otras maneras, tal como ampliar el tamaño de la población que pudiera ser servida por los especialistas alfareros a tiempo completo (Feinman, Kowalewski y Blanton 1984:303). Con un amplio mercado potencial es más eficiente usar el tiempo de un alfarero para producir en masa vasijas similares, invirtiendo entonces menos tiempo y atención en cada vasija. La competencia entre alfareros es reducida en una región politicamente consolidada, otra vez apoyando la idea de una disminución en la energía invertida por vasija y un incremento en la homogeneidad espacial de la distribución de tipos cerámicos (Feinman, Kowalewski y Blanton 1984:303).

En una región administrativa más pequeña que tiene fronteras más restringidas, una menor densidad poblacional y menor agrupamiento poblacional en conjunto, ocurre probablemente la situación opuesta. Habrá una economía de escala limitada con menos producción en masa y menos estandarización cerámica, dado que las restringidas fronteras políticas limitarían el número de consumidores potenciales que un

methods. As the methods they used were predetermined to a large extent by the body of data they chose to analyze, it is not reasonable to expect that their exact methods should be used with other data sets. Rather, they hope that the general theories they present will be applicable to other sorts of data sets: "[a]n adequate assessment of the generality of this approach will only emerge if its expectations are examined against a much broader set of cases. Hopefully, these examinations will be forthcoming, and will lead to major theoretical as well as methodological refinements of the model" (Feinman, Kowalewski, and Blanton 1984:323).

The use in this study of petrographic analysis and cluster analysis to characterize groups of ceramics made from similar raw materials is, as in the case of Feinman, Kowalewski, and Blanton's analysis, conditioned in large part by the nature of the preexisting data set. The method of determining the location of ceramic manufacture by correlating ceramic clusters with the lithology of the study area is also conditioned by the nature of the data set. In spite of the differences in methodology necessitated by the differences inherent in the data sets, it was possible to follow some recommendations made in the original model.

For example, Feinman, Kowalewski, and Blanton (1984:300) list paste composition as one expression of vessel standardization. On the basis of the cluster analyses performed on the results of petrographic analysis of the sherds from the Valle de la Plata, vessel standardization will be analyzed in terms of the correlated variables for political consolidation mentioned above: regional population density, regional patterns of population nucleation, agricultural intensification, and overall size of political boundaries.

In order to deal with these issues, this study must answer a series of basic questions, such as: Where were ceramics being made in the Valle de la Plata? To what place or places were they being transported? How many locations served as manufacturing centers? What did the distribution networks look like on the map? To what extent were ceramic manufacturing and distribution under centralized political control? How did the situation change from period to period? In the process of answering more complex and specific questions about intraregional ceramic distribution patterns in the chiefdom-level societies in the Valle de la Plata, these fundamental variables will be kept in mind as a sort of "vocabulary of exchange," without which it would be difficult to describe or characterize what was going on in the Valle de la Plata between 1000 BC and 1530 AD.

This study aims to document and describe patterns of intravalley ceramic production, distribution, and consumption in the chiefdom-level societies of the Valle de la Plata, and to trace changes in these patterns through time. By selecting only one particular commodity for analysis, it is intended that distribution patterns be pinpointed with greater precision. Patterns of ceramic distribution will be linked to temporal changes in population and settlement patterns, because these are facets of evolving chiefdom-level economic and political organiza-

tion. Specific goals of the project are as follows:

1) To specify with as much accuracy as possible the number and location of the manufacturing centers for different ceramic varieties for each of the Valle de la Plata's five currently defined time periods. This will be accomplished in several stages. The results of petrographic analysis of thin sections of ceramics from the Valle de la Plata will be subjected to cluster analysis. Clusters of ceramics with mineralogically similar temper will be plotted on settlement distribution maps and correlated with the lithology of the study area. This correlation should define the general location of manufacture for each cluster of similar sherds. This in turn should produce data on the number, size, and general locations of ceramic manufacturing centers for each period. Identification of raw material source locations could be made more precise by studying raw material samples as well as artifacts, but the complexity and expense of this endeavor are well beyond the constraints of the present study.

2) To define ceramic distribution networks by tracing commodity movement from the general location of manufacture to the points of utilization. Changes in the size, complexity, or number of distribution networks from period to period will be noted. The size, (i.e., quantity of sherds) of distribution networks will be used as an index for the relative degree of occupational specialization, with large networks reflecting a specialized, full-time work force and small networks reflecting many small-scale, part-time production systems (Feinman, Kowalewski, and Blanton 1984:302).

3) To define economic and political relationships between various sites within the defined study area in the Valle de la Plata. Economic and political relationships will be defined and analyzed in terms of the ceramic distribution networks described in 1) and 2), above. The purpose of defining economic and political relationships between different sites is to determine how and to what extent the economy was integrated inside local political borders. Special attention will be paid to the proximity of ceramic production areas to emerging political centers, as defined by regional settlement pattern data, in an effort to define the nature of the link between ceramic production and the developing political hierarchy. It is at this stage that the interrelationships between variables posited by Feinman, Kowalewski, and Blanton (1984) become highly relevant.

4) To trace these distribution patterns through time, and thus to document the evolution of one dimension of chiefdom-level economic organization. Specifically, temporal changes in the size and/or number of production and distribution networks will be compared with the timing of the development of chiefdom-level political organization in the Valle de la Plata. The same variables used in 3), above, as manifestations of political consolidation will be used here: regional population density, regional patterns of population nucleation, and overall size of political boundaries. This is in accord with Feinman, Kowalewski, and Blanton's (1984:297–298) recommendation that ". . . ceramic changes be analyzed in the context of shifts

determinado alfarero pudiera alcanzar (Feinman, Kowalewski y Blanton 1984:302). La competencia entre alfareros probablemente se incrementaría dado que las entidades políticas más reducidas probablemente apoyarían a sus propios alfareros; una mayor cantidad de unidades políticas significaría más alfareros compitiendo en la misma región geográfica general (a menos que las fronteras fueran completamente impermeables al movimiento de bienes o personas). Una mayor competencia entre alfareros se manifestaría en un incremento de la energía invertida en la preparación de vasijas, menos estandarización de formas cerámicas y un incremento de la heterogeneidad espacial de la distribución de tipos cerámicos (Feinman, Kowalewski y Blanton 1984:303).

Feinman, Kowalewski y Blanton (1984:305–312) analizaron un amplio cuerpo de datos del Valle de Oaxaca recogido por muchos investigadores a lo largo de muchos años. La muestra de 3000 tiestos analizada, los procedimientos usados para medir y caracterizar los complejos cerámicos, y los métodos usados para localizar los centros de producción cerámica estuvieron condicionados en gran medida por la naturaleza de este cuerpo pre-existente de datos. Sin embargo, estos autores no recomiendan la duplicación exacta de sus métodos analíticos. Dado que los métodos que usaron fueron predeterminados en gran medida por el cuerpo de datos que decidieron analizar, no es razonable esperar que sus mismos métodos deban ser usados con otros cuerpos de datos. Más bien, esperan que las teorías generales que presentan sean aplicables a otro tipo de datos: "una evaluación adecuada de la generalización de este modelo surgirá sólo si las expectativas son examinadas frente a un grupo de casos más amplio. Afortunadamente, estos exámenes están siendo realizados, y ellos llevarán a refinamientos teóricos y metodológicos mayores del modelo" (Feinman, Kowalewski y Blanton 1984:323).

El uso en este estudio del análisis petrográfico y del análisis de conglomerados para caracterizar grupos de cerámica hechos de materias primas similares está, como en el caso del análisis de Feinman, Kowalewski y Blanton, condicionado en gran parte por la naturaleza de los datos preexistentes. El método para determinar la ubicación de lugares de manufactura cerámica correlacionando grupos cerámicos con las características litológicas del área de estudio está también condicionado por la naturaleza del cuerpo de datos. A pesar de las diferencias en la metodología requerida por las diferencias inherentes en las bases de datos, fue posible seguir algunas de las recomendaciones hechas en el modelo original.

Por ejemplo, Feinman, Kowalewski y Blanton (1984:300) mencionan la composición de la pasta como una expresión de la estandardización de las vasijas. A partir del análisis de conglomerados realizado con los resultados del análisis petrográfico de los tiestos del Valle de la Plata, la estandardización cerámica será analizada en función de la correlación entre variables que caracterizan la situación de consolidación política mencionadas anteriormente: densidad poblacional regional, patrones de agrupamiento poblacional regional, intensificación agrícola, y sobretodo extensión de las fronteras políticas.

Con la intención de tratar estos problemas, este estudio debe contestar una serie de preguntas básicas como las siguientes: ¿Dónde fue manufacturada la cerámica en el Valle de la Plata? ¿A dónde fue ella transportada? ¿Cuántos lugares sirvieron como centros de manufactura alfarera? ¿Cómo se organizaban las redes de distribución en el espacio? ¿Cuál fue la magnitud del control político centralizado de la manufactura y distribución alfarera? ¿Cómo cambió esta situación en cada período? En el proceso de contestar preguntas más complejas y específicas sobre los patrones de distribución intra-regional de la cerámica en los cacicazgos del Valle de la Plata, estas variables fundamentales serán tomadas en cuenta como un "vocabulario de intercambio," sin el cual sería difícil describir o caracterizar lo que estaba ocurriendo en el Valle de la Plata entre el 1000 AC y 1530 DC.

Este estudio tiene como propósito documentar y describir los patrones de producción, distribución y consumo de cerámica en las sociedades de nivel cacical en la región del Valle de la Plata, y establecer los cambios en estos patrones a través del tiempo. Al seleccionar un sólo bien para este análisis, la intención del estudio es establecer con precisión los patrones de distribución cerámica. Los patrones de distribución cerámica serán vinculados a cambios temporales en los patrones poblacionales y de asentamiento, pues estas son facetas del desarrollo de la organización económica y política de sociedades de nivel cacical. Los objetivos específicos del proyecto son los siguientes:

1) Especificar con la mayor precisión posible el número y la ubicación de los centros de manufactura de diferentes variedades cerámicas para cada uno de los cinco períodos temporales actualmente definidos para el Valle de la Plata. Esto será realizado en varias etapas. Los resultados del análisis petrográfico de secciones delgadas de fragmentos cerámicos del Valle de la Plata serán sometidos a análisis de conglomerados. Los grupos de cerámica con desgrasantes mineralógicamente similares, productos de estos análisis, serán ubicados en los mapas de distribución de asentamientos y correlacionados con las características litológicas del área de estudio. Esta correlación debería definir la ubicación general de los lugares de manufactura cerámica para cada grupo de tiestos similares. Esto a su vez debería generar datos sobre el número, tamaño y ubicación general de los centros de manufactura cerámica en cada período. La ubicación de las fuentes de materia prima podría ser más precisa al estudiar muestras de materia prima tanto como los artefactos, pero la complejidad y costo de esta tarea exceden los límites del presente estudio.

2) Definir las redes de distribución cerámica identificando el movimiento de bienes desde los lugares de manufactura a los lugares de utilización. Se buscará establecer los cambios en el tamaño, complejidad, o número de redes de distribución de un período a otro. El tamaño (i.e., cantidad de tiestos) de las redes de distribución será usado como un índice para el grado relativo de especialización ocupacional, en el cual grandes redes reflejarían una fuerza laboral a tiempo completo y espe-

in regional scale phenomena (e.g., administrative organization, population)."

5) To evaluate, on the basis of the above analyses, the nature and extent of chiefly political control over the organization of ceramic production and distribution in the Valle de la Plata.

cializada y redes pequeñas reflejarían la existencia de numerosos sistemas de producción de pequeña escala (Feinman, Kowalewski y Blanton 1984:302).

3) Definir las relaciones económicas y políticas entre varios sitios en el área de estudio en el Valle de la Plata. Las relaciones económicas y políticas serán definidas y analizadas en términos de las redes de distribución de cerámica descritas anteriormente en los objetivos 1) y 2). El propósito de definir las relaciones económicas y políticas entre varios sitios es determinar cómo y en qué medida la actividad económica estaba integrada dentro de los límites políticos locales. Se prestará especial atención a la proximidad de las áreas de producción cerámica a centros políticos emergentes, tal como se definan en el patrón de asentamiento regional, en un esfuerzo por definir la naturaleza de los vínculos entre la producción cerámica y el desarrollo de una jerarquía política. Es en esta etapa que las relaciones entre las variables propuestas por Feinman, Kowalewski y Blanton (1984) se convierten en altamente relevantes.

4) Establecer los cambios en estos patrones de distribución a través del tiempo, y con ellos documentar la evolución de una de las varias dimensiones de la organización económica del cacicazgo. Especificamente, los cambios temporales en el tamaño y/o número de redes de producción y de distribución serán comparados con las etapas del desarrollo que experimenta la organización política cacical en el Valle de la Plata. Las mismas variables usadas en el objetivo 3), como manifestaciones de la consolidación política, serán usadas aquí: densidad poblacional regional, patrones regionales de agrupamiento poblacional y tamaño general de las fronteras políticas. Esta posición está de acuerdo con la recomendación de Feinman, Kowalewski y Blanton (1984:297–298) que ". . . los cambios en la cerámica sean analizados en el contexto de fenómenos de cambio a escala regional (e.g., organización administrativa, población)."

5) Evaluar, a partir de los análisis descritos en los puntos anteriores, la naturaleza y alcance del control político del cacique sobre la organización de la producción y distribución cerámica en el Valle de la Plata.

Chapter 5

Methodology for Studying Ceramic Production

This study takes as its analytical point of departure the classification described in Chapter 1 of this volume. The five broad types (Tachuelo Burnished, Planaditas Burnished, Lourdes Red Slipped, Guacas Reddish Brown, and Barranquilla Buff) served to divide the sample of sherds analyzed here into chronologically distinct subsamples. In addition, several sherds analyzed here were, at the time the sample was selected, classified into trial types of which the quantity subsequently recovered was insufficient to support clear incorporation into the typology. These are discussed separately as aberrant sherds.

Sample Selection

The sample for analysis was selected from sherds recovered in systematic regional survey in the Valle de la Plata study area. The results of this survey are to be reported in final form in future volumes in this series, but the survey methodology has been described by Drennan (1985:143–147) and Drennan et al. (1991:304–305). Preliminary discussions of results are also available in Drennan et al. 1989 and 1991. As of August, 1986, when the sherds analyzed in this study were selected, only a portion of the survey had been completed, and that, of course, determined what was available to be studied (Figure 5.1). The tracts that had been surveyed (LA, CS, GJ, 84, TS, and VK) nevertheless provided a transect cutting across the full range of environmental variability included in the survey area. The sample selected also relates well to politically based patterning discernible only after further survey had been completed (cf. Drennan et al. 1989, 1991).

In selecting a sample of sherds for analysis it was necessary to include a wide geographic scattering so as to be able to delineate regional patterns; it was also necessary to include all periods so as to be able to discuss change in these regional patterns through time. Several survey collections of sherds (called *lots*) were chosen for sampling. These collections were chosen according to two criteria: 1) widely scattered distribution across the area surveyed as of 1986, and 2) production of the largest possible number of unequivocally classifiable sherds of each type. A single collection with sherds of all types was preferred so as to observe change in ceramic procurement sources at a single locus. When this was not possible, several collections close together were used. The locations of the lots

sampled are given in Figure 5.2. Initially a random sample of 20 sherds was selected from each ceramic type in each separate lot. Limitations of time and money forced the reduction of these samples of 20 to samples of 8 from each lot at the time petrographic study began. Some lots were represented by even fewer sherds of each ceramic type either because there were not as many as 8 sherds of some type in a particular collection or because of technical problems in thin section preparation. The final sample upon which this study is based numbered 255 sherds. Details concerning its subdivision by period, site, and collection lot can be found in the Appendix.

Petrographic Analysis

A wide variety of geochemical and petrographic research techniques has been used to produce data on ceramic provenance and manufacturing technology. Most, if not all, of these techniques are applicable to other types of artifactual material besides ceramics.

Trace element techniques have proliferated in recent years. These techniques provide data on the bulk mineralogy of the ceramic, but provide no textural information. Trace element techniques currently available include: atomic absorption analysis (Gritton and Magalousis 1977); neutron activation analysis (Sabloff et al. 1982; Krywonos et al. 1982; and Pires-Ferreira 1975); X-ray fluorescence (Nelson, D'Auria, and Bennett 1975); X-ray diffraction (Kamilli and Steinberg 1985); spark-source mass spectrometry (Friedman and Lerner 1977); Mössbauer spectroscopy (Pires-Ferreira 1975; Kostikas, Simopoulos, and Gangas 1974); X-ray photoelectron spectroscopy (Lambert and McLaughlin 1976); infrared spectroscopy (Beck et al. 1971); and thermoluminescence (Huntley and Bailey 1978).

Scanning Electron Microscopy (SEM) provides highly detailed information on grain form and textural relationships, and on details of plants or other temper fragments included in the paste (Tite and Maniatis 1975; Kamilli and Steinberg 1985), but no data on chemical composition or mineral types.

Finally, thin section petrography (Donahue, Cooke, and Vento 1983; Kamilli and Steinberg 1985; Beynon et al. 1986) provides both textural and mineral species identification, although not to such extremely precise degrees as the above-mentioned techniques. However, its versatility, minimal ex-

Capítulo 5

Metodología para el Estudio de la Producción Cerámica

Este estudio toma como punto de partida analítico la clasificación descrita en el Capítulo 1 de este volumen. Los cinco tipos generales (Tachuelo Pulido, Planaditas Rojo Pulido, Lourdes Rojo Engobado, Guacas Café Rojizo y Barranquilla Crema) sirvieron para dividir la muestra de tiestos aquí analizados en submuestras cronológicamente diferentes. Además de ello, algunos de los tiestos analizados aquí fueron, en el momento que se seleccionó la muestra, clasificados en tipos de prueba, de los cuales la cantidad encontrada en trabajos posteriores no fue suficiente para apoyar su clara incorporación a la tipología. Ellos son discutidos de manera separada como tiestos aberrantes.

Selección de la Muestra

La muestra a ser analizada fue seleccionada entre tiestos recuperados en el reconocimiento regional sistemático del Valle de la Plata. Los resultados de este reconocimiento serán reportados de manera final en futuros volumenes en esta serie, pero la metodología del reconocimiento ha sido descrita por Drennan (1985:143–147) y Drennan et al. (1991:304–305). Las discusiones preliminares de los resultados también están disponibles en Drennan et al. 1989 y 1991. En agosto de 1986, cuando los tiestos analizados en este estudio fueron seleccionados, sólo una parte del reconocimiento había sido completada, y ello, por supuesto, determinó el tamaño de la muestra disponible para la investigación (Figura 5.1). Sin embargo, los sectores que habían sido reconocidos (LA, CS, GJ, 84, TS y VK) proveyeron un transecto ubicado a lo largo del rango total de la variabilidad medioambiental incluida en el área donde se realizó el reconocimiento. La muestra seleccionada también se relaciona bien con patrones políticas, discernibles solamente después de que se completaron mayores reconocimientos (cf. Drennan et al. 1989, 1991).

Al seleccionar la muestra de tiestos para el análisis fue necesario incluir una amplia dispersión geográfica como para poder delinear patrones regionales; también fue necesario incluir todos los períodos para poder discutir el cambio de estos patrones regionales a través del tiempo. Varias colecciones de tiestos recogidas durante el reconocimiento (llamadas *lotes*) fueron escogidas para ser muestreadas. Estas colecciones fueron escogidas de acuerdo con dos criterios: 1) amplia distribución geográfica a lo largo del área reconocida hasta el año 1986, y 2) producción del mayor número posible de tiestos inequívocamente clasificables de cada tipo. Se prefirió una sola recolección de tiestos de todos los tipos para poder observar el cambio en las fuentes de abastecimiento cerámico en un solo lugar. Cuando esto no fue posible, se utilizaron varias colecciones de lugares adyacentes. La Figura 5.2 muestra las ubicaciones de los lotes muestreados. Inicialmente una muestra al azar de 20 tiestos fue seleccionada para cada tipo cerámico en cada lote individual. Al iniciarse el estudio petrográfico, limitaciones en tiempo y dinero forzaron la reducción de la muestra de 20 a 8 tiestos de cada lote. Algunos lotes fueron representados incluso por un menor número de tiestos de cada tipo cerámico, sea porque no había tanto como 8 tiestos de alguno de los tipos en una colección particular o debido a problemas técnicos en la preparación de las secciones delgadas. El número final de la muestra sobre la cual se basó este estudio fue de 255 tiestos. Los detalles relacionados a las subdivisiones por período, sitio y lote donde fueron recogidos pueden ser encontrados en el Apéndice.

Análisis Petrográfico

Una amplia variedad de técnicas de investigación geoquímica y petrográfica ha sido utilizada para producir información sobre la proveniencia y tecnología de manufactura de la cerámica. La mayoría, sino todas, de estas técnicas son aplicables a otros tipos de material artefactual además de la cerámica.

En años recientes las técnicas de identificación de elementos han proliferado. Estas técnicas proveen información de la composición mineralógica de la cerámica, pero no proveen información sobre la textura. Las técnicas de identificación de elementos actualmente disponibles incluyen: análisis de absorción atómica (Gritton y Magalousis 1977); análisis de activación neutrónica (Sabloff et al. 1982; Krywonos et al. 1982; y Pires-Ferreira 1975); fluorescencia por rayos X (Nelson, D'Auria y Bennett 1975); difracción por rayos X (Kamilli y Steinberg 1985); espectrometría de masa por electroerosión (Friedman y Lerner 1977); espectroscopía Mössbauer (Pires-Ferreira 1975; Kostikas, Simpoulos y Gangas 1974); espectroscopía de fotoelectrones por rayos X (Lambert y McLaughlin 1976); espectroscopía infrarroja (Beck et al. 1971); y termoluminiscencia (Huntley y Bailey 1978).

El microscopio de barrido electrónico provee información

Figure 5.1
Regional survey in the Valle de la Plata. Labeled survey tracts
were sampled for the ceramic production study. Locations of upper
valley and lower valley study zone maps (Figure 5.2) are indicated.

Figura 5.1
Reconocimiento regional en el Valle de la Plata. Sectores de reconocimiento
indicados fueron muestreados para el estudio de la producción de la
cerámica. Las zonas de estudio en el valle alto y bajo (Figura 5.2) están
indicadas.

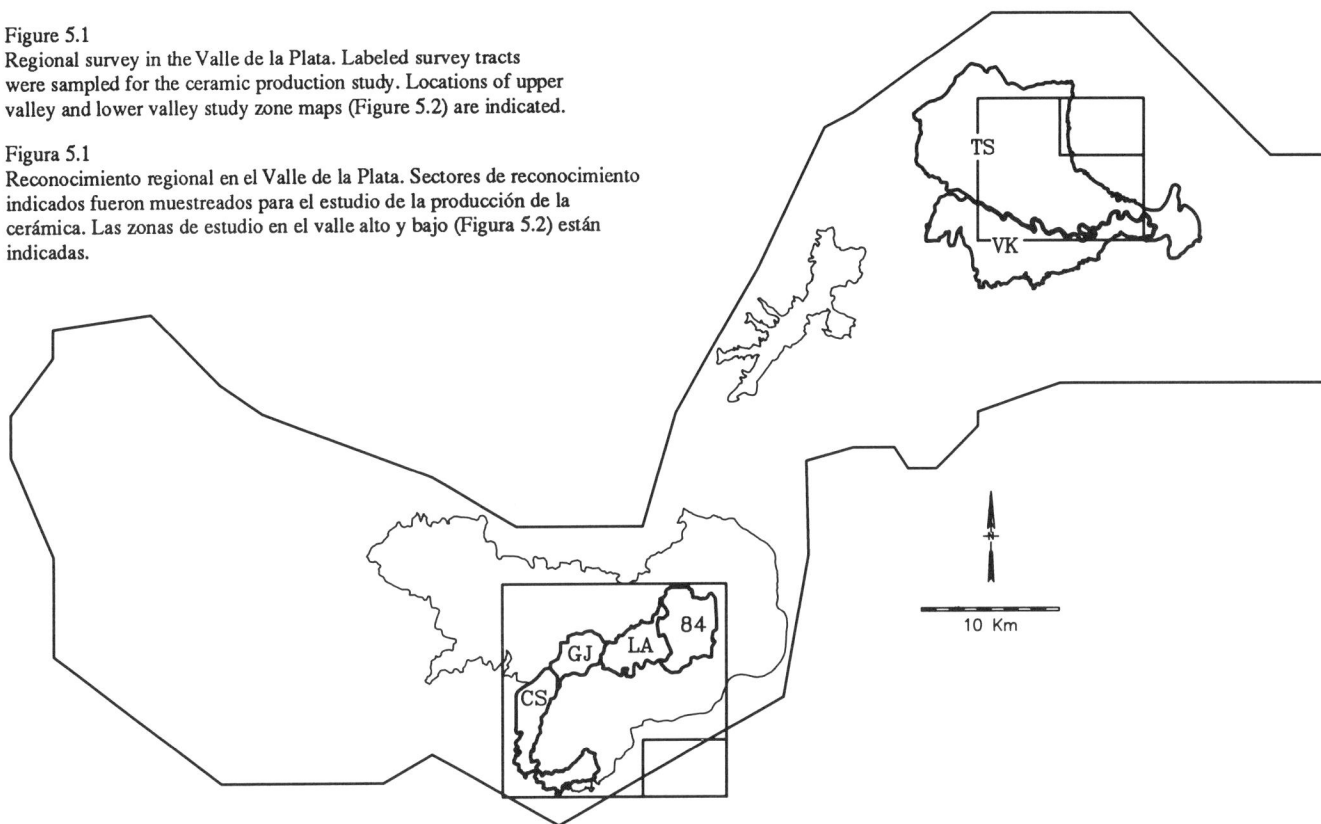

pense, accessibility compared to the above methods, and wide-spread use compensate for its lack of extreme precision. Kerr (1977:xiii) echoes Peacock (1977) in asserting the fundamental role played by petrography. Although he applauds the usefulness of techniques investigating bulk chemistry (e.g. X-ray diffraction, neutron activation analysis, etc.), he places them in the proper context of being supplemental to the basic data derived from petrography: "Notwithstanding the utility of . . . other supplemental methods, the polarizing microscope is still preeminent among mineralogical instruments. Under the microscope, one thin section may reveal more history of a [sample] than is obtainable using any other instrument."

Petrographic analysis offers the archeologist four advantages over other analytical techniques. First, it is the only method that provides both mineralogical and textural data, and is therefore the only method able to integrate these two kinds of information on the level of the individual specimen or artifact. Auxiliary methods supplement or confirm either the textural or the mineralogical data that are derived first from petrographic analysis. Second, petrography is much less expensive than the more sophisticated (or, as Beck [1981:511] muses, "read expensive and time consuming") methods of analysis. Third, it is useful for working with eroded, nondiagnostic ceramics that would be difficult to classify in other ways (e.g. Minzoni-Déroche 1981). Fourth, it can handle fairly large sample populations. Although some researchers (e.g. Minzoni-Déroche 1981; Donahue, Cooke, and Vento 1983) analyze only a small number of thin sections, much larger numbers are

possible. By effective use of sampling (e.g. Minzoni-Déroche 1981) the thin sections analyzed can represent far larger ceramic assemblages.

Kamilli and Steinberg (1985:314) describe two complementary data sets that can be derived from the analysis of potsherds: a) data concerning the ceramic paste (comprised of the coarse-grained fraction, the fine-grained matrix, and included plant material, shell, etc.) and b) data concerning the applied decorative finish (comprised of paint, slip, and glaze). In the case of the Valle de la Plata ceramics, it was not possible to produce a complete data set concerning applied decorative finishes. Since most sherds were collected on surface survey, they were heavily eroded and weathered, and many lacked whatever decorative finish they once had. Within the data set concerning ceramic paste both the coarse-grained fraction and the fine-grained matrix were available for study, but there was no regular inclusion of chaff, shell, grog, or other foreign material. Petrographic analysis was selected for the coarse-grained mineral fraction of the ceramic paste in this project for the reasons discussed above.

Ideally, the fine-grained matrix of the ceramic paste would have been submitted to a bulk-chemical analysis such as X-ray diffraction. This would have provided otherwise missing data on the particular species of clays used in the pastes, as clay minerals are too small to be seen with a polarizing microscope. Knowing the clay mineralogy would have made estimations of provenance an easier task. Unfortunately, lack of time and financial constraints prevented the use of a supplementary

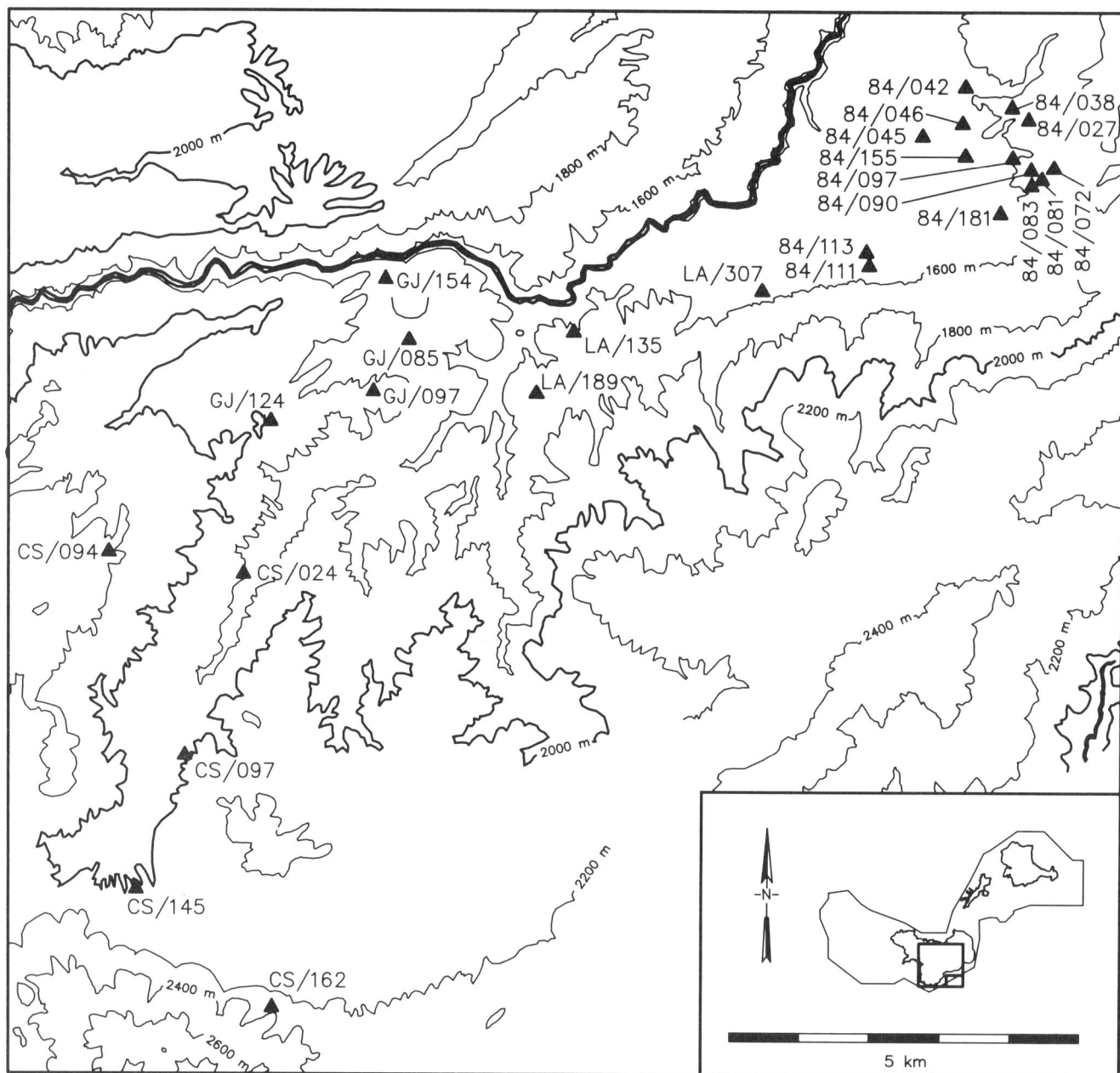

altamente detallada sobre la forma de los granos y relaciones de textura, lo mismo que detalles de plantas u otros fragmentos del desgrasante incluidos en la pasta (Tite y Maniatis 1975; Kamilli y Steinberg 1985), pero ninguna información sobre la composición química o relacionada con los tipos minerales. Finalmente, la petrografía de las secciones delgadas (Donahue, Cooke y Vento 1983; Kamilli y Steinberg 1985; Beyon et al. 1986) provee tanto identificación de textura como de especies minerales, aún cuando no a tales grados extremos de precisión como las técnicas mencionadas anteriormente. Sin embargo, su versatilidad, costo mínimo, accesibilidad en comparación con los otros métodos, y amplio uso compensan su falta de precisión. Kerr (1977:xiii) concuerda con Peacock (1977) al atribuirle a la petrografía un papel fundamental. Aún cuando

él aplaude la utilidad de las técnicas que investigan rasgos químicos generales, (e.g. difracción por rayos-x, análisis de activación por neutrones, etc.), las ubica en el contexto apropiado como un suplemento para la información básica derivada de los estudios petrográficos: "No obstante la utilidad de . . . otros métodos complementarios, el microscopio de luz polarizada es aún preeminente entre los instrumentos mineralógicos. Bajo el microscopio, una sección delgada puede revelar más historia de una [muestra] de lo que es posible obtener usando cualquier otro instrumento". El análisis petrográfico ofrece al arqueólogo cuatro ventajas sobre cualquier otra técnica analítica. En primer lugar, es el único método que provee tanto información mineralógica como de textura, y es por ello el único método capaz de integrar estos dos tipos de informa-

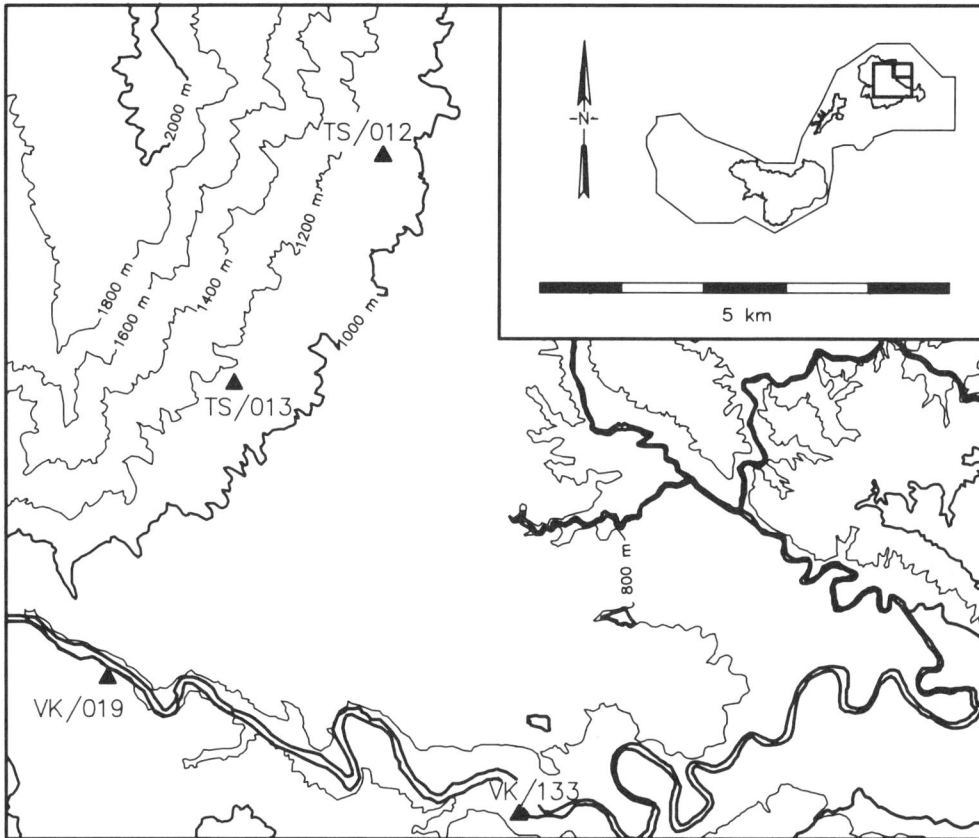

Figure 5.2 (facing pages)
Locations of sherd collections
sampled for the ceramic
production study.

Figura 5.2 (páginas opuestas)
Ubicaciones de las colecciones de
tiestos muestreadas en el estudio
de la producción de la cerámica.

method.

The goal of the petrographic analysis was to characterize the temper grains as thoroughly as possible in order to provide clues to the number and types of temper sources used. Most petrographic analyses of archeological ceramics (e.g. Donahue, Cook, and Vento 1983; Lombard 1987; and Beynon et al. 1986) employ a mechanical stage on the microscope and an ocular micrometer for measuring the long axis of each temper grain in millimeters. The only petrographic microscope that was available for use in this project was missing these two important accessories. Consistent, quantifiable, and replicable alternative methods had to be devised. Instead of an ocular micrometer the ocular grid was employed. A 6 X 6 square grid measuring 4 mm^2 (2 X 2 mm) was chosen as the field of measurement. Within this 4 mm^2 grid, data were recorded on 100 temper grains. If fewer than 100 grains occupied the 4 mm^2 field, the thin section was moved to produce a new field in which the remaining grains could be counted. The size of each grain was estimated relative to the area it occupied in the .11 mm^2 square in which it occurred. For example, a grain occupying 25% of a .11 mm^2 square was calculated to be .03 mm^2. A grain occupying 50% of a .11 mm^2 grid square was calculated to be .06 mm^2. A grain occupying 3 entire grid squares was calculated to be .33 mm^2, and so on. Thus, the grain sizes recorded are area measurements in mm^2, not linear measurements in mm.

Because a mechanical stage was unavailable the standard convention of counting 300 points could not be followed. In a point count, whatever is beneath a particular point on the mechanical stage is recorded: matrix, air space, or temper grain. This method provides the density and relative proportions of each ceramic component. Temper and air space density were recorded with the ocular grid by counting the total number of grains and air spaces per 4 mm^2. The density of each ceramic component was thus recorded in a consistent and replicable manner. Since a 300-point count does not yield a count of 300 temper grains, but usually only 100 or so grains, identification of 100 temper grains was chosen as sufficient to produce statistically meaningful data on each sherd.

Following Beynon et al. (1986:300), petrographic analysis was performed "blind," i.e., only the sherd number was recorded for identifying information. All other chronological and provenience data were recorded after the analysis to preclude any unjustified or prejudicial speculation. Grain size and categories of grain shape, sphericity, and longitudinal orientation relative to the long axis of the sherd were recorded for each of 100 temper grains. The mineral type of each grain was also noted and tallied. Kerr (1977) was used as the primary reference text for petrographic mineral identification. Bloss (1961) was used as a secondary reference.

For each thin-sectioned sherd, then, the values of the following variables were recorded:

ción al nivel del espécimen individual o del artefacto. Los métodos auxiliares suplementan o confirman, sea la información de textura o mineralógica que se derivan inicialmente del análisis petrográfico. Segundo, la petrografía es mucho menos costosa que los métodos de análisis más sofisticados (o, como Beck [1981:511] reflexiona: "léase costosos y consumidores de tiempo"). Tercero, es útil para trabajar con cerámica erosionada, y no diagnóstica, la cual sería difícil de clasificar de otra manera (e.g. Minzoni-Déroche 1981). Y en cuarto lugar, el método puede ser aplicado a muestras relativamente grandes. Si bien algunos investigadores (e.g. Minzoni-Déroche 1981; Donahue, Cooke y Vento 1983) analizan únicamente un pequeño número de secciones delgadas, es factible analizar una mayor cantidad. Mediante el uso efectivo del muestreo (e.g. Minzoni-Déroche 1981) las secciones delgadas analizadas pueden representar grupos cerámicos bastante más grandes.

Kamilli y Steinberg (1985:314) describen dos bases de datos complementarias que se pueden derivar del análisis de tiestos cerámicos: a) información relacionada con la pasta de la cerámica (compuesta por la porción de grano grueso, el núcleo de grano fino e inclusiones de material botánico, conchas, etc.) y b) la información relacionada con el acabado decorativo aplicado (comprendido por la pintura, el engobe y el esmalte). En el caso de la cerámica del Valle de la Plata, no fue posible producir una base de datos completa relacionada con la aplicación de los acabados decorativos. Debido a que la mayoría de los tiestos recogidos provienen de recolecciones de superficie, ellos estaban fuertemente erosionados y meteorizados, y muchos carecían de cualquier acabado decorativo que tuvieron alguna vez. En la base de datos que concierne la pasta cerámica, tanto la porción de grano grueso como el núcleo de grano fino fueron disponibles para ser estudiados; sin embargo, no hubo en ella inclusiones regulares de hollejos, concha, arcilla quemada molida u otro material foráneo. En este proyecto el análisis petrográfico fue seleccionado para la porción mineral de grano grueso de la pasta de la cerámica por las razones discutidas anteriormente.

Idealmente, el núcleo de grano fino de la pasta cerámica habría podido ser sometido a un análisis químico general, por ejemplo por difracción por rayos X. Ello habría provisto información que de otra manera hubiera faltado relacionada a las especies particulares de arcillas usadas en las pastas, debido a que los minerales de la arcilla son muy pequeños como para ser percibidos con un microscopio polarizante. El conocer la mineralogía de la arcilla habría hecho de la estimación de la proveniencia de cerámica una tarea más sencilla. Desafortunadamente, la falta de tiempo y limitaciones financieras impidieron el uso de un método suplementario.

El objetivo del análisis petrográfico fue caracterizar los granos del desgrasante lo más precisamente posible, con la intención de brindar información sobre el número y tipo de fuentes de desgrasante usadas. La mayoría de los análisis petrográficos de la cerámica arqueológica (e.g. Donahue, Cook y Vento 1983; Lombard 1987; y Beynon et al. 1986) utilizan una plataforma mecánica en el microscopio y un

micrómetro ocular para medir en milímetros el eje longitudinal de cada grano de desgrasante. El único microscopio petrográfico disponible por este proyecto carecía de estos dos importantes accesorios. Tuvieron entonces que ser usados métodos alternativos consistentes, cuantificables y duplicables. En lugar de un micrómetro ocular fue empleada una retícula ocular. Se escogió una retícula cuadrada de 6 por 6, de 4 mm^2 (2 X 2 mm) de área de medición básica. En esta retícula de 4 mm^2, se registró la información de 100 granos de desgrasante. Si había menos de 100 granos en el área de 4 mm^2, la sección delgada fue movida para producir una nueva área en la cual los granos faltantes pudieran ser contados. El tamaño de cada grano fue estimado con relación al área que ocupó en una retícula menor de .11 mm^2 en la cual se encontraba. Por ejemplo, a un grano que ocupara 25% del espacio de .11 mm^2 se le calculó un tamaño de .03 mm^2. A un grano que ocupara 50% del espacio de .11 mm^2 de una retícula menor se le calculó un tamaño de .06 mm^2. A un grano que ocupara 3 de esas retículas menores completas se le calculó un tamaño de .33 mm^2, y así sucesivamente. Por ello, el tamaño del grano registrado está hecho en relación al área de la retícula menor en mm^2, y no en medidas lineales en mm.

Debido a que una plataforma mecánica del microscopio no estaba a disposición, la convención estándar de contar 300 puntos no pudo ser seguida. En este sistema de conteo de puntos, todo aquello que esté por debajo de un punto en particular de la plataforma mecánica es registrado: pasta, espacio de aire, o grano del desgrasante. Este método provee la densidad y proporciones relativas de cada componente de la cerámica. Las densidades del desgrasante y del espacio de aire fueron registradas con la retícula ocular mediante el conteo del número total de granos y espacios de aire por área de 4 mm^2. La densidad de cada componente fue así registrada de manera consistente y duplicable. Dado que un conteo de 300 puntos no arroja un conteo de 300 granos de desgrasante, sino más bien usualmente alrededor de 100 granos, se decidió que 100 granos de desgrasante fueran suficientes para producir información estadísticamente significativa de cada tiesto.

Siguiendo a Beynon et al. (1986:300), el análisis petrográfico fue llevado a cabo "a ciegas", i.e. sólo se registró el número del tiesto para identificar luego la información. Toda la demás información, aquella cronológica y de proveniencia, fue registrada después del análisis para evitar cualquier especulación injustificada o perjudicial. El tamaño del grano y las categorías de formas de grano, esfericidad y orientación relativa al eje longitudinal del tiesto fueron registradas para cada uno de los 100 granos de desgrasante. El tipo mineral de cada grano también fue anotado y tomado en cuenta. Kerr (1977) fue usado como el texto de referencia principal para la identificación petrográfica mineral. Bloss (1961) fue usado como una referencia secundaria.

Por ello, para cada sección delgada del tiesto, los valores de las siguientes variables fueron registrados:

Minerales del desgrasante: el número de granos (dentro de los 100 granos identificados en cada sección delgada) de cada

Temper minerals: the number of grains (out of the 100 grains identified in each thin section) of each of the minerals listed in Table 5.1. An additional category under the heading of minerals was *Alteration Products.* These were grains, primarily feldspars, that were geochemically altered beyond recognition. This category played no role in the analysis.

Mean temper grain size: the average of the grain sizes for the 100 grains recorded (as a cross-sectional area in mm^2).

Temper grain size maximum: the size of the largest grain observed (as a cross-sectional area in mm^2).

Temper grain size minimum: the size of the smallest grain observed. Because of the method used for calculating grain size, no grain smaller than 1/20 of a .11 mm^2 grid square could be accurately estimated. Grains were frequently so tiny that they were unmeasurable. As it turned out, 1/20 of a square, or .006 mm^2, was the minimum size recorded in all cases, and this variable was eliminated.

Temper grain shape: the relative smoothness of the grain's surface, or in a 2-dimensional cross section on a slide, the smoothness of the grain's periphery, using the Roundness Scale of Maurice Powers (Folk 1980:10). Powers defines six shape categories ranging from very angular through angular, subangular, subrounded, rounded, and well rounded. Roundness values were obtained by visually comparing the shape of the perimeter of each grain to the perimeters of the grains photographed in the Powers Scale (cf. Folk 1980:Figure 1). Folk (1980:10) notes that, while roundness can be measured quantitatively, it is often impractical to do so, and it is now most commonly measured by visual comparison to the Powers Scale. The values recorded were the numbers of grains (out of the 100 identified for each sherd) falling in each of the six shape categories.

Sphericity: Folk (1980:7–10) discusses several equations for quantitative measurements of sphericity, or the degree to which all three dimensions of a grain are equal. As in the case of grain shape, a purely quantitative measure is impractical and unnecessary. Instead, a much simpler visual determination was made. The Powers Roundness Scale, which illustrates grains of both high and low sphericity, was used to determine sphericity. If the grain looked like a circle, it had "high" sphericity. If the grain had any other shape, it had "low" sphericity. The values recorded, then, were the numbers of grains (out of the 100 identified for each sherd) of high sphericity and of low sphericity.

Temper density: the total number of grains counted per 4 mm^2 grid.

Frequency of air spaces: the total number of air spaces counted per 4 mm^2.

Longitudinal temper grain orientation: a visual estimation of the angle of grain orientation relative to the long axis of the sherd (which represents, in effect, the orientation of the grain relative to the long axis of the vessel wall). The values recorded were the numbers of grains (out of the 100 counted for each sherd) in each of three categories: strong, moderate, and weak. Strongly oriented grains were those nearly parallel to the long

TABLE 5.1. MINERALS IDENTIFIED IN THE THIN SECTIONS.

Mineral	Cluster Analysis Category	Mineral Group
Orthoclase	Felsic	Feldspar
Sanidine	Felsic	Feldspar
Opaque Minerals		
Biotite	Mafic	Mica
Phlogopite		Mica
Hornblende	Mafic	Amphibole
Garnet	Metamorphic	Nesosilicate
Quartz		Silicate
Apatite		Phosphate
Augite	Mafic	Clinopyroxene
Sillimanite	Metamorphic	Nesosilicate
Orthopyroxene	Mafic	Orthopyroxene
Diopside	Mafic	Clinopyroxene
Andesine	Felsic	Plagioclase
Bytownite	Felsic	Plagioclase
Labradorite	Felsic	Plagioclase
Olivine	Mafic	Nesosilicate
Chlorite	Metamorphic	Mica (closely related)
Kyanite	Metamorphic	Nesosilicate
Anorthite	Felsic	Plagioclase
Fluorite		Halide
Epidote	Metamorphic	Sorosilicate
Muscovite		Mica
Oligoclase	Felsic	Plagioclase
Microcline	Felsic	Feldspar

axis of the sherd (forming an angle between 0 and 29°); moderately oriented grains formed an angle of 30 to 59°; and weakly oriented grains, an angle of 60 to 90°.

The values recorded for all variables for each sherd can be found in the Appendix.

Cluster Analysis

The analytical step following petrographic analysis was an attempt to delineate clusters of sherds whose mineralogy might indicate distinct raw material sources. The method chosen was agglomerative hierarchical cluster analysis, despite Rapp's (1985:356) and Doran and Hodson's (1975:177) criticisms of this approach. This approach produces a clear, visual method for discerning relationships between cases in a data set, in the form of a dendrogram grouping the cases into mutually exclusive and exhaustive categories. Just such a structure is, after all, precisely the structure of relationships implied by the idea that raw materials came from a limited number of source locations, and that the material for one ceramic vessel came from only one of those sources. Aberrant cases should be identifiable as well in the structure of the dendrogram in that they would fail to fit comfortably into any one of the clusters, joining as individual items only in the latest stages of cluster formation. Moreover, agglomerative hierarchical cluster

uno de los minerales enumerados en la Tabla 5.1. Una categoría adicional bajo el encabezado de minerales fue *Productos de Alteración*. Estos fueron granos, principalmente feldespatos, que fueron geoquímicamente alterados impidiendo todo reconocimiento. Esta categoría no desempeñó ningún papel en el análisis.

Tamaño promedio del grano del desgrasante: el promedio de los tamaños del desgrasante para los 100 granos registrados (como una área de sección trasversal en mm^2).

Tamaño máximo del grano del desgrasante: el tamaño del grano más grande observado (como una área de sección trasversal en mm^2).

Tamaño mínimo del grano del desgrasante: el tamaño del grano más pequeño observado. Debido al método usado para calcular el tamaño del grano, ningún grano más pequeño que 1/20 del área de .11 mm^2 en la retícula pudo ser estimado con exactitud. Con frecuencia los granos fueron tan pequeños que no fue posible medirlos. Como ocurrió a la postre, el 1/20 de la retícula, o un área de .006 mm^2, fue el tamaño mínimo registrado en todos los casos, siendo entonces esta variable eliminada.

Forma del grano del desgrasante: la relativa uniformidad de la superficie del grano, o en una sección transversal de dos dimensiones en una plaqueta, la uniformidad de la periferia del grano, usando la Escala de Redondez de Maurice Power (Folk 1980:10). Power define seis categorías formales que varían de muy angular a angular, subangular, sub-redondeada, redondeada y bien redondeada. Los valores de redondez fueron obtenidos mediante la comparación visual de la forma del perímetro de cada grano con el perímetro de los granos fotografiados en la Escala de Powers (cf. Folk 1980:Figura 1). Folk (1980:10) anota que mientras la redondez puede ser medida cuantitativamente, generalmente no es práctico hacerlo; hoy es más comunmente medido mediante la comparación visual con la Escala de Powers. El valor registrado es el número de granos (dentro de los 100 identificados para cada tiesto) para cada una de la seis categorías.

Esfericidad: Folk (1980:7–10) discute varias ecuaciones para las medidas cuantitativas de esfericidad, o el grado en que las tres dimensiones del grano son iguales. Como en el caso de la forma del grano, una medida puramente cuantitativa es impráctica e innecesaria. En lugar de ello, fue hecha una determinación visual mucho más simple. La Escala de Redondez de Powers, la cual ilustra granos tanto de alta como de baja esfericidad, fue utilizada para determinar la esfericidad. Si el grano se vio como un círculo, entonces tuvo una "alta" esfericidad. Si el grano tuvo cualquier otra forma, entonces presentó "baja" esfericidad. En resumen, los valores registrados fueron la cantidad de granos (dentro de los 100 identificados para cada tiesto) de alta esfericidad y los de baja esfericidad.

Densidad del desgrasante: el número total de granos contados por retícula de 4 mm^2.

Frecuencia de espacios de aire: el número total de espacios de aire contados por retícula de 4 mm^2.

Orientación longitudinal del grano del desgrasante: un estimado visual del ángulo de la orientación del grano relativa al eje longitudinal del tiesto (el cual representa, en efecto, la orientación del grano en relación con el eje longitudinal de la pared de la vasija). Los valores registrados fueron la cantidad de granos (dentro de los 100 contados para cada tiesto) en cada una de las tres categorías: fuerte, moderada y débil. Aquellos granos fuertemente orientados fueron aquellos casi paralelos al eje longitudinal del tiesto (formando un ángulo entre 0 y 29°); aquellos granos moderadamente orientados formaron un ángulo de 30 a 59°; y aquellos granos débilmente orientados, un ángulo de 60 a 90°.

Los valores registrados para todas las variables de todos los tiestos pueden ser encontrados en el Apéndice.

El Análisis de Conglomerados

La etapa analítica que sigue al análisis petrográfico fue un intento por establecer los grupos de tiestos que mineralógicamente puedan indicar diferentes fuentes de materia prima. El método seleccionado fue el análisis de conglomerados jerárquico, a pesar de la critica de Rapp (1985:356), y de Doran y Hodson (1975:177). Esta forma de análisis produce un método visual y claro para discernir las relaciones entre casos en una base de datos, en la forma de un dendrograma agrupando los

TABLE 5.1. MINERALES IDENTIFICADOS EN LAS SECCIONES DELGADAS.

Mineral	Categoría del Análisis de Conglomerados	Grupo Mineral
Ortoclasa	Félsico	Feldespato
Sanidina	Félsico	Feldespato
Minerales Opacos		
Biotita	Máfico	Mica
Flogopita		Mica
Hornablenda	Máfico	Amfibólico
Granate	Metamórfico	Nesosilicato
Cuarzo		Silicato
Apatita		Fosfato
Augita	Máfico	Clinopiroxeno
Sillimanita	Metamórfico	Nesosilicato
Ortopiroxeno	Máfico	Ortopiroxeno
Diópsido	Máfico	Clinopiroxeno
Andesina	Félsico	Plagioclasa
Bytownita	Félsico	Plagioclasa
Labradorita	Félsico	Plagioclasa
Olivino	Máfico	Nesosilicato
Clorito	Metamórfico	Mica (cercanamente relacionado)
Cianita	Metamórfico	Nesocilicato
Anortita	Félsico	Plagioclasa
Fluorita		Haloideo
Epidota	Metamórfico	Sorosilicato
Muscovita		Mica
Oligoclasa	Félsico	Plagioclasa
Microclino	Félsico	Feldespato

analysis has been used successfully in other mineralogical analyses of ceramics (e.g. Mommsen, Kreuser, and Weber 1988).

Prior to cluster analysis, the cases were divided by ceramic type so that a separate cluster analysis was performed for each chronological period. All variables resulting from the petrographic analysis were standardized (cf. Doran and Hodson 1975:39). This was necessary since the variables involved different forms and scales of measurement and had widely varying ranges, which would have had the unintended (and undesired) effect of weighting some variables much more heavily in the analysis than others. Distances between cases were measured using Euclidean distance (cf. Doran and Hodson 1975:23, 136–139; Mommsen, Kreuser, and Weber 1988:48).

Since there is no reliable *a priori* way to decide on a linkage method in advance of agglomerative clustering, the cluster analysis for each period was performed with single, centroid, average, median, and complete linkages (cf. Doran and Hodson 1975:174–176). Single, centroid, average, and median linkages all produced long, stringy cluster structures as revealed in the dendrograms without clear cluster formation in the early stages. This characteristic, which is a serious impediment to interpretation of cluster structure, was much less severe in the cluster solutions using complete linkage. Complete linkage consistently produced much tighter and more clearly recognizable clusters, as Doran and Hodson (1975:176) note that it tends to do. Thus complete linkage was used for the final analysis.

For each of the five chronological periods, three separate cluster analyses were performed on three separate subsets of variables: 1) mineralogy (all temper minerals in the data set); 2) grain size (mean temper grain size and temper grain size maximum); and 3) grain shape and density (temper grain shape, sphericity, temper density, frequency of air spaces, and longitudinal temper grain orientation). The three cluster solutions for each period differed considerably. Geological information for the study area (cf. Kroonenberg and Diederix 1985) details mineralogical differences between the major lithological units in the region, and this seemed to provide the readiest clue to source locations. Thus the cluster analysis that became the central focus of the study of spatial distribution was based on mineralogy. Information on grain size, shape, and density was used in other ways to amplify the central analysis based on mineralogy.

Further experiments were made with cluster analyses on different subsets of variables within the mineralogy category as well. The initial effort included all 25 minerals identified (excluding only alteration products). Another set of analyses was based only on those minerals present in mafic, felsic, and metamorphic environments (Table 5.1). The goal of these cluster analyses was to restrict the variables to those minerals that are prominent in local lithology, in the hope of providing clearer spatial patterning within and between clusters. Kroonenberg and Diederix (1985) cite several lithologic units

in the study area that contain mafic and felsic minerals, respectively. While they do not mention any metamorphic outcrops in the study area, metamorphic minerals certainly appeared in the ceramics, and were therefore included in this analysis. The analyses based on minerals in mafic, felsic, and metamorphic environments were performed in two ways: first including opaque minerals in the mafic category and then excluding opaque minerals from the analysis. Of all the analyses based on mineralogy, this last version produced the clearest and most easily interpretable cluster structures. The clusters were fewer and more cleanly separated, and they showed the clearest spatial patterning on the regional maps.

The final cluster analyses, then, upon which the discussion in Chapter 6 is based, consisted of a separate agglomerative hierarchical cluster analysis for each of the five chronological periods. The variables determining the clustering were the numbers of grains of each of the 19 minerals indicated in Table 5.1 as pertaining to mafic, felsic, and metamorphic environments. Variables were standardized; Euclidean distance was the distance metric; and complete linkage was the joining criterion.

The dendrograms representing these five analyses accompany the discussion of the five periods in Chapter 6. More detailed information on the characteristics of the ceramics in each cluster is also given in graphical form in Chapter 6. For each cluster, one graph illustrates the mean and standard deviation (over all sherds in the cluster) of the number of grains identified of each mineral that entered into the final cluster analysis. Since 100 grains were identified for each sherd, this number is equivalent to a percentage. Although values for kyanite, anorthite, and oligoclase entered into the final cluster analysis, they were omitted from these graphs because their values were consistently so low that they would always have appeared as points on the x-axis. On the other hand, opaque minerals are included in the mineralogy summary graph for each cluster for illustrative purposes, even though they did not enter into the cluster analysis. Means and standard deviations are also indicated graphically in Chapter 6 for each cluster for each of the variables involving grain size, grain shape, and longitudinal orientation to serve as a basis for discussing those characteristics of the different clusters. On the graphs for grain shape, counts are indicated for each of the six classes, ranging from very angular (represented by a triangle) to well-rounded (represented by a circle). In the longitudinal orientation graphs, strongly oriented is symbolized by +, moderately oriented by *0*, and weakly oriented by –.

Remarks are also addressed in Chapter 6 to the possible sources of the raw materials of which the different ceramic clusters were made. Constraints of time and funding made it impossible to incorporate direct investigation of raw material sources into this study. The differences observed between ceramic clusters, however, often strongly argue for differences in raw material sources. In at least some cases, these differences can be related to what is known of the lithology of the study area to suggest the likely zones of origin for raw mate-

casos en categorías mutuamente exclusivas y mutuamente exhaustivas. Tal estructura es, después de todo, precisamente la estructura de las relaciones denotada por la idea que las materias primas provienen de un número limitado de fuentes, y que el material para una vasija de cerámica provino de sólo una de aquellas fuentes. Los casos aberrantes también deberían ser identificables en la estructura del dendrograma, porque ellos podrían no encajar de manera adecuada en ninguno de los grupos, permaneciendo como casos individuales hasta las últimas etapas de la formación de los grupos. Más aún, el análisis de conglomerados jerárquico ha sido usado satisfactoriamente en otros análisis mineralógicos de cerámica (e.g. Mommsen, Kreuser y Weber 1988).

Anterior al análisis de conglomerados, los casos fueron divididos por tipos cerámicos, de manera que un análisis de conglomerados diferente fuera realizado para cada período cronológico. Todas las variables que resultaron del análisis petrográfico fueron estandarizadas (cf. Doran y Hodson 1975:39). Ello fue necesario dado que las variables implicaron diferentes formas y escalas de medir y tuvieron rangos que variaron ampliamente, lo cual hubiera tenido el efecto no buscado (y no deseado) de dar un valor mucho más fuerte a unas variables que a otras. Las distancias entre los casos fueron medidas usando la distancia Euclideana (cf. Doran y Hodson 1975:23, 136–139; Mommsen, Kreuser y Weber 1988:48).

Dado que no existe una manera *a priori* de escoger un criterio de conglomeración antes de realizar el análisis de conglomerados jerárquico, este análisis fue realizado para cada período con criterios de conglomeración única, centroide, promedia, mediana y completa (cf. Doran y Hodson 1975:174–176). Las conglomeraciones únicas, centroides, promedias y medianas produjeron estructuras de conglomerados muy lineales sin ninguna formación de conglomerados en las etapas tempranas. Esta característica, la cual es un impedimento serio para la interpretación de estructuras de conglomerados, fue mucho menos severa en las soluciones de conglomerados usando una relación completa. Las relaciones completas produjeron consistentemente conglomerados más densos y más claramente reconocibles, y Doran y Hodson (1975:176) notan tal tendencia. Por ello se utilizó un criterio de conglomeración total para el análisis final.

Para cada uno de los cinco períodos cronológicos, se realizaron tres análisis de conglomerados en tres subgrupos separados de variables: 1) mineralogía (todos los minerales del desgrasante en la base de datos); 2) tamaño del grano (promedio del tamaño del grano del desgrasante y tamaño máximo del grano del desgrasante); y 3) forma y densidad del grano (forma del grano del desgrasante, esfericidad, densidad del desgrasante, frecuencia de espacios de aire y orientación longitudinal del grano del desgrasante). Las tres soluciones del análisis de conglomerados difieren considerablemente. La información geológica para el área de estudio (cf. Kroonenberg y Diederix 1985) detalla las diferencias mineralógicas entre las unidades litológicas mayores en la región, y ello parece proveer la clave más lógica para las ubicaciones de las fuentes.

Por ello el análisis de conglomerados que se convirtió en el foco principal del estudio de la distribución espacial de las fuentes se basó en los datos mineralógicos. La información sobre el tamaño, forma y densidad de los granos fue utilizada de manera diferente para ampliar el análisis central basado en la mineralogía.

De igual manera, se hicieron más experimentos con los análisis de conglomerados en diferentes subgrupos de variables dentro de la categoría mineralógica. El esfuerzo inicial incluyó los 25 minerales identificados (excluyendo solamente los productos de alteración). Otro grupo de análisis se basó solamente en aquellos minerales presentes en los medioambientes máfico, félsico y metamórfico (Tabla 5.1). El objetivo de este análisis de conglomerados fue el de restringir las variables a aquellos minerales que son prominentes dentro de la litología local, con la esperanza de proveer patrones espaciales claros dentro y entre los conglomerados. Kroonenberg y Diederix (1985) citan varias unidades litológicas en el área de estudio que contienen minerales máficos y félsicos, respectivamente. Mientras ellos no mencionan ninguna veta metamórfica en el área de estudio, minerales metamórficos ciertamente aparecen en la cerámica, y por lo tanto fueron incluídos en el análisis. Los análisis basados en minerales de medioambientes máfico, félsico, y metamórfico se llevaron a cabo de dos maneras: primero incluyendo minerales opacos dentro de la categoría máfica y luego excluyendo los minerales opacos del análisis. De todos los análisis apoyados en los datos mineralógicos, esta última versión produjo la estructura de conglomerados más clara y más fácilmente interpretable. Resultó de ellos un menor número de grupos que a la vez podían ser segregados más claramente, y mostraron el patrón espacial más claro en los mapas regionales.

Es así que el análisis final de conglomerados, sobre el cual se establece la discusión del Capítulo 6, consiste en un análisis de conglomerados jerárquico independiente para cada uno de los cinco períodos cronológicos. Las variables que determinaron los conglomerados fueron el número de granos de cada uno de los 19 minerales indicados en la tabla 5.1 como pertenecientes a medioambientes máfico, félsico y metamórfico. Las variables fueron estandarizadas; la distancia Euclideana fue la medida de distancia y la conglomeración completa fue el criterio unificador.

Los dendrogramas que representan estos cinco análisis acompañan la discusión del Capítulo 6 sobre los cinco períodos. El Capítulo 6 informa más detalladamente y de manera gráfica las características de la cerámica de cada grupo de conglomeración. Un gráfico ilustra para cada grupo la media y la desviación estándar (de todos los tiestos del conglomerado) del número de granos identificados de cada mineral que se incluyó en el análisis final de los conglomerados. Dado que se identificaron 100 granos para cada tiesto, este número es equivalente a un porcentaje. Aún cuando los valores para cianita, anortita y oligoclasa entraron en el análisis final de conglomerados, ellos fueron omitidos de estos gráficos debido a que sus valores fueron tan consistentemente bajos que siem-

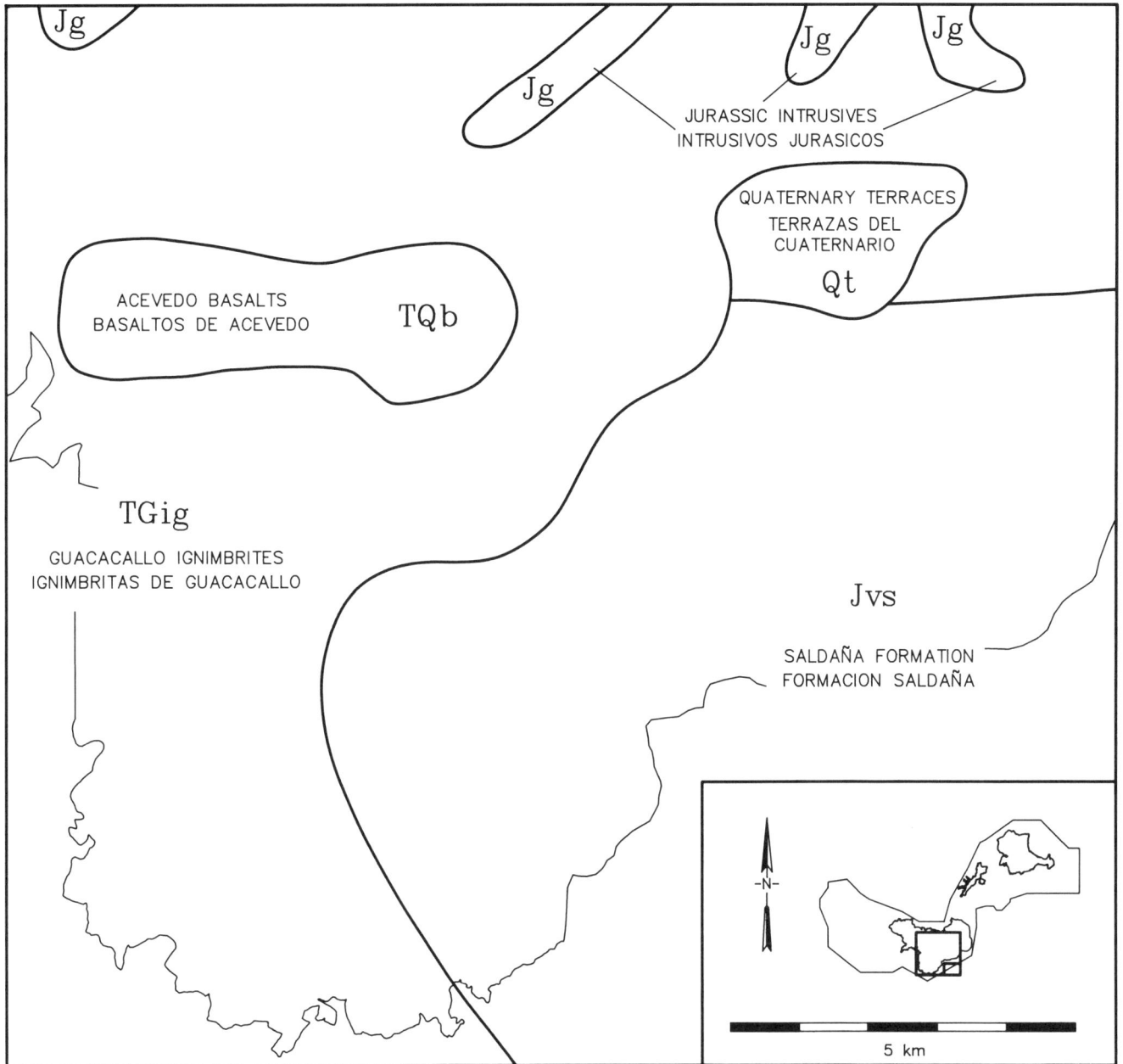

Figure 5.3. Local rock formations in the upper valley study zone (after Kroonenberg and Diederix 1985:27).
Figura 5.3. Formaciones geológicas en la zona de estudio del valle alto (según Kroonenberg y Diederix 1985:27).

rials of certain ceramic clusters. Information on the rock formations of the Valle de la Plata is compiled in Kroonenberg and Diederix 1985 and summarized below. Figure 5.3 illustrates the locations of those formations that impinge closely on the zone from which the sherds analyzed in this study came.

The Saldaña Formation (Jvs in Figure 5.3) dates to the Triassic-Jurassic period (Kroonenberg and Diederix 1985:25). It is the oldest known lithologic unit in the Valle de la Plata. It consists of acid to intermediate volcanics, especially reddish to brown rhyolitic-rhyodacitic ignimbrites, and pink to violet

dacitic-andesitic lavas with plagioclase phenocrysts. These are usually strongly altered and are characteristically lacking in mafic minerals.

Jurassic Intrusive rocks (Jg in Figure 5.3) underlie extensive areas in the southernmost section of the Valle de la Plata, the Cordillera Oriental, the Cordillera Central, and the Serranía de las Minas (Kroonenberg and Diederix 1985:25). In the southernmost section of the valley granitoid rocks predominate. In the Cordillera Oriental pink (hornblende) biotite granites are predominant. In the Cordillera Central and the Serranía

pre hubieran aparecido como simples puntos en el eje de coordenadas x. Por otro lado, los minerales opacos son incluídos en el gráfico mineralógico sumario para cada conglomerado con propósitos ilustrativos, aún cuando ellos no fueron parte del análisis de conglomerados. Las medias y las desviaciones estándar también están indicadas gráficamente en el Capítulo 6 para cada conglomerado y para cada una de las variables que se relacionan con tamaño del grano, forma del grano y orientación longitudinal, para servir de base para discutir las características de los diferentes conglomerados. En los gráficos que ilustran la forma del grano, los conteos están indicados para cada una de las seis clases, que varían de muy angular (representado por un triángulo) a bien redondeada (representada por un círculo). En los gráficos de la variable orientación longitudinal, fuertemente orientado se simboliza con el signo +, moderadamente orientado se simboliza con el signo 0 y finalmente, debilmente orientado se simboliza con el signo –.

En el Capítulo 6 se hacen también observaciones sobre las posibles fuentes de materia prima usadas por los diferentes conglomerados de cerámica. Las limitaciones de tiempo y dinero hicieron imposible incorporar a este estudio investigaciones directas sobre las fuentes de materia prima. Sin embargo, las diferencias observadas entre los grupos de cerámica, argüyen constantemente en favor de diferentes fuentes de materia prima. En algunos casos al menos, estas diferencias pueden ser relacionadas a lo que se conoce de la litología del área estudiada para sugerir las posibles zonas de origen de las materias primas de ciertos grupos de cerámica. La información sobre las formaciones de rocas del Valle de la Plata está recopilado en Kroonenberg y Diederix 1985 y resumida a continuación. La Figura 5.3 ilustra la ubicación de aquellas formaciones que se localizan cerca al área de donde provienen los tiestos analizados en este estudio.

La Formación Saldaña (Jvs en Figura 5.3) corresponde al período Triásico-Jurásico (Kroonenberg y Diederix 1985:25). Es la unidad litológica más antigua conocida para el Valle de la Plata. Consiste principalmente en restos volcánicos de pH ácido a intermedio, especialmente de ignimbritas riolíticas-riodacíticas rojizas a marrones, y lavas andesíticas-dacíticas rosadas a violetas con fenocristales plagioclasa. Estas están usualmente fuertemente alteradas y carecen generalmente de minerales máficos.

La rocas Jurásicas Intrusivas (Jg en Figura 5.3) subyacen en extensas áreas en la sección del extremo sur del Valle de la Plata, la Cordillera Oriental, la Cordillera Central y la Serranía de las Minas (Kroonenberg y Diederix 1985:25). En la sección del extremo sur del valle predominan rocas granitoides. En la Cordillera Oriental predominan granitos de biotita rosados. En la Cordillera Central y en la Serranía de las Minas el cuarzo diorita y monzonita son los tipos principales de roca, pero existe también un amplio rango de otros tipos de roca plutónica, desde granito biotita a gabronita olivínica, leucogranitos porfíricos. Intrusivas a todas estas unidades se encuentran filones de lamprófiros de hornablenda-plagioclasa.

Las rocas cretáceas son de origen marino sedimentario (Kroonenberg y Diederix 1985:29). El cretáceo está subdividido en tres formaciones, Los Caballos (Kc), La Villeta (Kv) y La Guadalupe (Kg).

Los depósitos Terciarios de molasas se han acumulado en una capa de 5000 m de profundidad en las cuencas tectónicas en las secciones superiores del Valle de la Plata (Kroonenberg y Diederix 1985:29). La Formación Guaduas (KTg) es un sedimento arguilláceo que documenta la transición marina-continental. La Formación Guandalay (TGy) pertenece al límite entre el Eoceno-Oligoceno, y consiste en depósitos de molasas fluviatiles de grano grueso. La Formación de Honda (Th) pertenece al Mioceno, mientras que la Formación de Gigante (Tgi) pertenece al Plioceno. Estas dos últimas formaciones consisten en sedimentos fluviatiles de grano grueso que contienen una mezcla de componentes clásticos volcánicos frescos (Kroonenberg y Diederix 1985:27, 29). Kroonenberg y Diederix (1985:29) indican que la fase principal de levantamiento tectónico y deformación en las Cordilleras Central y Oriental ocurrió en el límite entre el Plio-Pleistoceno. Por ello la mayoría de los depósitos del Cuaternario son sin- o post-orogénicos, y son el resultado de un aumento significativo en la actividad volcánica.

La Formación Guacacallo Ignimbrítica (TQig en la Figura 5.3) es la más grande y compleja de las formaciones del Cuaternario. La Formación Guacacallo constituye uno de los principales paisajes en el valle, la Altillanura Ignimbrítica (C1 y D1) (cf. Botero, León y Moreno 1989:9–13). Esta consiste sobre todo en flujos de ceniza solidificados y lavas, aunque también contiene conglomerados volcánicos y lavas basálticas (Kroonenberg y Diederix 1985:31). La Altillanura Ignimbrítica se encuentra desde una elevación de 2500 m sobre el nivel del mar en la sección oeste del valle hasta 1400 m en la sección este. El área está profundamente meteorizada y fuertemente disectada por una red regular de drenajes déndricos, que incluyen los ríos Loro, Aguacatal, Moscopán y Salado en el valle del Río La Plata. En el valle del Río Magdalena, la planicie está disectada por el Río Magdalena y sus tributarios. En algunas áreas, tal como aquella cercana al pueblo actual de La Argentina, el Río Loro ha cortado más de 400 m de ignimbrita (Kroonenberg y Diederix 1985:31).

La Formación Ignimbrítica de Guacacallo agrupa tres tipos generales de ignimbritas (Kroonenberg y Diederix 1985:33). El tipo Ignimbrita Arenosa Estratificada ocurre a lo largo del Río Loro, cerca a La Argentina. Es de color blanco, de textura arenosa y contiene materiales de plantas carbonizadas. El tipo Ignimbrita Vitrofírica se localiza cerca al Río Aguacatal. Tiene una matriz vítrea negra, fragmentos alóctonos, feldespatos fenocristalinos, biotita, cuarzo y pequeñas cantidades de obsidiana. Finalmente el tipo Ignimbrita Gris-Rosada es la subvariedad más común de la Formación Guacacallo. Es de color gris claro, de textura homogénea, con feldespatos fenocristalinos, biotita y cuarzo, así como fragmentos alóctonos regularmente distribuidos. Contiene algunas intercalaciones finas de orto-conglomerados y ceniza volcánica, lo que sugiere más de

de las Minas quartz diorite and monzonite are the primary rock types, but a broad range of other plutonic rock types is present as well, from biotite granite to olivine gabbronite, to porphyritic leucogranites. Intrusive in all these units are hornblende-plagioclase lamprophyre dykes.

Cretacious rocks are of a marine sedimentary origin (Kroonenberg and Diederix 1985:29). The Cretacious is subdivided into three formations, the Caballos (Kc), the Villeta (Kv), and the Guadalupe (Kg).

Tertiary molasse deposits accumulate to thicknesses of up to 5000 m in the tectonic basins in the uppermost sections of the Valle de la Plata (Kroonenberg and Diederix 1985:29). The Guaduas Formation (KTg) is an argillaceous sediment that documents the marine-continental transition. The Guandalay Formation (TGy) dates to the Eocene-Oligocene boundary, and consists of a coarse-grained fluviatile molasse deposit. The Honda Formation (Th) dates to the Miocene, while the Gigante Formation (Tgi) dates to the Pliocene. These latter two formations consist of coarse-grained fluviatile sediments containing an admixture of fresh volcanic clastic components (Kroonenberg and Diederix 1985:27, 29).

Kroonenberg and Diederix (1985:29) indicate that the primary phase of tectonic uplift and deformation in the Cordilleras Central and Oriental occurred at the Plio-Pleistocene boundary. Therefore most Quaternary deposits are syn- or post-orogenic, and are the results of a significant increase in volcanism.

The Guacacallo Ignimbrite Formation (TQig in Figure 5.3) is the largest and most complex Quaternary formation. The Guacacallo Formation constitutes one of the principal landscapes in the valley, the Ignimbrite High Plain (C1 and D1) (cf. Botero, León, and Moreno 1989:9–13). It consists mostly of solidified ash flows and lavas, although it does also contain volcanic conglomerates and basaltic lavas (Kroonenberg and Diederix 1985:31). The Ignimbrite High Plain drops from an elevation of 2500 m above sea level in the western section of the valley to 1400 m in the eastern section. The area is deeply weathered and heavily dissected by a regular, dendritic drainage network which includes the Loro, Aguacatal, Moscopán, and Salado rivers in the valley of the Río La Plata. In the valley of the Río Magdalena, the plain is dissected by the Magdalena itself and its tributaries. In some areas, such as near the modern town of La Argentina, the Río Loro has downcut through more than 400 m of ignimbrites (Kroonenberg and Diederix 1985:31).

The Guacacallo Ignimbrite Formation subsumes three general types of ignimbrites (Kroonenberg and Diederix 1985:33). Sandy Stratified Ignimbrite occurs along the Río Loro near La Argentina. It is white in color, sandy in texture, and contains carbonized plant material. Vitrified Ignimbrite is located near the Río Aguacatal. It has a vitreous black matrix, allochthonous fragments, feldspar phenocrysts, biotite, quartz, and small amounts of obsidian. Pinkish Gray Ignimbrite is by far the most common subvariety of the Guacacallo Formation. It

is light gray in color, homogeneous in texture, with phenocrysts of feldspar, biotite, and quartz, as well as regularly distributed allochthonous fragments. It contains some thin intercalations of ortho-conglomerates and volcanic ash, suggesting more than one volcanic eruption.

Also included in the Quaternary deposits in the Valle de la Plata are the extrusions from several small volcanoes. With the exception of the Popayán Formation, which is spatially distinct from the Ignimbrite High Plain (Guacacallo Formation), all other deposits postdate the phase of ignimbrite volcanism, as their lavas are deposited on top of the ignimbrites (Kroonenberg and Diederix 1985:35). The Popayán Formation, which was produced by the Puracé volcano at the extreme western edge of the study area (see Figure 5.3), includes lavas, ash deposits, agglomerates, ignimbrites, tuffs, and fluvio-lacustrine deposits (Kroonenberg and Diederix 1985:29). The now extinct Merenberg volcano produced lavas of basaltic to intermediate composition, consisting mainly of augite andesites with phenocrysts of olivine in a dense matrix of tabular plagioclase crystals. The small El Morro volcano, which lies 6 km west of La Argentina, produced basaltic lava. The volcano at El Pensil produced lava of basaltic to intermediate composition.

The Acevedo Basalt Formation (TQb in Figure 5.3) is the second major volcanic deposit of the Quaternary period. It is much more mafic in its composition than the volcanics from the Cordillera Central. It is tentatively dated to the Plio-Pleistocene (Kroonenberg and Diederix 1985:37).

The Cordillera Oriental is the source of large quantities of poorly sorted, highly weathered conglomerate sediments deposited as alluvial fans in many locations. Due to Plio-Pleistocene uplift in the Cordillera Oriental, many of these fans are no longer related to their source rivers. The conglomerates comprising these fans consist exclusively of plutonic, Saldaña-volcanic, and metamorphic boulders (Kroonenberg and Diederix 1985:37).

The youngest Quaternary deposits in the Valle de la Plata (Qt in Figure 5.3; and Qal) are thought to date to the Holocene (Kroonenberg and Diederix 1985:39). These sedimentary deposits consist of lacustrine clays, alluvial fan and terrace sediments, and recent alluvium. Lacustrine clays form most of the sedimentary fill of the tectonic Pitalito depression, which lies just outside of the Valle de la Plata study area, along with thin intercalations of volcanic ash. Alluvial fans are present at the mouths of most quebradas where they enter the main valleys. Alluvial terrace deposits are generally scarce, as tectonism has forced rapid downcutting of the main rivers. The most significant terrace deposit occurs outside the Valle de la Plata study area along the Río Magdalena between Tarqui and Gigante and consists of pumice-rich fluvial sands (Kroonenberg and Diederix 1985:39). Recent alluvium is also scarce, being restricted to narrow bars of coarse gravel along the main rivers.

una sola erupción volcánica.

También incluídas en los depósitos Cuaternarios en el Valle de la Plata existen extrusiones de varios pequeños volcanes. Con la excepción de la Formación Popayán, la cual es espacialmente diferente de la Altillanura Ignimbrítica (Formación Guacacallo), todos los otros depósitos son posteriores a la fase del volcanismo ignimbrítico, dado que la lava se deposita sobre la formación ignimbrítica (Kroonenberg y Diederix 1985:35). La Formación Popayán, que fue producto de la erupción del volcán Puracé ubicado al extremo oeste del área de estudio (véase Figura 5.3), incluye lava, depósitos de ceniza, aglomerados, ignimbritas, tobas y depósitos fluvio-lacustres (Kroonenberg y Diederix 1985:29). El hoy en día extinto volcán Merenberg produjo lava de composición diversa desde basáltica a intermedia, consistente principalmente en andesitas augíticas con fenocristales olivínicos en una densa matriz de cristales tabulares de plagioclasa. El pequeño volcán El Morro, ubicado a 6 km al oeste de La Argentina, produce lava basáltica. El volcán en El Pensil produce lava con una composición desde basáltica a intermedia.

La Formación de Basaltos de Acevedo (TQb en Figura 5.3) es el segundo mayor depósito volcánico del período Cuaternario. Es mucho más máfico en su composición que los depósitos volcánicos de la Cordillera Central. Tentativamente se la atribuye al período Plio-Pleistoceno (Kroonenberg y Diederix 1985:37).

La Cordillera Oriental es la fuente de grandes cantidades de sedimentos de conglomerados pobremente separados y altamente meteorizados por el clima, y depositados como abanicos aluviales en muchos lugares. Debido a las elevaciones del Plio-Pleistoceno en la Cordillera Oriental, muchos de estos abanicos ya no se relacionan a sus ríos de origen. Los conglomerados que comprenden estos abanicos consisten exclusivamente en rocas plutónicas, volcánicas de la Formación Saldaña, y metamórficas (Kroonenberg y Diederix 1985:37).

Se piensa que los depósitos del Cuaternario más jóvenes en el Valle de la Plata (Qt en Figura 5.3 y Qal) pertenecen al Holoceno (Kroonenberg y Diederix 1985:39). Estos depósitos sedimentarios consisten en arcillas lacustres, sedimentos de abanicos aluviales y terrazas y aluviones recientes. Las arcillas lacustres forman la mayor parte del relleno sedimentario de la depresión tectónica Pitalito, que yace inmediatamente fuera del área de estudio del Valle de la Plata, junto con delgadas intercalaciones de ceniza volcánica. Los abanicos aluviales están presentes en las bocas de casi todas las quebradas cuando se unen a los valles principales. Las terrazas aluviales son generalmente escasos, debido a que fuerzas tectónicas han forzado un rápido corte por parte de los ríos principales. El depósito aterrazado más importante se ubica fuera del área de estudio del Valle de la Plata, a lo largo del Río Magdalena, entre Tarqui y Gigante y consiste en arenas ricas en piedra pomez (Kroonenberg y Diederix 1985:39). Los aluviones recientes también son escasos, y están restringidos a franjas angostas de grava tosca a lo largo de los ríos principales.

Chapter 6

Changing Patterns of Production and Distribution of Ceramics through Time

Formative 1

The sample of sherds from the Formative 1 is the smallest of the five chronologically distinct samples, having a total of only 13 sherds. Some of the techniques used to characterize and illustrate the spatial patterning to be observed are, perhaps, not those most appropriate to such a small sample, but the same format will be used here as for the later periods with larger samples so as to produce easily comparable results for all periods in the sequence. As the dendrogram in Figure 6.1 shows, the cluster analysis formed two clearly defined clusters of the sherds of Tachuelo Burnished, based on temper mineralogy, with three rather different sherds failing to join either cluster.

Temper Characteristics and Sources

Figure 6.2 illustrates the temper characteristics of the two ceramic clusters for the Formative 1. The mineral suites for the two clusters are strongly similar, consisting of the two major felsic minerals (orthoclase and sanidine) and small amounts of accessory mafic and metamorphic minerals. The overall similarity of the mineral suites suggests a common parent material for the raw material used in the two clusters, but the differing mean counts for each mineral suggest that they were not produced from exactly the same materials. It is possible that the two clusters were produced from material procured from two discrete locations in the same general vicinity.

The combined mineral suite is strongly suggestive of a source (or two sources) within the provenance of the Saldaña Formation (Jvs in Figure 5.3), and quite possibly within the Guacacallo Formation (TQig in Figure 5.3) as well. Both formations are rhyolitic in composition, which explains the predominance of the two potassium feldspars and the low mean counts of hornblende, biotite, and

chlorite. The Saldaña Formation also includes andesitic rocks characterized by accessory amounts of metamorphic minerals, including garnet. Garnet is present in both clusters, although in higher levels in Cluster 2. The presence of metamorphic minerals suggests a contribution from the Saldaña Formation. It is possible that material from the Saldaña Formation in the southern third of survey tract 84 was eroded and transported downslope onto the relatively flat portion of tract 84 underlain by the Guacacallo Formation. Thus, the raw material for the Formative 1 clusters could represent material eroded from two separate formations, the Guacacallo and the Saldaña.

Figure 6.2 lends further support to the tentative hypothesis that these clusters come from nearby but separate material sources. Cluster 1 presents an overall picture of angular and poorly sorted grains. The average grain size has a large standard deviation, as does the maximum grain size. This could indicate either that the material used to manufacture these sherds came from several discrete sources or that a single source containing poorly sorted grains was exploited. Angular grains predominate in Cluster 1, with descending mean values for subangular, subround, and round grains. The standard deviations are very large, especially for angular and subangular grains, suggesting either that several clay sources were exploited or that poorly sorted sand was included in the clay. The high values for angular and subangular shapes and the low value for very angular shapes conforms to the initial description of the weathering processes that have affected the volcanic rocks in the study area. With time, the vitriclastic texture resulting from a predominance of highly angular glass shards is eliminated as the glass de-vitrifies into clay-sized material. Remaining are angular and subangular minerals in tabular and euhedral shapes. The size categories represented in Cluster 1 conform to this reconstruction.

The average grain size for all sherds in Cluster 2 is very like that in Cluster 1, but the standard deviation is very small, as is

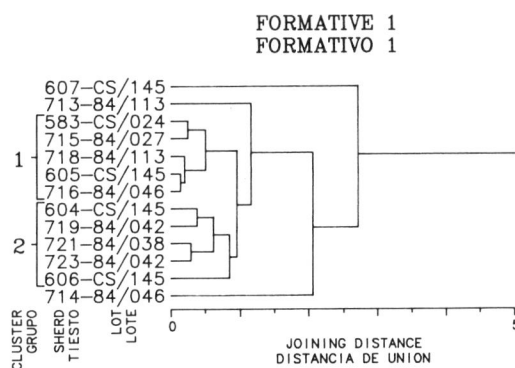

FORMATIVE 1
FORMATIVO 1

```
          607-CS/145 ┐
          713-84/113 ┤
         ┌583-CS/024 ┤
         │715-84/027 ┤
      1 ─┤718-84/113 ┤
         │605-CS/145 ┤
         └716-84/046 ┤
         ┌604-CS/145 ┐
         │719-84/042 ┤
      2 ─┤721-84/038 ┤
         │723-84/042 ┤
         └606-CS/145 ┤
          714-84/046 ┘
```

CLUSTER/GRUPO SHERD/TIESTO LOT/LOTE   0   JOINING DISTANCE   5
                                           DISTANCIA DE UNION

Figure 6.1. Cluster analysis of Formative 1 (Tachuelo Burnished) sherds.
Figura 6.1. Análisis de conglomerados de los tiestos del Formativo 1 (Tachuelo Pulido).

Capítulo 6

Cambios en los Patrones de Producción y Distribución Cerámica a través del Tiempo

Formativo 1

La muestra de tiestos del período Formativo 1 es la más pequeña de las cinco muestras de períodos cronológicos distintos, con un total de sólo 13 tiestos. Algunas de las técnicas usadas para caracterizar e ilustrar los patrones espaciales no son, quizás, las más apropiadas para una muestra tan pequeña, pero el mismo formato será usado aquí como para los períodos más tardíos con muestras más grandes con el objeto de producir resultados fácilmente comparables para todos los períodos de la secuencia. Como lo demuestra el dendrograma en la Figura 6.1, el análisis de conglomerados formó dos grupos claramente definidos de tiestos del tipo Tachuelo Pulido, establecidos a partir de la mineralogía del desgrasante, con tres tiestos bastante diferentes que no se asociaron a ninguno de los dos grupos.

Características y Fuentes del Desgrasante

La Figura 6.2 ilustra las características del desgrasante de los dos grupos cerámicos para el período Formativo 1. Los componentes minerales para los dos grupos del período son fuertemente similares, consistentes en los dos mayores minerales félsicos (ortoclasa y sanidina) y pequeñas cantidades de minerales accesorios máficos y metamórficos. La similitud general de los componentes minerales sugiere un material original común para la materia prima usada en los dos grupos, pero los conteos promedio diferentes para cada mineral sugieren que no fueron producidos de exactamente los mismos materiales. Es posible que los dos grupos fueran producidos de materiales obtenidos de dos lugares discretos en la misma zona general.

La combinación de los componentes minerales sugiere fuertemente que provienen de una fuente (o dos fuentes) localizada en la zona de la Formación Saldaña (Jvs en la Figura 5.3), y muy posiblemente también dentro de la Formación Guacacallo (TQig en la Figura 5.3). Ambas formaciones son de composición riolítica, lo que explica la predominancia de los dos feldespatos potásicos y los bajos conteos promedio de hornablenda, biotita y clorita. La Formación Saldaña también incluye rocas andesíticas caracterizadas por cantidades accesorias de minerales metamórficos, incluyendo granate. El gra-

nate está presente en ambos grupos, aunque en niveles mayores en el Grupo 2. La presencia de minerales metamórficos sugiere una contribución de la Formación Saldaña. Es posible que el material de la Formación Saldaña en el tercio meridional del sector de reconocimiento 84 fuera erosionado y transportado cuesta abajo hasta la zona relativamente plana del sector 84 localizado sobre la Formación Guacacallo. De esta manera, la materia prima para los grupos del período Formativo 1 podría representar material erosionado de dos formaciones separadas, las formaciones Guacacallo y Saldaña.

La Figura 6.2 brinda mayor apoyo a la hipótesis tentativa que estos grupos provienen de fuentes de materiales vecinas pero diferentes. El Grupo 1 presenta una imagen general de granos angulares y pobremente separados. El tamaño de grano promedio tiene una amplia desviación estándar, tal como ocurre con el tamaño de grano máximo. Esto podría indicar sea que el material usado para manufacturar estos tiestos provino de varias fuentes discretas o que se explotó una única fuente que contuvo granos pobremente separados. Los granos angulares predominan en el Grupo 1, con valores promedios decrecientes para los granos de forma sub-angular, sub-redondeada y redondeada. Las desviaciones estándar son muy grandes, especialmente para los granos de forma angular y sub-angular, sugiriendo que varias fuentes de arcilla fueron explotadas o que arenas pobremente separadas fueron incluídas en la arcilla. Los altos valores para las formas angular y sub-angular y el bajo valor para formas muy angulares se correlaciona con la descripción inicial de los procesos de erosión que afectaron las rocas volcánicas en el área de estudio. Con el tiempo, la textura vitroclástica resultante de una predominancia de fragmentos de vidrio altamente angulares es eliminada al desvitrificarse el vidrio en material del tamaño de la arcilla. Quedan minerales angulares y sub-angulares de formas tabular y euhedral. Las categorías de tamaño representadas en el Grupo 1 se adaptan a esta reconstrucción.

El tamaño de grano promedio para todos los tiestos del Grupo 2 es muy similar al Grupo 1, pero la desviación estándar es muy pequeña, así como son los valores promedio para el tamaño de grano máximo. De esta manera los tiestos del Grupo 2 son mucho mas consistentes en términos de tamaño de grano que los tiestos del Grupo 1. De igual manera las desviaciones estándar reducidas para la forma del grano en el Grupo 2

the mean value for maximum grain size. Thus sherds from Cluster 2 are much more consistent in terms of grain size than sherds from Cluster 1. The small standard deviations for grain shape in Cluster 2 indicate greater consistency in this regard than in Cluster 1 as well. All this consistency points toward a single source for the raw material for this pottery. The predominance of angular and subangular grains and the paucity of very angular grains again argues for a provenance in an environment in which the vitriclastic texture of a fresh volcanic deposit has been physically and chemically altered, as was the case with Cluster 1.

Patterns of Distribution

Settlement patterns in general for Formative 1 show occupation spread throughout the middle to upper elevations of the Valle de la Plata, although at very low densities (Drennan, Herrera, and Piñeros 1989; Drennan et al. 1989, 1991). While this distribution is not completely even, there are no clear concentrations of population of the sort that even preliminary analysis has revealed for later periods. There was so little settlement in the lower elevations of the Valle de la Plata (survey tracts TS and VK) that there seemed little point in a study of ceramic production and distribution in this zone, and so no material from these eastern survey tracts is discussed here. Figure 6.3 shows the proportions of the two Formative 1 clusters in the seven different collections sampled for this time period, and Figure 6.4 summarizes this same information separately for each cluster.

The ceramics of both clusters are distributed throughout the study area. Although some survey collections show up as composed 100% of Cluster 1 and others 100% of Cluster 2, in all such cases the sample consists of a single sherd. Whenever two or more sherds were analyzed from a single collection they represented both clusters and/or unclustered sherds. On the basis of the mineralogy one might guess that the raw materials for both clusters may have come from the area of survey tract 84, although probably from different specific locations in that vicinity. It is difficult to generalize about the ceramic distribution patterns of Formative 1 for two reasons: the sample size is only 13 sherds, and there appear to be no organized ceramic distribution patterns to describe. There seems to be no meaningful economy of scale or organized competition between potters. Rather, the overall impression is

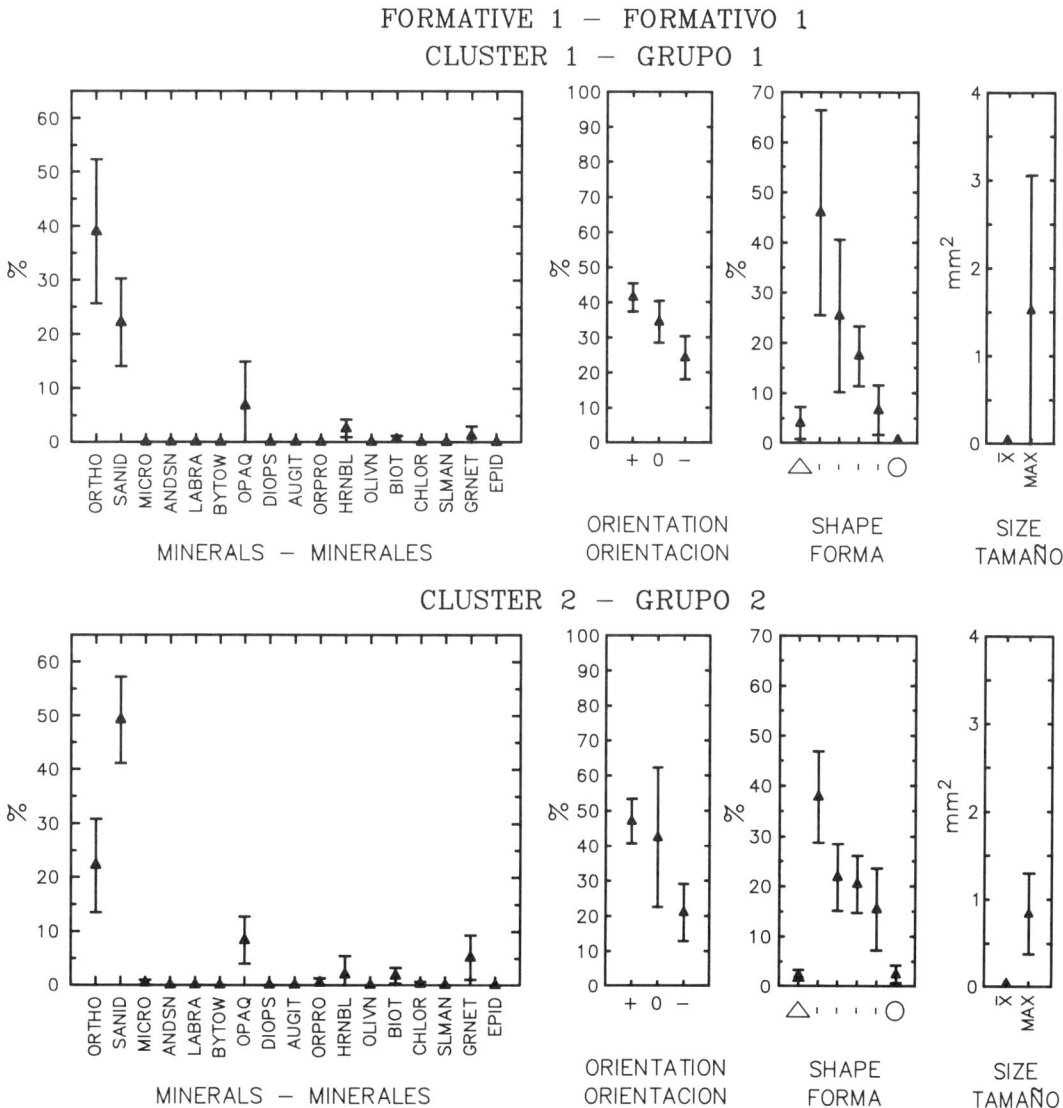

FORMATIVE 1 — FORMATIVO 1
CLUSTER 1 — GRUPO 1
CLUSTER 2 — GRUPO 2

Figure 6.2
Characteristics of the two clusters of Formative 1 (Tachuelo Burnished) sherds.

Figura 6.2.
Características de los dos grupos de tiestos del Formativo 1 (Tachuelo Pulido).

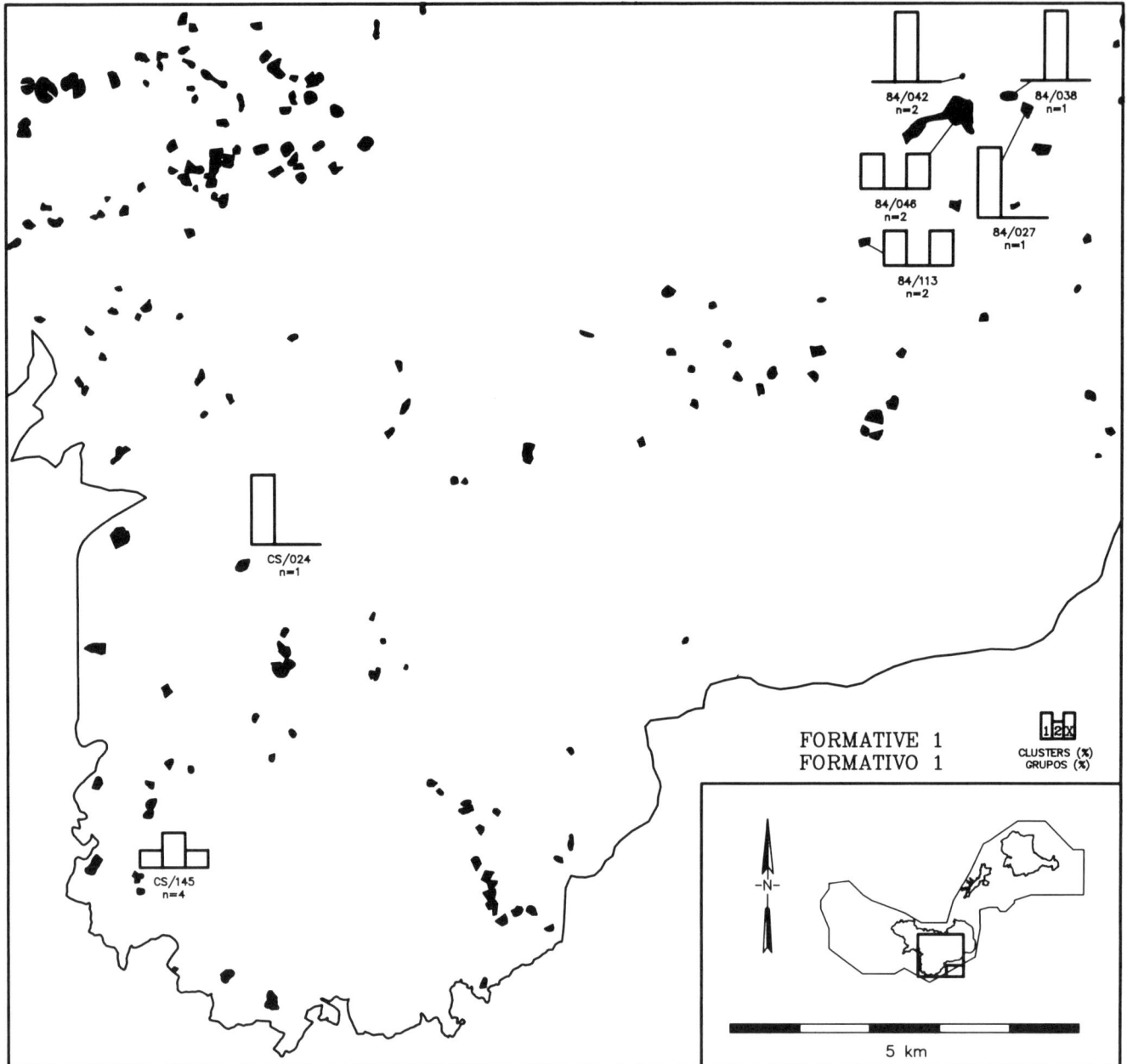

Figura 6.3. Representación proporcional de los grupos del Formativo 1 en los lotes de tiestos muestreados.
Figure 6.3. Proportional representation of Formative 1 clusters in the sherd lots sampled.

indican una mayor consistencia en este aspecto que en el Grupo 1. Esta consistencia en los análisis apunta a pensar en una única fuente de materia prima para la cerámica de este período. La predominancia de granos de forma angular y sub-angular y la escasez de los granos muy angulares contribuyen a su vez a pensar en una proveniencia en un ambiente en el cual la textura vitroclástica de un depósito volcánico reciente ha sido física y químicamente alterada, tal como fue el caso con el Grupo 1.

Patrones de Distribución

Los patrones de asentamiento en general para el período Formativo 1 muestran una ocupación dispersa a lo largo de las

elevaciones media y alta del Valle de la Plata, aunque en una muy baja densidad (Drennan 1989; Drennan et al. 1989, 1991). Aunque esta distribución no es completamente homogénea, no hay concentraciones claras de población de la forma que incluso los análisis preliminares han revelado para períodos más tardíos. Había tan poco asentamiento humano en las elevaciones inferiores del Valle de la Plata (sectores de reconocimiento TS y VK) que parecía de poca utilidad estudiar la producción y distribución cerámica en esta zona, y por ello no se discute aquí ningún material de estas sectores orientales del reconocimiento. La Figura 6.3 muestra las proporciones de los dos grupos del período Formativo 1 en las siete colecciones

FORMATIVE 1 — FORMATIVO 1

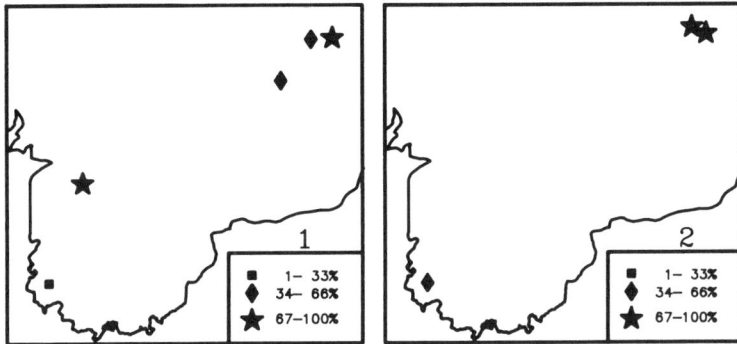

Figure 6.4. Summary of distribution patterns for the two Formative 1 clusters.
Figura 6.4. Resumen de patrones de distribución de los dos grupos del Formativo 1.

one of two small groups of ceramics being passed back and forth on a very small-scale, informal basis. None of the prerequisites cited by Feinman, Kowalewski, and Blanton (1984:301) for an economy of scale is present during Formative 1. Overall population levels in the study area are very low and there is no evidence of the kind of regional political consolidation that can be argued for in later periods.

Summary

Feinman, Kowalewski, and Blanton (1984:301–303) explain competition between potters as an inverse function of administrative control over the economy and regional political consolidation: when there is marked political control over economic activity in a region, competition between potters is limited and consumers are left with few choices. Conversely, when economic activity in a region is determined by "individual initiative" rather than by political administration, more potters are likely to be producing, albeit on a small scale. They cite "increased spatial heterogeneity in the distribution of ceramic varieties" as an expression of increased competition between potters in a political environment lacking regional control. This would imply that individual potters would be in direct competition with one another for the same pool of consumers, and that they would be distributing their wares in the same areas. Thus, there would be a large degree of spatial overlap, or heterogeneity, in their distribution networks.

While it is apparently true that the study area during Formative 1 lacked regional political consolidation and control over the local economy, it is equally difficult to paint a picture of free-enterprising, part-

time potters competing for the same pool of consumers on the basis of two small clusters. The most reasonable explanation for Formative 1 ceramic distribution activity is that of small-scale, part-time potters exchanging small quantities of ceramics with people in neighboring settlements. Mineralogy data do not suggest mutually exclusive provenances for the clay sources, so two networks with different raw material sources cannot be proposed. On the basis of such a small sample, all that can safely be said is that residents throughout the study area were in contact with one another and were sharing the same ceramic varieties, both of which appear to have originated within sector 84.

Formative 2

Although the sample of Planaditas Burnished Red sherds corresponding to Formative 2 is not as small as that for Formative 1, the total of 40 is still less than half the size of the samples for the Regional Classic and Recent periods. Thus conclusions about regional patterning and the composition of

FORMATIVE 2 — FORMATIVO 2

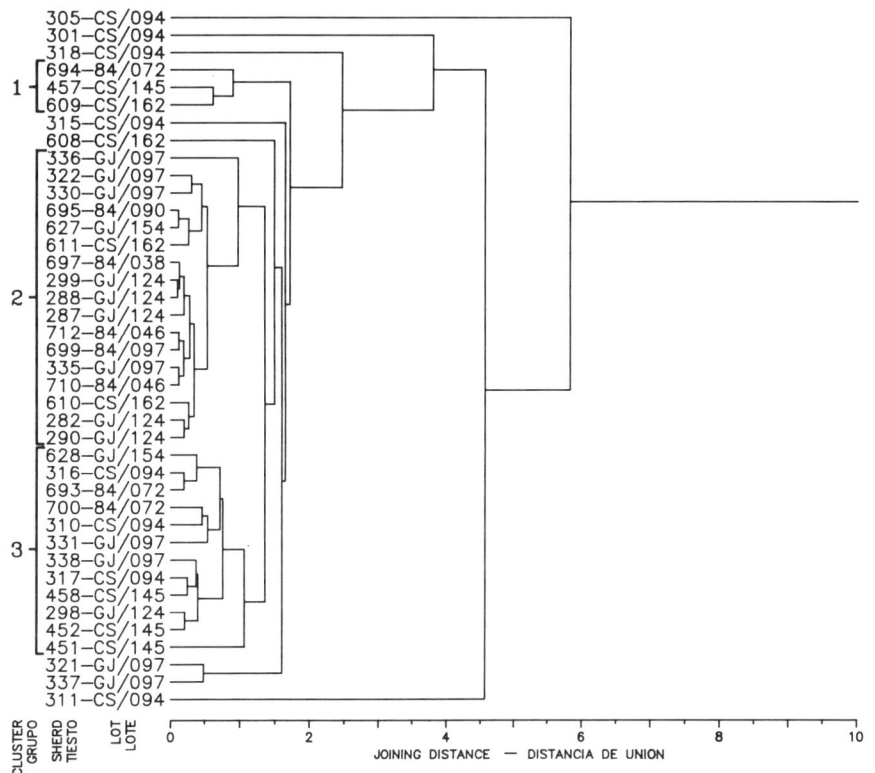

Figure 6.5. Cluster analysis of Formative 2 (Planaditas Burnished Red) sherds.
Figura 6.5. Análisis de conglomerados de los tiestos del Formativo 2 (Planaditas Rojo Pulido).

diferentes muestreadas para este período temporal, y la Figura 6.4 sumariza esta misma información separadamente para cada grupo.

La cerámica de ambos grupos está distribuida en toda el área de estudio. Aunque algunas colecciones de reconocimiento muestran una conformación de 100% de tiestos del Grupo 1 y otras 100% de Grupo 2, en todos estos casos la muestra consiste en un único tiesto. En los casos en que dos o más tiestos fueron analizados de una única colección ellos representaron ambos grupos de tiestos o tiestos no agrupados. A partir de la composición mineralógica uno debería suponer que las materias primas para ambos grupos podrían haber provenido del área del sector de reconocimiento 84, aunque probablemente de diferentes ubicaciones específicas en esa vecindad. Es difícil generalizar sobre los patrones de distribución cerámica del período Formativo 1 por dos razones: el tamaño de la muestra es de sólo 13 tiestos y parece no haber ningún patrón de distribución cerámica qué describir. Parece no haber una economía de escala significativa ni competencia entre alfareros. Mas bien, la impresión general es que existieron dos pequeños grupos cerámicos cuyas piezas fueron movidas en diferentes direcciones en una escala muy pequeña y de manera informal. Ninguno de los pre-requisitos citados por Feinman, Kowalewski y Blanton (1984:301) para una economía de escala están presentes durante el período Formativo 1. Los niveles de poblamiento generales en el área de estudio son muy bajos y no hay evidencia del tipo de consolidación política regional que puede plantearse para períodos más tardíos.

Resumen

Feinman, Kowalewski y Blanton (1984:301–303) explican la competencia entre alfareros como una función inversa al control administrativo sobre la economía y la consolidación política regional: cuando hay un sólido control político sobre la actividad económica en una región, la competencia entre alfareros es limitada y los consumidores tienen pocas opciones para procurarse cerámica. Y de manera contraria, cuando la actividad económica en una región es determinada por "iniciativa individual" más que por una administración política, es probable que más alfareros estén produciendo cerámica, aunque a pequeña escala. Ellos citan "un incremento de la heterogeneidad espacial en la distribución de variedades cerámicas" como una expresión del incremento de la competencia entre alfareros en un ambiente político que carece de control regional. Esto implicaría que los alfareros individuales estarían en competencia directa entre ellos para abastecer al mismo grupo de consumidores, y que estarían distribuyendo sus productos en las mismas áreas. De esta manera, existiría un alto grado de superposición espacial, o heterogeneidad, en sus redes de distribución.

Mientras es aparentemente cierto que el área de estudio careció de control administrativo sobre la economía local y de consolidación política regional durante el período Formativo 1, es igualmente difícil a partir de los dos pequeños grupos percibidos en el análisis concebir una situación de alfareros

como libres empresarios y de dedicación parcial compitiendo por el mismo grupo de consumidores. La explicación más razonable para la actividad de distribución cerámica durante el período Formativo 1 es que existían alfareros con producción de pequeña escala y de dedicación parcial intercambiando pequeñas cantidades de cerámica con personas de asentamientos vecinos. Los datos mineralógicos no sugieren proveniencias mutuamente exclusivas para las fuentes de arcilla, de manera que no se puede proponer la existencia de dos redes con diferentes fuentes de materia prima. A partir de una muestra tan pequeña, todo lo que puede decirse con seguridad es que los residentes de toda el área de estudio estuvieron en contacto entre ellos y compartieron las mismas variedades cerámicas, ambas de las cuales se originaron en el sector de reconocimiento 84.

Formativo 2

Aunque la muestra de tiestos del tipo Planaditas Rojo Pulido del período Formativo 2 no es tan pequeña como la del período Formativo 1, el total de 40 tiestos es aún menos que la mitad del tamaño de las muestras de los períodos Clásico Regional y Reciente. De tal manera las conclusiones sobre los patrones regionales y la composición de las inclusiones minerales en la cerámica pueden ser hechas con mayor certeza de lo que es posible para el período Formativo 1, pero con menos certeza de lo que es posible para los períodos más tardíos. El análisis de conglomerados (Figura 6.5) produjo tres grupos claramente definidos con 32 tiestos, y dejó 8 tiestos sin agrupar.

Características y Fuentes del Desgrasante

El Grupo 1 presenta una imagen bastante inusual de composición mineral dominada por un mineral félsico y otro metamórfico, junto con cantidades accesorias de otros minerales félsicos y máficos (Figura 6.6). La predominancia de un mineral metamórfico en conjunción con valores altos para feldespatos potásicos contrasta drasticamente con el perfil de composición mineral rica en feldespatos y pobre en componentes máficos y metamórficos vista en ambos grupos del período Formativo 1. Los altos valores metamórficos podrían representar una de dos fuentes posibles: la Formación Jurásica Intrusiva (Jg), localizada inmediatamente al norte del sector 84, o la Formación Saldaña (Jvs), que contiene rocas andesíticas que poseen cantidades accesorias de minerales metamórficos (Figura 5.3). Cualquiera de las dos fuentes habría sido de igual acceso a los ocupantes del sector de reconocimiento 84. Dado que el Grupo 1 consiste de sólo tres tiestos, es probablemente más sabio asumir cualquier reconstrucción de sus patrones de producción con considerable cautela.

Las desviaciones estándar para las categorías de tamaño y forma de grano son bastante pequeñas para el Grupo 2, y esta consistencia de un tiesto al otro apoya la idea de una única fuente de materia prima. El mineral ortoclasa es el componente predominante en el Grupo 2, y la sanidina es secundaria. Se

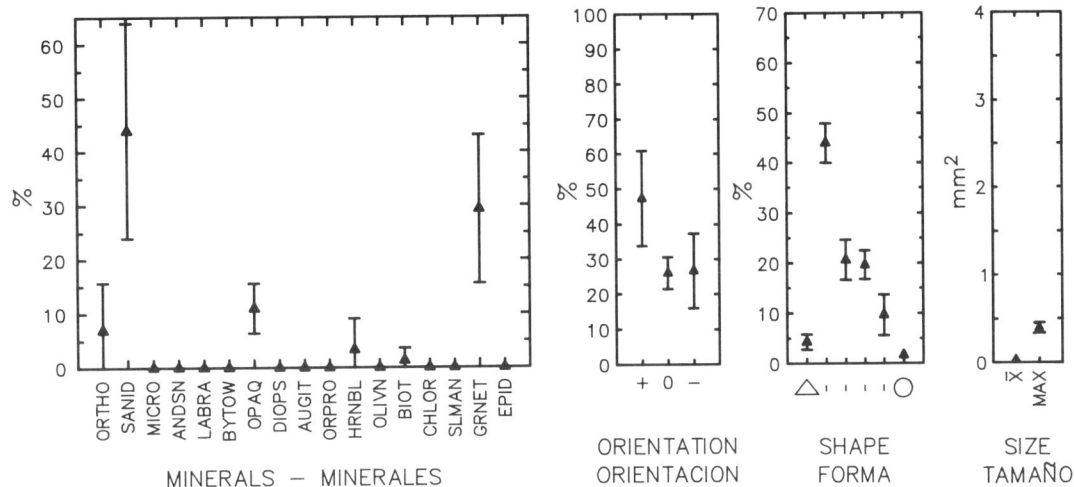

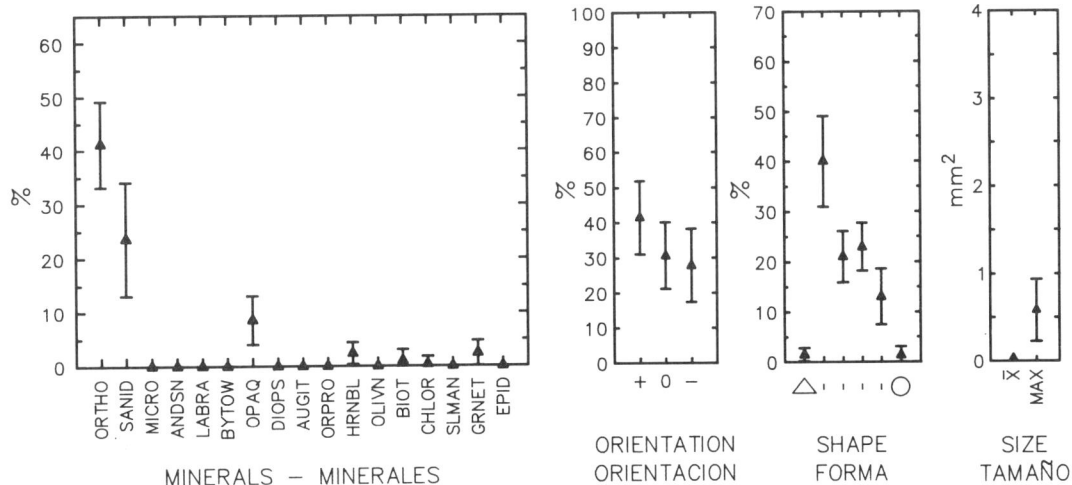

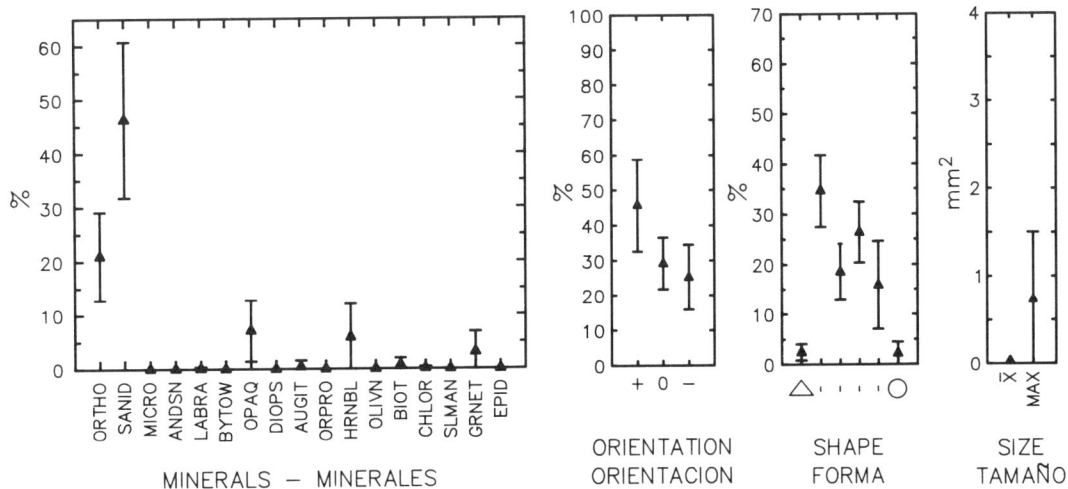

Figure 6.6. Characteristics of the three clusters of Formative 2 (Planaditas Burnished Red) sherds.
Figura 6.6. Características de los tres grupos de tiestos del Formativo 2 (Planaditas Rojo Pulido).

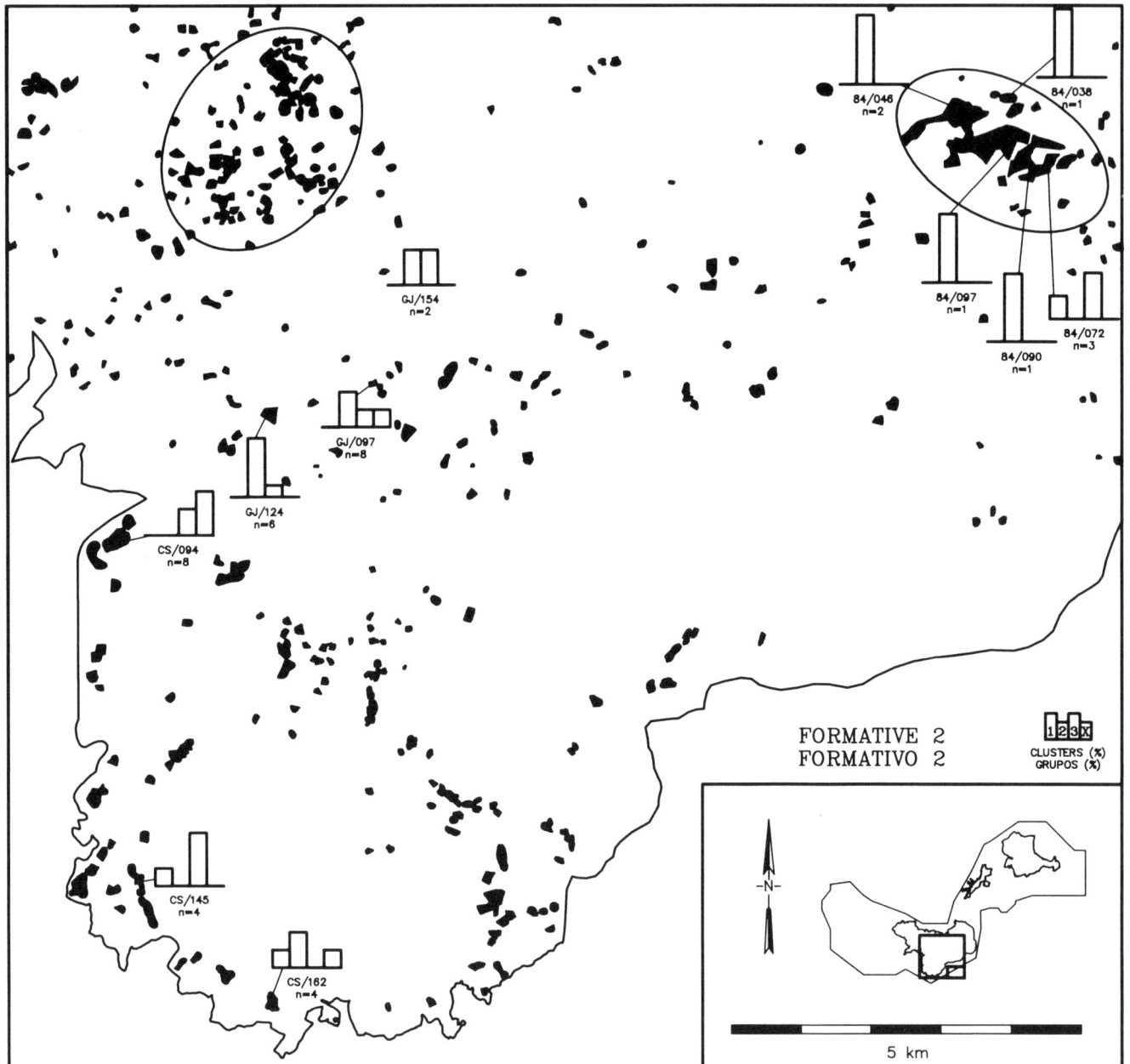

Figura 6.7. Representación proporcional de los grupos del Formativo 2 en los lotes de tiestos muestreados. Las elipses indican áreas de asentamiento concentrado.

Figure 6.7. Proportional representation of Formative 2 clusters in the sherd lots sampled. Ellipses indicate areas of particularly concentrated settlement.

encuentran también, pero en valores promedio extremadamente bajos, hornablenda, biotite, clorita y granate. La composición general es de minerales félsicos predominantes, con minerales accesorios máficos y metamórficos. Este perfil se asemeja a aquellos de las formaciones Guacacallo (TQig) y Saldaña (Jvs) (Figura 5.3), y es sorprendentemente similar a los dos grupos del período Formativo 1. El Grupo 2 probablemente se originó en el área de las formaciones Guacacallo-Saldaña en el sector de reconocimiento 84. De esta manera, aunque una fuerte predominancia de sanidina y granate en el

Grupo 1 lo diferencia claramente del Grupo 2, las dos fuentes materiales podrían haber sido encontradas en yuxtaposición relativamente cercana, y disponibles para explotación por alfareros del mismo grupo local.

Los promedios y las desviaciones estándar para la orientación longitudinal en el Grupo 2 son consistentes con los patrones vistos en muchos de los grupos del período Formativo 3 (Grupos 2 y 3), del Clásico Regional (Grupos 4 y 5), y del período Reciente (Grupo 2), cuando seguramente ocurrieron operaciones de manufactura cerámica de mayor escala. Las

mineral inclusions in the ceramics can be made with more certainty than is possible for Formative 1, but with less certainty than is possible for the later periods. The cluster analysis (Figure 6.5) produced three clearly defined clusters from 32 of these sherds, and left 8 sherds ungrouped.

Temper Characteristics and Sources

Cluster 1 presents a rather unusual picture of mineral composition dominated by one felsic and one metamorphic mineral, along with accessory amounts of other felsic and mafic minerals (Figure 6.6). The predominance of a metamorphic mineral in conjunction with high values for potassium feldspars contrasts sharply with the profile of the feldspar-rich, mafic- and metamorphic-poor mineral suite seen in both clusters for Formative 1. The high metamorphic values could represent one of two possible sources: the Jurassic Intrusive Formation (Jg), located to the immediate north of sector 84, or the Saldaña Formation (Jvs), which contains andesitic rocks that possess accessory amounts of metamorphic minerals (Figure 5.3). Either source would have been equally accessible to occupants of survey tract 84. Since Cluster 1 consists of only three sherds, it is probably wisest to treat any reconstruction of its patterns of production with considerable caution.

The standard deviations for grain size and shape categories are fairly small for Cluster 2, and this consistency from one sherd to the next argues for a single raw material source. Orthoclase is the predominant constituent in Cluster 2, and sanidine is secondary. Also present, at extremely low mean values, are hornblende, biotite, chlorite, and garnet. The general picture is one of felsic minerals predominating, with accessory mafic and metamorphic minerals. This profile recalls those of the Guacacallo (TQig) and Saldaña (Jvs) formations (Figure 5.3), and is strikingly similar to the two Formative 1 clusters. Cluster 2 probably originates within the Guacacallo-Saldaña area in survey tract 84. Thus, although a strong predominance of sanidine and garnet in Cluster 1 clearly differentiates it from Cluster 2, the two material sources might have been found in relatively close juxtaposition, available for exploitation by potters in the same local group.

The means and standard deviations for longitudinal orientation in Cluster 2 are consistent with the patterns seen in many of the clusters from Formative 3 (Clusters 2 and 3), the Regional Classic (Clusters 4 and 5), and the Recent (Cluster 2), when larger ceramic manufacturing operations were surely in place. The standard deviations are rather small. This suggests that Cluster 2 ceramics were the product of very consistent neuromuscular patterns that resulted in similar proportions of grains being oriented parallel to the long axis of the vessel wall. Such would be the case with the greater standardization of production techniques expected in larger scale manufacture.

Cluster 3 is distinguished from Clusters 1 and 2 by both mineral content and grain shape pattern. Felsics predominate, especially sanidine and orthoclase, with minor quantities of hornblende, and very low mean counts for labradorite, augite,

biotite, chlorite, and garnet. The cluster is thus characterized by three felsic minerals, three mafic minerals, and two metamorphic minerals. The presence of accessory amounts of labradorite and augite represent a possible provenance in the Acevedo Basalts (TQb), located in the northern part of survey tract GJ (Figure 5.3). The low amounts of hornblende, biotite, and garnet are similar to those seen in other clusters that have a tentative provenance in the Guacacallo-Saldaña area. Cluster 3 may originate in an area of GJ that received detrital material from these three formations. The most likely point of convergence for erosional transport from these three formations is the south-central portion of GJ where most of the sites in this sector are concentrated.

The average grain size for all sherds in Cluster 3 is .034 mm^2 (sand); the average maximum grain size is higher than those in Clusters 1 and 2, as is its standard deviation. There is thus greater variability of grain size in Cluster 3 than in Cluster 1 or 2. Angular grains predominate, followed by subround, subangular, and round grains. This bimodal pattern also contrasts with that of Clusters 1 and 2. Mean values and standard deviations for orientation categories, however, are quite similar to those for Cluster 2, so Cluster 3 might be another case of manufacture on an increasingly large scale.

Patterns of Distribution

Population in the study area is larger for Formative 2 than it had been during Formative 1 (Drennan, Herrera, and Piñeros 1989; Drennan et al. 1989, 1991). This growth was especially marked in two localities, resulting in two marked concentrations of settlement (indicated by ellipses in Figure 6.7). Drennan et al. (1989, 1991) have argued that these settlement concentrations represent small polities, a reconstruction particularly well supported by the evidence for the Regional Classic. The central portion of the area this study focuses on contained very dispersed settlement. The southern portion, at the highest elevations, had somewhat higher population levels, although it is difficult to identify this zone as a settlement concentration similar to those farther north. This regional population growth and tendency to form settlement concentrations seems to be associated with an increase in the scale of ceramic manufacture and the earliest beginnings of homogeneous patterns of ceramic distribution indicative of less competition between potters.

As Figures 6.7 and 6.8 indicate, the three sherds of Cluster 1 come from three different sites at opposite ends of the study area. This pattern provides little support for the notion, based on temper mineralogy, that the source of Cluster 1 raw material was in the northeastern corner of the map, although it does not necessarily contradict this notion either. It is also possible that Cluster 1 pottery was made at some location outside the study area, and only a small quantity trickled into this region.

Cluster 2 shows a clearer pattern of higher proportions in collections from the settlement concentration to the northeast and lower proportions farther to the southwest. This would be consistent with a manufacturing location in that settlement

FORMATIVE 2 – FORMATIVO 2

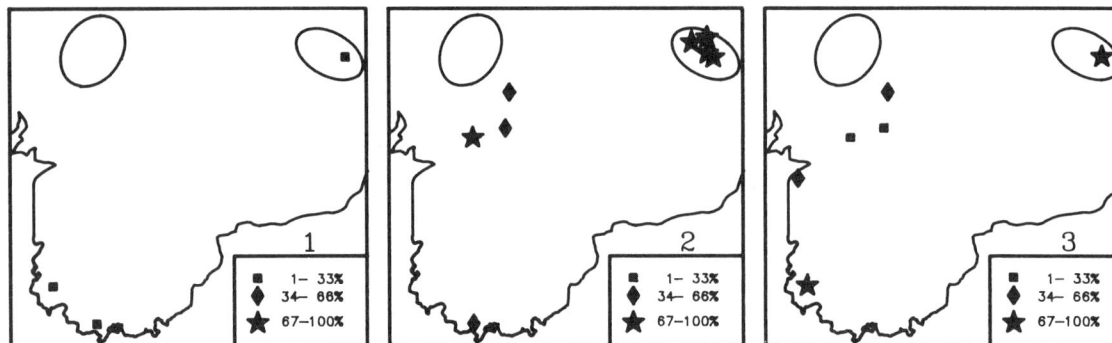

Figura 6.8
Resumen de patrones
de distribución de
los tres grupos del
Formativo 2.

Figure 6.8
Summary of
distribution patterns
for the three
Formative 2 clusters.

desviaciones estándar son bastante reducidas. Esto sugiere que la cerámica del Grupo 2 fue producto de un patrón de movimiento neuromuscular muy consistente con el resultado de que proporciones similares de granos fueron orientados paralelos al eje longitudinal de la pared de la vasija. Tal debería ser el caso con la mayor estandarización de las técnicas de producción que se esperaría encontrar en situaciones de manufactura a gran escala. El Grupo 3 se distingue de los Grupos 1 y 2 tanto por el contenido mineral como por el patrón de la forma del grano. Los minerales félsicos predominan, especialmente la sanidina y la ortoclasa, con menores cantidades de hornablenda, y muy baja proporción promedio para componentes como labradorita, augita, biotita, clorita y granate. El grupo se caracteriza entonces por tres minerales félsicos, tres minerales máficos y dos minerales metamórficos. La presencia de cantidades accesorias de labradorita y augita representan una posible proveniencia de la zona de los Basaltos de Acevedo (TQb), ubicada en la parte norte del sector de reconocimiento GJ (Figura 5.3). Las bajas cantidades de hornablenda, biotita y granate son similares a aquellas vistas en otros grupos que tienen una proveniencia tentativa del área de Guacacallo-Saldaña. El Grupo 3 podría originarse en un área del sector GJ que recibió material detrítico de estas tres formaciones. El lugar de confluencia más probable para el transporte de la carga de erosión de estas tres formaciones es la porción sur-central del sector GJ donde se concentran la mayoría de los sitios de este sector.

El promedio del tamaño de grano para todos los tiestos en el Grupo 3 es .034 mm^2 (arena); el promedio de máximo tamaño de grano es más alto que aquellos de los Grupos 1 y 2, así como lo es su desviación estándar. Existe entonces mayor variabilidad de tamaño de grano en el Grupo 3 que en el Grupo 1 o 2. Predominan los granos angulares, seguidos por aquellos granos de forma sub-redonda, sub-angular y redonda. Este patrón bimodal también contrasta con el de los Grupos 1 y 2. Sin embargo, los valores promedio y la desviación estándar para las categorías de orientación son bastante similares a aquellos del Grupo 2, de manera que el Grupo 3 podría ser otro caso de manufactura en una escala cada vez más grande.

Patrones de Distribución

La población en el área de estudio es mayor para el período Formativo 2 de lo que lo fue durante el Formativo 1 (Drennan 1989; Drennan et al. 1989, 1991). Este crecimiento fue especialmente marcado en dos localidades, resultando en dos marcadas concentraciones de asentamientos (indicados por elipses en la Figura 6.7). Drennan et al. (1989, 1991) han argüido que estas concentraciones de asentamiento representan pequeñas entidades políticas, una interpretación particularmente bien apoyada por la evidencia para el período Clásico Regional. La porción central del área en que se concentra este estudio contuvo un patrón de asentamiento muy disperso. La porción sur, de más alta elevación, tuvo niveles de población algo más altos, aunque es difícil identificar esta zona como una concentración de asentamientos similar a aquella del lado norte. Este crecimiento de población regional y la tendencia a formar concentraciones de asentamientos parece estar asociada con un incremento en la escala de la manufactura cerámica y los inicios más tempranos de un patrón homogéneo de distribución cerámica que indican una menor competencia entre alfareros.

Tal como lo indican las Figs. 6.7 y 6.8, los tres tiestos del Grupo 1 provienen de tres sitios diferentes de lados opuestos de nuestra área de estudio. Este patrón provee poco apoyo para la idea, sustentada en la composición mineralógica del desgrasante, que la fuente de materia prima del Grupo 1 se encontró en la esquina noreste del mapa, aunque tampoco contradice necesariamente tal idea. Es también posible que la cerámica del Grupo 1 fue manufacturada en algún lugar fuera del área de estudio, y sólo una pequeña cantidad de ella llegó a esta región.

El Grupo 2 muestra un patrón más claro de una proporción de tiestos mayor en las colecciones de la concentración de asentamientos del lado noreste y una menor proporción en los de la zona sudoeste. Esto sería consistente con la ubicación del lugar de manufactura en tal concentración de asentamientos, que es donde los datos de la composición mineralógica del desgrasante indicaron que se encontraría la fuente de materia prima. El Grupo 2 es entonces la indicación consistente más temprana de la ubicación de un lugar de manufactura cerámica

concentration, which is where the temper mineralogy suggested the source of the raw material might be located. Cluster 2 is thus the earliest consistent indication of a manufacturing location with an associated distribution area. The manufacturing location coincides with a Formative 2 settlement concentration from which Cluster 2 pottery seems to have been distributed to a more sparsely settled region. Cluster 2, of course, consists of only 17 sherds, so this description must be regarded as very tentative.

The distributional pattern for the 12 sherds of Cluster 3 is less organized. Its highest proportions are at opposite ends of the study area, with lower proportions occurring in collections nearer the source of raw material suggested by its mineralogy. It thus does not support even tentative suggestions of the sort just made for Cluster 2. Since the likely source of the raw material is so close to the settlement concentration in the northwest corner of the map, it is unfortunate that sherds from that concentration could not be included in this study because the survey of that zone had not yet been accomplished.

In comparing the distributions of Clusters 2 and 3, one notes that to the northeast in survey tract 84 and to the southwest in CS, Clusters 2 and 3 are mutually exclusive. This suggests a lessening of competition between the makers of Clusters 2 and 3: they are dealing with largely separate pools of consumers represented by largely separate households. Such a distribution pattern does not, however, indicate any great degree of centralized control over ceramic production. It is not the case that a single source provided the pottery in each settlement concentration (which would superficially be easier to understand in terms of political control). Clusters 2 and 3 occur at neighboring sites in both the southwest and the northeast, but not at the same site. The exceptions to exclusivity of distribution are the collections from survey tract GJ, where Clusters 2 and 3 appear together. This sparsely occupied area may have been marginal to developing polities and less affected by the whatever forces discouraged residents of sites to the northeast and southwest from procuring their pottery from multiple sources.

Summary

During Formative 2, increasing regional population and the possible beginnings of centralized political organization coincide with some evidence of the emergence and development

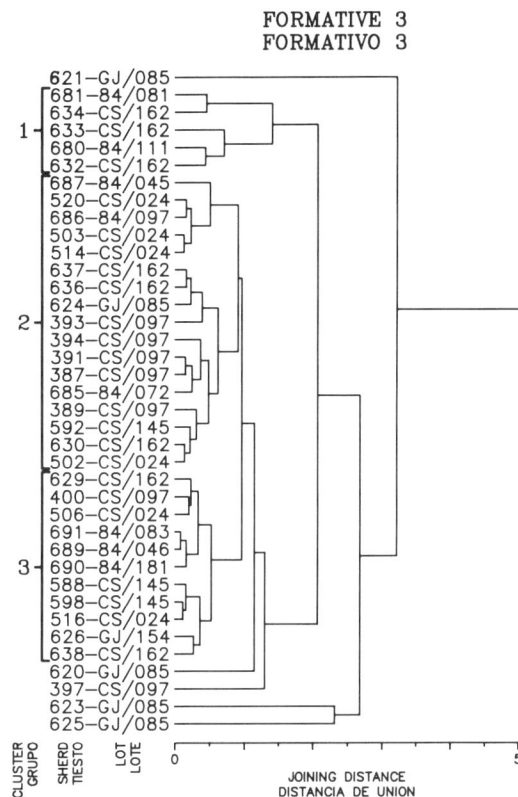

Figure 6.9. Cluster analysis of Formative 3 (Lourdes Red Slipped) sherds.
Figura 6.9. Análisis de conglomerados de los tiestos del Formativo 3 (Lourdes Rojo Engobado).

of mutually exclusive ceramic distribution networks. Whatever the nature of this link, little political control of pottery production is suggested. There is no one-to-one correspondence between pottery distribution networks and polities. Neighboring sites in a single settlement concentration participated in both distribution networks, as did individual sites in the sparsely settled central region. If the two distribution networks are viewed as competing, this competition took place at the level of the household or very local community and not at the level of the settlement concentration or rural zone.

According to Feinman, Kowalewski, and Blanton's (1984:301) model, the Formative 2 evidence could be interpreted as follows. Population density and political consolidation in the two zones of population concentration were beginning to increase. Political consolidation in particular was still in an embryonic stage of development, and the sparsely inhabited zone of GJ was evidently independent of either polity. Regional administrative control was also just beginning to develop. The two contemporaneous distribution networks covered the same general territory. Sites in a settlement concentration participated in only one of these distribution networks, but sites in the sparsely settled central area were able to acquire their pottery simultaneously from both. In short, the first signs of a trend toward regional political consolidation and administrative control were present during Formative 2, but were still very weak.

Formative 3

The sample of Lourdes Red Slipped sherds analyzed for Formative 3 is about the same size as the sample for Formative 2. We are, once again, then, working with a sample big enough to provide some interesting indications of production and distribution patterns, but small enough that any conclusions reached must be taken with caution. The three clearly defined clusters shown in Figure 6.9 include all but 5 of the 38 sherds analyzed.

Temper Characteristics and Sources

The mineralogy in Cluster 1 (Figure 6.10) consists of felsic minerals as the primary constituents, especially sanidine and

asociada con una área de distribución. La ubicación del lugar de manufactura cerámica coincide con una concentración de asentamientos del período Formativo 2 del cual la cerámica del Grupo 2 parece haber sido distribuída en una región poblada de manera más dispersa. El Grupo 2, por supuesto, consiste en sólo 17 tiestos, de manera que esta interpretación debe ser tomada como tentativa.

El patrón de distribución para el Grupo 3 es menos organizado. Sus mayores proporciones se encuentran en los extremos opuestos del área de estudio, con una ocurrencia de proporciones menores en las colecciones cerca a la fuente de materia prima sugerida por sus datos mineralógicos. Estos datos no pueden apoyar ni siquiera sugerencias tentativas del tipo que se hicieron recién para el caso del Grupo 2. Dado que la probable fuente de materia prima está tan cerca a la concentración de asentamientos en la esquina noroeste del mapa, es desafortunado que los tiestos de esta concentración no podían ser incluídos en este estudio porque el reconocimiento de esa zona no había sido aún llevado a cabo. La discusión de los patrones de distribución para el Grupo 3 deben también ser considerados de manera tentativa, dado que estaba conformado por sólo 12 tiestos.

En la comparación de las distribuciones de los Grupos 2 y 3, uno nota que al noreste en el sector de reconocimiento 84 y al sudoeste en el sector CS, los Grupos 2 y 3 son mutuamente exclusivos. Esto sugiere un aminoramiento de la competencia entre los productores de los Grupos 2 y 3: están abasteciendo basicamente grupos de consumidores separados representados por unidades domésticas basicamente independientes. Sin embargo, tal patrón de distribución no indica ningún alto grado de control centralizado sobre la producción cerámica. No es el caso que una única fuente abasteció a los alfareros en cada concentración de asentamientos (lo que sería superficialmente más fácil de entender en términos de control político). Los Grupos 2 y 3 ocurren en sitios vecinos tanto en las zonas sudoeste y noreste, pero no en el mismo sitio. Las excepciones a la exclusividad de la distribución de cerámica son las colecciones del sector de reconocimiento GJ, donde los Grupos 2 y 3 aparecen juntos. Esta área ocupada de manera dispersa podría haber sido marginal a la zona de desarrollo de las entidades políticas y habría sido así menos afectada por las diversas fuerzas que desalentaron a los residentes de los sitios de las zonas noreste y sudoeste de procurarse su cerámica de múltiples fuentes.

Resumen

Durante el período Formativo 2, el incremento de la población regional y los posibles inicios de la organización política centralizada coinciden con algunas evidencias de que emergieron y se desarrollaron redes de distribución cerámica mutuamente exclusivas. Cualquiera sea la naturaleza de este vínculo, los datos sugieren un reducido control político de la producción alfarera. No hay una correspondencia directa entre las redes de distribución alfarera y las entidades políticas. Sitios vecinos en una única concentración de asentamientos partici-

paron en ambas redes de distribución, así como lo hicieron los sitios individuales en zonas pobladas de manera dispersa de la región central. Si las dos redes de distribución son concebidas en competencia, esta competencia ocurrió al nivel de la unidad doméstica o de la comunidad local y no al nivel de la concentración de asentamientos o de la zona rural.

Según el modelo de Feinman, Kowalewski y Blanton (1984:301), la evidencia del período Formativo 2 podría ser interpretada de la siguiente manera. La densidad poblacional y la consolidación política en dos zonas de concentración de población comenzaron ambas a incrementarse. La consolidación política en particular estaba aún en un estado embrionario de desarrollo, y la zona del sector GJ, que estaba dispersamente poblada, era evidentemente independiente de cualquiera de las dos entidades políticas. El control administrativo regional también había iniciado su desarrollo. Las dos redes de distribución contemporáneas cubrieron el mismo territorio general. Los sitios en una concentración de asentamientos participaron en sólo una de estas redes de distribución, pero los sitios dispersos en el área central fueron capaces de adquirir su cerámica simultáneamente de ambas redes. En resumen, los primeros signos de una tendencia hacia la consolidación política regional y control administrativo se hicieron presentes durante el período Formativo 2, pero eran aún muy débiles.

Formativo 3

La muestra de tiestos del tipo Lourdes Rojo Engobado analizados para el Formativo 3 es aproximadamente del mismo tamaño que la muestra del período Formativo 2. Estamos, una vez más entonces, trabajando con una muestra suficientemente grande para obtener algunas indicaciones interesantes de los patrones de producción y de distribución, pero suficientemente pequeña para que cualquier conclusión a la que se llegue deba ser tomada con la debida cautela. Los tres grupos claramente definidos que se presentan en la Figura 6.9 incluyen todos excepto 5 de los 38 tiestos analizados.

Características y Fuentes del Desgrasante

La composición mineralógica del Grupo 1 (Figura 6.10) consiste de minerales félsicos como componentes primarios, especialmente sanidina y ortoclasa. La hornablenda y biotita representan pequeñas cantidades del grupo máfico, y componentes como clorita y granate representan al grupo metamórfico. Si bien hay sólo cinco tiestos en el grupo en el cual se puede apoyar una descripción, la composición mineral de feldespatos potásicos, los bajos niveles de hornablenda y clorita, y niveles accesorios de biotita son generalmente reminiscentes de las rocas rioliticas vistas en las formaciones Saldaña (Jvs) y Guacacallo (TQig). Sin embargo, vale la pena anotar que el mineral metamórfico presente en mayor cantidad es la clorita y no el granate. La clorita es un producto común de alteración en rocas volcánicas, y la Formación Saldaña ha sido específicamente referida como "fuertemente alterada" (Kroonenberg y Diederix 1985:25). La Formación Saldaña se en-

FORMATIVE 3 – FORMATIVO 3

CLUSTER 1 – GRUPO 1

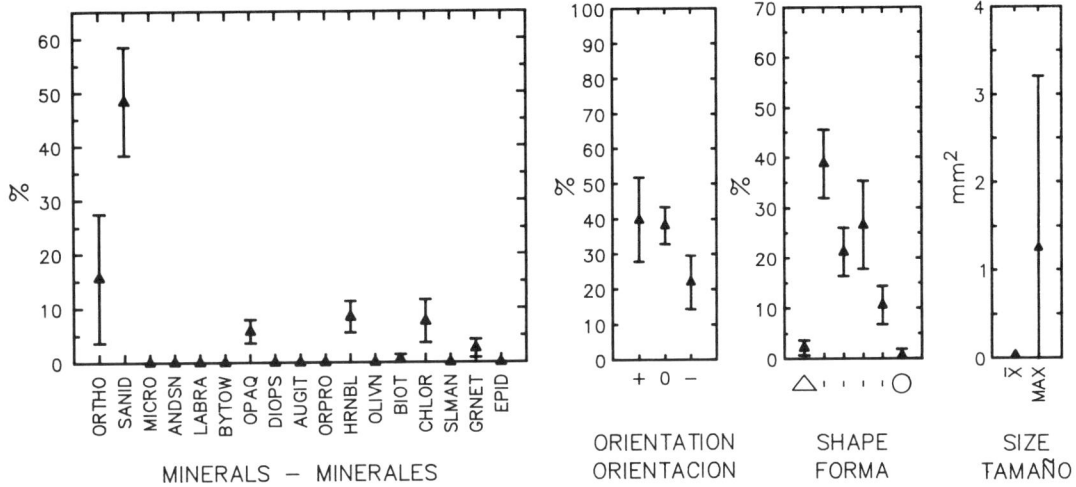

CLUSTER 2 – GRUPO 2

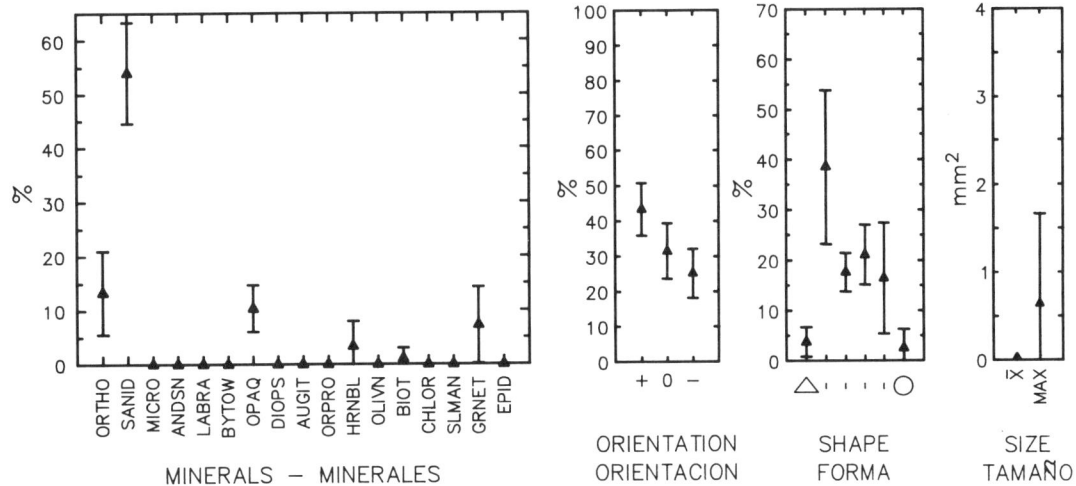

CLUSTER 3 – GRUPO 3

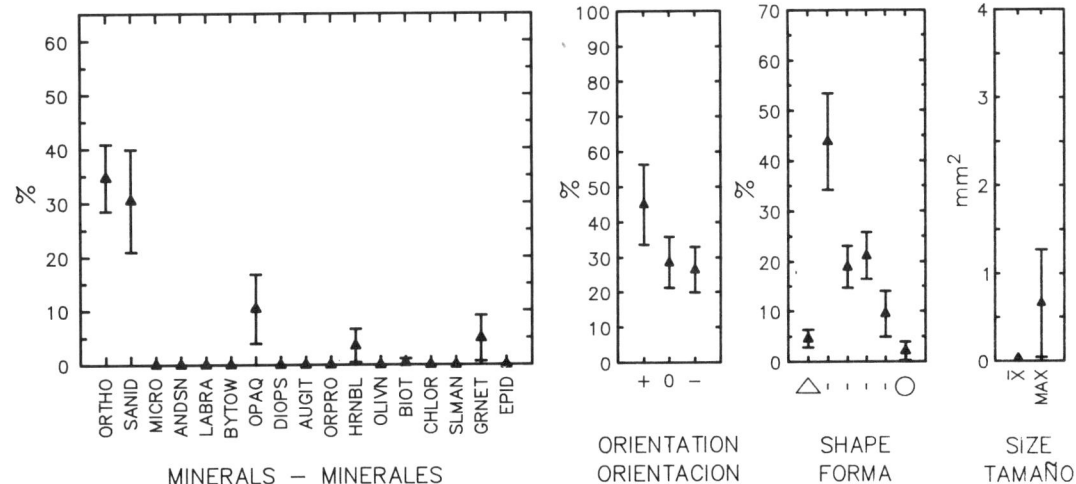

Figure 6.10. Characteristics of the three clusters of Formative 3 (Lourdes Red Slipped) sherds.
Figura 6.10. Características de los tres grupos de tiestos del Formativo 3 (Planaditas Rojo Pulido).

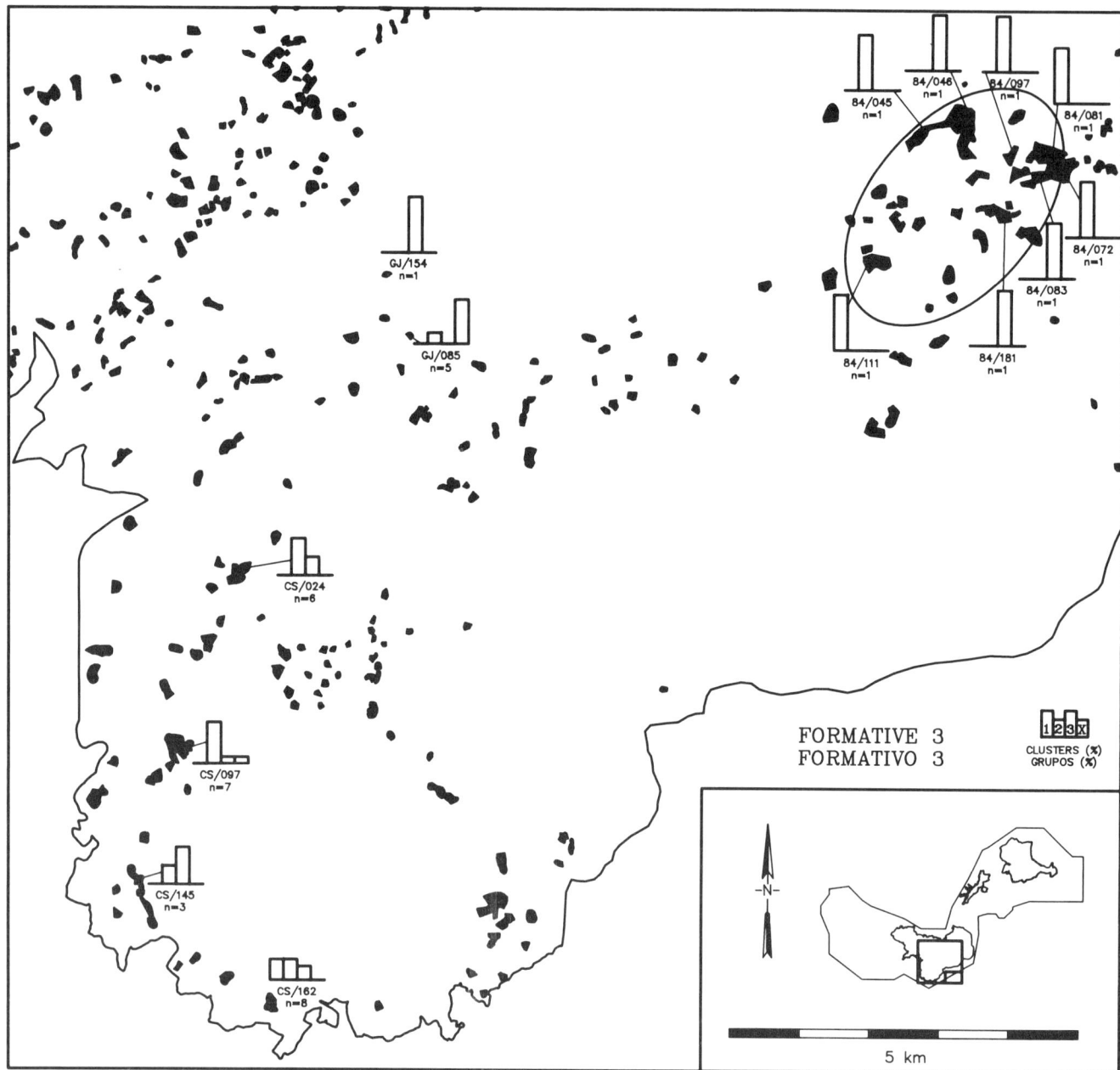

Figura 6.11. Representación proporcional de los grupos del Formativo 3 en los lotes de tiestos muestreados. La elipse indica una área de asentamiento concentrado.

Figure 6.11. Proportional representation of Formative 3 clusters in the sherd lots sampled. Ellipse indicates area of particularly concentrated settlement.

cuentra generalmente al sur y al este de la zona de estudio (Figura 5.3), cercana a sustanciales áreas pobladas en el período Formativo 3 en la parte sur del sector de reconocimiento 84. Esta ubicación parecería ser la fuente más probable de materia prima para la cerámica del Grupo 1.

El Grupo 2 puede ser discutido con algo más de confianza, dado que está formado por 17 tiestos. La sanidina es el mineral primario y la ortoclasa es el secundario (Figura 6.10). Los minerales máficos incluyen cantidades accesorias de hornablenda y biotita. El componente granate está también presente,

pero, en contraste con el Grupo 1, la clorita no lo está. Este perfil mineral (sorprendentemente similar a aquellos de los Grupos 1 y 2 del período Formativo 1 y los Grupos 2 y 3 del período Formativo 2) sugiere nuevamente una fuente riolítica como aquellas de las formaciones Saldaña (Jvs) y Guacacallo (TQig) (Figura 5.3). La presencia de granate es una indicación de la existencia de material detrítico que erosiona de las rocas que contienen minerales metamórficos. La Formación Saldaña contiene rocas dacíticas y andesíticas, que a su vez contienen característicamente granate. De esta manera, la porción central

FORMATIVE 3 – FORMATIVO 3

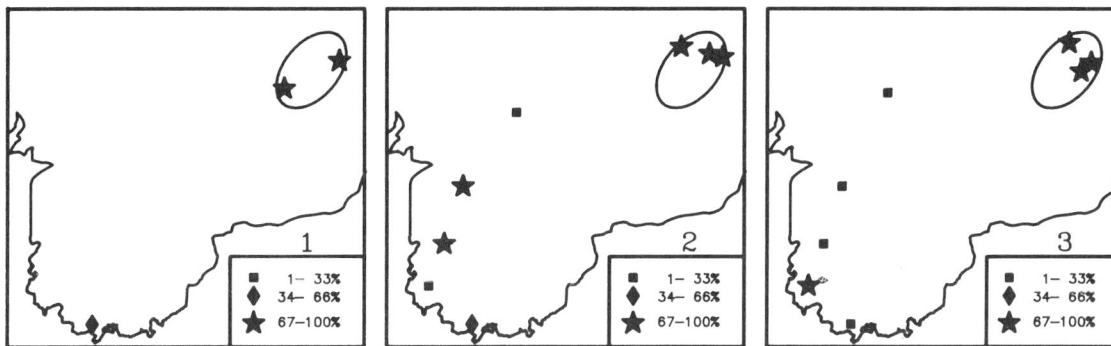

Figure 6.12
Summary of
distribution patterns
for the three
Formative 3 clusters.

Figura 6.12
Resumen de patrones
de distribución de los
tres grupos del
Formativo 3.

orthoclase. Hornblende and biotite represent smaller amounts from the mafic group, as do chlorite and garnet from the metamorphics. Although there are only five sherds in the cluster on which to base the description, this mineral suite of potassium feldspars, low levels of hornblende and chlorite, and accessory levels of biotite and garnet is generally reminiscent of the rhyolitic rocks seen in the Saldaña (Jvs) and Guacacallo (TQig) formations. It is worth noting, though, that the metamorphic mineral that is present in higher quantities is chlorite, not garnet. Chlorite is a common alteration product in volcanic rocks, and the Saldaña Formation has been specifically referred to as "strongly altered" (Kroonenberg and Diederix 1985:25). The Saldaña Formation lies generally to the south and east of the study zone (Figure 5.3), coming closest to substantial Formative 3 populations in the southern part of survey tract 84. It is this locality that would seem the most likely source of the raw material for Cluster 1 ceramics.

Cluster 2 can be discussed somewhat more confidently, since it is formed of 17 sherds. Sanidine is its primary mineral, and orthoclase is secondary (Figure 6.10). Mafic minerals include accessory amounts of hornblende and biotite. Garnet is also present, but, in contrast to Cluster 1, chlorite is not. This mineral profile (strikingly similar to those of Clusters 1 and 2 from Formative 1 and Clusters 2 and 3 from Formative 2) again suggests a rhyolitic source, such as the Saldaña (Jvs) or Guacacallo (TQig) formations (Figure 5.3). The presence of garnet is an indication of detrital material eroding from rocks containing metamorphic minerals. The Saldaña Formation contains dacitic and andesitic rocks, which in turn characteristically contain garnet. Thus the central portion of survey tract 84, where detrital material eroding from both the Saldaña and Guacacallo formations is deposited in combination, is again a likely source area.

Cluster 3 bears a strong resemblance to Cluster 2 in terms of mineral inclusions as well as grain size and shape (Figure 6.10). Potassium feldspars (sanidine and orthoclase) predominate, with small amounts of hornblende and garnet and very small amounts of biotite. It is possible that Clusters 2 and 3 should really be considered a single cluster. (They do join sooner in the cluster analysis than the formation of Cluster 1 [Figure 6.9].) They have been separated for this discussion,

however, because there are interesting similarities and contrasts in their spatial distributions to be discussed below. Even though they are taken to be separate clusters, both could be made of raw material from essentially the same source location. The only meaningful difference between the mineralogy of Clusters 2 and 3 is in regard to sanidine and orthoclase, and this could reflect small differences in nearby material sources.

Patterns of Distribution

Formative 3 shows no major regional population growth, although settlement does redistribute itself somewhat (Drennan, Herrera, and Piñeros 1989; Drennan et al. 1989, 1991). The settlement concentration in the northeast corner of our study zone expanded, but occupation adjacent to it thinned out, setting it off more sharply with vacant space. There is still considerable settlement at the highest elevations, in the southwest, although no clearly defined concentration is visible. The Formative 2 settlement concentration in the northwest corner of the map has diffused, changing to a status similar to that of the southwest corner—moderate population density but no clearly defined concentration.

At first glance, Figures 6.11 and 6.12 would indicate high proportions of Cluster 1 in northeastern sites with lower proportions to the southwest. This would be consistent with the mineralogical suggestion that survey tract 84 was the source area of Cluster 1's raw material. Since each collection sampled in the northeast, however, provided exactly one sherd of Lourdes Red Slipped, they all give values of 100% for whichever cluster their one sherd belongs to. Taking the collections from this settlement concentration together, only 25% of the sherds (two out of eight) belong to Cluster 1. This is a lower proportion than at CS/162 in the southwest, where 38% of the sherds belong to Cluster 1. This situation is reminiscent of Cluster 1 for Formative 2, where a small number of sherds appeared in collections at opposite ends of the study zone, but not in the middle. The distributional pattern for Cluster 1 is similarly ambiguous.

Cluster 2 occurs widely throughout the study area. Its proportion in survey tract 84 (taking together all eight collections of one sherd each) is 38%. Higher proportions occur in larger collections farther southwest. Again there seems to be a

del sector de reconocimiento 84, donde el material detrítico erosionado de las formaciones Saldaña y Guacacallo es depositado en combinación, es nuevamente una probable área de explotación de arcilla.

El Grupo 3 tiene una gran semejanza al Grupo 2 en términos de las inclusiones minerales así como en el tamaño y forma de los granos (Figura 6.10). Predominan los feldespatos potásicos (sanidina y ortoclasa), con pequeñas cantidades de hornablenda y granate y muy pequeñas cantidades de biotita. Es muy posible que los Grupos 2 y 3 debieran ser realmente considerados un solo grupo. (Se aglomeran más rápido en el análisis de conglomerados que los componentes del Grupo 1 [Figura 6.9].) Sin embargo, ellos han sido separados para esta discusión porque existen interesantes similitudes y contrastes en sus distribuciones espaciales que discutiremos más adelante. Si bien ambos son tomados como grupos separados, ambos podrían haber sido fabricados con materia prima de esencialmente la misma fuente. La única diferencia significativa entre la composición mineralógica de los Grupos 2 y 3 ocurre respecto a la sanidina y la ortoclasa, y esto podría reflejar pequeñas diferencias en fuentes de materia prima vecinas.

Patrones de Distribución

El período Formativo 3 no muestra un mayor crecimiento poblacional regional, aunque la ubicación de los asentamientos se distribuye de manera algo diferente (Drennan 1989; Drennan et al. 1989, 1991). La concentración de asentamientos en la esquina noreste de nuestra área de estudio se expandió, pero la ocupación adyacente a ella decreció, presentando así de manera más contrastante espacios vacantes. Existe aún una considerable escala de asentamientos en las elevaciones mayores, en el sudoeste, aunque no existe una concentración claramente visible. La concentración de asentamientos del período Formativo 2 en la esquina noroeste del mapa se ha dispersado, cambiando a un estatus similar al de la esquina sudoeste—una moderada densidad poblacional pero ninguna concentración claramente definida.

A primera vista, las Figs. 6.11 y 6.12 indicarían altas proporciones de Grupo 1 en los sitios al noreste con menores proporciones al sudoeste. Esto sería consistente con los indicios mineralógicos que el sector de reconocimiento 84 fue la fuente de la materia prima de la cerámica del Grupo 1. Sin embargo, dado que cada colección muestreada en la zona noreste proveyó exactamente un tiesto del tipo Lourdes Rojo Engobado, los tiestos arrojan proporciones de 100% para cualquiera de los grupos a los que pertenecen. Tomando las colecciones de esta concentración de asentamientos juntas, sólo 25% de los tiestos (dos de ocho tiestos) pertenecen al Grupo 1. Esta es una proporción menor que en CS/162 en la zona sudoeste, donde 38% de los tiestos pertenecen al Grupo 1. Esta situación es reminiscente del Grupo 1 del período Formativo 2, donde reducidas cantidades de tiestos aparecieron en colecciones de los extremos opuestos del área de estudio, pero no en el área central. Este patrón de distribución del Grupo 1 es similarmente ambiguo.

El Grupo 2 ocurre ampliamente a través del área de estudio. Su proporción en el sector de reconocimiento 84 (tomando en conjunto las ocho colecciones de un tiesto cada una) es de 38%. Proporciones más altas ocurren en colecciones mayores más al sudoeste. Nuevamente parece haber un hiato en el área central de la zona de estudio, pero esto podría deberse simplemente a que cuatro de los cinco tiestos Lourdes Rojo Engobado que no pudieron ser agrupados provienen de GJ/085, y estos cuatro tiestos no agrupados son el 67% de los tiestos de las colecciones de esta área central. Esta distribución ciertamente podría ser de un local de producción en el sector de reconocimiento 84, como lo sugieren los conglomerados mineralógicos.

El Grupo 3 también ocurre ampliamente a través del área de estudio. Como el Grupo 2, ocurre una sola vez en cada una de las tres colecciones en la concentración de asentamientos del noreste, formando el 38% de todos los tiestos de dicha zona. El valor de 100% para GJ/154 es también de una colección conformada por un único tiesto. También está presente, usualmente en modestas proporciones, en la zona sudoeste. El patrón de distribución general para el Grupo 3, entonces, es realmente muy semejante al del Grupo 2.

El primer ejemplo de un sitio "de convergencia focal", CS/162, ocurre en el período Formativo 3 (Figura 6.11). Este patrón, en el cual tres o más grupos (excluyendo los tiestos no agrupados) ocurren simultáneamente en el mismo sitio en porcentajes bajos o moderados, se hace común durante el período Clásico Regional y también en algunos casos en el período Reciente. La ocurrencia simultánea de tres o más grupos indica que un sitio estaba de lugar receptor de al menos tres diferentes redes de distribución cerámica. Los sitios con porcentajes más altos de sólo uno o dos grupos podrían estar "más arriba" en la red de distribución, con lazos más cercanos y más restrictivos a ciertos centros de producción en particular. Esta impresión es fortalecida por el hecho que CS/162 tuvo la muestra más distante de los dos probables centros de producción alfarera de este período y a la vez es la más clara concentración de asentamientos. La ubicación remota de un sitio de convergencia focal durante el período Formativo 3 puede ser visto como una intensificación del patrón del período Formativo 2 de ocurrencia simultánea de grupos cerámicos en regiones rurales y de exclusividad mutua en zonas de concentración de asentamientos. El hecho que todas las muestras de las concentraciones de asentamientos del período Formativo 3 fueran de un tiesto cada una hace imposible investigar aquí la exclusividad mutua de la distribución de grupos de la misma manera.

Es, por supuesto, más probable que más grupos diferentes serán representados en muestras mayores, de tal manera que es necesario considerar la posibilidad que la identificación de sitios de convergencia focal no dependiera más que del tamaño de la muestra. Sin embargo, mientras es cierto que CS/162 es la muestra más grande de las colecciones del período Formativo 3 (n=8), CS/097 y CS/024 son casi tan grandes (n=7 y n=6) pero no logran reflejar dicho patrón. Como veremos más

gap in the center of the study zone, but this may be simply because four of the five unclustered Lourdes Red Slipped sherds are from GJ/085, and these four unclustered sherds are 67% of the sherds from collections in this central area. Distribution certainly could be from a production location in survey tract 84, as suggested by the cluster's mineralogy.

Cluster 3 also occurs widely throughout the study area. Like Cluster 2, it occurs once in each of three collections in the northeastern settlement concentration, forming 38% of all the sherds from that area. The 100% value for GJ/154 is also in a collection consisting of a single sherd. It is also present, usually in modest proportions, in the southwest. The overall pattern of distribution for Cluster 3, then, is really very like that of Cluster 2.

The first example of a "focal point" site, CS/162, occurs in Formative 3 (Figure 6.11). This pattern, in which three or more clusters (excluding unclustered sherds) co-occur at the same site in moderate or low percentages, is one that becomes common in the Regional Classic period and to some extent in the Recent period as well. The co-occurrence of three or more clusters indicates that a site was on the receiving end of at least three different ceramic distribution networks. Sites with higher percentages of only one or two clusters may be "farther up" the distributional network, with closer and more restrictive ties to particular production centers. Strengthening this impression is the fact that CS/162 is the most distant sample from both the likeliest pottery production locations for this period and the clearest settlement concentration as well. The remote location of the one focal point site for Formative 3 can be seen as an intensification of the Formative 2 pattern of co-occurrence of clusters in rural regions and mutual exclusivity in concentrated settlement zones. The fact that all samples from the Formative 3 settlement concentration were of one sherd each, makes it impossible to investigate mutual exclusivity of cluster distribution here in the same way.

It is, of course, more likely that more different clusters will be represented in larger samples, so it is necessary to consider the possibility that the identification of focal points is no more than the identification of large samples. While it is true that CS/162 is the largest sample among the Formative 3 collections (n=8), CS/097 and CS/024 are almost as large (n=7 and n=6) but fail to show the pattern. As will be seen below, for the Regional Classic and Recent, the focal point pattern appears in samples as small as six, while samples of seven or eight often fail to show it. The presence of focal point sites changes through time in ways not easily accounted for by variation in sample size alone. There can, of course, be no consideration of focal points with a sample like that for Formative 1, where no collection provided more than four sherds and there were only two ceramic clusters in the first place. Formative 2, however, was represented by three collections of six sherds or more, but no focal points. Formative 3 also had three collections of six sherds or more, one of which was a focal point. The Regional Classic's six collections with six sherds or more were all focal points, but the Recent's seven collections with

six sherds or more included only one focal point. The occurrence of focal points, then, does not appear to be simply the result of unequal sample sizes.

Summary

Formative 3 presents a picture of three distribution networks of differing sizes quite possibly originating in the same geological provenance in survey tract 84. This is a change from Formative 2, when the two principal distribution networks emanated from different production locations. By contrast, in Formative 3, ceramic production seems more tightly focused in the area of the single best-defined settlement concentration included in the study zone. All three networks had overlapping distributions, within which proportions of ceramics of different clusters varied substantially from site to site. This suggests direct competition rather than coordination between the makers of the three ceramic clusters (cf. Feinman, Blanton, and Kowalewski 1984:303). Nevertheless, the general area from which the three clusters originated appears to have had no competition from potters in other sections of the study area. Thus, while the settlement concentration in the northeast may have become the near-exclusive source for ceramics in the study zone, there is no indication that the production and distribution of ceramics was regulated or administratively organized.

Issues of scale of manufacture during Formative 3 have not thus far been addressed. The three clusters from Formative 3 are not large, and their characteristics do not suggest larger scale production than that of Formative 2. None of the sociopolitical variables correlated with large-scale manufacture by Feinman, Kowalewski, and Blanton (1984:301) changed from Formative 2 to Formative 3. Overall regional population and population density remained virtually unchanged; there is no indication of increased intensity of agricultural production to alter household time budgets; and the regional political consolidation seems similar to that of Formative 2. The evidence from Formative 3 is thus consistent with the model.

Regional Classic

The Regional Classic is represented by the largest sample in the assemblage, consisting of 92 sherds. Thus of all the chronological periods, the Regional Classic is the one for which conclusions can be made with the fewest reservations springing from sampling considerations. As we shall see, the patterns to be observed in this period are much clearer than those presented by the smaller Formative samples and offer some sharp contrasts with both preceding and following periods. The Regional Classic is also the first period for which the ceramic samples studied here include materials from the lower elevations of the Valle de la Plata. It is only during the Regional Classic that population in these lower elevations reached substantial levels. There is, thus, an extra area included in the maps for the Regional Classic that has not played a role in the discussion of the Formative. The cluster analysis (Figure 6.13)

adelante, para los períodos Clásico Regional y Reciente, el patrón de convergencia focal aparece en muestras tan pequeñas como de seis tiestos, mientras muestras de siete u ocho tiestos muchas veces no logran reflejarlo. La presencia de los sitios de convergencia focal cambia a través del tiempo en formas no fácilmente explicables por la variación en el tamaño de la muestra únicamente. No puede, por supuesto, haber consideración de la presencia de sitios de convergencia focal con una muestra como la del período Formativo 1, donde ninguna colección proveyó más de cuatro tiestos y había solamente dos grupos cerámicos definidos en el análisis. Sin embargo, el período Formativo 2 estuvo representado por tres colecciones de seis tiestos o más, pero no se definieron sitios de convergencia focal. El período Formativo 3 también tuvo tres colecciones de seis tiestos o más, uno de las cuales representó un sitio de convergencia focal. Las seis colecciones del período Clásico Regional con seis tiestos o más cada una representaron todas sitios de convergencia focal, pero las siete colecciones del período Reciente con seis tiestos o más incluyeron sólo un sitio de convergencia focal. La ocurrencia de sitios de convergencia focal, entonces, no parece ser simplemente el resultado de un desigual tamaño de las muestras.

Resumen

El período Formativo 3 presenta una imagen de tres redes de distribución de diferentes tamaños que se originan muy posiblemente en la misma proveniencia geológica en el sector de reconocimiento 84. Esto representa un cambio respecto al Formativo 2, cuando las dos principales redes de distribución emanaron de diferentes lugares de producción. En contraste, durante el período Formativo 3, la producción cerámica parece más estrechamente concentrada en el área de la única y mejor definida concentración de asentamientos incluída en el área de estudio. Las tres redes tuvieron distribuciones espaciales superpuestas, en las cuales las proporciones cerámicas de diferentes grupos variaron sustancialmente de sitio a sitio. Esto sugiere una competencia directa más que una coordinación entre los productores de los tres grupos cerámicos (cf. Feinman, Blanton y Kowalewski 1984:303). Sin embargo, el área general en la cual los tres grupos se originaron parece no haber tenido competencia de alfareros en otros sectores del área de estudio. De esta manera, mientras la concentración de asentamientos en la zona noreste podría haberse convertido en una fuente casi exclusiva para la cerámica en el área de estudio, no hay indicaciones que la producción y distribución cerámica fuera regulada u organizada administrativamente.

Los problemas de la escala de manufactura durante el período Formativo 3 no han sido tratados hasta ahora. Los tres grupos cerámicos del período Formativo 3 no son grandes, y sus características no sugieren una producción a mayor escala que en el período Formativo 2. Ninguna de las variables sociopolíticas correlacionadas con la manufactura a gran escala de Feinman, Kowalewski y Blanton (1984:301) cambiaron entre los períodos Formativo 2 y Formativo 3. La población regional y la densidad poblacional en general se mantuvieron

virtualmente idénticas; no hay indicación de un incremento en la intensidad de la producción agrícola que alterase la organización de trabajo dentro de las unidades domésticas, y la consolidación política regional parece similar a la del período Formativo 2. La evidencia del período Formativo 3 es entonces consistente con el modelo.

Clásico Regional

El período Clásico Regional está representado por la mayor muestra en las colecciones, consistiendo en 92 tiestos. De esta manera, de todos los períodos cronológicos, es el Clásico Regional para el cual podemos llegar a conclusiones con el menor número de reservas con base en el muestreo. Como veremos, los patrones a ser observados en este período son mucho más claros que aquellos presentados por las pequeñas muestras del período Formativo y ofrecen algunos contrastes agudos con los períodos que le precedieron y le siguieron. El período Clásico Regional es también el primer período para el cual las muestras cerámicas de este estudio incluyen materiales de las elevaciones inferiores del Valle de la Plata. Es solamente durante el período Clásico Regional que la población en estas elevaciones inferiores alcanzó niveles sustanciales. Existe, entonces, una área adicional incluída en los mapas para el período Clásico Regional que no jugó ningún papel en las discusiones del período Formativo. El análisis de conglomerados (Figura 6.13) distinguió muy claramente cinco grupos entre los tiestos del período Clásico Regional, dejando 12 tiestos sin agrupar.

Características y Fuentes del Desgrasante

Las inclusiones minerales del Grupo 1 consisten primariamente de sanidina y ortoclasa, con cantidades accesorias de microclino, andesita, hornablenda, olivino y biotita (Figura 6.14). El cuarzo también se encuentra presente con un conteo promedio de 1.66, aunque no está incluído en el gráfico o en el análisis de conglomerados. El perfil es bastante diferente de aquellos de los dos grupos del período Formativo 1 o de los Grupos 2 y 3 del período Formativo 2, todos los cuales parecían tener sus fuentes de abastecimiento de arcilla en el sector de reconocimiento 84. Los componentes microclino, con sanidina y ortoclasa sugieren un origen granítico, así como biotita, hornablenda y minerales metamórficos (en este caso niveles bastante altos de granate). Las dioritas contienen andesina, cuarzo, óxidos de hierro y minerales metamórficos. Las monzonitas contienen la mayor parte de estos minerales así como olivino. La fuente más probable de estos minerales dentro o cerca a la zona de este estudio es el espectro mineral granito-diorita-monzonita visto en la Formación Jurásica Intrusiva (Jg), que se ubica mayormente en la zona norte, intruyendo sólo ligeramente en el mapa de la Figura 5.3. La composición mineralógica indica que, en términos de este estudio, el Grupo 1 podría no ser estrictamente de origen local, aunque su fuente yace probablemente en el área del Valle de la Plata.

Los granos minerales están mucho más fuertemente orien-

REGIONAL CLASSIC — CLASICO REGIONAL

```
  65-LA/135
 208-TS/013
 259-GJ/154
1 256-GJ/154
 257-GJ/154
   2-LA/307
 201-TS/013
 676-84/155
 440-CS/162
2 428-CS/162
 222-TS/013
 229-TS/013
 235-TS/013
 236-TS/013
 231-TS/013
 669-84/155
  10-LA/307
 549-CS/024
 529-CS/024
 535-CS/024
3 537-CS/024
 670-84/155
  76-LA/135
 541-CS/024
  75-LA/135
 539-CS/024
  69-LA/135
  43-LA/135
 114-VK/133
  52-LA/135
 533-CS/024
 663-84/155
 169-VK/019
   1-LA/307
 463-CS/145
 101-VK/133
 172-VK/019
  58-LA/135
 476-CS/145
 542-CS/024
 478-CS/145
 430-CS/162
 480-CS/145
4 673-84/155
 671-84/155
 254-GJ/154
  42-LA/135
  68-LA/135
 525-CS/024
 534-CS/024
  61-LA/135
   4-LA/307
 675-84/155
 462-CS/145
 103-VK/133
 214-TS/013
 217-TS/013
 427-CS/162
 558-CS/024
 251-GJ/154
 233-TS/013
 174-VK/019
  66-LA/135
 180-VK/019
 105-VK/133
 161-VK/019
  41-LA/135
 202-TS/013
 207-TS/013
 234-TS/013
 435-CS/162
 433-CS/162
  70-LA/135
5 425-CS/162
 106-VK/133
 554-CS/024
 209-TS/013
 102-VK/133
 167-VK/019
 171-VK/019
 552-CS/024
 115-VK/133
 104-VK/133
 260-GJ/154
 661-84/155
  48-LA/135
 165-VK/019
  14-LA/307
   3-LA/307
 432-CS/162
   8-LA/307
 223-TS/013
```

CLUSTER GRUPO   SHERD TIESTO   LOT LOTE

0   2   4   6   8   10

JOINING DISTANCE — DISTANCIA DE UNION

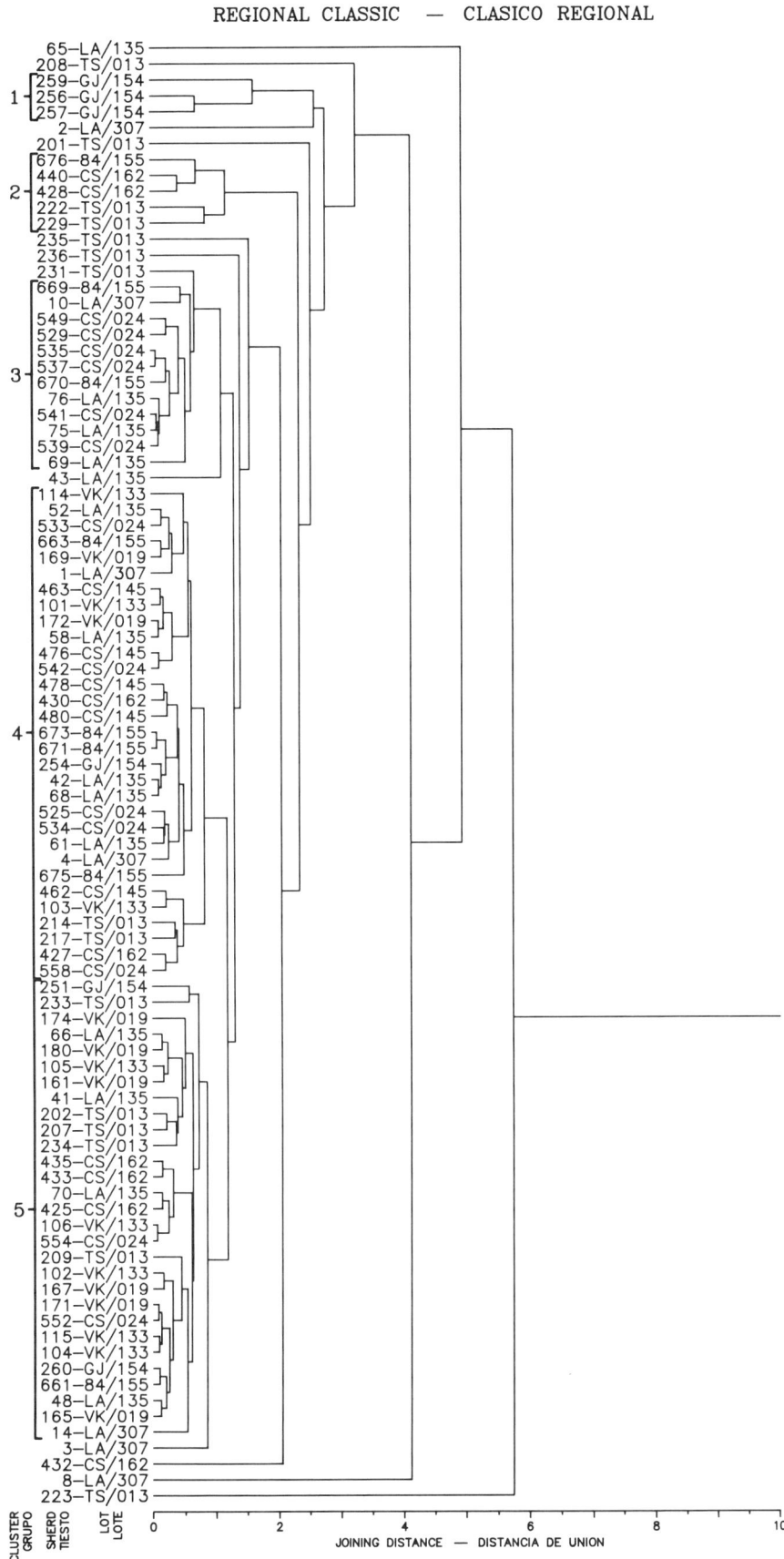

Figure 6.13
Cluster analysis of Regional Classic (Guacas Reddish Brown) sherds.

Figura 6.13
Análisis de conglomerados de los tiestos del Clásico Regional (Guacas Café Rojizo).

distinguished five clear groups among the Regional Classic sherds, leaving 12 sherds unclustered.

Temper Characteristics and Sources

The mineral inclusions of Cluster 1 consist primarily of sanidine and orthoclase, with accessory amounts of microcline, andesine, hornblende, olivine, and biotite (Figure 6.14). Also present, although not included in the graph or the cluster analysis, is quartz, with a mean count of 1.66. The profile is quite different from those of the two Formative 1 clusters or Clusters 2 and 3 from Formative 2, all of which seemed likely to have raw material sources in survey tract 84. Microcline, along with sanidine and orthoclase, is suggestive of a granite origin, as are biotite, hornblende, and metamorphic minerals (in this case fairly high levels of garnet). Diorites contain andesine, quartz, iron oxides, and metamorphic minerals. Monzonites contain most of these minerals as well as olivine. The most likely source of these minerals in or near the zone of this study is the granite-diorite-monzonite mineral spectrum seen in the Jurassic Intrusive (Jg) Formation, which lies mostly to the north, intruding only slightly into the map in Figure 5.3. Mineralogy, then, indicates that, in the terms of this study, Cluster 1 may not be of strictly local origin, although its source would probably still lie well within the Valle de la Plata.

The mineral grains are much more strongly oriented in Cluster 1 than in the other clusters (Figure 6.14), and, even considering that the cluster is formed of only three sherds, this pattern is highly consistent. This suggests that Cluster 1 pottery was made in a slightly different manner than that of other clusters—a

tados en el Grupo 1 que en los otros grupos (Figura 6.14), y, aún considerando que el grupo está formado por sólo tres tiestos, este patrón es altamente consistente. Esto sugiere que la cerámica del Grupo 1 fue hecha de una manera algo diferente que la de otros grupos—una manera de trabajar la arcilla que tendió a producir un mayor alineamiento de los granos minerales con las paredes de la vasija.

El Grupo 2 es también un grupo pequeño, formado por cinco tiestos. Su composición mineral es bastante diferente que la de otros grupos contemporáneos (Figura 6.14). Los dos principales componentes, ortoclasa y sanidina, ocurren en cantidades casi iguales. También están presentes otros minerales félsicos, incluyendo labradorita y bytownita. También existe hornablenda y pequeñas cantidades de augita y biotita que representan el grupo máfico. Del grupo metamórfico existen trazas de clorita y granate. Esta composición mineral es inusual por sus cantidades iguales de ortoclasa y sanidina, por sus minerales accesorios, y sus conteos bastante altos de hornablenda y los dos minerales metamórficos.

El perfil mineral sugiere una fuente compuesta de detritus derivado de las formaciones Basaltos de Aceve-

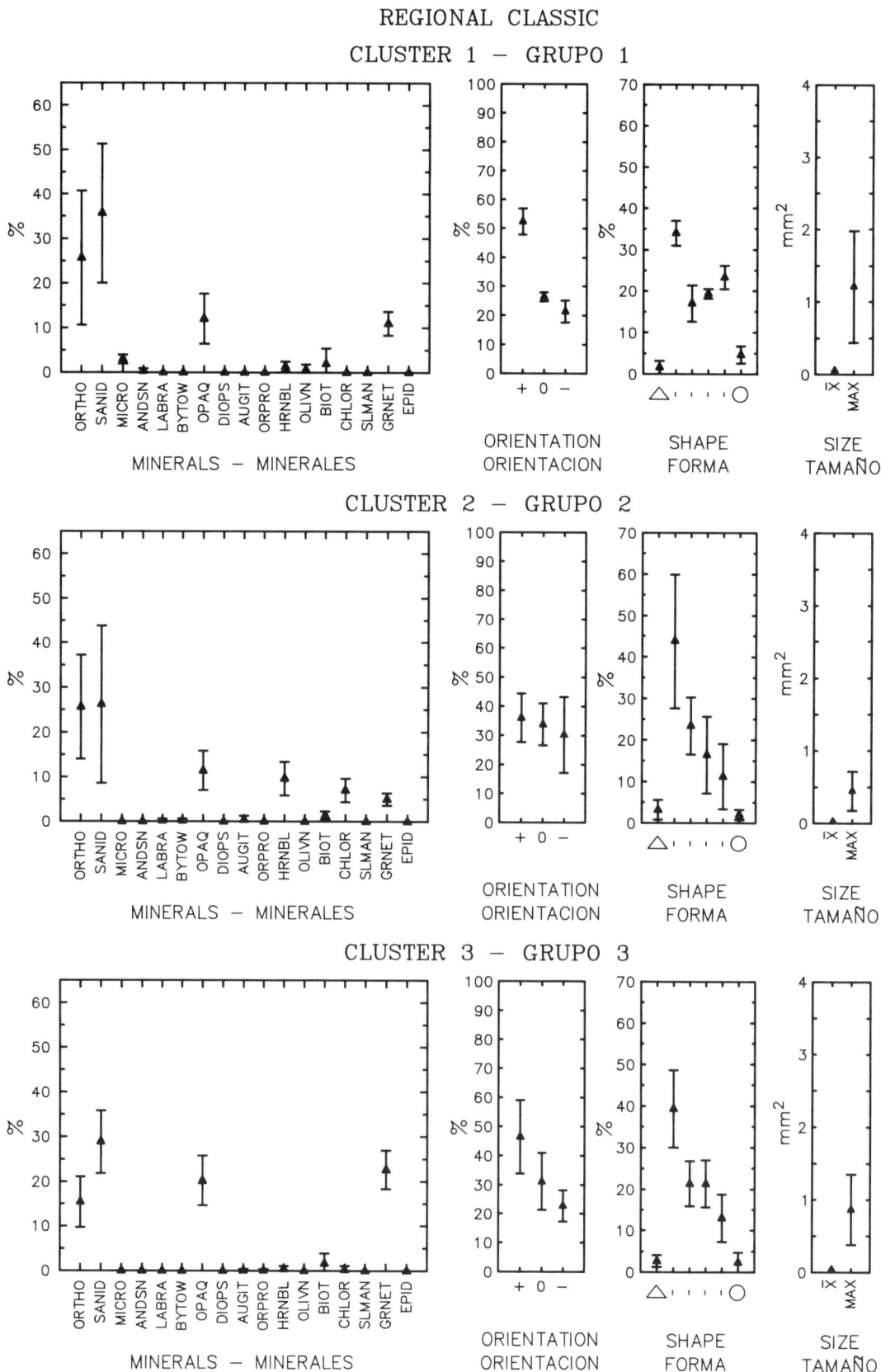

REGIONAL CLASSIC

CLUSTER 1 — GRUPO 1

CLUSTER 2 — GRUPO 2

CLUSTER 3 — GRUPO 3

CLASICO REGIONAL

CLUSTER 4 – GRUPO 4

MINERALS – MINERALES

ORIENTATION
ORIENTACION

SHAPE
FORMA

SIZE
TAMAÑO

CLUSTER 5 – GRUPO 5

MINERALS – MINERALES

ORIENTATION
ORIENTACION

SHAPE
FORMA

SIZE
TAMAÑO

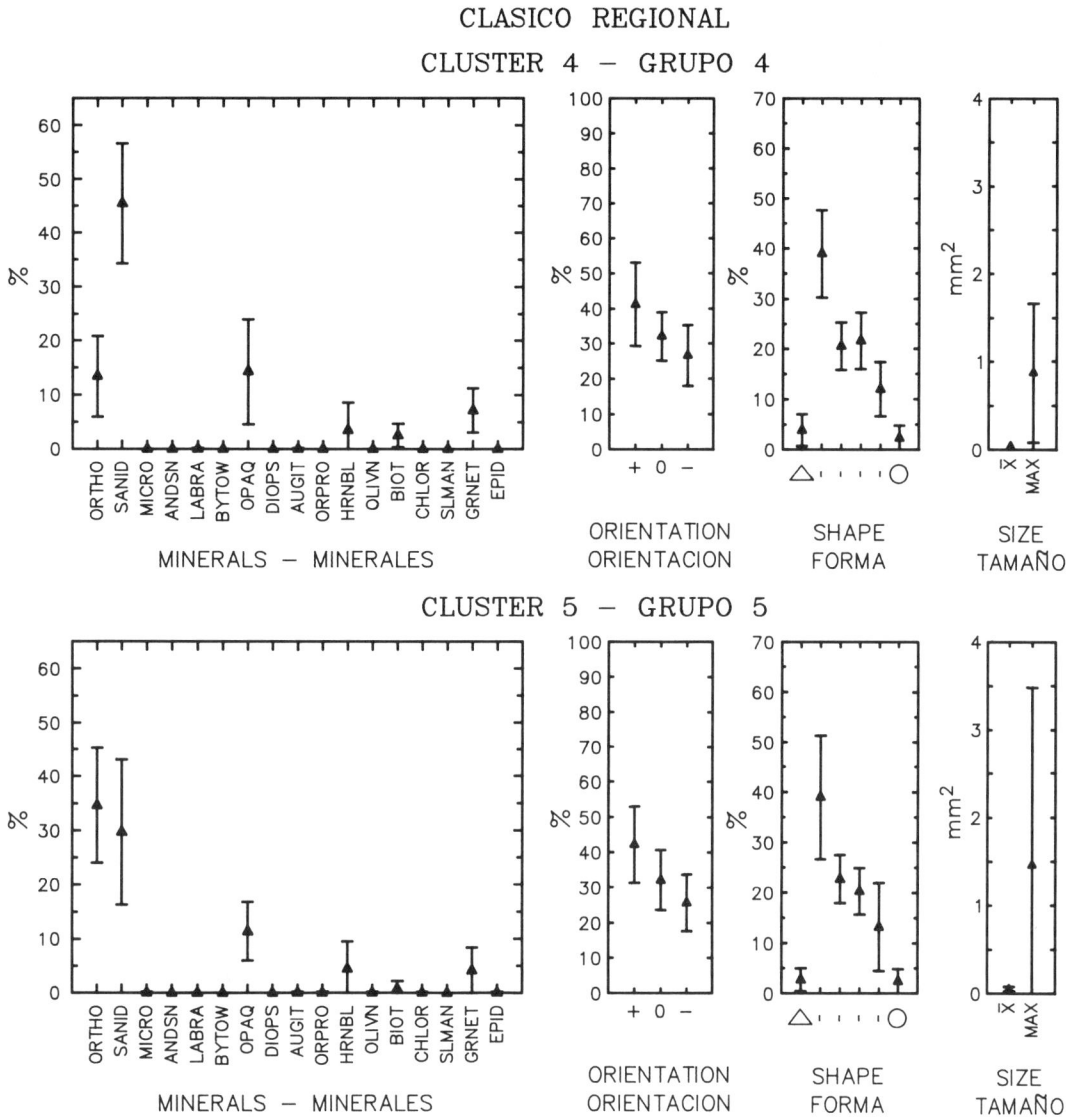

Figure 6.14 (facing pages) Characteristics of the five clusters of Regional Classic (Guacas Reddish Brown) sherds.

Figura 6.14 (páginas opuestas) Características de los cinco grupos de tiestos del Clásico Regional (Guacas Café Rojizo).

labradorite to bytownite and are also characterized by augite and chlorite. All four of these minerals are present in the profile for Cluster 2. If the range of minerals characteristic of basalts is subtracted from the graph, those remaining strongly resemble the profile we have grown accustomed to seeing from the rhyolites of the Saldaña and Guacacallo formations: high amounts of potassium feldspars, hornblende, biotite, and low amounts of garnet. A material source composed of detrital material derived from these formations could be lo-

manner of working the clay that tended to produce greater alignment of mineral grains with the vessel walls.

Cluster 2 is also a small cluster, formed of five sherds. Its mineral suite is quite unlike that of any other contemporaneous cluster (Figure 6.14). The two main constituents, orthoclase and sanidine, occur in almost equal amounts. Other felsic minerals, including labradorite and bytownite, are also present. Hornblende and small amounts of augite and biotite represent the mafic group. Metamorphics are chlorite and garnet. This suite of minerals is unusual for its equivalent amounts of orthoclase and sanidine, its rare accessory minerals, and its fairly high counts for hornblende and the two metamorphic minerals.

The mineral profile suggests a source composed of detritus derived from the Acevedo Basalt (TQb) and Guacacallo Ignimbrite (TQig) and/or Saldaña (Jvs) formations (Figure 5.3). Basalts contain plagioclase minerals restricted to the range of

cated near the northern fringes of the area of this study, actually outside the survey tracts which were available for sampling when this study began. The Acevedo Basalt (TQb) and Guacacallo Ignimbrite (TQig) formations are adjacent to one another across a large portion of this fairly heavily populated zone. Cluster 2 is thus, like Cluster 1, most likely a ceramic produced outside the zone of this study although still well within the Valle de la Plata.

Grain orientation for Cluster 2 is quite weak. The high values for weak orientation, and the low values for strong orientation make a contrast with the other Regional Classic clusters, especially Cluster 1. The pattern of Cluster 2 suggests different practices in working the clay, involving weaker application of forces that align the mineral grains with the vessel walls.

Cluster 3 is not as rare as the first two clusters; it is represented by 12 sherds in our sample. Its mineralogy shows

do (TQb) e Ignimbritas de Guacacallo (TQig) y/o Saldaña (Jvs) (Figura 5.3). Los basaltos contienen minerales plagioclases restringidos al rango de labradorita a bytownita y están también caracterizados por augita y clorita. Estos cuatro minerales también están presentes en el perfil para el Grupo 2. Si el rango de minerales característicos de basaltos es sustraído del gráfico, aquellos que quedan se parecen fuertemente al perfil que hemos estado acostumbrados a ver en las riolitas de las formaciones Saldaña y Guacacallo: altas cantidades de feldespatos potásicos, hornablenda, biotita, y bajas cantidades de granate. Una fuente material compuesta de material detrítico derivado de estas formaciones podría estar localizado cerca a los límites septentrionales del área de este estudio, en realidad fuera de los sectores de reconocimiento disponibles para ser muestreados al inicio de este estudio. Las formaciones Basaltos de Acevedo (TQb) e Ignimbritas de Guacacallo (TQig) son adyacentes entre ellas a lo largo de una gran porción de esta zona de poblamiento bastante denso. El Grupo 2 es entonces, como el Grupo 1, muy probablemente una cerámica producida fuera del área de este estudio aunque aún en los límites del Valle de la Plata. La orientación de los granos del Grupo 2 es muy débil. Los altos valores para la orientación débil y los bajos valores para la orientación fuerte contrastan con los otros grupos del período Clásico Regional, especialmente con el Grupo 1. El patrón del Grupo 2 sugiere prácticas diferentes en el trabajo de la arcilla, lo que implica una aplicación más débil de la fuerza que alinea los granos minerales con la pared de la vasija.

El Grupo 3 no es tan raro como los dos primeros grupos; está representado por 12 tiestos en nuestra muestra. Su composición mineralógica muestra valores medianamente bajos para la sanidina y ortoclasa (Figura 6.14). Los minerales máficos son los componentes minerales más numerosos en el Grupo 3; sin embargo, los conteos promedios no son muy altos. Los componentes de augita, ortopiroxeno, hornablenda y biotita están presentes de manera accesoria. Los minerales metamórficos presentes son clorita y granate, y ellos tienen un valor secundario sólo con respecto a la sanidina. Es así que este grupo contiene minerales representativos de la roca madre riolítica rica en componentes félsicos, pobre en componentes máficos que subyace a una gran parte del área de estudio, lo mismo que con la Formación Jurásica Intrusiva (Jg) que posee un espectro de granito-diorita-monzonita (Figura 5.3). Los valores para el feldespato son relativamente bajos. El conteo promedio para el granate es sorprendentemente alto, lo que indica una fuente de materia prima distinta de aquellos grupos contemporáneos. La augita y el ortopiroxeno son característicos de las dioritas. Los componentes como hornablenda, biotita y clorita están presentes en granitos, dioritas y monzonitas, pero también en las rocas riolíticas más características de nuestra área de estudio. Es así que estos últimos tres minerales se relacionan probablemente con el feldespato potásico, como un resultado de material detrítico meteorizado de la roca riolítica local.

La probable ubicación de la fuente de este compuesto

mineral, que representa tanto una influencia plutónica y volcánica, estaría en el extremo de la esquina noreste de los mapas de nuestra área de estudio, adyacente a lo que aún es una concentración de asentamientos durante el período Clásico Regional. Aquí el detritus erosionado, proveniente de una fuente de roca volcánica, sería transportado arroyo abajo a través de las Ignimbritas de Guacacallo (TQig), dentro de la zona de las rocas Jurásicas Intrusivas (Jg) a lo largo del Río Loro (Figura 5.3).

El Grupo 4 es el más abundante de la muestra y consiste de 31 tiestos. Este grupo muestra de alguna manera una composición mineralógica diferente a aquellos del Grupo 3, pero en otros aspectos los dos grupos son prácticamente idénticos (Figura 6.14). La sanidina es el componente mineral principal, la ortoclasa es el segundo más importante, y la labradorita, otro mineral félsico, está presente en cantidades accesorias. Los minerales máficos presentes incluyen augita, hornablenda y biotita; y el granate es el único mineral metamórfico. Este componente es semejante al Grupo 3 en el sentido de que predominan los minerales félsicos y los minerales máficos y metamórficos aparecen en cantidades accesorias, pero ni la variedad de especies minerales ni sus proporciones relativas son idénticas.

El panorama general consiste en material detrítico erosionado de las rocas riolíticas comunes en el área de estudio, con muy reducidas representaciones adicionales de minerales característicos de los Basaltos de Acevedo (TQb) (Figura 5.3), sobre todo labradorita y augita. Estas características podrían colocar a las fuentes de materia prima en algún lugar cerca o en depósitos de sedimentos cuaternarios (Qt) (Figura 5.3) en la zona este o en la zona oeste del sector de reconocimiento 84. Estos depósitos recientes son principalmente lavados y producto de erosión de los abanicos aluviales y sedimentos de terrazas (Kroonenberg y Diederix 1985:39), que serían en este caso de origen volcánico. Además de ello, Kroonenberg y Diederix (1985:39) mencionan láminas intercaladas delgadas de fina ceniza volcánica presentes en estos sedimentos recientes. Dado que la actividad volcánica más reciente en el área de estudio tiene una composición basáltica (Kroonenberg y Diederix 1985:35), esta ceniza podría ser la fuente de los basaltos minerales en el Grupo 4.

Los Grupos 3 y 4 muestran fuertes patrones similares en relación al tamaño, forma y orientación de los granos (Figura 6.14). Estas similitudes, junto con aquellas características de la composición mineral, arguyen que los dos grupos se originaron en la misma área general, mientras que las diferencias distintivas en varios minerales menores indican que las fuentes de materia prima no fueron idénticas. Una fuente de origen del Grupo 3 ubicada en el extremo de la esquina noreste del mapa del área estudiada y otra fuente de origen para el Grupo 4, a unos tres o cuatro kilómetros al suroeste del anterior es consistente con este panorama. Las desviaciones estándar de las variables medidas son generalmente pequeñas para el Grupo 4. Este grado de consistencia en una muestra tan grande y la gran abundancia de tiestos en el Grupo 4 indican una produc-

fairly low values for sanidine and orthoclase (Figure 6.14). Mafic minerals are the most numerous component in Cluster 3, although the mean counts are not very high. Augite, orthopyroxene, hornblende, and biotite are present in accessory amounts. The metamorphic minerals present are chlorite and garnet, which has a value second only to sanidine. This cluster, then, contains minerals representative of the felsic-rich, mafic-poor, rhyolitic parent rock that underlies much of the study area, as well as of the granite-diorite-monzonite spectrum of the Jurassic Intrusive (Jg) Formation (Figure 5.3). Values for the potassium feldspars are relatively low. The mean count for garnet is surprisingly high, indicating a raw material source quite distinct from that of other contemporaneous clusters. The augite and orthopyroxene are characteristic of diorites. Hornblende, biotite, and chlorite are present in granites, diorites, and monzonites, but also in the rhyolitic rocks most characteristic of the study area. These latter three, then, are likely linked to the potassium feldspars as the result of detrital material weathered from local rhyolitic rock.

The most probable source location for this mineral suite representing both a plutonic and a volcanic influence would be the extreme northeastern corner of the maps of our study zone, adjacent to what continued to be a settlement concentration in the Regional Classic. Here detritus eroded from volcanic source rock would be transported downstream through the Guacacallo Ignimbrites (TQig), into the zone of the Jurassic Intrusives (Jg) along the Río Loro (Fig 5.3).

Cluster 4 is the most abundant in the sample, consisting of 31 sherds. It shows a somewhat different suite of minerals than those in Cluster 3, but in other respects the two clusters are nearly identical (Figure 6.14). Sanidine is the primary mineral constituent; orthoclase is secondary; and labradorite, another felsic mineral, is present in accessory amounts. Mafic minerals present include augite, hornblende, and biotite; and garnet is the only metamorphic mineral. This suite is like that of Cluster 3 in that felsic minerals predominate, and mafics and metamorphics occur in accessory amounts, but neither the variety of mineral species nor their relative proportions are identical.

The general picture is of detrital material weathered from the rhyolitic rocks common in the study area, with some additional very minor representation of minerals characteristic of the Acevedo Basalt (TQb) Formation (Figure 5.3), namely labradorite and augite. These characteristics could place the raw material source somewhere in or near the Quaternary sedimentary (Qt) deposits (Figure 5.3) in the eastern part of survey tract LA or the western part of 84. These recent deposits are primarily weathered from alluvial fan and terrace sediments (Kroonenberg and Diederix 1985:39), which in this case would be volcanic in origin. In addition, Kroonenberg and Diederix (1985:39) mention thin intercalations of fine volcanic ash in these recent sediments. Since the most recent volcanism in the study area is basaltic in composition (Kroonenberg and Diederix 1985:35), this ash could be the source of the basaltic minerals in Cluster 4.

Clusters 3 and 4 show very strongly similar patterns in regard to grain size, shape, and orientation (Figure 6.14). These similarities, together with those of general composition of mineral suite, argue that the two clusters originated in the same general area, while the distinct differences in several minor minerals indicate that the raw material sources were not identical. An origin for Cluster 3 in the extreme northeastern corner of the study area map and for Cluster 4 some three or four kilometers southwest of that is consistent with this picture. The standard deviations of measured variables are generally small for Cluster 4. This degree of consistency in such a large sample and the very abundance of Cluster 4 sherds indicate ceramic production on a relatively large scale.

Cluster 5 is also very abundant in the sample, although not quite as abundant as Cluster 4; it is represented by 29 sherds. Orthoclase and sanidine are its two primary mineral constituents, and the felsic minerals are also represented by accessory amounts of microcline. Mafic minerals include hornblende and smaller amounts of augite, enstatite (orthopyroxene), olivine, and biotite. Metamorphics include garnet and accessory amounts of chlorite and epidote. The two major felsic minerals predominate, then, as they have in virtually every cluster from every chronological period. They are accompanied by low amounts of the two most common mafic and metamorphic minerals and very low amounts of a broad assortment of rare minerals, most of which are mafic and metamorphic. This suite of rare minerals, including microcline, augite, orthopyroxene, olivine, and epidote, is characteristic of the plutonic granite-diorite-monzonite spectrum of the Jurassic Intrusive (Jg) Formation (Figure 5.3). The remaining minerals are highly characteristic of the common local rhyolitic rocks, both in terms of their species and in terms of their relative proportions.

If the rare minerals are subtracted out of the graphs of Clusters 4 and 5 the remaining minerals, which are representative of the rhyolitic rocks in the study area, are nearly identical. Likewise, Cluster 5 bears more than a passing resemblance to Cluster 3, both in terms of the rare minerals present and in terms of proportions, the high mean count for garnet in Cluster 3 being the major exception. All three clusters are fundamentally composed of materials that could be derived from the rhyolitic rocks common in the study area. In addition, they contain accessory minerals representative of two of the neighboring lithologic units. Cluster 5, then, like 3 and 4, probably originates in or near survey tract 84 but not from precisely the same source of raw material as either 3 or 4. This conclusion is strongly supported by the extreme similarities in longitudinal grain orientation patterns between Cluster 3, 4, and 5. This suggests the kind of consistency in pottery production techniques that might be expected of potters in the same general area even if they exploited somewhat different sources of raw material.

As will be discussed below, Cluster 5 appears especially frequently in collections from the lower elevations of the valley, which are included for the first time in this study during the Regional Classic period. It makes up 64% of the sherds analyzed from those lower elevations (excluding sherds that

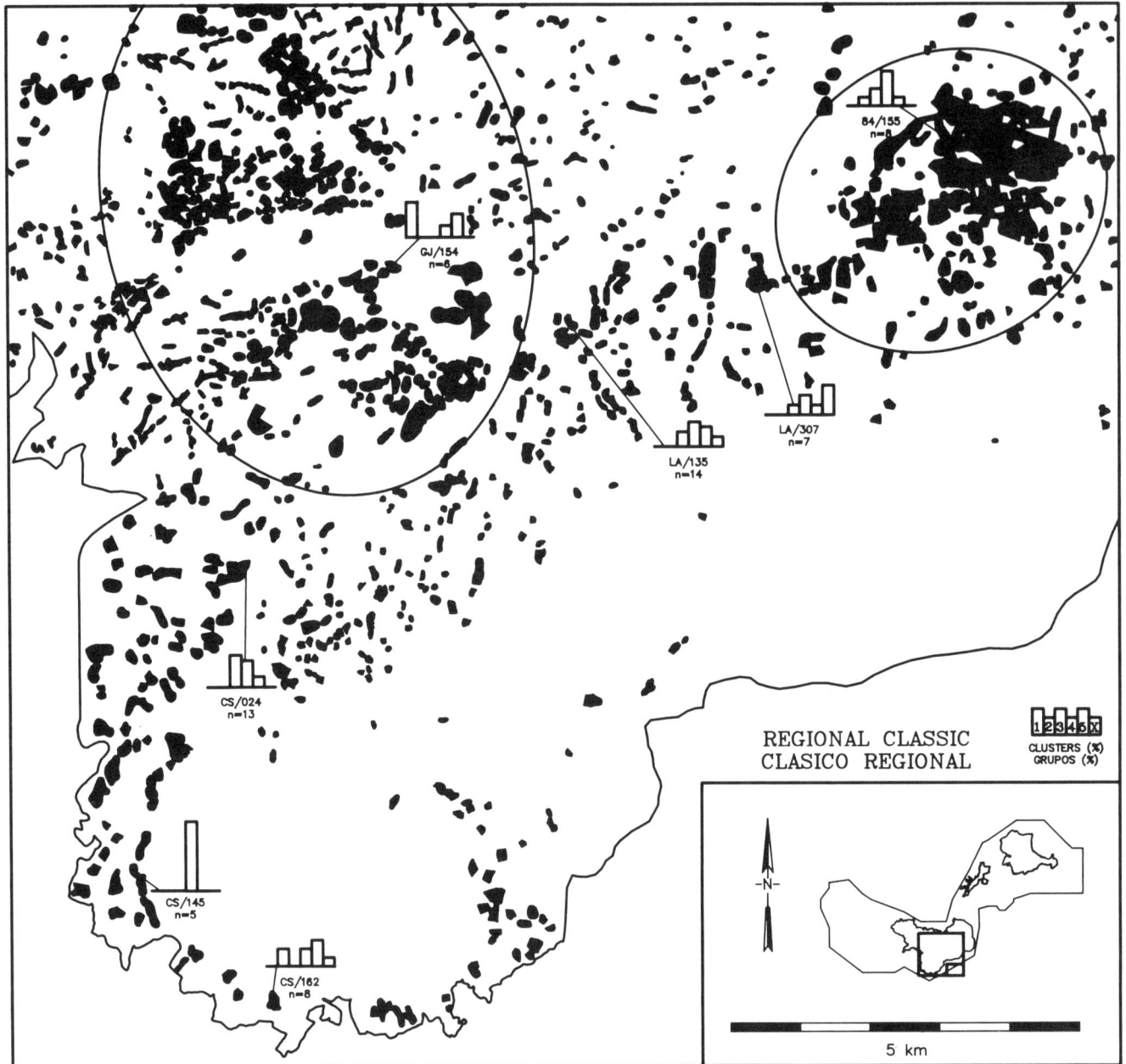

REGIONAL CLASSIC
CLASICO REGIONAL

CLUSTERS (%)
GRUPOS (%)

-N-

5 km

ción de cerámica a relativamente gran escala.

El Grupo 5 es también muy abundante en la muestra, pero no tan abundante como el Grupo 4; es representado por 29 tiestos. Los componentes minerales principales son ortoclasa y sanidina, y los minerales félsicos también están representados por cantidades accesorias de microclino. Los minerales máficos incluyen hornablenda y más pequeñas cantidades de augita, enstatita (ortopiroxeno), olivino y biotita. Los minerales metamórficos incluyen granate y cantidades accesorias de clorita y epidota. Los dos minerales félsicos predominan, como se puede ver, en virtualmente todo grupo de cada período cronológico. Están acompañados por pequeñas cantidades de los dos minerales máficos y metamórficos más comunes y por muy pequeñas cantidades de una amplia mezcla

de minerales raros, la mayoría de los cuales son máficos y metamórficos. Esta composición de minerales raros, incluyendo microclino, augita, ortopiroxeno, olivino y epidota es característica del espectro plutónico de la Formación Jurasica Intrusiva (Jg) (Figura 5.3). El resto de los minerales son altamente característicos de las rocas riolíticas locales, tanto en términos de sus especies como en términos de sus proporciones relativas.

Si los minerales raros son substraídos de los gráficos de los Grupos 4 y 5, los minerales restantes, los cuales son representativos de las rocas riolíticas en el área de estudio, son casi idénticos. De igual manera, el Grupo 5 mantiene más que un parecido superficial al Grupo 3, tanto en términos de los minerales raros presentes como en términos de las proporcio-

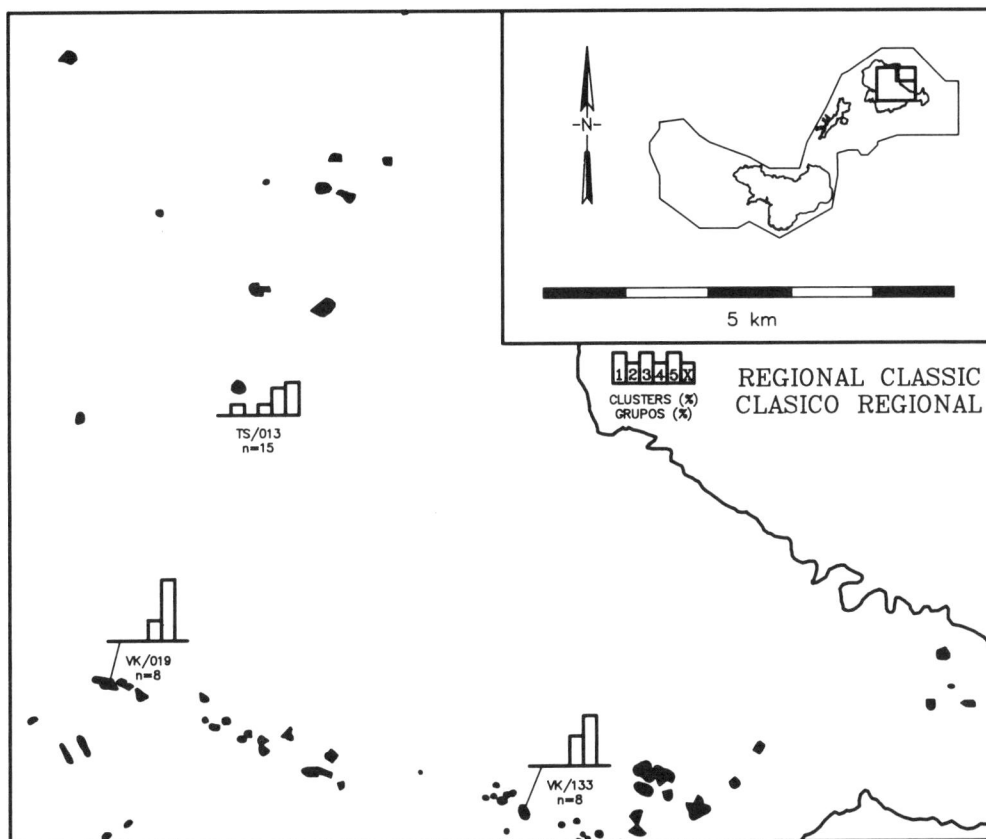

REGIONAL CLASSIC
CLASICO REGIONAL

Figure 6.15 (facing pages) Proportional representation of Regional Classic clusters in the sherd lots sampled. Ellipses indicate settlement concentrations.

Figura 6.15 (páginas opuestas) Representación proporcional de los grupos del Clásico Regional en los lotes de tiestos muestreados. Las elipses indican áreas de asentamiento concentrado.

were not included in any cluster). More to the point, perhaps, 55% of the Cluster 5 sherds came from collections in the lower valley. It does not, however, seem at all likely that Cluster 5 pottery was made there. In the first place, the lower valley is underlain by a variety of marine sedimentary deposits, fluviatile molasse deposits, and lacustrine clays (cf. Kroonenberg and Diederix 1985:27). Cluster 5's mineral suite, representative of rhyolitic volcanic rocks with granitoid influence, could not originate from such parent rocks. In the second place, the grain orientation patterns shared by Clusters 3, 4, and 5 are indicative of very similar manufacturing techniques. If Cluster 5 were produced in the lower valley, we would have to suppose that the manufacturing techniques of Clusters 3 and 4 were more similar to those of producers some 40 to 50 km distant than they were to those of the producers of Clusters 1 and 2 only a few kilometers to the north. While this is certainly not impossible, it seems more plausible that Cluster 5 was manufactured in or near survey tract 84, as its mineralogy so strongly suggests.

As in the case of Cluster 4, the consistency of measured variables in such a large sample, the strong sharing of manufacturing techniques with the makers of two other clusters, and sheer abundance all lead us to think of fairly large-scale pottery production for Cluster 5

Patterns of Distribution

Regional Classic regional population levels were much higher in the Valle de la Plata than those of Formative 3 (Drennan, Herrera, and Piñeros 1989; Drennan et al. 1989, 1991). The settlement concentration in the northeast corner of the study zone becomes much larger and denser, and a large concentration forms in the northwest in a location similar to a Formative 2 concentration (Figure 6.15). (Much of this latter concentration had not been surveyed at the time the samples for this study were selected, so it is represented by a single collection in its southern reaches.) The settlement concentrations of the Regional Classic period seem focused on ritual and funerary centers organized around stone slab tombs in earthen barrows accompanied by stone sculpture (Drennan et al. 1989, 1991). The Regional Classic provides conspicuous archeological evidence of status differences and settlement organization indicative of complex social and political patterns that can loosely be labeled *chiefdoms*. This label might well be applied to earlier periods too, but the Regional Classic seems to represent something of a quantum leap in social, political, and demographic terms. This social phenomenon characterizes not just the Valle de la Plata but the entire Alto Magdalena region of which it is a part, and the sharing of style and iconography across this broad area testifies to a high degree of contact and communication over distances of at least 100 to 150 km. Drennan et al. (1989, 1991) suggest that the political situation was one of independent chiefdoms of modest size, possibly in competition with one another from time to time. The regional ceramic distribution maps present a busy pattern of large-scale

nes; el alto conteo promedio del granate en el Grupo 3 es la mayor excepción. Los tres grupos están fundamentalmente compuestos por materiales que pueden haberse derivado de las rocas riolíticas comunes en el área de estudio. Además, ellos contienen minerales representativos de dos de las unidades litológicas vecinas. Es así que el Grupo 5, así como los Grupos 3 y 4, probablemente se originan cerca o en el sector de reconocimiento 84, pero no precisamente de la misma fuente de materia prima que el Grupo 3 o Grupo 4. Esta conclusión está fuertemente apoyada a través de las similitudes extremas en los patrones de orientación longitudinal de los granos entre los Grupos 3, 4 y 5. Ello sugiere el tipo de consistencia en las técnicas de producción de cerámica que puede ser esperada en la producción alfarera de la misma área general, incluso si ellos explotaron diferentes fuentes de materia prima.

Como se discutirá más adelante, el Grupo 5 aparece frecuentemente en las colecciones provenientes de las elevaciones bajas del valle, las cuales son incluídas en esta investigación por primera vez para el período Clásico Regional. Ellos conforman 64% de los tiestos analizados provenientes de aquellas elevaciones (excluyendo los tiestos que no fueron incluídos en ningún grupo). Aún más relevante quizás para este caso, 55% de los tiestos del Grupo 5 provienen de colecciones en el valle bajo. Sin embargo, no parece razonable que la cerámica del Grupo 5 fuera manufacturada allí. En primer lugar, el valle bajo presenta en su subsuelo una variedad de depósitos sedimentarios marinos, depósitos fluviales de molasas, y arcillas lacustres (cf. Kroonenberg y Diederix 1985:27). Los componentes minerales del Grupo 5, representativos de rocas volcánicas riolíticas con influencias granitoides, no pudieron haberse originado de tal roca madre. En segundo lugar, el patrón de orientación de los granos compartido por los Grupos 3, 4 y 5 es indicativo de técnicas de manufactura muy similares. Si la cerámica del Grupo 5 fue producida en el valle bajo, tendríamos que suponer que las técnicas de manufactura de los tiestos provenientes de los Grupos 3 y 4 fueron más parecidos a aquellos producidos a unos 40 o 50 km de distancia que de aquellos que fueron manufacturados en los Grupos 1 y 2, ubicados solamente a unos pocos kilómetros hacia el norte. Ciertamente, aún cuando esto no es imposible, parece más plausible que la cerámica del Grupo 5 fuera manufacturada cerca o en el sector de reconocimiento 84, como es tan fuertemente sugerido por su composición mineralógica.

Como en el caso del Grupo 4 las evidencias como la consistencia de las variables medidas en esta gran muestra, el uso de técnicas de manufactura comunes con los productores de cerámica en los otros dos grupos, y la gran abundancia, nos llevan a pensar en una producción de cerámica a gran escala para el Grupo 5.

Patrones de Distribución

Los niveles de población regional para el Clásico Regional fueron mucho más altos en el Valle de la Plata que aquellos del Formativo 3 (Drennan 1989; Drennan et al. 1989, 1991). La concentración de asentamiento en la esquina noreste del área de estudio se vuelve mucho más grande y densa, y se forma otra gran concentración en el noroeste, en una ubicación similar a una concentración del Formativo 2 (Figura 6.15). (Gran parte de esta última concentración no había sido reconocida cuando la muestra para este estudio fue seleccionada, por ello está representada por una sóla colección proveniente de la sección sur de la concentración.) Las concentraciones de asentamientos del período Clásico Regional parecen estar enfocadas hacia centros rituales y funerarios conformados por tumbas en forma de cancel cubiertas por montículos y acompañados por esculturas de piedra (Drennan et al. 1989, 1991). El período Clásico Regional provee evidencia arqueológica conspicua sobre diferencias de estatus, y organización de asentamientos indicativos de patrones sociales y políticos complejos de los llamados *cacicazgos*. Esta denominación posiblemente puede ser aplicada también para períodos más tempranos, pero el período Clásico Regional parece representar un cambio marcado en términos sociales, políticos y demográficos. Este fenómeno social caracteriza no sólo el Valle de la Plata, sino también toda la región del Alto Magdalena a la cual el Valle de la Plata pertenece. El estilo y la iconografía compartidos por los habitantes de toda esta área tan amplia testifican el alto grado de contacto y comunicación en distancias de por lo menos 100 a 150 km. Drennan et al. (1989, 1991) sugieren que la situación política fue de cacicazgos independientes, de tamaño modesto, posiblemente en competencia entre ellos de vez en cuando. Los mapas de distribución regional de cerámica presentan un patrón denso de redes de distribución local de pequeña y gran escala y además las franjas periféricas de dos redes "foráneas".

Los tres tiestos del Grupo 1 provienen de una sola colección, GJ/154, donde constituyen el 50% de la muestra (Figura 6.15). Dado que los datos mineralógicos sugieren como origen del Grupo 1 el extremo norte de la zona de estudio, la reconstrucción más directa es que fue un producto de la concentración de asentamientos del noroeste cuya distribución no ocurrió allende esa concentración.

Los cinco tiestos del Grupo 2 formaron un pequeño porcentaje de las muestras provenientes de tres sitios muy separados, incluyendo uno ubicado en el valle bajo (Figs. 6.15 y 6.16). Este grupo, al igual que el Grupo 1, es muy probablemente una producción cerámica que se originó fuera del grupo de sitios incluídos en este estudio, posiblemente a una corta distancia hacia el norte de los sitios estudiados en el valle alto, tal como es sugerido por el análisis mineralógico. Las colecciones muestreadas aquí, entonces, pertenecerían a los límites de su red de distribución. El Grupo 3 tiene una distribución bastante reducida confinada a cuatro colecciones en la misma sección de la zona de estudio en el valle alto (Figs. 6.15 y 6.16). En sólo una de las colecciones donde apareció el Grupo 3, sus tiestos comprendieron más de un tercio de la muestra, y aquí (CS/024) también fue menos de la mitad. Este patrón de distribución podría indicar que, en los sitios incluídos en este estudio, solamente vemos los límites de una red de distribución más grande. Sin embargo, el análisis mineralógico y otras

REGIONAL CLASSIC – CLASICO REGIONAL

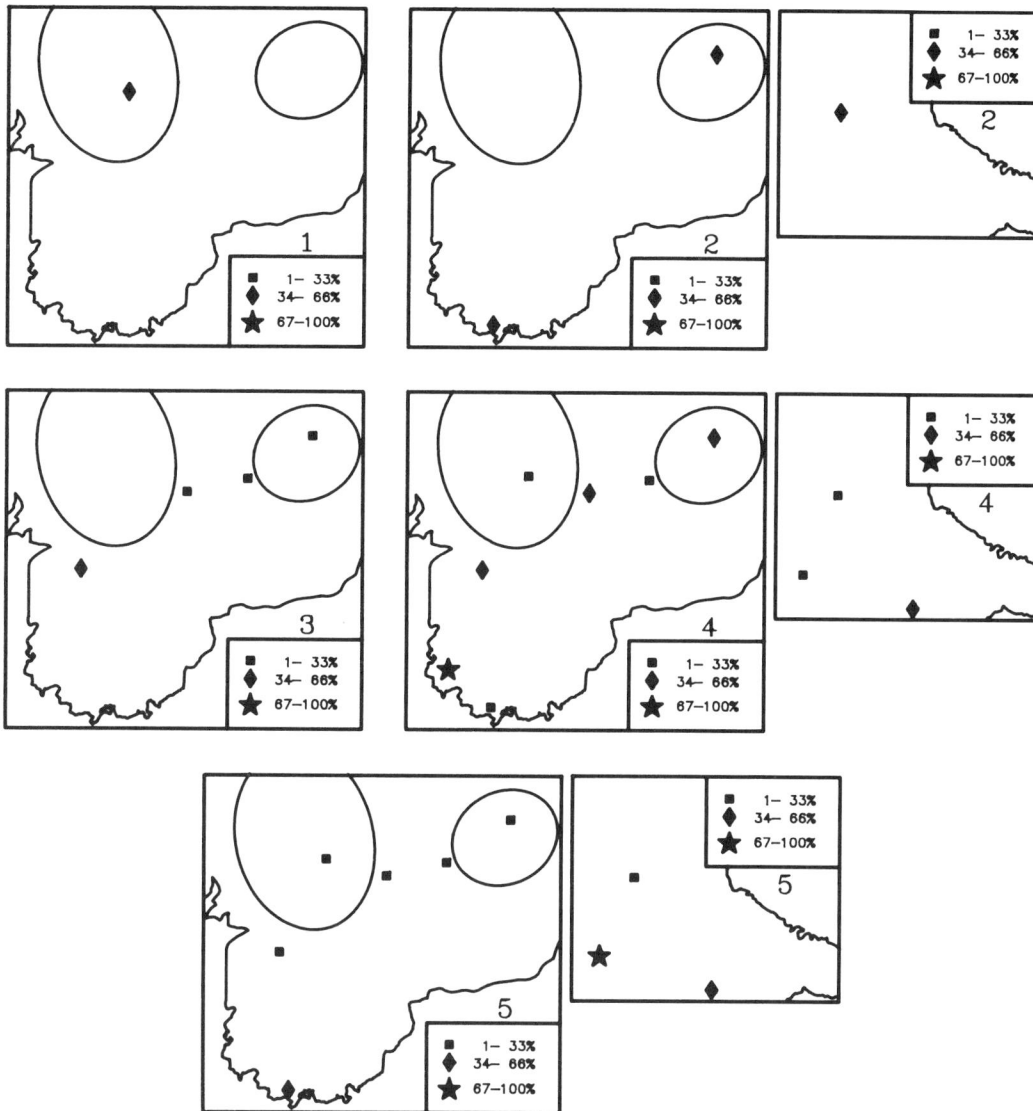

Figure 6.16
Summary of distribution
patterns for the five Regional
Classic clusters.

Figura 6.16
Resumen de patrones de
distribución de los cinco grupos
del Clásico Regional.

Cluster 3 has a fairly narrow distribution confined to four collections in one portion of the study zone in the upper valley (Figures 6.15 and 6.16). In only one of the collections where it appeared did it comprise more than one-third of the sample, and here (CS/024) it was still less than half. This pattern of distribution might indicate that we are seeing only the fringes of a larger distribution network in the sites included in this study. The mineralogical analysis and other grain variables, however, suggested an origin for this pottery within or just north of the settlement concentration in the northeast corner of the upper valley study zone. This, together with the small total amount and consistently low proportions of Cluster 3, argues for relatively small-scale production and limited distribution of this particular cluster (although, as noted above, when considered in conjunction with Clusters 4 and 5, Cluster 3 could form part of vigorous total ceramic manufacture in the northeastern settlement concentration).

Cluster 4 has the broadest possible distribution, being present in every collection sampled for the Regional Classic (Figures 6.15 and 6.16) in the lower valley as well as the upper valley. It makes up 100% of the sample of five from CS/145, the only sample for this period composed of sherds from a single cluster. Any idea that CS/145 was especially close to the source of Cluster 4, however, is contradicted by the mineralogical analysis. Quite high proportions of Cluster 4 do occur in several collections, including particularly 84/155 which

and small-scale local distribution networks operating alongside the fringes of two "foreign" networks.

All three sherds of Cluster 1 come from a single collection, GJ/154, where they constitute 50% of the sample (Figure 6.15). Since the mineralogical suggestion for Cluster 1's origin was the extreme north of the zone of this study, the most direct reconstruction is that it was a product of the northwestern settlement concentration whose distribution did not reach much beyond that concentration.

Cluster 2's five sherds make up small percentages of the samples from three widely scattered sites, including one in the lower valley (Figures 6.15 and 6.16). This cluster, like Cluster 1, is most likely a product originating outside the set of sites included in this study, quite possibly a short distance to the north of the sites sampled in the upper valley, as suggested by the mineralogical analysis. The collections sampled here, then, would be on the fringes of its distribution network.

variables de los granos sugieren un origen para la cerámica en o justo al norte de la concentración de asentamientos ubicada en la esquina noreste del área estudiada en el valle alto. Esto, junto con la pequeña cantidad total, lo mismo que la consistentemente baja proporción del Grupo 3, arguyen en favor de una producción de relativamente baja escala y una limitada distribución de este grupo en particular. (Sin embargo, como se dijo anteriormente, cuando se considera junto con los Grupos 4 y 5, el Grupo 3 podría formar parte de un sólido conjunto de manufactura cerámica en la concentración de asentamientos del noreste.)

El Grupo 4 tiene la mayor distribución posible, estando presente en todas las colecciones muestreadas para el período Clásico Regional (Figs. 6.15 y 6.16) en el valle bajo lo mismo que en el valle alto. Sus tiestos conforman 100% de la muestra de cinco tiestos de CS/145, la única muestra para este período compuesta de un solo grupo. Sin embargo, cualquier idea de que CS/145 estuviera especialmente cerca a la fuente del Grupo 4, se contradice por el análisis mineralógico. Una buena proporción de tiestos del Grupo 4 ocurre en varias colecciones, incluyendo particularmente 84/155 la cual habría estado muy cerca a su lugar de origen, como es sugerido por la composición mineralógica. Aquellas muestras con relativamente altas proporciones de cerámica del Grupo 4 están diseminadas entre muestras que tienen bajas proporciones en toda el área, lo que sugiere que ciertos sitios tienen vínculos más estrechos con los productores del Grupo 4 que los que otros tuvieron. Estos últimos pudieron haber obtenido su cerámica del Grupo 4 de esos sitios. Cualquiera sea la ruta de dispersión, la abundancia y ubicuidad de la cerámica del Grupo 4 sugiere una producción a gran escala y una distribución efectiva.

Aún cuando la concentración de asentamientos en el área noreste del valle alto parecería ser el lugar de producción para este grupo cerámico, éste no sólo está distribuído en esta concentración sino también en la región rural alrededor de ella, en la concentración de asentamientos noroeste, así como en el valle bajo. Sin embargo, la colección que representa la otra concentración de asentamientos, presenta solamente un tiesto del Grupo 4 (de una muestra de seis). Este es el porcentaje registrado más bajo para cualquiera de las muestras del valle alto y podría representar las fuerzas que desalentaron o desanimaron el comercio entre las dos concentraciones de asentamientos o las unidades políticas que ellas pudieran representar.

Los tiestos del Grupo 5 están también ampliamente dispersos y son abundantes, pero sus patrones de distribución no son de ninguna manera idénticos a aquellos del Grupo 4 (Figs. 6.15 y 6.16). Aparecen en proporciones relativamente modestas en todas las muestras del valle alto con excepción de una, y en altas proporciones en las muestras del valle bajo, especialmente aquellas del sector de reconocimiento VK, ubicado al sur del Río Páez. Como se anotó anteriormente, más de la mitad de los tiestos del Grupo 5 en nuestra muestra provienen de recolecciones del valle bajo, pero las inclusiones minerales claramente indican una fuente de materia prima ubicada en el valle alto. Los Grupos 4 y 5 parecen ser ambos el producto de

una producción cerámica de relativamente gran escala en la concentración de asentamientos de la esquina noreste del mapa del valle alto. Mientras que ambos estaban distribuídos en toda el área cubierta por las muestras estudiadas aquí, la distribución del Grupo 4 fue más copiosa en el valle alto (por lo menos fuera de la concentración de asentamientos en la zona noroeste) y menor en el valle bajo. El caso contrario fue cierto en el Grupo 5, con substancialmente más altas proporciones en el valle bajo. El Grupo 5 puede haber sido producido, en parte, para ser "exportado" hacia el valle bajo, o por lo menos tal "exportación" estuvo más fuertemente reflejada en su distribución de lo que se vió en el caso del Grupo 4.

La consideración de los sitios de convergencia focal provee un enfoque final de cierta importancia para entender los patrones de distribución de la cerámica durante el período Clásico Regional. De las siete muestras cerámicas del valle alto, seis fueron sitios de convergencia focal, donde por lo menos tres grupos de cerámica diferentes están representados. La octava es la muestra más pequeña, sin embargo no es solamente el tamaño reducido lo que evita que se convierta en un sitio de convergencia focal, dado que los cinco tiestos de la muestra son de un solo grupo. De las tres muestras provenientes del valle bajo, una es de convergencia focal. Es así que la participación en múltiples redes de distribución cerámica fue considerablemente más común para los sitios pertenecientes al período Clásico Regional que para los sitios del Formativo, reflejando la presencia de extensas redes de distribución cerámica superpuestas durante el Clásico Regional.

Resumen

El período Clásico Regional representa grandes cambios demográficos, sociales y políticos en el Valle de la Plata. Estos cambios fueron acompañados por transformaciones similarmente significativas en la organización económica, por lo menos tal como está reflejada en los patrones de producción y de distribución de cerámica. Parecería que tanto la escala de manufactura como la competencia entre los productores de cerámica habría aumentado, y ambos se relacionan con factores que Feinman, Kowalewski y Blanton (1984:300–302) correlacionan con tales cambios.

La evidencia cerámica para el Clásico Regional muestra dos operaciones de producción y distribución de cerámica a gran escala—aquellas representadas por los Grupos 4 y 5. Estas dos, ambas localizadas en o cerca a la concentración de asentamientos en la esquina noreste de la zona estudiada en el valle alto, proveyeron una gran proporción de la cerámica de la región, con una distribución que se extiende incluso al área de estudio en el valle bajo, a unos 50 km de distancia. Mientras que los patrones de distribución no fueron de ninguna manera idénticos, ambos estuvieron distribuídos de manera muy amplia y entremezclada. El Grupo 3 probablemente representa una producción de cerámica separada y de menor escala dentro de la misma concentración de asentamientos. Los Grupos 1 y 2 representan bien sea redes de pequeña escala o límites de redes de gran escala concentradas fuera de la zona muestreada para

would have been very close to the origin locale as suggested by the mineral suite. Samples with fairly high proportions of Cluster 4 are interspersed with samples having lower proportions throughout the area, suggesting that some sites had closer ties to the producers of Cluster 4 than did others. The latter might possibly have obtained their Cluster 4 ceramics from the former. Whatever the exact route of dispersion, the abundance and ubiquity of Cluster 4 ceramics point to large-scale production and effective distribution.

Although the settlement concentration in the northeast of the upper valley area seems the production locus for this cluster, it was distributed not only in that concentration, but also in the rural regions around it, in the northwestern settlement concentration, and in the lower valley as well. The one collection that represents the other settlement concentration, however, has only one sherd of Cluster 4 (out of a sample of six). This is the lowest percentage recorded for any of the upper valley samples and could possibly reflect forces that discouraged or dampened commerce between the two settlement clusters or the polities they may represent.

Cluster 5 is also both widespread and abundant, but its patterns of distribution are by no means identical to those of Cluster 4 (Figure 6.15 and 6.16). It occurs in quite modest proportions in all upper valley samples but one, and in higher proportions in the lower valley samples, especially those of survey tract VK, south of the Río Páez. As noted above, more than half the Cluster 5 sherds in the sample came from lower valley collections, but the mineral inclusions clearly indicate an upper valley source for the raw material. Clusters 4 and 5 both seem to be the products of fairly large-scale ceramic production in the northeastern settlement concentration on the upper valley map. While both were distributed throughout the area covered by the samples studied here, Cluster 4's distribution was more copious in the upper valley (at least outside the northwestern settlement concentration) and sparser in the lower valley. Just the reverse was true of Cluster 5, with substantially higher proportions occurring in the lower valley. Cluster 5 might have been produced, in part, for "export" to the lower valley, or at least such "export" was more strongly emphasized in its distribution than in Cluster 4's.

Consideration of focal point sites provides a final perspective of some importance on the patterns of ceramic distribution in the Regional Classic. Of the seven sherd samples from the upper valley, six are focal point sites where at least three different clusters are represented. The eighth is the smallest sample, but it is not only small sample size that prevents it from becoming a focal point site, since all five sherds in this sample are from a single cluster. Of the three samples from the lower valley, one is a focal point. Participation in multiple ceramic distribution networks, then, was considerably more common for Regional Classic sites than for Formative sites, reflecting extensive overlapping of Regional Classic ceramic distribution networks.

Summary

The Regional Classic period marks major demographic, social, and political change in the Valle de la Plata. These changes are accompanied by similarly significant change in economic organization, at least as reflected in patterns of pottery production and distribution. Both scale of manufacture and competition between pottery producers seem to increase, and both relate to factors that Feinman, Kowalewski, and Blanton (1984:300–302) correlate with such changes.

The ceramic evidence for the Regional Classic shows two large-scale ceramic production and distribution operations— those represented by Clusters 4 and 5. These two, both located in or near the settlement concentration in the northeast corner of the upper valley study zone, supplied a large proportion of the region's pottery, with distribution extending even to the lower valley study zone some 50 km distant. While distribution patterns were by no means identical, both were distributed very widely and in overlapping fashion. Cluster 3 probably represents separate, smaller-scale pottery production in the same settlement concentration. Clusters 1 and 2 represent either smaller-scale networks or the fringes of larger ones centered outside the zone sampled for this study. In either event, their distribution overlaps with that of both large and small local networks. In a word (or actually, two), pottery production and distribution patterns during the Regional Classic were complicated and varied. These patterns certainly involve increased scale of production and distribution for some, but not all, networks. They also seem to involve increased competition between distribution networks, as discussed more fully below.

Feinman, Kowalewski, and Blanton (1984:301) suggest that population increase requires more intensive agricultural regimes, placing stress on household time budgets. Individual households would be encouraged to procure from others craft products they might formerly have made for themselves, promoting specialization and increased scale of manufacture. Sharply increasing population does, indeed, coincide with increased scale of ceramic production in the Valle de la Plata evidence.

Population distribution is also relevant, as Feinman, Kowalewski and Blanton (1984:301) point out: "Since, in the absence of mechanized transportation, finished vessels are difficult to move, the scale of production is also affected by population distribution. Generally, higher densities and greater nucleation should be associated with larger scale." The settlement concentrations of the Regional Classic were not entirely new phenomena, having existed in earlier periods as well, but they were considerably denser and more nucleated than they had been previously. Thus, the principal Regional Classic change in population distribution also conforms to Feinman, Kowalewski, and Blanton's expectations of relationships between demography and production.

Feinman, Kowalewski, and Blanton (1984:302) also suggest that "political consolidation would be expected to pro-

este estudio. En cualquier caso, su distribución se superpone con redes locales tanto de mayor como de menor escala. En una palabra (o en realidad dos), los patrones de producción y distribución de cerámica durante el período Clásico Regional fueron complicados y variados. Estos patrones ciertamente implicaron una creciente escala de producción y distribución para algunas, mas no todas, las redes de cerámica. Parecería que también implicaron una creciente competencia entre las redes de distribución, como se discutirá de manera más completa adelante. Feinman, Kowalewski y Blanton (1984:301) sugieren que un incremento poblacional requiere de regímenes agrícolas más intensivos, haciendo que cambie la organización de actividades en las unidades domésticas. Las unidades domésticas individuales serían alentadas para procurarse de otros los productos manufacturados que anteriormente pudieron haber hecho ellas mismas, promoviéndose la especialización e incrementándose la escala de manufactura. Un fuerte aumento en la población efectivamente coincide con un aumento en la escala de producción de cerámica en la evidencia del Valle de la Plata.

La distribución de la población es también relevante, como señalan Feinman, Kowalewski y Blanton (1984:301): "Dado que en ausencia de transporte mecanizado, la cerámica es difícil de movilizar, la escala de producción se ve también afectada por la distribución de la población. Generalmente, altas densidades de población, lo mismo que grandes concentraciones, deben ser asociadas con mayores escalas de producción." Las concentraciones de asentamientos del Clásico Regional no fueron fenómenos completamente nuevos, dado que antes ya habían existido, pero fueron considerablemente más densas y más nucleadas de lo que habían sido anteriormente. Es por ello que el cambio principal en relación con la distribución poblacional durante el Clásico Regional, está en concordancia con las expectativas de las relaciones entre demografía y producción propuestas por Feinman, Kowalewski y Blanton.

Feinman, Kowalewski y Blanton (1984:302) también sugieren que "una consolidación política debería promover las oportunidades para el incremento de escalas mediante la expansión del tamaño de la población que pudiera ser suplida por un especialista." El Clásico Regional también parecería haber sido un período de consolidación política en el Valle de la Plata, como lo arguyen Drennan et al. (1989, 1991), cuando la evidencia de jerarquía social es particularmente conspicua y cuando las pequeñas unidades políticas se definen mucho más claramente. También en este punto, entonces, las interpretaciones concuerdan con el modelo de Feinman, Kowalewski y Blanton.

Uno podría esperar que la competencia entre alfareros disminuyera a medida que la escala de la manufacturera alfarera aumentara, dado que los factores políticos que influencian la competencia son similares a aquellos que influencian la escala de manufactura (Feinman, Kowalewski y Blanton 1984:301). Este no fue el caso en el Valle de la Plata durante el período Clásico Regional. Los Grupos 3, 4 y 5 fueron todos aparentemente producidos dentro o muy cerca a la unidad

política de la esquina noreste del área de estudio en el valle alto. Todos tuvieron redes de distribución entremezcladas en muchos de los mismos sectores. Si los grupos "foráneos" (1 y 2) también son considerados, entonces las redes están aún más entremezcladas. Esta distribución entremezclada se refleja en el hecho que siete de los diez sitios muestreados del período Clásico Regional son lo que hemos llamado sitios de convergencia focal, los que participaron en por los menos tres redes de distribución separadas. Consideradas de otra manera, los sitios de convergencia focal son sitios donde por lo menos tres grupos diferentes de alfareros están en directa competencia.

Feinman, Kowalewski y Blanton (1984:303) contrastan dos modos de "articulación administrativa con las redes económicas." En sistemas "caracterizados por un marcado control político centralizado sobre las instituciones económicas, la competencia usualmente es limitada y los consumidores tienden a tener menos opciones qué elegir." Por otro lado, en "sistemas tipificados por la segregación relativa de redes administrativas y económicas, la competencia es usualmente más desarrollada, y ocurre un mayor rango de elección económica." Aún cuando la escala de producción aumenta durante el Clásico Regional en el Valle de la Plata, ello parecería haber tenido muy poco que ver con el control administrativo de la producción o distribución. Los consumidores del período del Clásico Regional parecerían haber tenido mayor libertad de elección en el procuramiento de la cerámica de lo que tuvieron sus antepasados del período Formativo (o sus sucesores del período Reciente, como lo veremos más adelante). El control administrativo sobre la economía local fue relativamente mínimo, por lo menos en lo que se refiere a patrones de producción y distribución de cerámica. Esto es totalmente consistente con la noción tradicional de que los jefes tienen poco poder económico real.

Período Reciente

El tamaño de la muestra para el período Reciente es de 72 tiestos, no mucho más pequeña que aquella del Clásico Regional, por ello podemos una vez más describir los patrones de manera más completa y con mayor confianza que para cualquiera de los períodos del Formativo. Esta muestra también incluye material perteneciente al valle bajo donde poblaciones del período Reciente fueron de tamaño suficiente para permitirnos tocar la cuestión de la producción y distribución de cerámica. El análisis de conglomerados de los tiestos del período Reciente (Figura 6.17) identificó cuatro grupos y dejó ocho tiestos sin agrupar.

Características y Fuentes del Desgrasante

La composición mineralógica del Grupo 1 se conforma a lo que a estas alturas ya estamos familiarizados con respecto a la cerámica producida en el área de estudio del valle alto (Figura 6.18). Los dos minerales félsicos predominantes, ortoclasa y sanidina, están acompañados por bajas cantidades de hornablenda y granate y por cantidades accesorias de minerales

mote opportunities for scale increases by expanding the size of the population that could be served by a specialist." The Regional Classic also seems to have been a period of political consolidation in the Valle de la Plata, as argued by Drennan et al. (1989, 1991), when evidence of social hierarchy is particularly conspicuous and small regional polities become much more clearly defined. On this count, as well, then, the Valle de

la Plata evidence conforms to the Feinman, Kowalewski, and Blanton model.

One might expect competition between potters to diminish as the scale of their ceramic manufacturing industries increased, since the political factors influencing competition are similar to those influencing the scale of manufacture (Feinman, Kowalewski, and Blanton 1984:301). This was not the case in the Valle de la Plata during the Regional Classic period. Clusters 3, 4, and 5 were all apparently produced within or very near the polity in the northeast corner of the upper valley study zone. All had overlapping distribution networks. If "foreign" Clusters 1 and 2 are considered as well, even more overlapping enters the picture. This overlapping is reflected in the fact that seven of the ten sites sampled for the Regional Classic are what have here been called focal point sites, which participated in at least three separate distribution networks. Considered in another way, focal points are sites at which at least three different groups of potters were in direct competition.

Feinman, Kowalewski, and Blanton (1984:301–303) contrast two modes of "administrative articulation with economic networks." In systems "characterized by marked centralized political control over economic institutions, competition is often limited and consumers tend to have few choices." On the other hand, in "systems typified by the relative segregation of administrative and economic networks, competition is usually more developed, and a greater range of economic choices exist." Although scale of production increased during the Regional Classic in the Valle de la Plata, it seems to have had little to do with administrative control of production or distribution. Regional Classic period consumers seem to have had more freedom of choice in ceramic procurement than did their Formative forebears (or their Recent period successors, as we shall see). Administrative control over the local economy was quite minimal, at least insofar as patterns of ceramic production and distribution were concerned. This is entirely consistent with the traditional notion that chiefs have little real economic power.

Recent

The sample size for the Recent period is 72 sherds, not too much smaller than that for the Regional Classic, so we can once again describe patterns more fully and with greater confidence than was possible for any of the Formative periods. This sample also includes material from the lower valley, where Recent populations were of sufficient size to enable us to address questions of pottery production and distribution. The cluster analysis of Recent sherds (Figure 6.17) identified four clusters and left eight sherds unclustered.

Temper Characteristics and Sources

The mineralogy of Cluster 1 conforms to what we are by now familiar with for pottery made in the upper valley study zone (Figure 6.18). The two predominant felsic minerals, orthoclase and sanidine, are accompanied by low amounts of

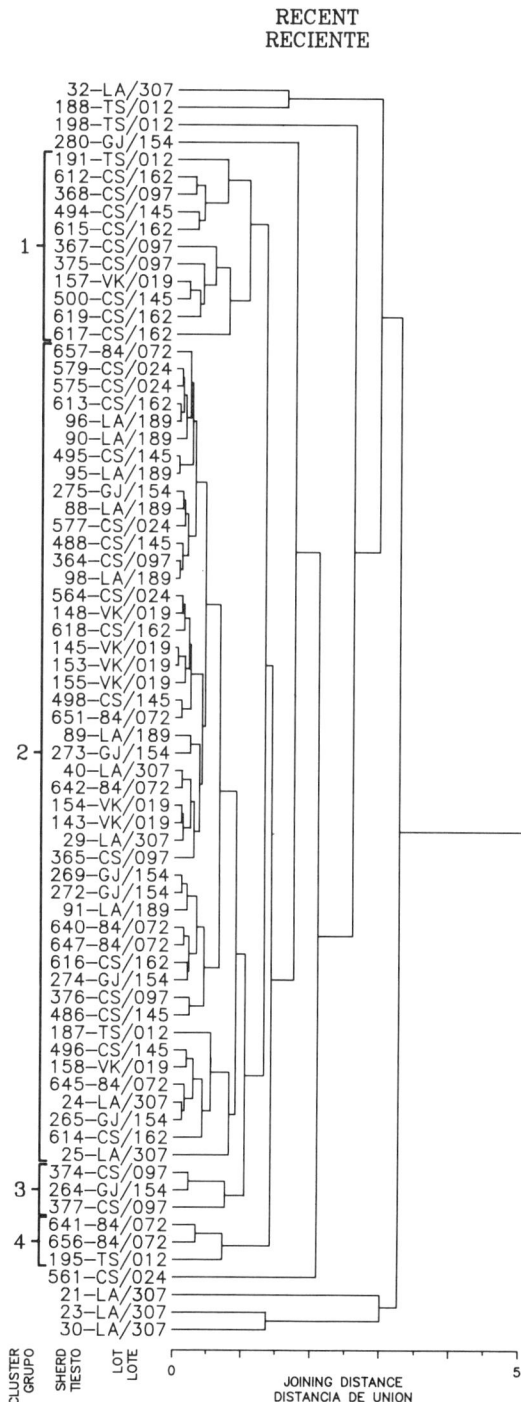

Figure 6.17. Cluster analysis of Recent (Barranquilla Buff) sherds.
Figura 6.17. Análisis de conglomerados de los tiestos del Reciente (Barranquilla Crema).

Figura 6.18
(páginas opuestas)
Características de los
cuatro grupos de tiestos
del Reciente
(Barranquilla Crema).

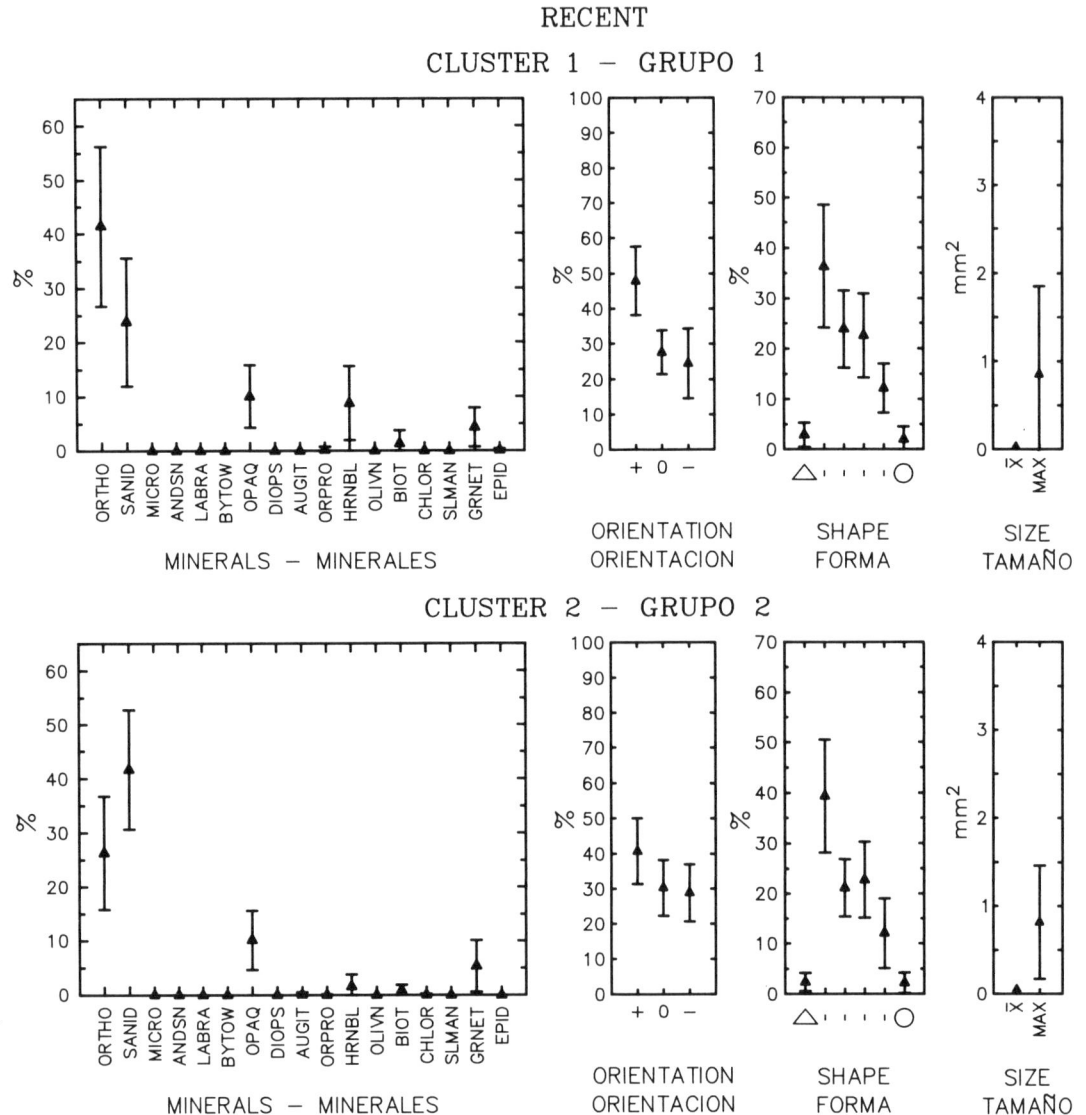

RECENT

CLUSTER 1 — GRUPO 1

CLUSTER 2 — GRUPO 2

máficos raros (enstatita [ortopiroxeno] y biotita) y minerales metamórficos (epidota). El ortopiroxeno y la epidota sugieren un origen de tipo granito-diorita. Es posible que este grupo represente material detrítico, derivado principalmente de rocas riolíticas locales y en segundo lugar proveniente de la Formación Jurásica Intrusiva (Jg) (Figura 5.3). Esta combinación de diferentes fuentes de rocas argüiría en favor de una proveniencia más cercana a los Grupos 3 y 5 del período Clásico Regional, probablemente cerca a la esquina noreste del área de estudio del valle alto. La forma de los granos del Grupo 1 es también muy similar a otros grupos anteriormente atribuídos a esta región de origen (tales como los Grupos 3, 4 y 5 del período Clásico Regional, el Grupo 3 del Formativo 3, los Grupos 1 y 2 del Formativo 2 y el Grupo 2 del Formativo 1).

La composición mineralógica del Grupo 2 coincide con el mismo perfil general familiar; sin embargo, en este grupo el mineral sanidina predomina sobre el ortoclasa (Figura 6.18). Los minerales máficos incluyen augita, enstatita (ortopiroxeno), hornablenda y biotita, y los minerales metamórficos incluyen clorita y granate. Este grupo de minerales coincide perfectamente con el Grupo 3 del período Clásico Regional, sugiriendo que la misma fuente de materia prima derivada de rocas riolíticas y de rocas granito-diorito-monzonitas locales pertenecientes a la Formación Jurásica Intrusiva pueden haber sido explotadas durante ambos períodos. La ubicación probable para esta fuente, como aquella del Grupo 1, es la esquina noreste del área de estudio del valle alto. La forma de los granos del Grupo 2 también tiende a confirmar esta asignación,

que es relativamente similar a aquella del Grupo 1 y los otros grupos más tempranos de esta área. La orientación de los granos para el Grupo 2 es diferente de aquella del Grupo 1, siendo lo más notable la baja proporción de granos fuertemente orientados, lo que sugiere una menor similitud de las técnicas de manufactura de lo que hemos visto en sitios de producción cercanos unos a otros.

La sanidina del Grupo 3 es el mineral más común, seguido por valores de promedios relativamente altos de granate (lo que hace recordar al Grupo 3 del Clásico Regional), valores relativamente más bajos de ortoclasa y cantidades accesorias de minerales máficos (Figura 6.18). Hay menor número de minerales máficos y metamórficos accesorios que en cualquiera de los Grupos 1 o 2. La Formación Jurásica Intrusiva (Jg) es una fuente probable de algunos de los rasgos inusuales de este grupo de minerales. Esta formación se encuentra ubicada dentro del límite sur del área de estudio (Figura5.3) lo mismo que más al norte (Kroonenberg y Diederix 1985:27). Un patrón

RECIENTE

CLUSTER 3 – GRUPO 3

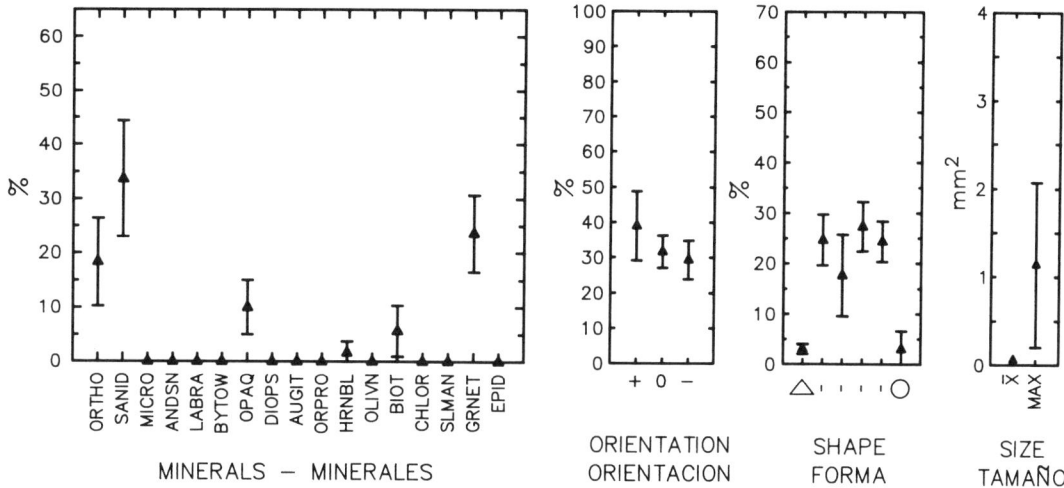

CLUSTER 4 – GRUPO 4

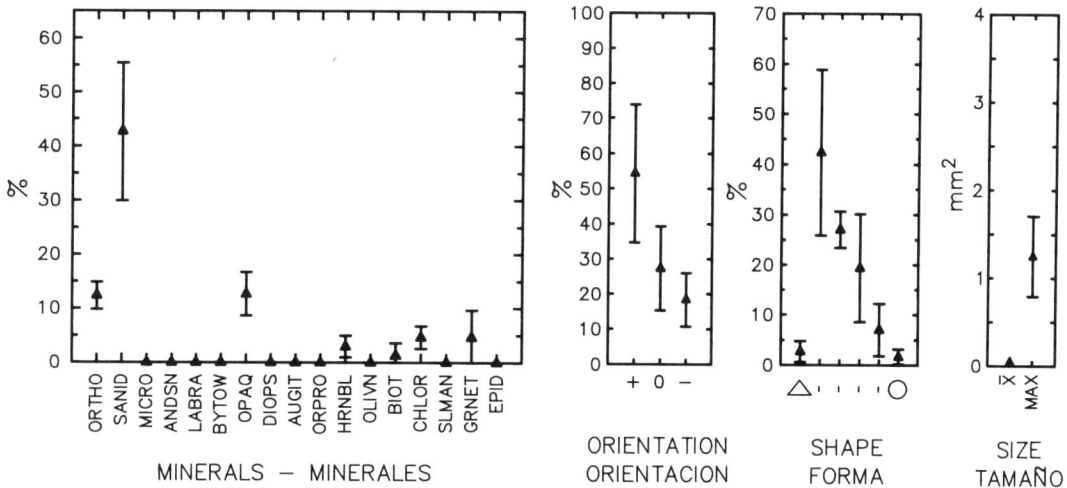

Figure 6.18
(facing pages)
Characteristics of the four
clusters of Recent
(Barranquilla Buff) sherds.

(orthopyroxene), hornblende, and biotite, and metamorphics include chlorite and garnet. This mineral suite provides an excellent match for that of Regional Classic Cluster 3, suggesting that the same raw material source derived from local rhyolitic and granite-diorite-monzonite rocks of the Jurassic Intrusives may have been exploited during both periods. The probable location for this source, like that of Cluster 1, is the northeast corner of the upper valley study zone. Cluster 2 grain shape also tends to confirm this assignment, being quite similar to that of Cluster 1 and the other earlier clusters from this area. Grain orientation for Cluster 2

hornblende and garnet, and by accessory amounts of rare mafics (enstatite [orthopyroxene] and biotite) and metamorphics (epidote). The orthopyroxene and epidote suggest a granite-diorite origin. It is possible that this cluster represents detrital material derived primarily from the local rhyolitic rocks and secondarily from the Jurassic Intrusive (Jg) Formation (Figure 5.3). This combination of source rocks would argue for a provenance close to that of Clusters 3 and 5 from the Regional Classic, probably near the northeast corner of the upper valley study zone. Cluster 1 grain shape is also very similar to other clusters previously attributed to this source region (such as Regional Classic Clusters 3, 4, and 5, Formative 3 Cluster 3, Formative 2 Clusters 1 and 2, and Formative 1 Cluster 2).

The mineralogy of Cluster 2 fits the same familiar general profile, although this time sanidine predominates over orthoclase (Figure 6.18). Mafic minerals include augite, enstatite

differs from that of Cluster 1, most noticeably in a lower proportion of strongly oriented grains, suggesting less sharing of manufacturing techniques than we have seen for closely spaced production locations in earlier periods.

In Cluster 3 sanidine is the most common mineral, followed by relatively high mean values for garnet (recalling Regional Classic Cluster 3), relatively lower values for orthoclase, and accessory amounts of mafic minerals (Figure 6.18). There are fewer mafic and metamorphic accessory minerals than in either Clusters 1 or 2. The Jurassic Intrusive Formation (Jg) is a likely source of some of the unusual features of this mineral suite. This formation is found within the northern boundaries of the study zone (Figure 5.3) as well as farther north (Kroonenberg and Diederix 1985:27). A very distinct pattern of grain shape (Figure 6.18) sets Cluster 3 apart from all other clusters of all periods. Grain orientation, however, shows a pattern very similar to that of Cluster 2.

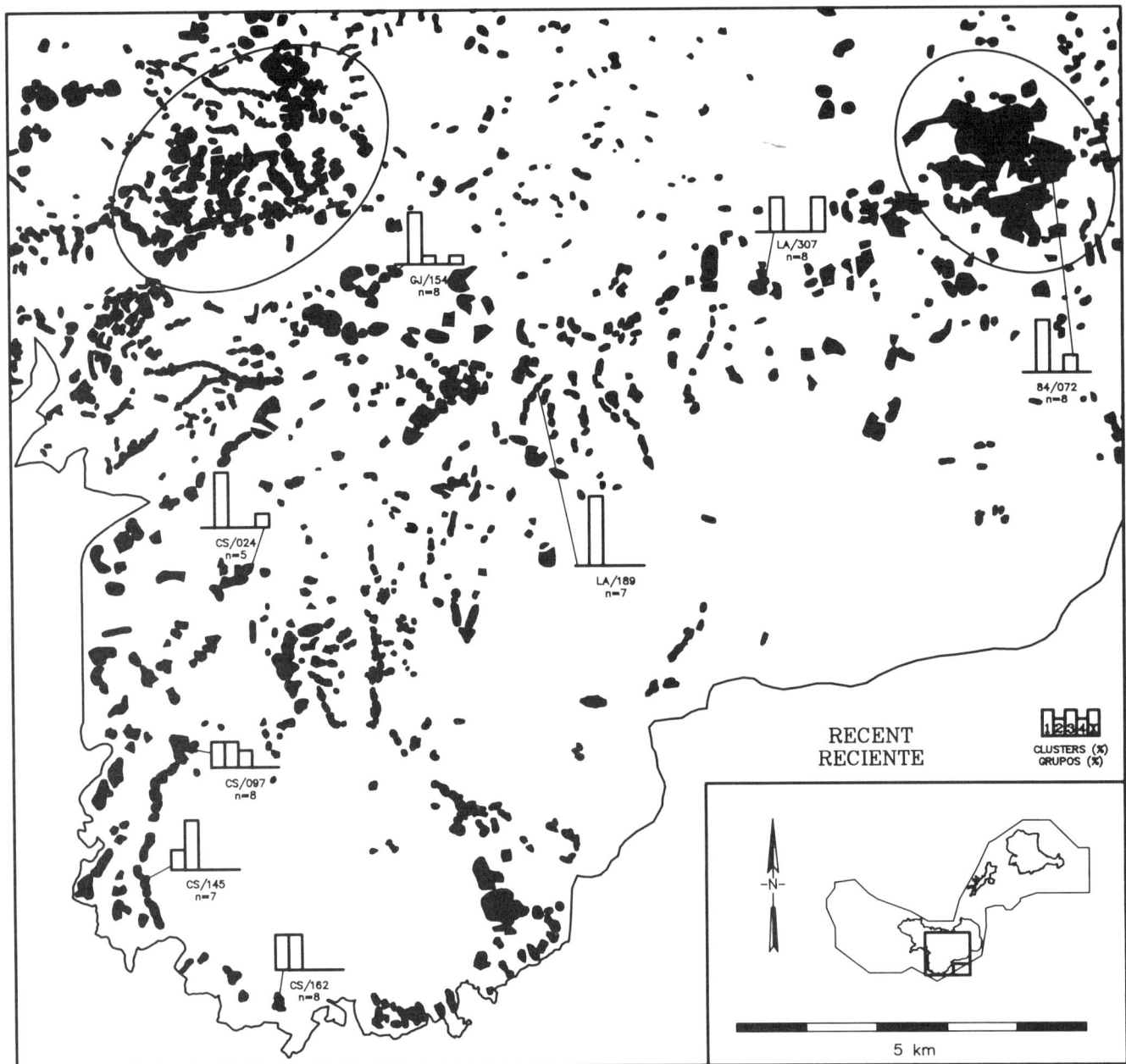

muy distinto de la forma de los granos (Figura 6.18) coloca al Grupo 3 aparte de los otros grupos de todos los otros períodos. Sin embargo, la orientación de los granos muestra un patrón muy similar a aquel del Grupo 2.

La composición mineralógica del Grupo 4 es inusual debido a sus valores consistentemente muy bajos para el componente ortoclasa (Figura 6.18). El valor promedio para la sanidina es alto, pero también lo es su desviación estándar. La limitada presencia de minerales máficos (solamente hornablenda y biotita, ambos con una presencia accesoria) y metamórficos (clorita y granate) también es inusual. Una fuente local para los grupos no puede ser descartada, pero se sugiere una fuente fuera del área de estudio. Los patrones de la forma de los granos refuerzan esta sugerencia, dado que son relativamente

diferentes de aquellos otros grupos mayores que se originan en el área de estudio del valle alto. Las categorías de orientación longitudinal también muestran diferentes proporciones para el Grupo 4 que para los otros grupos del período Reciente, reforzando aún más la noción que este grupo se originó fuera del área de estudio.

Patrones de Distribución

Los niveles de población regional del período Reciente muestran sólo un modesto incremento sobre aquellos del período Clásico Regional (Drennan 1989; Drennan et al. 1989, 1991). La concentración de asentamientos en el noreste del área de estudio del valle alto se hace más compacta—se reduce en área ocupada, pero aumenta de manera substancial en

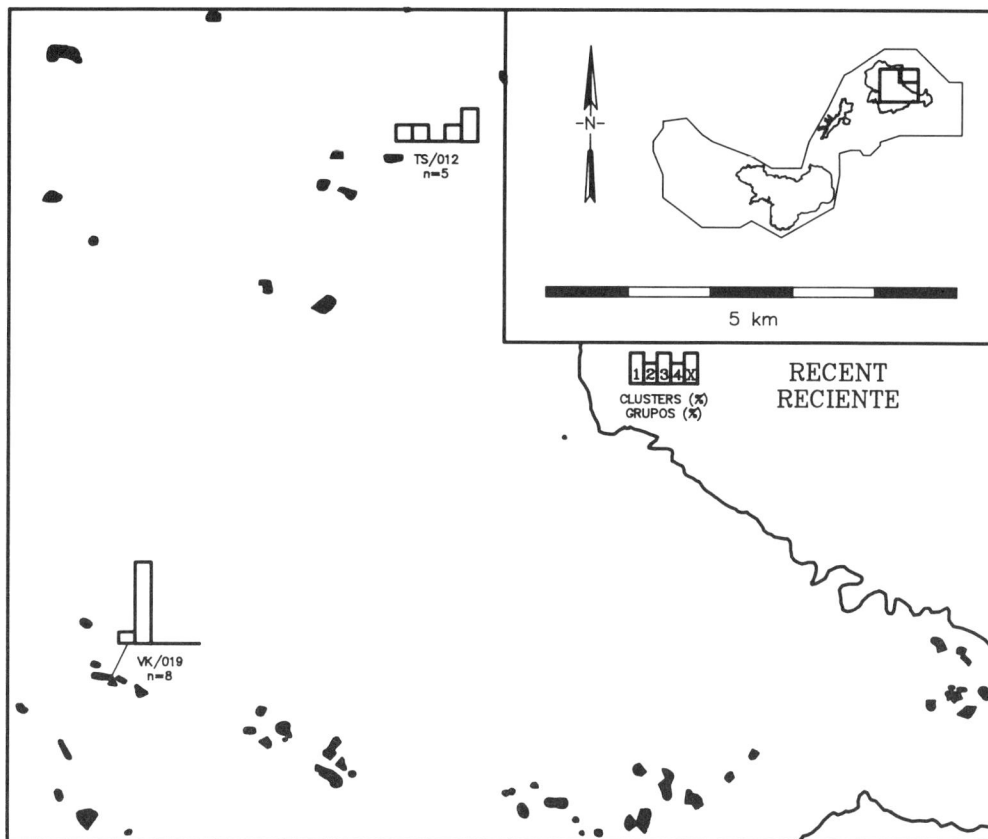

Figure 6.19 (facing pages)
Proportional representation of
Recent clusters in the sherd lots
sampled. Ellipses indicate
settlement concentrations.

Figura 6.19 (páginas opuestas)
Representación proporcional de los
grupos del Reciente en los lotes de
tiestos muestreados. Las elipses
indican áreas de asentamiento
concentrado.

Cluster 4's mineralogy is unusual for its very consistently low values for orthoclase (Figure 6.18). The mean value for sanidine is high, but so is its standard deviation. The limited assortment of mafics (only hornblende and biotite, both in accessory amounts) and metamorphics (chlorite and garnet) is also unusual. A local source for the cluster cannot be ruled out, but the suggestion is strongly of a source outside the study zone. Grain shape patterns reinforce this suggestion, since they are quite different from those of the other major clusters originating in the upper valley study zone. Longitudinal orientation categories also show different proportions for Cluster 4 than they do for the other Recent clusters, further strengthening the notion that this cluster originated outside the study zone.

Patterns of Distribution

Recent period regional population levels show only a modest increase over those of the Regional Classic period (Drennan, Herrera, and Piñeros 1989; Drennan et al. 1989, 1991). The settlement concentration in the northeast of the upper valley study zone became more compact—it shrank in areal extent, but increased substantially in population density. The concentration in the northwest underwent a similar change, although the increase in population density was less marked. Its shrinking left it outside the area that had been surveyed when the samples for this study were selected, so it is not represented here. The polity in the northeast was now farther from potential competing polities than it had been during the

Regional Classic and enjoyed more of a demographic advantage over its nearest neighbor as well. The Regional Classic period ritual and funerary centers of the settlement concentrations went out of use; slab tombs in earthen barrows and the statuary that had accompanied them during the Regional Classic were no longer made.

Cluster 1 is present only at the extreme margins of the study zone: in three collections in the far south of the upper valley section and in two from the lower valley (Figures 6.19 and 6.20). Its largest proportions are at two of the upper valley sites, especially CS/162, where it comprises 50% of the sample. The complete absence of this cluster from the more densely settled areas farther north and east in the upper valley study zone and its repeated presence to the south and in the lower valley provide a challenge to the mineralogical suggestion that its raw material came from the settlement concentration in the northeast. While not impossible, it is difficult to place much faith in a distribution network that would produce such a spatial pattern from a source there. All in all, it seems more likely that this cluster originated outside the study zone, perhaps to the south and/or east, in a region of lithology similar to that of the northeast section of the upper valley area. If so, its fringe distribution reached into our study zone, arriving only at sites quite marginal to the settlement concentrations indicated on the maps in Figures 6.19 and 6.20. It is perhaps worth noting that CS/162 showed a similar resemblance to lower elevation collections during the Regional Classic period, sharing at least some ceramic varieties that were especially common in these locations so marginal to the demographic and apparent political centers of that period as well.

Cluster 2 is clearly the major distribution network for the Recent period in our study zone, comprising 65% of the total sample. Cluster 2 represents the largest-scale ceramic produc-

densidad poblacional. La concentración en la zona noroeste sufrió un cambio similar, aún cuando el aumento en la densidad de población fue menos marcado. La reducción del área de esta concentración la dejó fuera del área que había sido reconocida cuando se seleccionaron las muestras para este estudio, por ello no está representada aquí. La unidad política en el noreste estaba ahora más alejada de las posibles unidades competidoras durante el período Clásico Regional, y por otro lado, disfrutó de una ventaja demográfica sobre su vecino más cercano. Los centros rituales y funerarios del período Clásico Regional de las concentraciones de asentamientos quedaron fuera de uso; las tumbas monticulares y la estatuaria que los había acompañado durante el período Clásico Regional no se produjeron nunca más.

El Grupo 1 está presente sólo en los márgenes extremos del área de estudio: en tres colecciones del extremo sur en el valle alto y en dos del valle bajo (Figs. 6.19 y 6.20). Sus proporciones más grandes se encuentran en dos de los sitios del valle alto, especialmente CS/162, donde comprende el 50% de la muestra. La ausencia total de este grupo en las áreas densamente pobladas ubicadas más hacía el norte y al este en el valle alto y su repetida presencia en el sur y en el valle bajo, proveen un reto para la sugerencia establecida de los datos mineralógicos que la materia prima proviene de la concentración de asentamientos en el noreste. Si bien ello no es imposible, es difícil poner mucha esperanza en una red de distribución que genere tal patrón espacial producto de una fuente de tal origen. En todo caso, parece más lógico que este grupo se originara fuera del área de estudio, quizá hacia el sur y/o este, en una región de litología similar a aquella de la sección noreste del área de estudio del valle alto. De ser así su límite de distribución alcanzó parte de nuestra área de estudio, llegando sólo a sitios relativamente marginales a las concentraciones de asentamientos indicadas en los mapas de las Figs. 6.19 y 6.20. Quizá sea importante anotar que CS/162 mostró similitudes a las recolecciones provenientes de las elevaciones bajas durante el período Clásico Regional también, compartiendo por lo menos algunas variedades de cerámica que fueron especialmente comunes en estas zonas tan marginales a los centros demográficos y aparentemente políticos de este período.

La cerámica del Grupo 2 conforma claramente la mayor red de distribución para el período Reciente en nuestra zona de estudio, comprendiendo el 65% del total de la muestra. El Grupo 2 representa la producción de cerámica de mayor escala en toda la secuencia cronológica. La tendencia hacía redes más extensas, evidentes por lo menos para el período Clásico Regional, culmina con el Grupo 2 en el período Reciente. Está presente en las diez colecciones del período Reciente, y constituye más de los dos tercios de la muestra de seis de aquellos sitios. Aún cuando la fuente aparente de las inclusiones minerales de este grupo está en la concentración de asentamientos en la esquina noreste del del valle alto, es un grupo abrumadoramente dominante de la muestra de cerámica, inclusive de sitios relativamente distantes, incluyendo VK/019 en el valle bajo. La única muestra donde el Grupo 2 fue menor a un tercio

del total de la colección ocurrió en TS/012, donde los tiestos del Grupo 2 fueron menos que los tiestos que no pertenecían a ningún grupo. Esto continua un patrón establecido durante el período Clásico Regional, donde los tiestos que no pertenecían a ningún grupo fueron los más numerosos en la única colección al norte del Río Páez ubicado en el valle bajo (TS/013). Esta zona es, de todas las áreas muestreadas, la más alejada de las concentraciones de asentamientos del valle alto, y pudo simplemente haber estado menos cercanamente vinculada a aquellas unidades políticas en ambos períodos.

Dentro de la amplia zona principal de distribución de la cerámica del Grupo 2, también existe variación de sitio a sitio. Las colecciones con las proporciones más altas de cerámica del Grupo 2 pueden representar a los sitios más fuertemente vinculados a las unidades políticas localizadas en la zona noreste del valle alto. Es incluso posible que estos sitios sirvieran como puntos intermedios en la red de distribución, recibiendo la cerámica directamente de los alfareros dentro o cerca a aquella unidad política, y subsecuentemente distribuyendola a otros sitios con menores vinculaciones.

El Grupo 3 es un grupo bastante pequeño que consiste en tres tiestos de dos recolecciones en el valle alto (Figs. 6.19 y 6.20). Su componente mineral sugiere una fuente de materia prima hacía el norte del área de estudio del valle alto o incluso de áreas más norteñas. Es plausible indicar que pudo haber sido producido en la concentración de asentamientos en la zona noroeste del mapa del valle alto, la cual no fue posible de incluir en este estudio. Las ubicaciones de los dos sitios donde apareció el Grupo 3 son ciertamente consistentes con esta sugerencia, y por ello pueden representar los límites de una red de distribución "foránea" presente solamente en los márgenes políticos de nuestra área de estudio.

El Grupo 4 es otra conglomeración menor, nuevamente consistente en tres tiestos de dos colecciones. Esta vez las dos colecciones provienen de la concentración de asentamientos de la zona noreste y del valle bajo (Figs. 6.19 y 6.20). Mineralógicamente, el Grupo 4 parecería provenir de fuera de la zona de estudio, y basado en su distribución uno podría sugerir una ubicación entre las áreas del valle alto y bajo.

El número de sitios de convergencia focal decrece dramáticamente en relación a los niveles vistos en el período Clásico Regional. Mientras que seis de las siete colecciones del Clásico Regional en el valle alto fueron sitios de convergencia focal, sólo una de las ocho colecciones del período Reciente lo fueron. Ello refleja una distribución mucho menos entremezclada, de múltiples redes de distribución de cerámica durante el período Reciente. Menos sitios del valle alto participaron en tres o más redes de distribución. En lugar de ello el área estudiada fue fuertemente dominada por una sola red. La mayoría de la demás cerámica del área de estudio parecería haber venido de fuera, en pequeñas cantidades. Se ve menos cambio entre el Clásico Regional y el período Reciente en el valle bajo. En esta área la única colección al norte del Río Páez es de un sitio de convergencia focal, mientras que las colecciones al sur del Río Páez (dos del período Clásico Regional

RECENT — RECIENTE

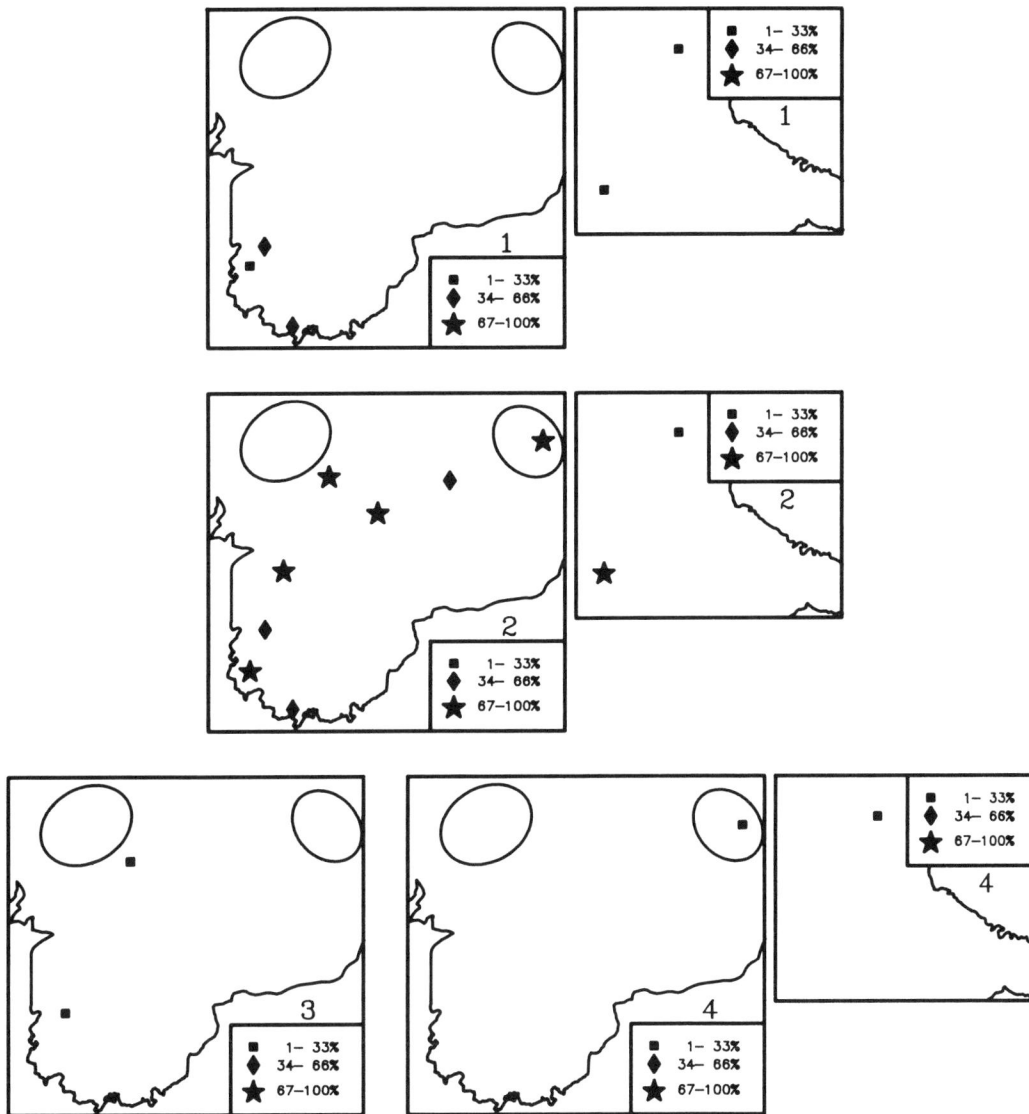

Figure 6.20
Summary of distribution
patterns for the four Recent
clusters.

Figura 6.20
Resumen de patrones de
distribución de los cuatro grupos
del Reciente.

simply have been less closely linked to those polities in both periods.

Within the large principal zone of distribution of Cluster 2 ceramics, there is also variation from site to site. The collections with the highest proportions of Cluster 2 ceramics may represent sites most closely linked to the polity centered in the northeast of the upper valley zone. It is even possible that these sites served as intermediate points in the distribution network, receiving pottery directly from the producers in or near that polity, and subsequently distributing it to other less closely linked sites.

Cluster 3 is a very minor cluster consisting of three sherds from two collections in the upper valley (Figures 6.19 and 6.20). Its mineral suite suggested a raw material source in the north of the upper valley study zone or even farther north. It is plausible to guess that it might have been made in the settlement concentration in the northwest of the upper valley maps which it was not possible to include in this study. The locations of the two sites where it appeared are certainly consistent with this suggestion, and may thus represent the fringes of a "foreign" distribution network present only on the political margins of our study area.

Cluster 4 is another minor cluster, again consisting of three sherds from two collections. This time the two collections are in the northeast settlement concentration and in the lower valley (Figures 6.19 and 6.20). Mineralogically, Cluster 4 seemed to come from outside the study zone, and based on its distribution one might suggest a location between the upper

tion of the entire chronological sequence. The trend toward larger networks, evident at least by the Regional Classic, culminated in Recent Cluster 2. It is present in all ten of the Recent period collections, and makes up more than two-thirds of the sample from six of those sites. Even though the apparent source of this cluster's mineral inclusions is in the settlement concentration in the northeast of the upper valley zone, it is the overwhelmingly dominant cluster in the ceramic samples from even quite distant sites, including VK/019 in the lower valley. The only sample where Cluster 2 was less than one-third was TS/012, where Cluster 2 sherds were outnumbered by unclustered sherds. This continues a pattern established during the Regional Classic, when unclustered sherds were the most numerous in the only collection north of the Río Páez in the lower valley (TS/013). This zone, the farthest of the sampled areas from the upper valley settlement concentrations, may

y una del período Reciente) no lo son. Entonces, en ambos períodos, los sitios al sur del Río Páez en el sector de reconocimiento VK parecen muy vinculados a redes particulares de distribución cerámica originadas en la zona de estudio del valle alto, mientras que los sitios al norte del río, en el sector TS, no lo son. Las colecciones de TS en ambos períodos tienen grandes proporciones de tiestos no agrupados, probablemente como consecuencia de lazos más fuertes a redes de distribución que se originan en algún otro sitio.

Resumen

A diferencia del Clásico Regional, con tres redes de distribución locales en competencia en muchos de los mismos sitios, el período Reciente ve la consolidación de la producción cerámica en una red mayor (identificada con el Grupo 2) que proveyó cerámica a todos los sitios muestreados en todas las zonas del área de estudio. Los Grupos 1, 3 y 4 representan los límites de varias redes de distribución "foráneas" que penetraron el área de este estudio sólo de manera ténue. En todos los períodos es claro que la mayoría de la cerámica usada en esta área de estudio fue producida en el área. La importación de cerámica a gran escala de lugares foráneos nunca ha sido evidente. Sin embargo, hasta el período Reciente siempre fue posible dividir la producción cerámica local en múltiples grupos con por lo menos pequeñas diferencias en las fuentes de materia prima y/o técnicas de manufactura. Generalmente estas múltiples fuentes parecen estar en la esquina noreste del área de estudio del valle alto, pero la diferencia entre ellas era clara. Esencialmente toda esta producción local durante el período Reciente, unificada dentro del Grupo 2, se convirtió en una operación de producción y distribución de cerámica de una escala considerablemente mayor, más centralizada y estandarizada de lo que había existido anteriormente. Es así que en el nivel local la competencia entre las redes fue eliminada debido simplemente a que no había un competidor local a la red de distribución de la cerámica del Grupo 2.

Este monopolio se extendió hasta el valle bajo, por lo menos al sur del Río Páez, en el sector de reconocimiento VK. Sin embargo, nuestra área de estudio puede establecer las fronteras de la red de dispersión del Grupo 2 en dos direcciones. En el valle bajo, la muestra al norte del Río Páez (TS/012) no refleja la dominación del Grupo 2 que se ve en otras zonas. Y en el valle alto, dos recolecciones del extremo sur (CS/097 y CS/162) tienen tantos o más tiestos de otros grupos que del Grupo 2. Es sólo en estas tres recolecciones donde las redes "foráneas" están fuertemente representadas. Sin embargo, los Grupos 1, 3 y 4 no están totalmente ausentes de los sitios menos marginales a la unidad política al noreste del área de

estudio del valle alto, donde la cerámica del Grupo 2 fue evidentemente producida—ellos son sólo numéricamente subordinados al Grupo 2. Respecto a ello, los patrones de distribución de la cerámica del período Reciente son una continuación de aquellos más tempranos. Modestas cantidades de cerámica originaria de regiones externas al área de estudio han aparecido siempre en colecciones aún cuando provienen del núcleo del valle, y ello no cambió. El cambio en el período Reciente no consistió en la aparición de una unidad política que no permitiera la importación de cerámica foránea, sino más bien consistió en la consolidación en un sistema monolítico único de toda la producción local, que siempre había dominado la escena.

Feinman, Kowalewski y Blanton (1984:301) citan dos factores que influyen en la competencia entre alfareros: el grado de consolidación política regional y el grado de control administrativo sobre la economía local. La intensificación de la concentración de asentamientos en el noreste del área de estudio del valle alto y su creciente separación de concentraciones vecinas, reflejan probablemente un significativo incremento en la consolidación política y en el control administrativo dentro de los límites del área de estudio. Este cambio coincide con un incremento substancial en la escala de manufactura y con un decrecimiento en la escala de competencia entre las redes de distribución de cerámica.

También en discusión para el período Reciente, y aparentemente por primera vez, está el grado de control administrativo sobre las economías locales. Feinman, Kowalewski y Blanton (1984:302) anotan que "en aquellas áreas marcadas por un control político centralizado sobre las instituciones económicas, la competencia es generalmente limitada y los consumidores tienden a tener menor posibilidad de elección." La consolidación de la producción local de cerámica en un solo sistema monolítico sin competencia local puede perfectamente indicar justamente tal incremento del control centralizado sobre la economía regional. No se sugiere que una compleja burocracia haya gobernado la producción y distribución de cerámica durante el período Reciente. Las sociedades fueron claramente de una escala y de un nivel de complejidad modesto—cacicazgos, no estados, pero cacicazgos en donde existió un mayor grado de control centralizado efectivo sobre por lo menos una faceta de la economía, mayor de lo que fue durante períodos más tempranos. Precisamente tal cambio en la organización entre el período Clásico Regional y el período Reciente ha sido recientemente postulado por Drennan (en prensa), principalmente con base en cambios en las prácticas funerarias.

and lower valley areas.

The number of focal point sites decreases dramatically from the levels seen in the Regional Classic. While six of the seven Regional Classic collections in the upper valley were focal points, only one of eight Recent collections was. This reflects considerably less overlapping of multiple ceramic distribution networks in the Recent period. Fewer upper valley sites participated in three or more networks. The area studied was, instead, strongly dominated by a single network. Most of the other pottery in the study zone seems to have come from outside, in small quantities. Less change is seen between Regional Classic and Recent in the lower valley. Here the one collection north of the Río Páez in each period is a focal point, while the collections south of the Río Páez (two in the Regional Classic and one in the Recent) are not. In both periods, then, the sites south of the Río Páez in the VK survey tract seem more closely tied to particular ceramic distribution networks originating in the upper valley study zone than do the sites north of the river in the TS survey tract. The TS collections in both periods have large proportions of unclustered sherds, probably as a consequence of stronger links to distribution networks originating elsewhere.

Summary

Unlike the Regional Classic, with three local distribution networks in competition at many of the same sites, the Recent period sees the consolidation of local ceramic production into one major network (identified with Cluster 2) that provided ceramics to every site sampled in all parts of the study area. Clusters 1, 3, and 4 represent the fringes of various "foreign" distribution networks that penetrated the zone of this study in only minor ways. In all periods it is clear that most of the ceramics used in this study area were made there. Large-scale importation of ceramics from elsewhere has never been in evidence. Up until the Recent period, however, it was always possible to divide the local ceramic production into multiple clusters with at least slightly different sources of raw material and/or manufacturing techniques. Often these multiple sources all seemed to be in the northeastern corner of the upper valley study area, but the distinctions between them were quite clear. Essentially all of this local production in the Recent period coalesced into Cluster 2, a considerably larger-scale, more centralized and standardized ceramic production and distribution operation than had existed earlier. At the local level, then, competition between networks was eliminated because there simply was no local competitor to the Cluster 2 network. This monopoly extended even as far as the lower valley, at least south of the Río Páez in the VK survey tract. In two

directions, however, this study zone may probe its frontiers. In the lower valley, the sample from north of the Río Páez (TS/012) does not reflect the dominance of Cluster 2 seen elsewhere. And in the upper valley, two collections from the extreme south (CS/097 and CS/162) have as many sherds or more from clusters other than 2. It is in only these three collections that the "foreign" networks are strongly represented. Clusters 1, 3, and 4 are not, however, entirely absent from sites less marginal to the polity in the northeast of the upper valley study zone where Cluster 2 ceramics were evidently produced—they are just numerically very subordinate to Cluster 2. In this respect, Recent period ceramic distribution patterns are a continuation of earlier ones. Modest amounts of ceramics originating outside the study area had always appeared in collections within even its core, and this did not change. The change with the Recent period was not the closing of a polity to ceramics from outside, but rather the consolidation into a single monolithic system of local production which had always dominated the scene.

Feinman, Kowalewski, and Blanton (1984:301) cite two factors that influence competition between potters: degree of regional political consolidation and degree of administrative control over the local economy. The intensification of the settlement concentration in the northeast of the upper valley study zone and its increased separation from neighboring concentrations probably reflect a significant increase in political consolidation and control within the bounds of the study area, as has been stated above. This shift coincided with a substantial increase in the scale of manufacture and a decrease in competition between ceramic distribution networks.

Also at issue, and apparently for the first time, is the degree of administrative control over the local economy. Feinman, Kowalewski, and Blanton (1984:302) note that "in areas marked by centralized political control over economic institutions, competition is often limited and consumers tend to have few choices." The consolidation of local ceramic production into a single monolithic system without local competition may well indicate just such increased centralized control over the regional economy. It is not suggested that a complex bureaucracy governed production and distribution in the Recent period. Societies were still clearly of quite modest scale and level of complexity—chiefdoms not states, if you will, but chiefdoms in which a greater degree of centralized control was exerted over at least one facet of the economy than had been the case in earlier periods. Precisely such a shift in organization between the Regional Classic and Recent periods has recently been postulated by Drennan (in press), largely on the basis of changes in mortuary practices.

Chapter 7

Ceramic Production and Chiefdom Evolution in the Valle de la Plata

The model of Feinman, Kowalewski, and Blanton (1984) has proved to be largely (although not perfectly) consistent with the empirical evidence from this study of ceramic production and distribution in one section of the Valle de la Plata. Scale of ceramic manufacture tracks fairly well with regional increases in overall population and population density: scale of manufacture increases when regional population increases (such as from Formative 1 to Formative 2 or from Formative 3 to the Regional Classic) and slows when regional population remains steady (such as between Formative 2 and Formative 3). From Formative 3 onward, the heaviest focus of local production is on the major settlement concentration in the northeast corner of the upper valley study area. The exception to this correlation is the major increase in scale of ceramic manufacture seen between the Regional Classic and the Recent, which was accompanied by a relatively minor population increase. Thus, it is unlikely that local population pressure was acting alone as a direct stimulus to increases in scale of manufacture (cf. Drennan et al. 1991:314).

Scale of manufacture tracks more closely to political consolidation as evidenced by settlement patterns and architecture. The dramatic increase in scale of manufacture in the Recent period is much easier to explain in terms of a further political consolidation and a local reduction in political rivalry than in terms of population growth. It may form part of a fundamental reordering of the basis of political power (cf. Drennan 1991a).

Competition in pottery production and distribution is a more complicated issue, but perhaps even more revealing of the processes of chiefdom development. Patterns of competition in the study area are of two sorts: between polities and within polities. Competition between polities is not as easy to document with this study as competition within polities, simply because for some periods only one apparent polity was included in the sample. There is some indication of competition at this level in Formative 2 with a tendency toward mutually exclusive distribution of pottery from two networks, each associated with one settlement concentration. A similar and even more intense interpolity competition is hinted at in the Regional Classic data, although the possible networks of a competing polity are only marginally reflected as clusters "foreign" to the area on which this study has focused. Forma-

tive 2 interpolity competition played itself out on the level of the local community or even the individual household; ceramic distribution networks did not regularly dominate whole zones. There is a stronger tendency toward zonal domination in the Regional Classic.

This kind of interpolity competition relates to the development of alliances between households in the rural areas and the growing polities. As the two competing polities increased in size and/or political influence, they must have attempted to enhance their links with the surrounding populace. Exactly how this process worked in the case of the Valle de la Plata is currently unknown. Michels (1979) links commodity manufacture and distribution patterns in the Kaminaljuyú chiefdom in Guatemala to its conical clan structure. It is possible that a similar kinship-based dynamic operated in the Valle de la Plata, although that is mere conjecture at this point. It is highly improbable, though, that the sort of competition between polities seen in Formative 2 (or even the Regional Classic) represents anything approaching full-blown capitalist economic principles, and use of the word *competition* here is not intended to imply them.

Competition between pottery production and distribution networks within polities is easier to document in this study because it includes a good sample from the polity focused on the settlement concentration in the northeast corner of the upper valley study zone from Formative 2 times through the Recent period. Even as pottery produced in this settlement concentration came to dominate the study area in the Regional Classic, competition between pottery networks within its own borders grew to a higher level of intensity than at any other time in the chronological sequence. This competition again played itself out on the level of the individual household or local community, as witnessed by the large number of focal point sites where ceramics from three or more networks were mixed. In any event, very little centralized control over pottery production and distribution is suggested.

During the Recent period, when interpolity competition has been most effectively pushed to the fringes of the study zone, intrapolity competition is effectively eliminated, and economic activity within the chiefdom shows evidence of centralized control. The one local ceramic distribution network is very large compared to the networks seen in earlier periods,

Capítulo 7

La Producción Cerámica y la Evolución de Cacicazgos en el Valle de la Plata

El modelo de Feinman, Kowalewski y Blanton (1984) ha resultado ser en general (aunque no perfectamente) consistente con la evidencia empírica de nuestro estudio de producción y distribución cerámica en una sección del Valle de la Plata. La escala de manufactura cerámica se correlaciona bastante bien con el incremento regional de la población y de la densidad poblacional: la escala de manufactura aumenta cuando la población regional se incrementa (tal como ocurre del período Formativo 1 al Formativo 2 o del período Formativo 3 al período Clásico Regional) pero no cuando la población regional se mantiene estable (tal como ocurre entre el período Formativo 2 y Formativo 3). A partir del período Formativo 3 en adelante, la mayor concentración de la producción local se encuentra en la extensa concentración de asentamientos en la esquina noreste del área de estudio del valle alto. La excepción a esta correlación es el gran incremento en la escala de manufactura cerámica percibida entre los períodos Clásico Regional y Reciente, que fue acompañado por un relativamente menor incremento poblacional. De esta manera, es improbable que la presión de la población local actuara sola como un estímulo directo al incremento de la escala de manufactura (cf. Drennan et al. 1991:314).

La escala de manufactura se correlaciona más estrechamente con una situación de consolidación política tal como lo evidencian los patrones de asentamiento y la arquitectura. El dramático incremento en la escala de manufactura durante el período Reciente es más fácil de explicar en términos de una mayor consolidación política y una reducción local de las rivalidades políticas, que en términos de un fenómeno de crecimiento poblacional. Ello formaría parte de un reordenamiento fundamental de la base del poder político (cf. Drennan 1991a).

La competencia en la producción y distribución cerámica es un tema más complejo, pero quizás aún más revelador de los procesos de desarrollo del cacicazgo. Los patrones de competencia en el área de estudio son de dos tipos: entre unidades políticas y dentro de unidades políticas. La relación entre unidades políticas no es tan fácil de documentar en este estudio como la situación dentro de unidades políticas, simplemente porque en algunos períodos sólo una aparente unidad política fue incluida en la muestra. Durante el período Formativo 2 se presentan algunos indicios de competencia en este nivel con tendencia hacia una distribución mutuamente exclusiva de cerámica de dos redes, cada una asociada con una concentración de asentamientos. Una relación similar pero aún más intensa entre unidades políticas se percibe en los datos del período Clásico Regional, aunque las posibles redes de una unidad política competidora son sólo marginalmente reflejadas como grupos "foráneos" al área donde este estudio se ha concentrado. La competencia durante el período Formativo 2 entre unidades políticas se encontró en el nivel de la comunidad local o aún en él de la unidad doméstica individual; las redes de distribución cerámica no dominaron regularmente zonas completas. Existe una tendencia más fuerte hacia la dominación zonal durante el período Clásico Regional.

Este tipo de competencia entre unidades políticas se relaciona con el desarrollo de alianzas entre las unidades domésticas en áreas rurales por un lado y unidades políticas crecientes por el otro lado. Como las dos unidades políticas en competencia incrementaron en tamaño y/o influencia política, ellas debieron haber tratado de aumentar sus vínculos con la población de los alrededores. Actualmente es una incógnita exactamente cómo funcionó este proceso en el caso del Valle de la Plata. Michels (1979) vincula los patrones de manufactura y de distribución de bienes en el cacicazgo de Kaminaljuyú, Guatemala, a una estructura de clan cónico. Es posible que una dinámica similar sustentada por relaciones de parentesco operara en el Valle de la Plata, aunque ello sea a estas alturas una simple conjetura. Sin embargo, es altamente improbable que el tipo de competencia entre unidades políticas existentes durante el período Formativo 2 (o aún el período Clásico Regional) represente algún fenómeno que se asemeje a los principios económicos capitalistas, y el uso de la palabra *competencia* aquí no tiene la intención de implicarlo.

La competencia entre las redes de producción y distribución cerámica dentro de unidades políticas es más fácil de documentar en este estudio porque incluye una buena muestra de la unidad política localizada en la concentración de asentamientos de la esquina noreste del área de estudio del valle alto desde el período Formativo 2 hasta el período Reciente. Aún cuando la cerámica producida en esta concentración de asentamientos resultó dominar el área de estudio durante el período Clásico Regional, la competencia entre redes de distribución cerámica dentro de sus mismas fronteras creció en un nivel de

and dominates the scene quite impressively. Although the scale of economic and political integration is still quite small compared to that of states or even large and complex chiefdoms, the change from previous periods is unmistakable. The polity included in the study zone was more centralized and economic control considerably more consolidated than had been the case earlier. On a larger regional scale, however, this was still a fairly small polity with numerous potential rivals in neighboring polities only slightly farther off than they had been before. Although local pottery production was more dominant in the Recent period, some level of regular interaction with neighboring polities is reflected in the modest but nearly ubiquitous quantities of "foreign" pottery in the study area—pottery, that is, that came from at least a short distance outside the single Recent period polity sampled by this study. Similar processes may well have occurred contemporaneously in neighboring polities as well, although we cannot at present demonstrate that they did.

Feinman, Kowalewski, and Blanton (1984) make no predictive statements about the particular sequence of events that would be followed in a shift from low population and regional political fragmentation through dense population, regional political consolidation and administrative economic control. Stated another way, they do not claim that scale of manufacture and degree of competition between potters must develop through time in a synchronized, predictable pattern. One might naturally assume that scale of manufacture and competition between potters, along with the associated variables of population density and regional political control, would progress steadily and in tandem throughout a chronological sequence. In the case of the Valle de la Plata, this assumption would be incorrect. While scale and competition in ceramic manufacture in the Valle de la Plata can be explained by reference to changes in population levels and density, regional political consolidation, and administrative economic control, they do not evolve steadily or in tandem. This suggests that processes of regional political consolidation and administrative economic control do not evolve steadily or in tandem, either.

On the contrary, the broad picture presented by the data from one small section of the Valle de la Plata suggest the following elements and trends: 1) throughout the chronological sequence up until the Recent period, potters were competing for individual households; 2) throughout the sequence up until the Recent period, there was no exclusive affiliation of rural zones with any particular ceramic cluster; 3) competition existed between the persistent chiefdom in this study's upper valley area and various other nearby chiefdoms, with this chiefdom ultimately establishing local economic control and distancing itself somewhat from its rivals; 4) there was a constant undercurrent of interaction with "foreign" polities, especially during the Regional Classic and Recent periods; and 5) population increased throughout the chronological sequence, but neither at a steady rate nor in tandem with the ultimate dominance of one chiefdom in this study zone.

Earle (1991:13) could have been describing the political

and economic dynamics of the area of this study in the Valle de la Plata when he wrote that "to understand the evolution of chiefdoms requires understanding the household and community as semi-autonomous units that may exist in competition with each other and in opposition to the overarching polity. Thus the centralization of the chiefdom should always be seen as a fragile, negotiated institution that is held together by an economic interdependence, a justifying ideology, and a concentration of force." In the presence of the continual centralizing and fragmenting tendencies of the multiple-chiefdom situation of the Valle de la Plata from Formative 1 through the Regional Classic, firm control over the local economy of the chiefdom best documented in this study did not develop. This chiefdom was able to sustain itself throughout this period and ultimately to push its nearest rivals to arm's length by first gaining political and economic control of the region that immediately surrounded it. Only then, in the Recent period, were ceramic manufacturing operations consolidated under centralized control into a local monopoly.

It seems most likely that this centralized control was in the hands of the political elite, and undoubtedly came to be a significant foundation of their elite position, helping to give them true economic control over their subject population. Economic control has always been recognized as a powerful mechanism of societal integration, and there is much recent indication of increased willingness to recognize the importance of such control in chiefdoms (e.g. Michels 1979; Rice 1981; Price 1984; Zwelebil 1985; Brumfiel and Earle 1987; Johnson and Earle 1987; and Earle 1987b, 1989). However true this may be of the Valle de la Plata in the Recent period, control of the production and distribution of ceramics, at least, does not appear to be the factor that enabled elites to emerge there in the first place. Clear and conspicuous evidence of the existence of elites is present for the Regional Classic, and related patterns of settlement distribution go back as far as Formative 2. These were periods of pronounced lack of evidence for elite control of ceramic production and distribution, particularly the Regional Classic, when the population of the study area had far more freedom of choice in ceramic procurement than at any other time in the chronological sequence.

The role of elite control over productive resources in the emergence and evolution of chiefdoms is an important, if controversial, issue (cf. Earle 1989, 1991:8–9). The aim of this study has been to contribute to an empirical basis for resolving the controversies. In the Valle de la Plata, the elites of one chiefdom of modest scale do indeed seem to have established control over the production and distribution of at least one commodity, and it is reasonable to infer that this control contributed both to their personal wealth and to their political power. The results of this study, then, provide support for the view that true economic control can be important to the political dynamic of chiefdoms. Evidence of this economic control, however, does not show up until many centuries after clearcut evidence of the existence of well-established elites, and thus would not appear to be pivotal to their emergence or early

intensidad mayor que en cualquier otro período de la secuencia cronológica. Esta competencia ocurrió, nuevamente, en términos de las unidades domésticas individuales o de la comunidad local, tal como lo atestigua el gran número de sitios discretos donde se encontró cerámica mezclada de tres o más redes de intercambio. De cualquier manera, tal situación indica que existió un muy reducido control centralizado de la producción y distribución cerámica.

Durante el período Reciente, cuando la competencia entre unidades políticas sólo ocurre en los límites del área de estudio, la competencia en el interior de las unidades políticas es efectivamente eliminada, y la actividad económica dentro del cacicazgo muestra evidencia de un control centralizado. La única red de distribución cerámica local es muy amplia comparada con las redes vistas en períodos más tempranos, y domina la escena regional de manera impresionante. Aunque la escala de integración económica y política es aún bastante reducida en comparación con la de estados o aún de cacicazgos grandes y complejos, el cambio respecto a los períodos previos es inequívoco. La unidad política incluida en el área de estudio fue más centralizada y su control económico considerablemente más consolidado de lo que había sido el caso anterior. Sin embargo, en una mayor escala regional esta fue aún una unidad política bastante reducida con numerosos rivales potenciales representados por las unidades políticas vecinas ubicadas sólo un poco más alejadas de lo que habían estado anteriormente. Aunque la producción cerámica local dominó durante el período Reciente, algún nivel de interacción regular con las unidades políticas vecinas se refleja en la modesta pero casi ubicua cantidad de cerámica "foránea" en nuestra área de estudio—es decir, cerámica que provino de lugares cercanos pero fuera de la unidad política del período Reciente analizada en este estudio. Procesos similares también podrían haber ocurrido contemporaneamente en las unidades políticas vecinas, aúnque no podemos demostrar en realidad que tales procesos se llevaron a cabo.

Feinman, Kowalewski y Blanton (1984) no presentan predicciones acerca de la secuencia particular de eventos que tiene que ver con la transformación de una población pequeña carente de integración política regional en una población densa, con consolidación política regional y un control económico administrativo. Dicho de otra manera, no sostienen que la escala de manufactura y el grado de competencia entre alfareros debe desarrollarse a través del tiempo en un patrón sincronizado y predecible. Uno podría naturalmente asumir que la escala de manufactura y la competencia entre alfareros, junto con las variables asociadas de densidad poblacional y control político regional, se desarrollarían de manera progresiva y constantemente relacionadas a través de la secuencia cronológica. En el caso del Valle de la Plata, esta aseveración sería incorrecta. Mientras la escala de la manufactura cerámica y la competencia en ella pueden ser explicadas en el Valle de la Plata por referencia a cambios en los niveles y densidad poblacional, en la consolidación política regional, en el control económico administrativo, ellos no se desarrollan en forma

constantemente progresiva ni estrechamente relacionados. Esto sugiere que los procesos de consolidación política regional y control económico administrativo tampoco se desarrollan en forma constantemente progresiva o de manera estrechamente relacionada.

Por el contrario, la imagen general establecida de los datos provenientes de una pequeña sección del Valle de la Plata sugieren los siguientes elementos y tendencias: 1) a través de la secuencia cronológica y hasta el período Reciente, los alfareros estaban compitiendo por dominar las unidades domésticas individuales; 2) a través de la secuencia y hasta el período Reciente, no existía una afiliación exclusiva de zonas rurales con algún grupo de cerámica particular; 3) existía competencia entre el persistente cacicazgo identificado en el área de estudio del valle alto y varios otros cacicazgos vecinos, estableciendo este cacicazgo a la postre el control económico local y distanciándose de alguna manera de sus rivales; 4) existía una constante corriente de interacción con unidades políticas "foráneas", especialmente durante los períodos Clásico Regional y Reciente; y finalmente 5) en el área de estudio se incrementó la población a través de la secuencia cronológica, pero a un ritmo variable y sin relación estrecha con la final dominación de un sólo cacicazgo en esta zona de estudio.

Earle (1991:13) podría haber estado describiendo la dinámica política y económica del área de este estudio en el Valle de la Plata cuando escribió "Para entender la evolución de los cacicazgos se requiere entender las unidades domésticas y la comunidad como unidades semi-autónomas que podrían existir en competencia entre ellas y en oposición a la unidad política dominante. De esta manera la centralización del cacicazgo debería siempre ser vista como una institución frágil y negociada que es mantenida cohesionada por la interdependencia económica, por una ideología que la justifica y por una concentración de fuerza". En presencia de las continuas tendencias de centralización y fragmentación en una situación de múltiples cacicazgos en el Valle de la Plata desde el período Formativo 1 hasta el Clásico Regional, no se desarrolló, en el caso del cacicazgo mejor documentado de este estudio, un firme control sobre la economía local. Este cacicazgo tuvo la capacidad de sostenerse a través de este período y por último dominar a sus rivales vecinos al ganar primero control político y económico de la región aledaña inmediata. Sólo después, durante el período Reciente, se consolidó la manufactura de la cerámica bajo control centralizado en un monopolio local.

Parece muy probable que este control centralizado estuviera en manos de la élite política, y sin duda ello pasó a ser un cimiento significativo de su posición de élite, ayudándola a obtener un verdadero control económico sobre la población que dominaron. El control económico ha sido siempre reconocido como un poderoso mecanismo de integración social, y existen muchas indicaciones recientes de un mayor deseo de reconocer la importancia de tal control en los cacicazgos (e.g. Michels 1979; Rice 1981; Price 1984; Zwelebil 1985; Brumfiel y Earle 1987; Johnson y Earle 1987; Earle 1987b, 1989). Aunque esto pudiera ser cierto para el Valle de la Plata en el

development. This may not be true of all chiefdoms. Indeed, in a related vein, Drennan (1991b:282) has proposed, on the basis of other kinds of evidence, that some Mesoamerican Formative chiefdoms, especially those of the Valley of Oaxaca and the Basin of Mexico, had more intensive craft specialization and more highly integrated local economies very early on in their development than did the Valle de la Plata chiefdoms.

The Valle de la Plata, then, might represent an example where economic control was less important to early chiefdom development than it was in some other regions. In that case, the results of this study still contradict any generalization that economic control must always be the basis for social or political hierarchy and redirect our attention to the theme of how and why the sociopolitical role of economic power may vary.

período Reciente, el control de la producción y la distribución de cerámica, al menos, no parece ser el factor que permitió a las élites surgir al principio en esta área. Existe evidencia clara y conspicua de la presencia de élites para el período Clásico Regional, y la distribución de patrones de asentamiento relacionados con ello ocurre desde el período Formativo 2. Estos fueron períodos de pronunciada carencia de evidencia del control de élite de la producción y de la distribución cerámica, particularmente en el período Clásico Regional, cuando la población del área de estudio tenía mucho más libertad de elección para procurarse la cerámica que en cualquier otro período de la secuencia cronológica.

El rol del control de la élite sobre los recursos productivos en el origen y la evolución de los cacicazgos es un tema importante y controversial a la vez (cf. Earle 1989, 1991:8–9). El objetivo de este estudio ha sido contribuir a la base empírica para resolver estas controversias. En el Valle de la Plata, las élites de un cacicazgo de modesta escala parecerían de hecho haber establecido control sobre la producción y la distribución de al menos un bien, y es razonable inferir que este control contribuyó tanto a su riqueza personal como a su poder político. Los resultados de este estudio, entonces, brindan apoyo al punto de vista de que el control económico puede ser importante para la dinámica política de los cacicazgos. Sin embargo, la evidencia de este control económico no se presenta hasta muchos siglos después de la clara evidencia de la existencia de élites bien establecidas, y ello no parecería ser esencial para su origen o temprano desarrollo. Esto no tiene que ser cierto en todas las sociedades cacicales. De hecho, y en una tendencia similar, Drennan (1991b:282) ha propuesto, a partir de otro tipo de evidencia, que algunos cacicazgos del período Formativo de Mesoamérica, especialmente aquellos del Valle de Oaxaca y del Valle de México, tuvieron una especialización artesanal más intensa y economías locales altamente integradas desde la parte más temprana de su desarrollo en contraste con los cacicazgos del Valle de la Plata. El Valle de la Plata, entonces, representaría un ejemplo donde el control económico fue menos importante para el desarrollo temprano del cacicazgo de lo que lo fue en otras regiones. En este caso, los resultados de este estudio siguen contradiciendo cualquier generalización que plantee que el control económico debe siempre ser la base para la jerarquía social o política, y dirige mas bien nuestra atención al tema de cómo y por qué puede variar el rol sociopolítico del poder económico.

Apéndice

Datos del Análisis Petrográfico

Dos tablas en este apéndice presentan los datos del estudio de la producción y la distribución de la cerámica. La primera tabla contiene los datos completos del análisis petrográfico para cada tiesto analizado. La segunda contiene los valores promedio y las desviaciones estándar de cada variable para cada grupo en todos los períodos. Todas las variables están discutidas en detalle en el Capítulo 5. Las abreviaturas utilizadas en las dos tablas son las siguientes:

Lote se refiere al número de la colección a que pertenece el tiesto (cf. Fig. 5.2).

Tipo se refiere al tipo de cerámica a que corresponde el tiesto: B = Barranquilla Crema (período Reciente); G = Guacas Café Rojizo (período Clásico Regional); L = Lourdes Rojo Engobado (Formativo 3); P = Planaditas Rojo Pulido (Formativo 2); y T = Tachuelo Pulido (Formativo 1).

Grupo es el número del grupo a que el tiesto fue asignado por el análisis de conglomerados para el período correspondiente. (X indica un tiesto no asignado a ningún grupo.)

Minerales son todos los minerales identificados, incluyendo los que no tomaron parte en el análisis de conglomerados. Las abreviaturas deben ser fáciles de reconocer (cf. Tabla 5.1) con la excepción de *ALTPRO* que representa productos de alteración (cf. Capítulo 5).

Tamaño se refiere al tamaño de los granos; se dan el promedio (X) y el máximo (*MAX*).

Angularidad de los granos para las seis categorías, muy angular, angular, subangular, sub-redondeada, redondeada y bien redondeada.

Esfericidad de los granos para dos categorías: alta (+) y baja (-).

Desgrasante registra la densidad del desgrasante.

Aire es la frecuencia de espacios de aire.

Orientación de los granos en tres categorías: fuerte (+), moderada (*0*) y débil (-).

En el momento de imprimir este volumen, se notó que los valores en las tablas siguientes para los tiestos 21, 235, 236, 301, 305, 311, y 318 representan 300 granos y no 100 granos como los valores correspondientes a los otros tiestos. Por accidente durante el análisis de conglomerados estos valores nunca se redujeron a porcentajes para que fuesen totalmente comparables con los valores para los otros tiestos. Por lo tanto estos tiestos nunca fueron asignados a grupos en sus períodos respectivos. Como no son sino siete, la presencia de malos valores para estos tiestos afectó muy poco el proceso de formación de grupos. Una examinación de los resultados del estudio demuestra que las conclusiones no dependen en el hecho de que estos siete tiestos no se asignaron a grupos en el análisis de conglomerados. Por lo tanto no hemos tratado de corregir el error; los que ensayen otros análisis de los datos deben efectuar alguna corrección apropiada a sus análisis.

Appendix

Data from Petrographic Analysis

Two tables in this appendix list the basic data from the ceramic production and distribution study. The first table contains the complete data from the petrographic analysis of each sherd. The second table contains the mean values and standard deviations of each variable for each cluster in each period. All variables are discussed in detail in Chapter 5. The abbreviations used for them in both tables are as follows:

Lot is the lot number of the collection from which the sherd came (cf. Figure 5.2).

Type is the ceramic type into which the sherd is classified: B = Barranquilla Buff (Recent period); G = Guacas Reddish Brown (Regional Classic Period); L = Lourdes Red Slipped (Formative 3); P = Planaditas Burnished Red (Formative 2); and T = Tachuelo Burnished (Formative 1).

Cluster is the number of the cluster to which the sherd was assigned for its period. (X indicates a sherd left unclustered.)

Minerals are all the minerals identified, including those that did not play a role in the cluster analysis. The abbreviations should be self-evident (cf. Table 5.1) except *ALTPRO* which indicates alteration products (cf. Chapter 5).

Size refers to grain size, for which average $(\overline{X})$ and maximum (MAX) are given.

Angularity of grains for the six categories very angular,

angular, subangular, subround, rounded, and well rounded.

Sphericity of grains for two categories: high (+) and low (-).

Temper density.

Air space.

Orientation of grains in three categories: strong (+), moderate (*0*), and weak (-).

As this volume went to press, it was noticed that the values in the tables that follow for sherds 21, 235, 236, 301, 305, 311, and 318 represent counts, not of 100 grains, but rather of 300 grains. By oversight during the analysis these counts were never reduced to percentages to make them fully comparable to the values for the other sherds. Not surprisingly, all seven sherds remained unclustered in their respective periods. These seven sherds are not a sufficient number to materially alter the process of cluster formation. Further, a careful examination of the results of the study reveals that, even if correction of the data resulted in adding these sherds to existing clusters, there would be no change in the degree of support provided for the conclusions arrived at. Thus, this data error remains as an artifact in the analysis; this warning is for others who may attempt further analysis of these data.

SHERD TIESTO	LOT LOTE	TYPE TIPO	CLUSTER GRUPO	MINERALS – MINERALES																									
				ORTHO	SANID	OPAQ	BIOT	PHLOG	HRNBL	ALTPR	GRNET	QRTZ	APAT	AUGIT	SLMAN	ORPRO	DIOPS	ANDSN	BYTOW	LABRA	OLIVN	CHLOR	KYAN	ANOR	FLUOR	EPID	MUSCV	OLIG	MICRO
1	LA/307	G	4	4	24	54	3	0	0	11	4	0	0	0	0	0	0	0	0	0	0	0	0	0	0	0	0	0	0
2	LA/307	G	X	26	57	2	0	0	0	7	0	0	0	0	0	5	0	1	0	0	0	0	0	0	0	0	2	0	0
3	LA/307	G	X	26	24	20	2	0	13	8	5	0	0	0	0	0	0	0	0	0	2	0	0	0	0	0	0	0	0
4	LA/307	G	4	6	40	13	3	0	3	19	13	2	0	1	0	0	0	0	0	0	0	0	0	0	0	0	0	0	0
8	LA/307	G	X	5	21	7	6	13	0	4	26	7	0	0	0	0	0	0	0	0	0	0	0	0	0	0	11	0	0
10	LA/307	G	3	11	22	25	3	0	0	11	25	1	0	1	0	1	0	0	0	0	0	0	0	0	0	0	0	0	0
14	LA/307	G	5	27	40	20	1	0	0	4	6	0	0	0	0	0	0	0	0	0	1	0	0	0	0	0	1	0	0
21	LA/307	B	X	183	9	21	0	0	8	68	5	6	0	0	0	0	0	0	0	0	0	0	0	0	0	0	0	0	0
23	LA/307	B	X	12	24	27	4	0	3	10	9	6	0	1	0	4	0	0	0	0	0	0	0	0	0	0	0	0	0
24	LA/307	B	2	20	60	10	1	0	0	6	2	0	0	0	0	0	0	0	0	0	0	0	0	0	0	0	1	0	0
25	LA/307	B	2	9	42	21	2	0	2	9	10	2	0	3	0	0	0	0	0	0	0	0	0	0	0	0	0	0	0
29	LA/307	B	2	35	32	10	0	0	2	9	10	0	0	0	0	0	0	0	0	0	0	0	0	0	0	0	2	0	0
30	LA/307	B	X	52	24	2	0	0	0	11	3	0	0	0	0	0	0	8	0	0	0	0	0	0	0	0	0	0	0
32	LA/307	B	X	17	30	24	2	0	0	9	11	0	0	0	0	0	0	3	4	0	0	0	0	0	0	0	0	0	0
40	LA/307	B	2	21	38	18	1	0	0	11	8	3	0	0	0	0	0	0	0	0	0	0	0	0	0	0	0	0	0
41	LA/135	G	5	55	22	13	0	0	0	10	0	0	0	0	0	0	0	0	0	0	0	0	0	0	0	0	0	0	0
42	LA/135	G	4	4	46	20	4	0	0	11	10	3	0	0	0	0	0	0	0	0	0	0	0	0	0	0	2	0	0
43	LA/135	G	X	5	32	13	2	0	4	6	30	7	0	0	0	0	0	1	0	0	0	0	0	0	0	0	0	0	0
48	LA/135	G	5	24	48	10	1	0	5	0	4	0	0	0	0	0	0	0	0	0	0	0	0	0	0	0	8	0	0
52	LA/135	G	4	18	43	18	1	0	2	11	7	0	0	0	0	0	0	0	0	0	0	0	0	0	0	0	0	0	0
58	LA/135	G	4	6	62	13	0	0	1	15	3	0	0	0	0	0	0	0	0	0	0	0	0	0	0	0	0	0	0
61	LA/135	G	4	3	42	33	3	0	2	1	15	1	0	0	0	0	0	0	0	0	0	0	0	0	0	0	0	0	0
65	LA/135	G	X	8	18	22	2	0	2	15	18	11	0	0	0	0	0	1	0	0	0	1	0	0	0	0	0	2	0
66	LA/135	G	5	45	40	7	0	0	0	7	1	0	0	0	0	0	0	0	0	0	0	0	0	0	0	0	0	0	0
68	LA/135	G	4	8	42	21	5	0	1	10	11	2	0	0	0	0	0	0	0	0	0	0	0	0	0	0	0	0	0
69	LA/135	G	3	13	30	20	1	0	0	7	20	6	0	0	0	0	0	0	0	0	0	3	0	0	0	0	0	0	0
70	LA/135	G	5	36	31	8	0	0	12	10	3	0	0	0	0	0	0	0	0	0	0	0	0	0	0	0	0	0	0
75	LA/135	G	3	25	34	18	1	0	1	1	20	0	0	0	0	0	0	0	0	0	0	0	0	0	0	0	0	0	0
76	LA/135	G	3	18	34	19	0	0	2	8	18	0	0	0	0	0	0	0	0	0	0	0	0	0	0	0	1	0	0
88	LA/189	B	2	36	43	11	2	0	0	5	3	0	0	0	0	0	0	0	0	0	0	0	0	0	0	0	0	0	0
89	LA/189	B	2	32	15	23	0	0	2	20	8	0	0	0	0	0	0	0	0	0	0	0	0	0	0	0	0	0	0
90	LA/189	B	2	41	47	2	0	0	2	8	0	0	0	0	0	0	0	0	0	0	0	0	0	0	0	0	0	0	0
91	LA/189	B	2	16	45	17	2	0	0	4	13	0	0	0	0	0	0	0	0	0	0	0	0	0	0	0	3	0	0
95	LA/189	B	2	49	37	10	0	0	0	3	1	0	0	0	0	0	0	0	0	0	0	0	0	0	0	0	0	0	0
96	LA/189	B	2	38	43	7	1	0	1	10	0	0	0	0	0	0	0	0	0	0	0	0	0	0	0	0	0	0	0
98	LA/189	B	2	31	35	18	2	0	0	10	4	0	0	0	0	0	0	0	0	0	0	0	0	0	0	0	0	0	0
101	VK/133	G	4	14	49	16	0	0	2	17	2	0	0	0	0	0	0	0	0	0	0	0	0	0	0	0	0	0	0
102	VK/133	G	5	30	48	3	0	0	2	9	2	5	0	0	0	0	0	0	0	0	0	1	0	0	0	0	0	0	0
103	VK/133	G	4	17	52	8	4	0	11	6	2	0	0	0	0	0	0	0	0	0	0	0	0	0	0	0	0	0	0
104	VK/133	G	5	24	35	15	0	0	2	15	3	2	0	0	0	0	0	0	0	0	0	0	0	0	0	0	4	0	0
105	VK/133	G	5	32	27	8	0	0	1	23	2	7	0	0	0	0	0	0	0	0	0	0	0	0	0	0	0	0	0
106	VK/133	G	5	24	19	6	0	0	10	35	4	2	0	0	0	0	0	0	0	0	0	0	0	0	0	0	0	0	0
114	VK/133	G	4	15	37	21	3	0	0	12	7	3	0	0	0	0	0	0	0	1	0	0	0	0	0	0	1	0	0
115	VK/133	G	5	25	41	7	1	0	2	20	2	1	0	0	0	0	0	0	0	0	0	0	0	0	0	0	0	0	0
143	VK/019	B	2	32	33	13	0	0	1	5	13	3	0	0	0	0	0	0	0	0	0	0	0	0	0	0	0	0	0
145	VK/019	B	2	26	46	5	0	0	2	15	6	0	0	0	0	0	0	0	0	0	0	0	0	0	0	0	0	0	0
148	VK/019	B	2	19	41	11	0	0	2	19	3	5	0	0	0	0	0	0	0	0	0	0	0	0	0	0	0	0	0
153	VK/019	B	2	26	44	10	0	0	2	7	5	6	0	0	0	0	0	0	0	0	0	0	0	0	0	0	0	0	0
154	VK/019	B	2	30	30	7	1	0	0	21	11	0	0	0	0	0	0	0	0	0	0	0	0	0	0	0	0	0	0
155	VK/019	B	2	28	44	11	0	0	0	11	2	1	0	0	0	0	0	0	0	0	0	0	0	0	0	0	3	0	0
157	VK/019	B	1	43	17	15	1	0	3	21	0	0	0	0	0	0	0	0	0	0	0	0	0	0	0	0	0	0	0
158	VK/019	B	2	9	63	10	0	0	0	5	3	10	0	0	0	0	0	0	0	0	0	0	0	0	0	0	0	0	0
161	VK/019	G	5	43	25	10	0	0	0	21	0	1	0	0	0	0	0	0	0	0	0	0	0	0	0	0	0	0	0
165	VK/019	G	5	25	52	6	0	0	6	3	7	0	0	0	0	0	0	0	0	0	0	0	0	0	0	0	1	0	0
167	VK/019	G	5	32	42	10	0	0	1	10	2	1	0	0	0	0	0	0	0	0	0	0	0	0	0	0	2	0	0
169	VK/019	G	4	17	27	13	0	0	4	20	3	13	0	0	0	0	0	0	0	0	0	0	0	0	0	0	3	0	0
171	VK/019	G	5	25	41	10	0	0	4	14	5	1	0	0	0	0	0	0	0	0	0	0	0	0	0	0	0	0	0
172	VK/019	G	4	10	62	2	0	0	3	15	1	2	0	0	0	0	0	0	0	0	0	0	0	0	0	0	5	0	0
174	VK/019	G	5	40	20	15	0	0	2	22	0	0	0	0	0	0	0	0	0	0	0	0	0	0	0	0	0	0	1
180	VK/019	G	5	40	35	10	0	0	3	9	2	1	0	0	0	0	0	0	0	0	0	0	0	0	0	0	0	0	0
187	TS/012	B	2	3	70	3	2	0	12	3	0	4	0	0	0	0	0	0	0	0	0	0	0	0	0	0	0	0	0
188	TS/012	B	X	10	44	10	10	0	13	3	4	0	0	0	0	0	0	1	1	3	1	0	0	0	0	0	0	0	0
191	TS/012	B	1	33	30	2	8	0	23	4	0	0	0	0	0	0	0	0	0	0	0	0	0	0	0	0	0	0	0
195	TS/012	B	4	12	51	12	4	0	1	10	0	3	0	0	0	0	0	0	0	0	0	0	0	0	0	7	0	0	0
198	TS/012	B	X	17	38	9	10	0	15	4	5	0	0	0	0	0	0	2	0	0	0	0	0	0	0	0	0	0	0

SHERD TIESTO	LOT LOTE	TYPE TIPO	CLUSTER GRUPO	SIZE TAMAÑO		ANGULARITY ANGULARIDAD						SPHER. ESFER.		TEMPER DESGRAS.	AIR AIRE	ORIENTATION ORIENTACION		
				X̄	MAX	△	I	I	I	I	O	+	−			+	0	−
1	LA/307	G	4	.061	2.750	1	20	16	28	26	9	34	66	71	8	69	20	11
2	LA/307	G	X	.065	1.760	4	40	21	16	17	2	19	81	41	16	30	26	44
3	LA/307	G	X	.091	3.520	3	30	23	25	13	6	27	73	51	3	53	28	19
4	LA/307	G	4	.040	0.770	0	28	31	24	15	2	17	83	56	12	36	41	23
8	LA/307	G	X	.031	0.250	2	32	30	16	19	1	13	87	73	57	52	36	12
10	LA/307	G	3	.045	1.100	2	19	27	35	13	4	35	65	49	10	60	21	19
14	LA/307	G	5	.062	1.740	2	24	29	17	27	1	27	73	69	7	47	33	20
21	LA/307	B	X	.043	1.320	2	53	69	79	88	9	89	211	42	16	62	121	117
23	LA/307	B	X	.057	0.990	2	29	21	26	21	1	27	73	31	33	27	30	43
24	LA/307	B	2	.091	1.980	3	28	23	27	15	4	21	79	37	2	40	32	28
25	LA/307	B	2	.032	0.770	6	21	23	17	25	8	23	77	55	23	41	23	36
29	LA/307	B	2	.053	1.100	2	31	20	27	15	5	27	73	33	8	47	23	20
30	LA/307	B	X	.043	0.440	0	24	15	26	27	8	28	72	66	33	47	25	28
32	LA/307	B	X	.046	0.770	5	28	11	29	18	9	30	70	39	18	29	31	40
40	LA/307	B	2	.044	0.660	4	26	15	26	25	4	22	78	45	16	47	24	29
41	LA/135	G	5	.072	0.770	2	39	25	21	13	10	23	77	33	0	46	21	33
42	LA/135	G	4	.064	1.430	3	28	22	26	12	9	15	85	51	21	49	29	22
43	LA/135	G	X	.032	0.330	4	27	19	25	22	3	18	82	50	14	38	25	37
48	LA/135	G	5	.020	0.140	9	41	24	18	8	0	9	91	83	7	36	33	31
52	LA/135	G	4	.021	0.220	8	46	16	20	10	0	8	92	59	21	24	36	40
58	LA/135	G	4	.030	0.440	2	31	21	17	24	5	26	74	55	22	40	23	37
61	LA/135	G	4	.028	0.990	4	42	18	17	17	2	18	82	70	19	26	36	38
65	LA/135	G	X	-	-	-	-	-	-	-	-	-	-	-	-	-	-	-
66	LA/135	G	5	.054	0.610	1	39	23	16	21	0	20	80	70	25	43	22	35
68	LA/135	G	4	.028	0.330	7	46	17	20	10	0	14	86	72	53	30	34	36
69	LA/135	G	3	.045	0.720	2	47	22	22	6	1	11	89	56	19	32	47	21
70	LA/135	G	5	.029	0.440	3	55	22	17	3	0	6	94	80	46	45	35	20
75	LA/135	G	3	.031	0.770	1	33	18	13	26	9	23	77	53	9	72	13	15
76	LA/135	G	3	.029	0.550	3	48	16	22	9	2	13	87	81	34	30	39	31
88	LA/189	B	2	.047	1.410	0	34	17	24	24	1	18	82	39	3	46	32	22
89	LA/189	B	2	.040	0.440	3	40	14	26	13	4	20	80	58	12	40	29	31
90	LA/189	B	2	.088	2.530	1	46	27	14	10	2	13	87	31	16	27	39	34
91	LA/189	B	2	.019	0.170	4	38	22	16	18	2	11	89	59	15	55	19	26
95	LA/189	B	2	.046	0.550	2	47	17	29	5	0	11	89	28	11	45	23	32
96	LA/189	B	2	.054	0.550	0	26	25	31	13	5	24	76	54	10	52	26	22
98	LA/189	B	2	.044	0.880	2	32	20	24	17	5	14	86	23	6	31	29	40
101	VK/133	G	4	.023	0.220	1	40	22	26	8	3	14	86	100	56	27	42	31
102	VK/133	G	5	.055	0.770	1	34	23	27	8	7	20	80	67	81	33	42	25
103	VK/133	G	4	.051	1.760	5	46	17	22	9	1	13	87	78	72	40	38	22
104	VK/133	G	5	.071	1.610	3	33	17	22	22	3	28	72	49	20	46	26	28
105	VK/133	G	5	.046	1.100	3	42	22	23	10	0	14	86	60	27	34	31	35
106	VK/133	G	5	.047	0.880	0	47	29	18	4	2	13	87	57	43	40	35	25
114	VK/133	G	4	.047	0.660	2	45	19	20	14	0	17	83	46	47	22	36	42
115	VK/133	G	5	.088	2.480	3	49	17	18	9	4	16	84	49	37	30	33	37
143	VK/019	B	2	.053	1.320	1	45	28	21	5	0	13	87	65	7	19	35	46
145	VK/019	B	2	.019	0.330	2	38	27	27	6	0	21	79	96	12	27	37	36
148	VK/019	B	2	.050	1.430	4	54	12	19	10	1	14	86	85	13	33	40	27
153	VK/019	B	2	.066	0.880	1	44	24	22	7	2	19	81	41	25	47	30	23
154	VK/019	B	2	.035	0.660	0	56	20	18	5	1	14	86	45	2	33	21	46
155	VK/019	B	2	.025	0.220	1	51	21	13	13	1	13	87	56	24	33	29	38
157	VK/019	B	1	.058	1.760	1	54	21	19	5	0	12	88	52	23	40	37	23
158	VK/019	B	2	.027	0.280	3	50	19	17	10	1	15	85	84	26	41	38	21
161	VK/019	G	5	.029	0.550	0	36	24	27	11	2	18	82	82	18	45	36	19
165	VK/019	G	5	.054	2.310	4	53	17	20	6	0	14	86	84	19	40	28	32
167	VK/019	G	5	.089	5.280	3	41	25	17	14	0	16	84	86	31	27	44	29
169	VK/019	G	4	.026	0.220	1	42	17	25	12	3	22	78	73	20	54	30	16
171	VK/019	G	5	.059	1.310	0	60	21	13	5	1	9	91	45	2	28	36	36
172	VK/019	G	4	.062	1.980	4	31	28	27	10	0	7	93	65	34	34	41	25
174	VK/019	G	5	.030	0.220	2	30	23	30	14	1	18	82	90	48	44	24	32
180	VK/019	G	5	.047	1.610	3	22	25	22	23	5	36	64	90	8	55	23	22
187	TS/012	B	2	.025	0.660	0	4	20	43	25	8	16	84	100	32	45	32	23
188	TS/012	B	X	.034	0.660	3	34	24	21	17	1	20	80	97	25	57	30	13
191	TS/012	B	1	.016	0.110	6	43	12	13	20	6	12	88	100	21	48	29	23
195	TS/012	B	4	.038	0.880	1	26	30	27	13	3	21	79	74	10	75	15	10
198	TS/012	B	X	.020	0.220	1	27	17	29	25	1	8	92	100	32	47	25	28

SHERD TIESTO	LOT LOTE	TYPE TIPO	CLUSTER GRUPO	MINERALS – MINERALES																								
				ORTHO	SANID	OPAQ	BIOT	PHLOG	HRNBL	ALTPR	GRNET	QRTZ	APAT	AUGIT	SLMAN	ORPRO	DIOPS	ANDSN	BYTOW	LABRA	OLIVN	CHLOR	KYAN	ANOR	FLUOR	EPID	MUSCV	OLIG	MICRO
201	TS/013	G	X	16	39	3	1	0	7	16	8	0	0	9	0	0	0	0	0	0	0	0	0	0	0	0	0	0	1
202	TS/013	G	5	49	10	10	2	0	1	15	6	6	0	1	0	0	0	0	0	0	0	0	0	0	0	0	0	0	0
207	TS/013	G	5	51	4	20	2	0	0	18	5	0	0	0	0	0	0	0	0	0	0	0	0	0	0	0	0	0	0
208	TS/013	G	X	40	11	10	5	0	1	20	1	4	0	1	0	0	0	0	0	0	6	1	0	0	0	0	0	0	0
209	TS/013	G	5	26	31	20	0	0	1	18	3	0	0	0	0	1	0	0	0	0	0	0	0	0	0	0	0	0	0
214	TS/013	G	4	26	51	2	0	0	16	5	0	0	0	0	0	0	0	0	0	0	0	0	0	0	0	0	0	0	0
217	TS/013	G	4	8	51	11	4	0	16	6	3	1	0	0	0	0	0	0	0	0	0	0	0	0	0	0	0	0	0
222	TS/013	G	2	39	7	5	2	0	12	7	4	19	0	0	0	0	0	0	0	1	0	4	0	0	0	0	0	0	0
223	TS/013	G	X	39	26	1	0	0	2	16	3	5	0	1	3	0	2	0	0	0	0	0	0	0	0	0	0	0	0
229	TS/013	G	2	34	9	17	1	0	3	21	4	2	0	2	0	0	0	0	1	0	0	6	0	0	0	0	0	0	0
231	TS/013	G	X	30	22	6	0	0	2	11	27	1	0	0	0	0	0	0	0	1	0	0	0	0	0	0	0	0	0
233	TS/013	G	5	55	10	1	7	0	16	9	0	2	0	0	0	0	0	0	0	0	0	0	0	0	0	0	0	0	0
234	TS/013	G	5	51	10	10	2	0	1	22	2	0	0	0	0	0	0	0	0	0	0	0	0	0	0	0	1	0	0
235	TS/013	G	X	13	78	8	9	0	4	48	29	107	0	0	0	1	0	0	3	0	0	0	0	0	0	0	0	0	0
236	TS/013	G	X	62	66	28	4	0	27	51	36	26	0	0	0	0	0	0	0	0	0	0	0	0	0	0	0	0	0
251	GJ/154	G	5	42	4	13	3	0	16	0	22	0	0	0	0	0	0	0	0	0	0	0	0	0	0	0	0	0	0
254	GJ/154	G	4	10	52	12	4	0	0	5	13	4	0	0	0	0	0	0	0	0	0	0	0	0	0	0	0	0	0
256	GJ/154	G	1	43	19	13	0	0	2	6	12	2	0	0	0	0	0	0	0	0	0	0	0	0	0	0	0	0	3
257	GJ/154	G	1	16	50	17	0	0	0	5	8	1	0	0	0	0	0	0	0	0	0	0	0	0	0	0	1	0	2
259	GJ/154	G	1	18	38	6	6	0	2	8	13	2	0	0	0	0	1	0	0	0	2	0	0	0	0	0	0	0	4
260	GJ/154	G	5	26	35	22	1	0	0	10	6	0	0	0	0	0	0	0	0	0	0	0	0	0	0	0	0	0	0
264	GJ/154	B	3	17	36	15	4	0	1	1	25	1	0	0	0	0	0	0	0	0	0	0	0	0	0	0	0	0	0
265	GJ/154	B	2	19	51	6	2	0	0	17	3	2	0	0	0	0	0	0	0	0	0	0	0	0	0	0	0	0	0
269	GJ/154	B	2	21	32	10	2	0	1	17	16	1	0	0	0	0	0	0	0	0	0	0	0	0	0	0	0	0	0
272	GJ/154	B	2	22	39	5	2	0	0	13	18	1	0	0	0	0	0	0	0	0	0	0	0	0	0	0	0	0	0
273	GJ/154	B	2	25	24	12	1	0	1	8	5	23	0	0	0	0	0	0	0	0	0	1	0	0	0	0	0	0	0
274	GJ/154	B	2	16	43	17	2	0	3	5	8	5	0	0	0	0	0	0	0	0	0	0	0	0	0	0	1	0	0
275	GJ/154	B	2	41	43	3	2	0	2	4	4	0	0	0	0	0	0	0	0	0	0	0	0	0	0	0	1	0	0
280	GJ/154	B	X	12	33	11	2	0	1	0	1	6	0	0	0	0	0	0	0	0	0	0	0	0	0	0	0	0	3
282	GJ/124	P	2	46	39	1	0	0	2	12	0	0	0	0	0	0	0	0	0	0	0	0	0	0	0	0	0	0	0
287	GJ/124	P	2	35	31	4	0	0	0	28	0	0	0	0	0	0	0	0	0	0	0	0	0	0	0	0	2	0	0
288	GJ/124	P	2	35	25	6	0	0	0	29	3	0	0	0	0	0	0	0	0	0	0	0	0	0	0	0	2	0	0
290	GJ/124	P	2	41	47	4	0	0	2	6	0	0	0	0	0	0	0	0	0	0	0	0	0	0	0	0	0	0	0
298	GJ/124	P	3	26	43	8	0	0	0	12	10	0	0	0	0	0	0	0	0	0	0	0	0	0	0	0	1	0	0
299	GJ/124	P	2	38	18	4	0	0	1	35	4	0	0	0	0	0	0	0	0	0	0	0	0	0	0	0	0	0	0
301	CS/094	P	X	43	121	8	6	0	34	54	4	21	0	0	0	0	0	2	0	6	1	0	0	0	0	0	0	0	0
305	CS/094	P	X	12	171	2	16	0	28	38	0	27	0	0	0	0	0	7	3	0	3	0	2	3	0	0	0	0	0
310	CS/094	P	3	12	53	2	3	0	16	13	1	0	0	0	0	0	0	0	0	0	0	0	0	0	0	0	0	0	0
311	CS/094	P	X	31	97	1	17	0	27	31	1	89	0	0	0	0	0	2	3	0	0	1	0	0	0	0	0	0	0
315	CS/094	P	X	23	32	10	2	0	16	10	2	4	0	0	0	0	1	0	0	0	0	0	0	0	0	0	0	0	0
316	CS/094	P	3	29	39	1	0	0	11	15	1	0	0	0	0	0	0	0	0	0	0	0	0	0	0	0	4	0	0
317	CS/094	P	3	26	52	4	0	0	0	11	1	0	0	0	0	0	0	0	0	0	0	0	0	0	0	0	6	0	0
318	CS/094	P	X	20	212	26	11	0	10	4	17	0	0	0	0	0	0	0	0	0	0	0	0	0	0	0	0	0	0
321	GJ/097	P	X	26	42	10	4	0	3	10	4	0	0	1	0	0	0	0	0	0	0	0	0	0	0	0	0	0	0
322	GJ/097	P	2	44	22	12	6	0	6	2	6	2	0	0	0	0	0	0	0	0	0	0	0	0	0	0	0	0	0
330	GJ/097	P	2	60	16	10	5	0	2	4	2	1	0	0	0	0	0	0	0	0	0	0	0	0	0	0	0	0	0
331	GJ/097	P	3	21	56	8	0	0	11	1	0	2	0	0	0	0	0	0	0	1	0	0	0	0	0	0	0	0	0
335	GJ/097	P	2	38	26	11	1	0	6	13	4	1	0	0	0	0	0	0	0	0	0	0	0	0	0	0	0	0	0
336	GJ/097	P	2	31	20	13	5	0	4	11	8	2	0	0	0	0	0	0	0	0	0	6	0	0	0	0	0	0	0
337	GJ/097	P	X	50	10	14	5	0	4	10	5	1	0	0	1	0	0	0	0	0	0	0	0	0	0	0	0	0	0
338	GJ/097	P	3	28	43	14	2	0	2	8	2	0	0	1	0	0	0	0	0	0	0	0	0	0	0	0	0	0	0
364	CS/097	B	2	35	34	15	2	0	0	10	4	0	0	0	0	0	0	0	0	0	0	0	0	0	0	0	0	0	0
365	CS/097	B	2	32	40	7	1	0	3	3	11	0	0	1	0	0	0	0	0	0	0	0	0	0	0	0	2	0	0
367	CS/097	B	1	69	0	12	1	0	12	2	4	0	0	0	0	0	0	0	0	0	0	0	0	0	0	0	0	0	0
368	CS/097	B	1	21	38	8	3	0	11	11	5	2	1	0	0	0	0	0	0	0	0	0	0	0	0	0	0	0	0
374	CS/097	B	3	11	43	5	2	0	0	4	30	0	0	0	0	0	0	0	0	0	0	0	0	0	0	0	5	0	0
375	CS/097	B	1	54	23	8	2	0	3	4	5	0	0	0	0	0	0	0	0	0	0	0	0	0	0	0	1	0	0
376	CS/097	B	2	16	57	6	3	0	6	0	8	0	0	0	0	0	0	0	0	0	0	0	0	0	0	0	4	0	0
377	CS/097	B	3	27	22	10	11	0	4	10	16	0	0	0	0	0	0	0	0	0	0	0	0	0	0	0	0	0	0
387	CS/097	L	2	6	62	8	1	0	0	5	0	0	0	0	0	0	0	0	0	0	0	0	0	0	0	0	18	0	0
389	CS/097	L	2	16	54	10	0	0	6	9	0	3	0	0	0	0	0	0	0	0	0	0	0	0	0	0	2	0	0
391	CS/097	L	2	13	53	8	0	0	0	19	0	0	0	0	0	0	0	0	0	0	0	0	0	0	0	0	7	0	0
393	CS/097	L	2	2	70	12	0	0	11	4	1	0	0	0	0	0	0	0	0	0	0	0	0	0	0	0	0	0	0
394	CS/097	L	2	10	63	10	5	0	5	5	2	0	0	0	0	0	0	0	0	0	0	0	0	0	0	0	0	0	0
397	CS/097	L	X	13	60	2	0	0	11	7	1	5	0	0	0	0	0	0	1	0	0	0	0	0	0	0	0	0	0

SHERD TIESTO	LOT LOTE	TYPE TIPO	CLUSTER GRUPO	SIZE TAMAÑO		ANGULARITY ANGULARIDAD						SPHER. ESFER.		TEMPER DESGRAS.	AIR AIRE	ORIENTATION ORIENTACION		
				X̄	MAX	△	I	I	I	I	○	+	−			+	0	−
201	TS/013	G	X	.053	3.630	0	38	13	26	19	4	18	82	78	15	43	31	26
202	TS/013	G	5	.163	10.560	0	13	23	28	32	4	33	67	81	10	19	45	36
207	TS/013	G	5	.055	1.540	1	22	13	27	31	6	25	75	31	25	43	36	21
208	TS/013	G	X	.034	0.770	8	27	19	26	18	2	11	89	79	16	33	24	43
209	TS/013	G	5	.043	0.550	3	39	16	17	24	1	25	75	73	10	60	14	26
214	TS/013	G	4	.025	0.440	3	29	20	27	18	3	10	90	83	34	28	27	45
217	TS/013	G	4	.018	0.170	2	54	15	14	11	4	8	92	100	17	36	35	29
222	TS/013	G	2	.021	0.420	1	32	23	27	17	0	20	80	69	13	28	30	42
223	TS/013	G	X	-	-	-	-	-	-	-	-	-	-	-	-	-	-	-
229	TS/013	G	2	.044	0.660	2	23	25	26	22	2	22	78	65	3	50	37	13
231	TS/013	G	X	.046	1.540	5	18	35	28	10	4	15	85	40	25	65	15	20
233	TS/013	G	5	.019	0.110	6	57	17	16	4	0	7	93	85	34	61	33	6
234	TS/013	G	5	.055	1.430	2	34	24	21	18	1	8	92	81	17	41	35	24
235	TS/013	G	X	.033	1.100	7	85	66	61	76	5	95	205	88	15	91	93	116
236	TS/013	G	X	.019	0.770	4	68	55	65	10	4	89	11	125	39	77	33	90
251	GJ/154	G	5	.022	0.330	5	21	30	22	20	2	19	81	62	58	36	30	34
254	GJ/154	G	4	.063	1.320	5	40	15	15	5	0	16	84	45	40	40	42	18
256	GJ/154	G	1	.067	1.980	0	34	19	20	20	7	33	67	30	17	48	28	24
257	GJ/154	G	1	.046	0.440	2	31	20	18	25	4	22	78	50	11	57	26	17
259	GJ/154	G	1	.066	1.210	3	37	12	20	25	3	24	76	49	18	52	25	23
260	GJ/154	G	5	.061	1.540	2	22	34	18	20	4	34	66	48	23	69	17	14
264	GJ/154	B	3	.026	0.220	2	30	13	33	22	0	17	83	61	21	28	37	35
265	GJ/154	B	2	.136	3.630	4	44	24	19	8	1	15	85	31	28	53	34	13
269	GJ/154	B	2	.060	1.430	3	48	21	17	10	1	24	76	46	20	34	39	27
272	GJ/154	B	2	.035	0.280	6	51	18	14	8	3	10	90	39	10	52	27	21
273	GJ/154	B	2	.055	0.330	2	49	25	21	3	0	8	92	39	7	41	46	13
274	GJ/154	B	2	.058	0.770	6	49	21	15	7	2	17	83	42	28	33	35	32
275	GJ/154	B	2	.036	0.770	2	47	22	19	9	1	20	80	84	18	33	46	21
280	GJ/154	B	X	.074	0.990	1	63	15	18	3	0	11	89	55	48	34	37	29
282	GJ/124	P	2	.036	0.550	0	33	22	29	15	1	17	83	81	0	39	17	44
287	GJ/124	P	2	.063	0.660	0	40	18	26	16	0	19	81	45	27	41	29	30
288	GJ/124	P	2	.035	0.440	0	37	16	18	27	2	22	78	70	31	43	30	27
290	GJ/124	P	2	.022	0.440	3	42	17	21	16	1	14	86	100	6	42	31	27
298	GJ/124	P	3	.034	0.550	2	40	24	22	12	0	16	84	73	23	54	21	25
299	GJ/124	P	2	.030	0.280	2	48	24	18	7	1	17	83	81	20	46	32	22
301	CS/094	P	X	.025	0.360	10	65	56	71	86	12	64	236	51	27	98	121	81
305	CS/094	P	X	.031	0.610	8	68	82	65	71	6	80	220	59	20	140	92	68
310	CS/094	P	3	.028	0.200	1	27	11	22	38	1	24	76	82	43	36	27	37
311	CS/094	P	X	.019	0.500	3	73	76	67	75	6	78	222	77	22	119	98	83
315	CS/094	P	X	.052	2.200	0	36	17	10	31	6	37	63	47	13	53	31	16
316	CS/094	P	3	.031	0.440	2	34	11	27	23	3	25	75	64	7	39	35	26
317	CS/094	P	3	.043	0.330	3	27	28	22	20	0	16	84	48	20	63	22	15
318	CS/094	P	X	.032	0.660	7	61	73	107	48	4	117	183	51	50	184	77	39
321	GJ/097	P	X	.038	1.340	2	32	22	19	19	6	22	78	63	12	58	23	19
322	GJ/097	P	2	.032	0.880	2	40	22	18	16	2	12	88	82	8	35	32	33
330	GJ/097	P	2	.031	0.440	3	42	22	21	11	1	13	87	62	14	61	15	24
331	GJ/097	P	3	.008	0.040	6	25	20	39	8	2	15	85	100	10	57	25	18
335	GJ/097	P	2	.039	1.040	4	24	33	24	14	1	19	81	62	20	55	20	25
336	GJ/097	P	2	.033	0.550	1	28	19	25	20	7	21	79	83	18	50	32	18
337	GJ/097	P	X	.040	0.660	5	43	21	21	10	0	10	90	85	19	58	22	20
338	GJ/097	P	3	.042	2.090	0	31	9	36	17	7	25	75	59	13	48	31	21
364	CS/097	B	2	.049	1.050	2	35	6	41	14	2	34	66	48	9	57	14	29
365	CS/097	B	2	.036	0.280	3	15	23	37	20	2	35	65	78	15	40	34	26
367	CS/097	B	1	.029	0.440	0	24	37	24	14	1	17	83	75	14	41	23	36
368	CS/097	B	1	.015	0.110	0	15	30	37	18	0	24	76	89	10	55	33	12
374	CS/097	B	3	.062	1.100	3	24	13	24	29	7	28	72	50	17	42	29	29
375	CS/097	B	1	.038	0.330	8	24	32	22	13	1	11	89	58	32	65	28	7
376	CS/097	B	2	.038	0.550	2	15	27	25	29	2	31	69	48	28	50	29	21
377	CS/097	B	3	.088	2.090	4	20	27	25	22	2	38	62	38	27	47	29	24
387	CS/097	L	2	.022	0.440	1	18	16	22	28	15	34	66	0	0	52	29	19
389	CS/097	L	2	.027	0.440	2	22	19	17	36	4	37	63	87	6	37	34	29
391	CS/097	L	2	.093	4.400	2	11	22	23	35	7	36	64	48	40	48	33	19
393	CS/097	L	2	.014	0.140	2	35	19	23	21	0	20	80	100	11	62	21	17
394	CS/097	L	2	.015	0.090	2	28	19	19	28	4	31	69	67	25	39	32	29
397	CS/097	L	X	.060	4.070	0	24	35	29	12	0	22	78	69	8	43	40	17

SHERD TIESTO	LOT LOTE	TYPE TIPO	CLUSTER GRUPO	ORTHO	SANID	OPAQ	BIOT	PHLOG	HRNBL	ALTPR	GRNET	QRTZ	APAT	AUGIT	SLMAN	ORPRO	DIOPS	ANDSN	BYTOW	LABRA	OLIVN	CHLOR	KYAN	ANOR	FLUOR	EPID	MUSCV	OLIG	MICRO
400	CS/097	L	3	34	36	12	2	0	9	7	0	0	0	0	0	0	0	0	0	0	0	0	0	0	0	0	0	0	0
426	CS/162	G	5	27	32	15	0	0	11	4	1	10	0	0	0	0	0	0	0	0	0	0	0	0	0	0	0	0	0
427	CS/162	G	4	13	38	10	0	0	16	0	8	15	0	0	0	0	0	0	0	0	0	0	0	0	0	0	0	0	0
428	CS/162	G	2	11	44	13	2	0	11	3	7	3	0	0	0	0	0	0	0	0	0	6	0	0	0	0	0	0	0
430	CS/162	G	4	31	40	11	4	0	4	2	8	0	0	0	0	0	0	0	0	0	0	0	0	0	0	0	0	0	0
432	CS/162	G	X	11	18	15	30	0	1	4	21	0	0	0	0	0	0	0	0	0	0	0	0	0	0	0	0	0	0
433	CS/162	G	5	40	30	8	0	0	8	5	8	1	0	0	0	0	0	0	0	0	0	0	0	0	0	0	0	0	0
435	CS/162	G	5	36	26	10	0	0	11	7	10	0	0	0	0	0	0	0	0	0	0	0	0	0	0	0	0	0	0
440	CS/162	G	2	27	29	12	0	0	12	3	4	5	0	0	0	0	0	0	0	0	0	8	0	0	0	0	0	0	0
451	CS/145	P	3	13	62	4	3	0	2	6	0	0	4	0	0	0	0	0	0	0	0	0	0	0	0	0	6	0	0
452	CS/145	P	3	20	26	20	0	0	0	18	10	0	0	0	0	0	0	0	0	0	0	0	0	0	0	0	6	0	0
457	CS/145	P	1	2	67	7	0	0	0	0	0	24	0	0	0	0	0	0	0	0	0	0	0	0	0	0	0	0	0
458	CS/145	P	3	16	60	9	0	0	0	4	7	0	0	0	0	0	0	0	0	0	0	0	0	0	0	0	4	0	0
462	CS/145	G	4	22	51	9	4	0	6	3	5	0	0	0	0	0	0	0	0	0	0	0	0	0	0	0	0	0	0
463	CS/145	G	4	21	63	8	0	0	2	2	4	0	0	0	0	0	0	0	0	0	0	0	0	0	0	0	0	0	0
476	CS/145	G	4	11	57	12	0	0	0	9	10	0	0	0	0	0	0	0	0	0	0	0	0	0	0	0	1	0	0
478	CS/145	G	4	30	46	8	3	0	0	2	11	0	0	0	0	0	0	0	0	0	0	0	0	0	0	0	0	0	0
480	CS/145	G	4	20	47	9	6	0	2	7	9	0	0	0	0	0	0	0	0	0	0	0	0	0	0	0	0	0	0
486	CS/145	B	2	26	46	14	4	0	4	1	5	0	0	0	0	0	0	0	0	0	0	0	0	0	0	0	0	0	0
488	CS/145	B	2	34	35	8	1	0	0	7	2	13	0	0	0	0	0	0	0	0	0	0	0	0	0	0	0	0	0
494	CS/145	B	1	38	38	8	0	0	11	4	0	0	0	0	0	0	0	0	0	0	0	0	0	0	0	0	1	0	0
495	CS/145	B	2	47	40	2	0	0	0	10	1	0	0	0	0	0	0	0	0	0	0	0	0	0	0	0	0	0	0
496	CS/145	B	2	15	75	7	1	0	0	3	0	1	0	0	0	0	0	0	0	0	0	0	0	0	0	0	0	0	0
498	CS/145	B	2	33	34	6	0	0	2	8	2	15	0	0	0	0	0	0	0	0	0	0	0	0	0	0	0	0	0
500	CS/145	B	1	51	24	6	0	0	3	12	4	0	0	0	0	0	0	0	0	0	0	0	0	0	0	0	0	0	0
502	CS/024	L	2	28	42	19	0	0	0	5	2	4	0	0	0	0	0	0	0	0	0	0	0	0	0	0	0	0	0
503	CS/024	L	2	13	47	15	1	0	0	4	17	0	0	0	0	0	0	0	0	0	0	0	0	0	0	0	3	0	0
506	CS/024	L	3	36	42	6	0	0	5	7	0	4	0	0	0	0	0	0	0	0	0	0	0	0	0	0	0	0	0
514	CS/024	L	2	11	48	10	0	0	3	3	17	3	0	0	0	0	0	0	0	0	0	0	0	0	0	0	5	0	0
516	CS/024	L	3	35	42	3	0	0	1	10	9	0	0	0	0	0	0	0	0	0	0	0	0	0	0	0	0	0	0
520	CS/024	L	2	15	52	13	2	0	0	3	12	3	0	0	0	0	0	0	0	0	0	0	0	0	0	0	0	0	0
525	CS/024	G	4	17	41	15	3	0	1	8	14	1	0	0	0	0	0	0	0	0	0	0	0	0	0	0	0	0	0
529	CS/024	G	3	21	24	10	0	0	0	15	30	0	0	0	0	0	0	0	0	0	0	0	0	0	0	0	0	0	0
533	CS/024	G	4	15	39	19	3	0	0	14	6	2	0	0	0	0	0	0	0	0	0	0	0	0	0	0	2	0	0
534	CS/024	G	4	7	31	23	2	0	0	8	12	17	0	0	0	0	0	0	0	0	0	0	0	0	0	0	0	0	0
535	CS/024	G	3	14	21	22	3	0	0	14	22	4	0	0	0	0	0	0	0	0	0	0	0	0	0	0	0	0	0
537	CS/024	G	3	13	18	30	2	0	0	13	23	1	0	0	0	0	0	0	0	0	0	0	0	0	0	0	0	0	0
539	CS/024	G	3	20	40	12	0	0	0	6	20	2	0	0	0	0	0	0	0	0	0	0	0	0	0	0	0	0	0
541	CS/024	G	3	21	33	17	1	0	1	8	17	2	0	0	0	0	0	0	0	0	0	0	0	0	0	0	0	0	0
542	CS/024	G	4	7	66	12	0	0	0	5	10	0	0	0	0	0	0	0	0	0	0	0	0	0	0	0	0	0	0
549	CS/024	G	3	7	36	25	1	0	0	1	30	0	0	0	0	0	0	0	0	0	0	0	0	0	0	0	0	0	0
552	CS/024	G	5	30	41	7	0	0	3	10	4	5	0	0	0	0	0	0	0	0	0	0	0	0	0	0	0	0	0
554	CS/024	G	5	21	21	16	0	0	11	13	5	9	0	0	0	0	0	0	0	0	0	0	0	0	0	0	4	0	0
558	CS/024	G	4	19	29	11	2	0	13	11	8	0	0	0	0	0	0	0	0	0	0	0	0	0	0	0	7	0	0
561	CS/024	B	X	28	47	12	0	0	0	11	1	0	0	0	0	0	1	0	0	0	0	0	0	0	0	0	0	0	0
564	CS/024	B	2	20	38	14	1	0	3	19	1	4	0	0	0	0	0	0	0	0	0	0	0	0	0	0	0	0	0
575	CS/024	B	2	36	41	14	0	0	0	6	2	0	0	0	0	0	0	0	0	0	0	0	0	0	0	0	1	0	0
577	CS/024	B	2	39	37	5	1	0	0	10	6	2	0	0	0	0	0	0	0	0	0	0	0	0	0	0	0	0	0
579	CS/024	B	2	32	41	3	0	0	1	23	0	0	0	0	0	0	0	0	0	0	0	0	0	0	0	0	0	0	0
583	CS/024	T	1	59	13	4	1	0	3	12	0	8	0	0	0	0	0	0	0	0	0	0	0	0	0	0	0	0	0
588	CS/145	L	3	30	39	12	0	0	3	10	5	1	0	0	0	0	0	0	0	0	0	0	0	0	0	0	0	0	0
592	CS/145	L	2	29	61	4	1	0	0	4	1	0	0	0	0	0	0	0	0	0	0	0	0	0	0	0	0	0	0
598	CS/145	L	3	37	37	15	0	0	0	2	6	0	0	0	0	0	0	0	0	0	0	0	0	0	0	0	3	0	0
604	CS/145	T	2	18	61	9	4	0	2	1	3	0	0	0	0	0	0	0	0	0	0	0	1	0	0	0	0	0	1
605	CS/145	T	1	25	30	21	0	0	3	11	0	10	0	0	0	0	0	0	0	0	0	0	0	0	0	0	0	0	0
606	CS/145	T	2	14	49	2	2	0	0	13	0	0	0	0	0	0	2	0	0	0	0	0	0	0	0	0	18	0	0
607	CS/145	T	X	38	10	2	12	0	5	4	5	20	0	0	0	0	0	0	0	0	0	0	0	0	0	0	0	0	4
608	CS/162	P	X	30	32	10	2	0	5	3	15	1	0	0	0	0	0	0	0	0	0	0	0	0	0	0	0	0	2
609	CS/162	P	1	17	34	10	4	0	10	4	19	2	0	0	0	0	0	0	0	0	0	0	0	0	0	0	0	0	0
610	CS/162	P	2	47	31	3	0	0	2	14	3	0	0	0	0	0	0	0	0	0	0	0	0	0	0	0	0	0	0
611	CS/162	P	2	49	0	17	0	0	3	27	4	0	0	0	0	0	0	0	0	0	0	0	0	0	0	0	0	0	0
612	CS/162	B	1	17	33	7	0	0	16	4	7	16	0	0	0	0	0	0	0	0	0	0	0	0	0	0	0	0	0
613	CS/162	B	2	36	42	12	1	0	0	8	1	0	0	0	0	0	0	0	0	0	0	0	0	0	0	0	0	0	0
614	CS/162	B	2	16	54	4	0	0	5	18	0	2	0	0	0	0	1	0	0	0	0	0	0	0	0	0	0	0	0
615	CS/162	B	1	37	29	7	0	0	10	2	10	5	0	0	0	0	0	0	0	0	0	0	0	0	0	0	0	0	0

SHERD TIESTO	LOT LOTE	TYPE TIPO	CLUSTER GRUPO	SIZE TAMAÑO		ANGULARITY ANGULARIDAD						SPHER. ESFER.		TEMPER DESGRAS.	AIR AIRE	ORIENTATION ORIENTACION		
				X̄	MAX	△	I	I	I	I	○	+	−			+	0	−
400	CS/097	L	3	.023	0.310	4	28	24	27	16	1	13	87	64	6	45	23	32
426	CS/162	G	5	.048	1.210	9	39	25	18	6	3	11	89	62	68	41	25	34
427	CS/162	G	4	.031	0.660	7	48	28	13	3	1	3	97	88	0	31	41	28
428	CS/162	G	2	.030	0.280	4	46	34	9	4	3	9	91	54	46	34	43	23
430	CS/162	G	4	.060	1.320	1	51	17	20	10	1	14	86	38	27	40	32	28
432	CS/162	G	X	.050	0.660	5	49	15	15	9	7	22	78	43	27	58	26	16
433	CS/162	G	5	.034	0.440	2	54	20	17	3	4	15	85	47	57	33	48	19
435	CS/162	G	5	.033	0.660	2	55	25	11	5	2	13	87	68	54	43	42	15
440	CS/162	G	2	.030	0.770	7	57	16	11	6	3	16	84	79	40	36	35	29
451	CS/145	P	3	.029	0.440	3	38	20	22	16	1	12	88	65	4	70	22	8
452	CS/145	P	3	.030	0.660	3	33	18	25	19	2	15	85	64	19	39	27	34
457	CS/145	P	1	.047	0.440	4	44	20	18	12	2	16	84	41	2	63	22	15
458	CS/145	P	3	.077	2.530	1	43	20	20	10	6	17	83	38	0	36	25	39
462	CS/145	G	4	.030	1.050	2	39	16	28	13	2	17	83	77	25	56	20	24
463	CS/145	G	4	.060	2.420	3	29	30	25	12	1	15	85	35	19	45	30	22
476	CS/145	G	4	.068	0.660	3	29	20	38	10	0	23	77	39	0	35	30	35
478	CS/145	G	4	.019	0.140	1	39	23	22	15	0	17	83	83	3	47	27	26
480	CS/145	G	4	.097	3.080	2	49	25	16	8	0	9	91	61	48	39	28	33
486	CS/145	B	2	.020	0.330	0	44	12	31	11	2	18	82	94	11	35	40	25
488	CS/145	B	2	.030	0.220	2	38	28	18	11	3	16	84	47	24	54	20	26
494	CS/145	B	1	.018	0.330	3	38	16	34	9	0	13	87	100	2	44	29	27
495	CS/145	B	2	.044	0.220	1	34	28	30	6	1	14	86	46	27	43	31	26
496	CS/145	B	2	.063	1.510	1	46	28	17	8	0	26	74	41	13	42	25	33
498	CS/145	B	2	.030	0.440	1	48	20	20	11	0	13	87	62	29	32	35	33
500	CS/145	B	1	.055	3.300	2	37	18	33	8	2	14	86	54	24	46	35	19
502	CS/024	L	2	.033	0.550	2	24	24	33	17	0	16	84	70	17	42	35	23
503	CS/024	L	2	.022	0.220	10	41	14	24	11	0	18	82	66	9	43	30	27
506	CS/024	L	3	.018	0.140	7	34	20	20	16	3	15	85	100	2	62	23	15
514	CS/024	L	2	.030	1.210	4	33	20	31	12	0	11	89	63	10	48	33	19
516	CS/024	L	3	.014	0.250	3	55	12	16	13	1	17	83	100	0	50	25	25
520	CS/024	L	2	.028	0.660	4	47	10	13	24	2	15	85	53	50	42	26	32
525	CS/024	G	4	.029	0.440	5	34	24	15	16	6	20	80	61	24	54	31	15
529	CS/024	G	3	.030	0.330	3	42	15	23	16	1	22	78	78	12	42	29	29
533	CS/024	G	4	.020	0.330	2	42	20	20	14	2	13	87	59	18	47	34	19
534	CS/024	G	4	.040	0.330	2	26	21	25	22	4	18	82	31	13	50	22	28
535	CS/024	G	3	.070	1.980	2	46	23	16	12	1	19	81	34	9	41	38	21
537	CS/024	G	3	.026	0.660	5	38	17	20	18	2	12	88	65	27	58	24	18
539	CS/024	G	3	.030	0.770	4	51	18	14	10	3	11	89	56	30	41	27	32
541	CS/024	G	3	.029	1.430	4	42	17	22	15	0	12	88	73	10	50	26	24
542	CS/024	G	4	.030	0.550	3	38	27	21	7	4	10	90	45	12	64	21	15
549	CS/024	G	3	.023	0.390	4	29	26	24	16	1	16	84	77	28	47	31	22
552	CS/024	G	5	.036	0.440	2	42	20	25	10	1	11	89	43	17	50	30	20
554	CS/024	G	5	.037	1.310	1	39	29	23	6	2	14	86	85	2	36	44	20
558	CS/024	G	4	.043	0.770	7	51	14	20	7	1	8	92	43	8	29	37	34
561	CS/024	B	X	.077	0.720	3	29	22	26	20	0	16	84	40	2	37	35	28
564	CS/024	B	2	.030	0.440	2	43	21	25	7	2	11	89	76	1	45	17	38
575	CS/024	B	2	.081	0.770	3	39	27	24	7	0	13	87	45	13	28	33	39
577	CS/024	B	2	.035	0.440	2	43	22	26	7	0	11	89	47	5	33	38	29
579	CS/024	B	2	.050	1.210	3	35	13	38	10	1	19	81	57	22	41	27	32
583	CS/024	T	1	.030	0.330	9	70	8	10	3	0	9	91	67	2	39	29	32
588	CS/145	L	3	.033	0.550	3	42	16	21	12	6	15	85	70	0	64	12	24
592	CS/145	L	2	.027	0.440	2	39	17	26	16	0	18	82	59	2	52	22	26
598	CS/145	L	3	.053	0.880	2	42	22	21	9	4	18	82	44	0	42	31	27
604	CS/145	T	2	.031	0.440	1	35	16	26	17	5	18	82	91	34	50	25	25
605	CS/145	T	1	.016	0.110	4	15	43	23	15	0	31	69	46	9	37	35	28
606	CS/145	T	2	.045	0.880	3	26	19	25	25	2	25	75	57	47	50	40	10
607	CS/145	T	X	.042	0.550	10	28	20	26	16	0	17	83	68	12	60	26	14
608	CS/162	P	X	.051	0.550	2	38	21	18	16	5	16	84	39	12	29	23	48
609	CS/162	P	1	.032	0.420	6	40	25	23	5	1	10	90	42	24	39	25	36
610	CS/162	P	2	.037	0.660	0	48	27	16	9	0	14	86	62	10	26	19	55
611	CS/162	P	2	.049	0.220	1	26	22	31	18	2	25	75	69	58	34	48	18
612	CS/162	B	1	.044	0.660	3	49	24	16	8	0	17	83	49	18	35	25	40
613	CS/162	B	2	.036	0.880	0	45	23	13	15	4	21	79	60	41	52	19	29
614	CS/162	B	2	.063	0.550	3	36	11	14	32	4	32	68	44	32	51	20	29
615	CS/162	B	1	.025	0.220	2	50	21	17	9	1	9	91	75	14	41	26	33

MINERALS — MINERALES

SHERD TIESTO	LOT LOTE	TYPE TIPO	CLUSTER GRUPO	ORTHO	SANID	OPAQ	BIOT	PHLOG	HRNBL	ALTPR	GRNET	QRTZ	APAT	AUGIT	SLMAN	ORPRO	DIOPS	ANDSN	BYTOW	LABRA	OLIVN	CHLOR	KYAN	ANOR	FLUOR	EPID	MUSCV	OLIG	MICRO
616	CS/162	B	2	18	30	20	0	0	3	8	10	11	0	0	0	0	0	0	0	0	0	0	0	0	0	0	0	0	0
617	CS/162	B	1	45	21	15	0	0	5	9	3	0	0	0	0	2	0	0	0	0	0	0	0	0	0	0	0	0	0
618	CS/162	B	2	23	47	4	0	0	4	19	2	0	0	0	0	0	0	0	0	0	0	0	0	0	0	0	1	0	0
619	CS/162	B	1	48	9	23	0	0	0	7	10	0	0	0	0	0	0	0	0	0	0	0	0	0	0	0	3	0	0
620	GJ/085	L	X	19	20	10	2	0	25	8	16	0	0	0	0	0	0	0	0	0	0	0	0	0	0	0	0	0	0
621	GJ/085	L	X	20	28	22	8	0	1	5	8	0	0	0	0	2	0	0	0	0	0	6	0	0	0	0	0	0	0
623	GJ/085	L	X	10	37	9	26	0	0	10	4	0	0	2	0	0	0	0	0	0	0	0	0	0	0	0	0	0	2
624	GJ/085	L	2	6	55	13	0	1	10	4	11	0	0	0	0	0	0	0	0	0	0	0	0	0	0	0	0	0	0
625	GJ/085	L	X	13	40	10	2	0	5	5	14	1	0	10	0	0	0	0	0	0	0	0	0	0	0	0	0	0	0
626	GJ/154	L	3	33	24	26	2	0	0	0	13	2	0	0	0	0	0	0	0	0	0	0	0	0	0	0	0	0	0
627	GJ/154	P	2	49	13	15	0	0	1	22	0	0	0	0	0	0	0	0	0	0	0	0	0	0	0	0	0	0	0
628	GJ/154	P	3	28	23	10	0	0	16	11	1	10	0	0	0	0	0	0	0	0	0	1	0	0	0	0	0	0	0
629	CS/162	L	3	44	30	3	0	0	9	12	2	0	0	0	0	0	0	0	0	0	0	0	0	0	0	0	0	0	0
630	CS/162	L	2	24	50	10	0	0	0	8	5	3	0	0	0	0	0	0	0	0	0	0	0	0	0	0	0	0	0
632	CS/162	L	1	6	52	8	1	0	9	17	4	0	0	0	0	0	0	0	0	0	0	3	0	0	0	0	0	0	0
633	CS/162	L	1	31	31	3	0	0	12	8	3	5	0	0	0	0	0	0	0	0	0	7	0	0	0	0	0	0	0
634	CS/162	L	1	8	57	5	0	0	10	1	6	4	0	0	0	0	0	0	0	0	0	10	0	0	0	0	0	0	0
636	CS/162	L	2	9	43	8	1	0	11	16	9	3	0	0	0	0	0	0	0	0	0	0	0	0	0	0	0	0	0
637	CS/162	L	2	17	48	7	0	0	11	7	6	4	0	0	0	0	0	0	0	0	0	0	0	0	0	0	0	0	0
638	CS/162	L	3	46	16	10	0	0	3	5	10	10	0	0	0	0	0	0	0	0	0	0	0	0	0	0	0	0	0
640	84/072	B	2	10	33	15	2	0	1	20	13	6	0	0	0	0	0	0	0	0	0	0	0	0	0	0	0	0	0
641	84/072	B	4	15	28	17	0	0	3	17	10	6	0	0	0	0	0	0	0	0	0	3	0	0	0	0	1	0	0
642	84/072	B	2	27	39	18	0	0	0	7	8	0	0	0	0	0	0	0	0	0	0	0	0	0	0	0	1	0	0
645	84/072	B	2	18	55	11	0	0	2	4	5	5	0	0	0	0	0	0	0	0	0	0	0	0	0	0	0	0	0
647	84/072	B	2	13	36	13	1	0	4	14	13	0	0	0	0	0	0	0	0	0	0	0	0	0	0	0	0	0	0
651	84/072	B	2	30	30	4	0	0	4	19	2	9	0	0	0	0	0	0	0	0	0	0	0	0	0	0	2	0	0
656	84/072	B	4	10	49	9	0	0	5	16	4	3	0	0	0	0	0	0	0	0	0	4	0	0	0	0	0	0	0
657	84/072	B	2	36	36	6	0	0	0	20	1	0	0	0	0	0	0	0	0	0	0	1	0	0	0	0	0	0	0
661	84/155	G	5	23	41	20	2	0	0	6	5	3	0	0	0	0	0	0	0	0	0	0	0	0	0	0	0	0	0
663	84/155	G	4	9	28	7	1	0	2	25	5	23	0	0	0	0	0	0	0	0	0	0	0	0	0	0	0	0	0
669	84/155	G	3	15	23	21	8	0	0	3	26	4	0	0	0	0	0	0	0	0	0	0	0	0	0	0	0	0	0
670	84/155	G	3	7	31	23	0	0	1	17	21	0	0	0	0	0	0	0	0	0	0	0	0	0	0	0	0	0	0
671	84/155	G	4	9	53	10	4	0	1	10	8	5	0	0	0	0	0	0	0	0	0	0	0	0	0	0	0	0	0
673	84/155	G	4	10	59	8	4	0	2	4	8	3	0	0	0	0	0	0	0	0	0	0	0	0	0	0	2	0	0
675	84/155	G	4	9	41	15	9	0	1	20	5	0	0	0	0	0	0	0	0	0	0	0	0	0	0	0	0	0	0
676	84/155	G	2	17	42	10	2	0	10	0	6	2	0	0	0	0	0	0	0	0	0	11	0	0	0	0	0	0	0
680	84/111	L	1	26	50	5	2	0	5	4	0	3	0	0	0	0	0	0	0	0	0	5	0	0	0	0	0	0	0
681	84/081	L	1	7	52	8	0	0	6	4	2	3	0	0	0	0	0	0	0	0	0	13	0	0	0	0	5	0	0
685	84/072	L	2	13	73	1	0	0	0	5	4	4	0	0	0	0	0	0	0	0	0	0	0	0	0	0	0	0	0
686	84/097	L	2	9	56	15	0	0	0	3	14	2	0	0	0	0	0	0	0	0	0	0	0	0	0	0	1	0	0
687	84/045	L	2	5	40	13	7	0	0	10	22	3	0	0	0	0	0	0	0	0	0	0	0	0	0	0	0	0	0
689	84/046	L	3	27	22	10	0	0	3	25	3	10	0	0	0	0	0	0	0	0	0	0	0	0	0	0	0	0	0
690	84/181	L	3	33	18	7	0	0	3	7	2	30	0	0	0	0	0	0	0	0	0	0	0	0	0	0	0	0	0
691	84/083	L	3	26	29	10	0	0	3	20	4	0	0	0	0	0	0	0	0	0	0	0	0	0	0	0	8	0	0
693	84/072	P	3	29	31	2	0	0	7	26	4	0	0	0	0	0	0	0	0	0	0	0	0	0	0	0	1	0	0
694	84/072	P	1	2	31	16	0	0	0	5	45	0	0	0	0	0	0	0	0	0	0	0	0	0	0	0	0	0	0
695	84/090	P	2	48	21	10	0	0	0	19	2	0	0	0	0	0	0	0	0	0	0	0	0	0	0	0	0	0	0
697	84/038	P	2	37	17	9	0	0	0	37	0	0	0	0	0	0	0	0	0	0	0	0	0	0	0	0	0	0	0
699	84/097	P	2	29	26	10	0	0	4	25	3	1	0	0	0	0	0	0	0	0	0	0	0	0	0	0	2	0	0
700	84/072	P	3	4	67	3	1	0	5	15	0	0	0	0	0	0	0	0	0	0	0	0	0	0	0	0	5	0	0
710	84/046	P	2	41	21	11	0	0	5	20	2	0	0	0	0	0	0	0	0	0	0	0	0	0	0	0	0	0	0
712	84/046	P	2	33	29	6	0	0	3	29	0	0	0	0	0	0	0	0	0	0	0	0	0	0	0	0	0	0	0
713	84/113	T	X	16	30	13	1	0	3	29	2	5	0	0	0	0	0	0	1	0	0	0	0	0	0	0	0	0	0
714	84/046	T	X	38	40	4	0	0	0	7	2	3	0	0	0	0	0	6	0	0	0	0	0	0	0	0	0	0	0
715	84/027	T	1	45	16	6	0	0	1	28	4	0	0	0	0	0	0	0	0	0	0	0	0	0	0	0	0	0	0
716	84/046	T	1	31	31	2	1	0	1	30	2	2	0	0	0	0	0	0	0	0	0	0	0	0	0	0	0	0	0
718	84/113	T	1	35	21	1	1	0	5	34	0	3	0	0	0	0	0	0	0	0	0	0	0	0	0	0	0	0	0
719	84/042	T	2	25	40	10	2	0	8	5	5	4	0	0	0	0	0	0	0	0	0	0	0	0	0	0	0	0	1
721	84/038	T	2	36	44	7	1	0	0	3	7	2	0	0	0	0	0	0	0	0	0	0	0	0	0	0	0	0	0
723	84/042	T	2	18	52	14	0	0	0	4	11	1	0	0	0	0	0	0	0	0	0	0	0	0	0	0	0	0	0

SHERD TIESTO	LOT LOTE	TYPE TIPO	CLUSTER GRUPO	SIZE TAMAÑO X̄	MAX	ANGULARITY ANGULARIDAD △	I	I	I	I	O	SPHER. ESFER. +	−	TEMPER DESGRAS.	AIR AIRE	ORIENTATION ORIENTACION +	0	−
616	CS/162	B	2	.035	0.550	4	45	29	13	8	1	11	89	61	38	53	33	14
617	CS/162	B	1	.032	0.420	4	34	21	19	18	4	23	77	58	34	64	15	21
618	CS/162	B	2	.040	0.530	2	52	20	20	5	1	16	84	61	59	27	28	45
619	CS/162	B	1	.034	1.710	3	32	31	15	12	7	28	72	19	41	48	24	28
620	GJ/085	L	X	.035	0.330	4	37	21	20	16	2	13	87	80	11	52	33	15
621	GJ/085	L	X	.021	0.220	2	28	17	34	13	6	19	81	90	9	53	28	19
623	GJ/085	L	X	.051	1.760	3	35	18	30	13	1	12	88	52	14	49	22	29
624	GJ/085	L	2	.018	0.170	2	35	23	25	11	4	10	90	86	7	37	31	32
625	GJ/085	L	X	.019	0.170	2	40	24	20	13	1	14	86	71	22	48	39	13
626	GJ/154	L	3	.031	0.330	5	42	20	31	2	0	11	89	62	37	42	28	30
627	GJ/154	P	2	.041	0.550	0	39	27	21	10	3	17	83	76	30	55	32	13
628	GJ/154	P	3	.034	0.440	4	43	18	29	5	1	13	87	70	72	47	32	21
629	CS/162	L	3	.048	0.990	7	33	27	20	10	3	16	84	63	22	41	35	24
630	CS/162	L	2	.022	0.220	5	44	20	15	13	3	13	87	76	66	30	50	20
632	CS/162	L	1	.090	4.730	0	27	20	40	13	0	13	87	58	62	46	33	21
633	CS/162	L	1	.020	0.330	2	43	19	29	7	0	8	92	77	3	38	42	20
634	CS/162	L	1	.026	0.330	2	39	29	17	13	0	14	86	78	71	35	41	24
636	CS/162	L	2	.027	0.200	3	52	20	24	1	0	14	86	66	16	39	47	14
637	CS/162	L	2	.047	1.100	4	64	13	15	3	1	13	87	52	12	37	26	37
638	CS/162	L	3	.042	1.100	4	56	17	18	5	0	13	87	60	11	33	35	32
640	84/072	B	2	.043	0.660	8	27	32	27	6	0	12	88	45	2	51	34	15
641	84/072	B	4	.054	1.760	5	42	23	24	4	2	10	90	50	24	52	28	20
642	84/072	B	2	.025	0.150	0	29	12	34	19	6	30	70	53	8	38	24	38
645	84/072	B	2	.059	1.210	0	51	19	20	7	3	14	86	50	5	36	37	27
647	84/072	B	2	.041	0.660	3	43	19	18	5	2	9	91	32	21	48	24	28
651	84/072	B	2	.080	0.880	4	40	32	13	11	0	12	88	50	39	24	49	27
656	84/072	B	4	.045	1.100	2	59	28	7	4	0	8	92	44	9	36	39	25
657	84/072	B	2	.069	0.660	4	47	16	18	11	4	17	83	42	52	38	23	39
661	84/155	G	5	.030	0.440	4	49	18	19	6	4	12	88	46	59	52	31	17
663	84/155	G	4	.044	0.220	4	35	26	23	12	0	25	75	76	73	47	34	19
669	84/155	G	3	.041	0.440	2	33	33	21	10	1	11	89	36	40	51	34	17
670	84/155	G	3	.050	1.210	0	44	24	24	5	3	11	89	33	13	33	44	23
671	84/155	G	4	.037	0.770	13	50	17	10	7	3	13	87	37	47	34	42	24
673	84/155	G	4	.015	0.140	13	39	19	20	5	4	11	89	100	23	58	22	20
675	84/155	G	4	.048	0.440	4	41	16	27	10	2	15	85	55	34	46	33	21
676	84/155	G	2	.019	0.110	2	61	19	9	7	2	11	89	100	18	32	24	44
680	84/111	L	1	.018	0.090	3	43	22	26	6	0	11	89	100	130	56	32	12
681	84/081	L	1	.050	0.770	4	42	16	21	14	3	11	89	54	67	24	43	33
685	84/072	L	2	.014	0.200	3	65	16	14	2	0	5	95	100	3	40	23	37
686	84/097	L	2	.018	0.220	4	43	15	21	17	0	18	82	100	9	46	27	27
687	84/045	L	2	.021	0.220	12	55	13	14	4	2	11	89	62	23	43	37	20
689	84/046	L	3	.033	0.220	7	51	17	17	7	1	17	83	70	31	24	37	39
690	84/181	L	3	.028	0.260	4	44	17	25	9	1	19	81	89	54	47	33	20
691	84/083	L	3	.061	2.200	4	55	16	17	5	3	14	86	82	40	45	32	23
693	84/072	P	3	.030	0.770	1	46	21	23	9	0	14	86	100	98	29	46	25
694	84/072	P	1	.032	0.330	3	48	17	18	12	2	14	86	47	9	40	31	29
695	84/090	P	2	.054	1.650	2	58	14	21	5	0	12	88	60	21	35	48	17
697	84/038	P	2	.022	0.220	2	40	22	29	7	0	8	92	100	57	33	35	32
699	84/097	P	2	.030	0.660	2	47	12	29	9	1	14	86	99	47	30	36	34
700	84/072	P	3	.023	0.250	3	29	22	30	13	3	17	83	89	37	30	37	33
710	84/046	P	2	.020	0.220	0	52	20	18	9	1	11	89	100	25	52	26	22
712	84/046	P	2	.036	0.440	3	37	21	26	13	0	22	78	53	42	28	39	33
713	84/113	T	X	.059	0.660	5	49	18	21	7	0	12	88	38	48	30	35	35
714	84/046	T	X	.066	1.100	3	58	19	13	6	1	8	92	61	30	33	22	45
715	84/027	T	1	.077	3.960	3	40	33	20	3	1	12	88	88	48	47	28	25
716	84/046	T	1	.054	1.760	0	50	32	12	5	1	11	89	52	37	40	42	18
718	84/113	T	1	.057	1.430	4	55	11	22	7	1	20	80	63	11	44	38	18
719	84/042	T	2	.047	1.100	3	47	32	12	3	3	9	91	62	9	37	40	23
721	84/038	T	2	.056	1.430	1	34	25	21	19	0	16	84	63	52	45	76	31
723	84/042	T	2	.031	0.330	3	47	17	18	13	2	13	87	45	54	53	31	16

CLUSTER GRUPO		RECENT - RECIENTE 1	2	3	4	REGIONAL CLASSIC - CLASICO REGIONAL 1	2	3	4	5
M	ORTHO	41.45±14.78	26.31±10.46	18.33± 8.08	12.33± 2.51	25.66±15.04	25.60±11.61	15.41± 5.69	13.41± 7.41	34.62±10.61
I	SANID	23.81±11.80	41.70±11.04	33.66±10.69	42.66±12.74	35.66±15.63	26.20±17.59	28.83± 6.97	45.45±11.14	29.69±13.37
N	OPAQ	10.09± 5.77	10.17± 5.45	10.00± 5.00	12.66± 4.04	12.00± 5.56	11.40± 4.39	20.16± 5.57	14.32± 9.70	11.37± 5.40
E	BIOT	1.36± 2.42	0.91± 0.99	5.66± 4.72	1.33± 2.30	2.00± 3.46	1.40± 0.89	1.66± 2.27	2.54± 2.17	0.75± 1.48
R	PHLOG	0.00± 0.00	0.00± 0.00	0.00± 0.00	0.00± 0.00	0.00± 0.00	0.00± 0.00	0.00± 0.00	0.00± 0.00	0.00± 0.00
A	HRNBL	8.81± 6.83	1.63± 2.21	1.66± 2.08	3.00± 2.00	1.33± 1.15	9.60± 3.78	0.41± 0.66	3.51± 5.13	4.44± 5.08
L	GRNET	4.36± 3.61	5.38± 4.76	23.66± 7.09	4.66± 5.03	11.00± 2.64	5.00± 1.41	22.66± 4.29	7.16± 4.09	4.13± 4.26
S	QZT	2.09± 4.86	2.97± 4.80	0.33± 0.57	4.00± 1.73	1.66± 0.57	6.20± 7.25	1.66± 2.01	3.58± 5.82	1.96± 2.87
	APAT	0.09± 0.30	0.00± 0.00	0.00± 0.00	0.00± 0.00	0.00± 0.00	0.00± 0.00	0.00± 0.00	0.00± 0.00	0.00± 0.00
M	AUGIT	0.00± 0.00	0.08± 0.45	0.00± 0.00	0.00± 0.00	0.00± 0.00	0.40± 0.89	0.08± 0.28	0.03± 0.18	0.03± 0.18
I	SLMAN	0.00± 0.00	0.00± 0.00	0.00± 0.00	0.00± 0.00	0.00± 0.00	0.00± 0.00	0.00± 0.00	0.00± 0.00	0.00± 0.00
N	ORPRO	0.18± 0.60	0.02± 0.14	0.00± 0.00	0.00± 0.00	0.00± 0.00	0.00± 0.00	0.08± 0.28	0.00± 0.00	0.03± 0.18
E	DIOPS	0.00± 0.00	0.00± 0.00	0.00± 0.00	0.00± 0.00	0.00± 0.00	0.00± 0.00	0.00± 0.00	0.00± 0.00	0.00± 0.00
R	ANDSN	0.00± 0.00	0.00± 0.00	0.00± 0.00	0.00± 0.00	0.33± 0.57	0.00± 0.00	0.00± 0.00	0.00± 0.00	0.00± 0.00
A	BYTOW	0.00± 0.00	0.00± 0.00	0.00± 0.00	0.00± 0.00	0.00± 0.00	0.20± 0.44	0.00± 0.00	0.00± 0.00	0.00± 0.00
L	LABRA	0.00± 0.00	0.00± 0.00	0.00± 0.00	0.00± 0.00	0.00± 0.00	0.20± 0.44	0.00± 0.00	0.03± 0.18	0.00± 0.00
E	OLIVN	0.00± 0.00	0.00± 0.00	0.00± 0.00	0.00± 0.00	0.66± 1.15	0.00± 0.00	0.00± 0.00	0.00± 0.00	0.03± 0.18
S	CHLOR	0.00± 0.00	0.04± 0.20	0.00± 0.00	4.66± 2.08	0.00± 0.00	7.00± 2.64	0.25± 0.86	0.00± 0.00	0.03± 0.18
	KYAN	0.00± 0.00	0.00± 0.00	0.00± 0.00	0.00± 0.00	0.00± 0.00	0.00± 0.00	0.00± 0.00	0.00± 0.00	0.00± 0.00
	ANOR	0.00± 0.00	0.00± 0.00	0.00± 0.00	0.00± 0.00	0.00± 0.00	0.00± 0.00	0.00± 0.00	0.00± 0.00	0.00± 0.00
	FLUOR	0.00± 0.00	0.00± 0.00	0.00± 0.00	0.00± 0.00	0.00± 0.00	0.00± 0.00	0.00± 0.00	0.00± 0.00	0.00± 0.00
	EPID	0.09± 0.30	0.00± 0.00	0.00± 0.00	0.00± 0.00	0.00± 0.00	0.00± 0.00	0.00± 0.00	0.00± 0.00	0.03± 0.18
	MUSCV	0.36± 0.92	0.46± 0.95	1.66± 2.88	0.33± 0.57	0.33± 0.57	0.00± 0.00	0.08± 0.28	0.74± 1.63	0.69± 1.77
	OLIG	0.00± 0.00	0.00± 0.00	0.00± 0.00	0.00± 0.00	0.00± 0.00	0.00± 0.00	0.00± 0.00	0.00± 0.00	0.00± 0.00
	MICRO	0.00± 0.00	0.00± 0.00	0.00± 0.00	0.00± 0.00	3.00± 1.00	0.00± 0.00	0.00± 0.00	0.00± 0.00	0.03± 0.18
SIZE	$\overline{x}$	0.03± 0.01	0.04± 0.02	0.05± 0.03	0.04± 0.00	0.06± 0.01	0.02± 0.01	0.03± 0.01	0.04± 0.01	0.05± 0.02
TAMAÑO	MAX	0.85± 1.00	0.81± 0.64	1.13± 0.93	1.24± 0.45	1.21± 0.77	0.44± 0.27	0.86± 0.48	0.87± 0.79	1.46± 2.02
	<>	2.90± 2.42	2.38± 1.82	3.00± 1.00	2.66± 2.08	1.66± 1.52	3.20± 2.38	2.66± 1.43	3.87± 3.17	2.69± 2.26
	-	36.36±12.20	39.34±11.15	24.66± 5.03	42.33±16.50	34.00± 3.00	43.80±16.17	39.33± 9.30	38.96± 8.70	39.00±12.32
ANGUL.	-	23.90± 7.67	21.12± 5.73	17.66± 8.08	27.00± 3.60	17.00± 4.35	23.40± 6.87	21.33± 5.46	20.54± 4.78	22.75± 4.78
	-	22.63± 8.35	22.72± 7.60	27.33± 4.93	19.33±10.78	19.33± 1.15	16.40± 9.26	21.33± 5.71	21.64± 5.67	20.27± 4.60
	-	12.18± 4.89	12.04± 6.96	24.33± 4.04	7.00± 5.19	23.33± 2.88	11.20± 7.85	13.00± 5.75	12.00± 5.36	13.20± 8.75
	0	2.00± 2.53	2.17± 2.04	3.00± 3.60	1.66± 1.52	4.66± 2.08	2.00± 1.22	2.33± 2.38	2.32± 2.45	2.41± 2.42
SPHER.	+	16.36± 6.13	17.83± 6.83	27.66±10.50	13.00± 7.00	26.33± 5.85	15.60± 5.59	16.33± 7.35	15.16± 6.39	17.72± 8.22
ESFER.	-	83.63± 6.13	82.17± 6.83	72.33±10.50	87.00± 7.00	73.66± 5.85	84.40± 5.59	83.66± 7.35	84.83± 6.39	82.27± 8.22
TEMP.-DESGR.		66.27±24.43	53.23±18.42	49.66±11.50	56.00±15.87	43.00±11.26	73.40±17.35	57.58±17.48	62.96±19.83	65.72±17.89
AIR - AIRE		21.18±11.36	18.46±13.20	21.66± 5.03	14.33± 8.38	15.33± 3.78	24.00±18.28	20.08±11.13	27.41±19.23	29.41±21.87
	+	47.90± 9.72	40.70± 9.33	39.00± 9.84	54.33±19.60	52.33± 4.50	36.00± 8.36	46.41±12.58	41.19±11.90	42.17±10.80
ORIENT.	0	27.63± 6.15	30.25± 7.98	31.66± 4.61	27.33±12.01	26.33± 1.52	33.80± 7.19	31.08± 9.83	32.06± 6.95	32.13± 8.48
	-	24.45± 9.86	28.83± 8.19	29.33± 5.50	18.33± 7.63	21.33± 3.78	30.20±13.02	22.66± 5.48	26.64± 8.68	25.69± 8.02

CLUSTER GRUPO	FORMATIVE 3 – FORMATIVO 3			FORMATIVE 2 – FORMATIVO 2			FORMATIVE 1 – FORMATIVO 1	
	1	2	3	1	2	3	1	2
ORTHO	15.60±11.92	13.29± 7.73	34.63± 6.20	7.00± 8.66	41.23± 7.98	21.00± 8.18	39.00±13.34	22.20± 8.67
SANID	48.40±10.06	53.94± 9.41	30.45± 9.44	44.00±19.97	23.64±10.51	46.25±14.45	22.20± 8.10	49.20± 8.04
OPAQ	5.80± 2.16	10.35± 4.31	10.36± 6.40	11.00± 4.58	8.58± 4.51	7.08± 5.66	6.80± 8.16	8.40± 4.39
BIOT	0.60± 0.89	1.05± 1.98	0.36± 0.80	1.33± 2.30	1.00± 2.09	0.75± 1.21	0.60± 0.54	1.80± 1.48
PHLOG	0.00± 0.00	0.05± 0.24	0.00± 0.00	0.00± 0.00	0.00± 0.00	0.00± 0.00	0.00± 0.00	0.00± 0.00
HRNBL	8.40± 2.88	3.35± 4.62	3.54± 3.07	3.33± 5.77	2.41± 2.03	5.83± 6.23	2.60± 1.67	2.00± 3.46
GRNET	2.60± 1.67	7.23± 7.07	4.90± 4.23	29.33±13.79	2.41± 2.34	3.08± 3.80	1.20± 1.78	5.20± 4.14
QZT	2.20± 2.16	1.88± 1.69	5.18± 9.08	0.66± 1.15	0.41± 0.71	1.00± 2.89	4.60± 4.21	1.40± 1.67
APAT	0.00± 0.00	0.00± 0.00	0.00± 0.00	0.00± 0.00	0.00± 0.00	0.00± 0.00	0.00± 0.00	0.00± 0.00
AUGIT	0.00± 0.00	0.00± 0.00	0.00± 0.00	0.00± 0.00	0.00± 0.00	0.41± 1.16	0.00± 0.00	0.00± 0.00
SLMAN	0.00± 0.00	0.00± 0.00	0.00± 0.00	0.00± 0.00	0.00± 0.00	0.00± 0.00	0.00± 0.00	0.00± 0.00
ORPRO	0.00± 0.00	0.00± 0.00	0.00± 0.00	0.00± 0.00	0.00± 0.00	0.00± 0.00	0.00± 0.00	0.40± 0.89
DIOPS	0.00± 0.00	0.00± 0.00	0.00± 0.00	0.00± 0.00	0.00± 0.00	0.00± 0.00	0.00± 0.00	0.00± 0.00
ANDSN	0.00± 0.00	0.00± 0.00	0.00± 0.00	0.00± 0.00	0.00± 0.00	0.00± 0.00	0.00± 0.00	0.00± 0.00
BYTOW	0.00± 0.00	0.00± 0.00	0.00± 0.00	0.00± 0.00	0.00± 0.00	0.08± 0.28	0.00± 0.00	0.00± 0.00
LABRA	0.00± 0.00	0.00± 0.00	0.00± 0.00	0.00± 0.00	0.00± 0.00	0.00± 0.00	0.00± 0.00	0.00± 0.00
OLIVN	0.00± 0.00	0.00± 0.00	0.00± 0.00	0.00± 0.00	0.00± 0.00	0.00± 0.00	0.00± 0.00	0.00± 0.00
CHLOR	7.60± 3.97	0.00± 0.00	0.00± 0.00	0.00± 0.00	0.35± 1.45	0.08± 0.28	0.00± 0.00	0.20± 0.44
KYAN	0.00± 0.00	0.00± 0.00	0.00± 0.00	0.00± 0.00	0.00± 0.00	0.00± 0.00	0.00± 0.00	0.00± 0.00
ANOR	0.00± 0.00	0.00± 0.00	0.00± 0.00	0.00± 0.00	0.00± 0.00	0.00± 0.00	0.00± 0.00	0.00± 0.00
FLUOR	0.00± 0.00	0.00± 0.00	0.00± 0.00	0.00± 0.00	0.00± 0.00	0.00± 0.00	0.00± 0.00	0.00± 0.00
EPID	0.00± 0.00	0.00± 0.00	0.00± 0.00	0.00± 0.00	0.35± 0.78	0.00± 0.00	0.00± 0.00	0.00± 0.00
MUSCV	1.00± 2.23	2.11± 4.58	1.00± 2.49	0.00± 0.00	0.00± 0.00	2.75± 2.63	0.00± 0.00	3.60± 8.05
OLIG	0.00± 0.00	0.00± 0.00	0.00± 0.00	0.00± 0.00	0.00± 0.00	0.00± 0.00	0.00± 0.00	0.00± 0.00
MICRO	0.00± 0.00	0.00± 0.00	0.00± 0.00	0.00± 0.00	0.00± 0.00	0.00± 0.00	0.00± 0.00	0.40± 0.54
SIZE/TAMAÑO X̄	0.04± 0.03	0.02± 0.01	0.03± 0.01	0.03± 0.00	0.03± 0.01	0.03± 0.01	0.04± 0.02	0.04± 0.01
MAX <>	1.25± 1.96	0.64± 1.02	0.65± 0.61	0.39± 0.05	0.58± 0.35	0.72± 0.77	1.51± 1.53	0.83± 0.45
ANGUL. <>	2.20± 1.48	3.76± 2.94	4.54± 1.75	4.33± 1.52	1.47± 1.32	2.41± 1.62	4.00± 3.24	2.20± 1.09
ANGUL. –	38.80± 6.79	38.58±15.33	43.81± 9.61	44.00± 4.00	40.05± 9.07	34.66± 7.17	46.00±20.43	37.80± 9.09
ANGUL. –	21.20± 4.86	17.64± 3.85	18.90± 4.23	20.66± 4.04	21.05± 5.09	18.50± 5.63	25.40±15.17	21.80± 6.68
ANGUL. –	26.60± 8.79	21.11± 5.94	21.18± 4.68	20.66± 2.88	23.00± 4.74	26.41± 6.05	17.40± 5.98	20.40± 5.68
ANGUL. 0	10.60± 3.78	16.41±11.02	9.45± 4.54	9.66± 4.04	13.05± 5.58	15.83± 8.80	6.60± 4.98	15.40± 8.17
ANGUL.	0.60± 1.34	2.47± 3.84	2.09± 1.86	1.66± 0.57	1.35± 1.69	2.16± 2.29	0.60± 0.54	2.40± 1.81
SPHER. +	11.40± 2.30	18.82± 9.72	15.27± 2.41	13.33± 3.05	16.29± 4.60	17.41± 4.62	16.60± 9.07	16.20± 5.97
ESFER. –	88.60± 2.30	81.17± 9.72	84.72± 2.41	86.66± 3.05	83.70± 4.60	82.58± 4.62	83.40± 9.07	83.80± 5.97
TEMP.-DESGR.	66.40±45.01	67.94±24.34	73.09±17.67	43.33± 3.21	75.58±17.33	71.00±19.13	63.20±16.20	63.60±16.90
AIR – AIRE	73.40±18.40	18.00±18.15	18.45±19.35	11.66±11.24	25.52±17.10	28.83±29.62	21.40±19.93	39.20±18.59
ORIENT. +	39.80±12.00	43.35± 7.50	45.00±11.39	47.33±13.57	41.47±10.38	45.66±13.13	41.40± 4.03	47.00± 6.28
ORIENT. 0	38.20± 5.26	31.52± 7.89	28.54± 7.35	26.00± 4.58	30.64± 9.46	29.16± 7.40	34.40± 5.94	42.40±19.83
ORIENT. –	22.00± 7.58	25.11± 6.95	26.45± 6.56	26.66±10.69	27.88±10.41	25.16± 9.32	24.20± 6.18	21.00± 8.15

Bibliography—Bibliografía

ALLEN, JIM
1978   Fishing for Wallabies: Trade as a Mechanism for Social Interaction, Integration, and Elaboration on the Central Papuan Coast. In *The Evolution of Social Systems*, Jonathon Friedman and M.J. Rowlands, eds. Pittsburgh: University of Pittsburgh Press.

BALFET, HÉLÈNE
1965   Ethnographic Observations in North Africa and Archaeological Interpretation: the Pottery of Maghreb. In *Ceramics and Man*, Frederick R. Matson, ed. Chicago: Aldine.

BECK, CURT W.
1981   Archaeometric Clearinghouse. *Journal of Field Archaeology* 8:511.

BECK, CURT W., A.B. ADAMS, G.C. SOUTHARD, AND C. FELLOWS
1971   Determination of the Origin of Greek Amber Artifacts by Computer Classification of Infrared Spectra. In *Science and Archaeology*, Robert H. Brill, ed. Cambridge, MA: MIT Press.

BEYNON, DIANE E., JACK DONAHUE, R. THOMAS SCHAUB, AND ROBERT A. JOHNSON
1986   Tempering Types and Sources for Early Bronze Age Ceramics from Bab edh-Dhra' and Numeira, Jordan. *Journal of Field Archaeology* 13:297–305.

BIRMINGHAM, JUDY
1975   Traditional Potters of Kathmandu Valley: an Ethnoarchaeological Study. *Man* 10:370–386.

BLOSS, F. DONALD
1961   *An Introduction to the Methods of Optical Crystallography*. New York: Holt, Rinehart and Winston.

BOTERO, PEDRO JOSE, JONAS C. LEON P., AND JULIO CESAR MORENO
1989   Soils and Great Landscapes [Suelos y Grandes Paisajes]. In *Prehispanic Chiefdoms in the Valle de la Plata, Vol. 1: The Environmental Context of Human Habitation [Cacicazgos prehispánicos del Valle de la Plata, Tomo 1: El Contexto medioambiental de la ocupación humana]*, Luisa Fernanda Herrera, Robert D. Drennan, and Carlos A. Uribe, eds. University of Pittsburgh Memoirs in Latin American Archaeology, No. 2.

BRAUN, DAVID P.
1986   Midwestern Hopewellian Exchange and Supralocal Interaction. In *Peer Polity Interaction and Socio-political Change*, Colin Renfrew and John F. Cherry, eds. Cambridge: Cambridge University Press.

BROECKER, WALLACE S., AND EDWIN A. OLSON
1960   Radiocarbon from Nuclear Tests, II. *Science* 132:712–721.

BROECKER, WALLACE S., AND ALAN WALTON
1959   Radiocarbon from Nuclear Tests. *Science* 130:309–314.

BRUMFIEL, ELIZABETH M., AND TIMOTHY K. EARLE
1987   Specialization, Exchange, and Complex Societies: An Introduction. In *Specialization, Exchange, and Complex Societies*, Elizabeth M. Brumfiel and Timothy K. Earle, eds. Cambridge: Cambridge University Press.

CARNEIRO, ROBERT L.
1981   The Chiefdom: Precursor of the State. In *The Transition to Statehood in the New World*, Grant D. Jones and Robert R. Krautz, eds. Cambridge: Cambridge University Press.

1991   The Nature of the Chiefdom as Revealed by Evidence from the Cauca Valley of Colombia. In *Profiles in Cultural Evolution: Papers from a Conference in Honor of Elman R. Service*, A. Terry Rambo and Kathleen Gillogly, eds. Anthropological Papers, Museum of Anthropology, University of Michigan, No. 85.

CHAVES MENDOZA, ALVARO, AND MAURICIO PUERTA RESTREPO
1978   Excavaciones arqueológicas en Tierradentro y la hoya del Río de la Plata. *Boletín del Museo del Oro* Año 1, enero-abril, pp. 50–51. Bogotá: Banco de la República.

1980   *Entierros Primarios en Tierradentro*. Bogotá: Fundación de Investigaciones Arqueológicas Nacionales del Banco de la República.

1986   *Monumentos arqueológicos de Tierradentro*. Bogotá: Biblioteca Banco Popular.

COE, MICHAEL D.
1974   Photogrammetry and the Ecology of Olmec Civilization. In *Aerial Photography in Anthropological Field Work*, Evon Vogt, ed. Cambridge, MA: Harvard University Press.

CORREAL URREGO, GONZALO, AND THOMAS VAN DER HAMMEN
1988   Resumen de los resultados de una prospección arqueológica en la Cueva de los Guácharos, Departamento del Huila. *Revista de Antropología* 4(2):253–272. Bogotá: Universidad de los Andes.

CUBILLOS, JULIO CESAR
1980   *Arqueología de San Agustín: El Estrecho, El Parador, y Mesita C.* Bogotá: Fundación de Investigaciones Arqueológicas Nacionales del Banco de la República.

1986   *Arqueología de San Agustín: Alto de El Purutal.* Bogotá: Fundación de Investigaciones Arqueológicas Nacionales, Banco de la República.

DONAHUE, JACK, GARY A. COOKE, AND FRANK J. VENTO
1983   Temper Types in St. Catherine's Pottery. Paper presented at the Southeastern Archaeological Conference, Columbia, South Carolina.

DORAN, J.E., AND F.R. HODSON
1975   *Mathematics and Computers in Archaeology*. Cambridge, MA: Harvard University Press.

DRENNAN, ROBERT D.
1985   Archeological Survey and Excavation [Reconocimiento arqueológico y excavación]. In *Regional Archeology in the Valle de la Plata, Colombia: A Preliminary Report on the 1984 Season of the Proyecto Arqueológico Valle de la Plata [Arqueología regional en el Valle de la Plata, Colombia: Informe preliminar sobre la Temporada de 1984 del Proyecto Arqueológico Valle de la Plata]*, Robert D. Drennan, ed. Museum of Anthropology, University of Michigan, Technical Reports, No. 16.

1991a   Cultural Evolution, Human Ecology, and Empirical Research. In *Profiles in Cultural Evolution: Papers from a Conference in Honor of Elman R. Service*, A. Terry Rambo and Kathleen Gillogly, eds. Anthropological Papers, Museum of Anthropology, University of Michigan, No. 85.

1991b   Pre-Hispanic Chiefdom Trajectories in Mesoamerica, Central
        America, and Northern South America. In *Chiefdoms: Power,
        Economy, and Ideology*, Timothy Earle, ed. Cambridge: Cam-
        bridge University Press.
In press Mortuary Practices in the Alto Magdalena: The Social Context of
        the "San Agustín Culture." In *Tombs for the Living: Andean
        Mortuary Practices*, Thomas D. Dillehay, ed. Washington, D.C.:
        Dumbarton Oaks.

DRENNAN, ROBERT D., LUISA FERNANDA HERRERA, AND FERNANDO PIÑEROS S.
1989   Environment and Human Occupation [El Mediomabiente y la
        ocupación humana]. In *Prehispanic Chiefdoms in the Valle de la
        Plata, Vol. 1: The Environmental Context of Human Habitation
        [Cacicazgos prehispánicos del Valle de la Plata, Tomo 1: El
        Contexto medioambiental de la ocupación humana]*, Luisa Fer-
        nanda Herrera, Robert D. Drennan, and Carlos A. Uribe, eds.
        University of Pittsburgh Memoirs in Latin American Archaeology,
        No. 2.

DRENNAN, ROBERT D., LUIS GONZALO JARAMILLO, ELIZABETH RAMOS, CARLOS
        AUGUSTO SANCHEZ, MARIA ANGELA RAMIREZ, AND CARLOS A. URIBE
1989   Reconocimiento arqueológico en las alturas medias del Valle de la
        Plata. In *V Congreso Nacional de Antropología: Memorias del
        Simposio de Arqueología y Antropología Física*, Santiago Mora
        Camargo, Felipe Cárdenas Arroyo, and Miguel Angel Roldán, eds.
        Bogotá: Instituto Colombiano de Antropología and Universidad de
        los Andes.
1991   Regional Dynamics of Chiefdoms in the Valle de la Plata, Colom-
        bia. *Journal of Field Archaeology*, 18:297–317.

DRENNAN, ROBERT D., AND CARLOS A. URIBE
1987   Introduction. In *Chiefdoms in the Americas*, Robert D. Drennan
        and Carlos A. Uribe, eds. Lanham, MD: University Press of
        America.

DUQUE GOMEZ, LUIS
1964   *Exploraciones arqueológicas en San Agustín*. Revista Colombi-
        ana de Antropología, Suplemento No. 1. Bogotá: Imprenta Na-
        cional.

DUQUE GOMEZ, LUIS, AND JULIO CESAR CUBILLOS
1979   *Arqueología de San Agustín: Alto de los Idolos, Montículos y
        Tumbas*. Bogotá: Fundación de Investigaciones Arqueológicas
        Nacionales del Banco de la República.
1981   *Arqueología de San Agustín: La Estación*. Bogotá: Fundación de
        Investigaciones Arqueológicas Nacionales del Banco de la
        República.
1983   *Arqueología de San Agustín: Exploraciones y trabajos de recon-
        strucción en las Mesitas A y B*. Bogotá: Fundación de Investigacio-
        nes Arqueológicas Nacionales del Banco de la República.
1988   *Arqueología de San Agustín: Alto de Lavapatas*. Bogotá: Fun-
        dación de Investigaciones Arqueológicas Nacionales del Banco de
        la República.

EARLE, TIMOTHY K.
1977   A Reappraisal of Redistribution: Complex Hawaiian Chiefdoms.
        In *Exchange Systems in Prehistory*, Timothy K. Earle and
        Jonathon E. Ericson, eds. New York: Academic Press.
1978   *Economic and Social Organization of a Complex Chiefdom: the
        Halelea District, Kauai, Hawaii*. Anthropological Papers, Mu-
        seum of Anthropology, University of Michigan, No. 63.
1987a   Chiefdoms in Archaeological and Ethnohistorical Perspective. *An-
        nual Review of Anthropology* 16:279–308.
1987b   Specialization and the Production of Wealth: Hawaiian Chiefdoms
        and the Inka Empire. In *Specialization, Exchange, and Complex
        Societies*, Elizabeth M. Brumfiel and Timothy K. Earle, eds.
        Cambridge: Cambridge University Press.
1989   The Evolution of Chiefdoms. *Current Anthropology* 30:84–88.
1991   Property Rights and the Evolution of Chiefdoms. In *Chiefdoms:
        Power, Economy, and Ideology*, Timothy Earle, ed. Cambridge:
        Cambridge University Press.

FEINMAN, GARY M., STEPHEN A. KOWALEWSKI, AND RICHARD E. BLANTON
1984   Modelling Ceramic Production and Organizational Change in the
        Pre-Hispanic Valley of Oaxaca, Mexico. In *The Many Dimensions
        of Pottery*, Sander E. van der Leeuw and Alison C. Pritchard, eds.
        Amsterdam: Universitaet van Amsterdam.

FINNEY, BEN R.
1966   Resource Distribution and Social Structure in Tahiti. *Ethnology*
        5:80–86.

FOLK, ROBERT L.
1980   *Petrology of Sedimentary Rocks*. Austin: Hemphill Publishing Co.

FONTANA, BERNARD L., W. ROBINSON, C. CORMACK, AND E. LEAVITT, JR.
1962   *Papago Indian Pottery*. Seattle: University of Washington Press.

FOSTER, GEORGE
1965   The Sociology of Pottery: Questions, Hypotheses, Arising from
        Contemporary Mexican Work. In *Ceramics and Man*, Frederick
        R. Matson, ed. Chicago: Aldine.

FRIED, MORTON H.
1960   On the Evolution of Social Stratification and the State. In *Culture
        in History*, Stanley Diamond, ed. New York: Columbia University
        Press.

FRIEDMAN, A.M., AND J. LERNER
1977   Spark Source Mass Spectrometry in Archaeological Chemistry. In
        Archaeological Chemistry II, Giles F. Carter, ed. Advances in
        Chemistry Series, No. 171. New York: American Chemical Soci-
        ety.

GARNER, BARRY J.
1967   Models of Urban Geography and Settlement Location. In *Socio-
        Economic Models in Geography*, Richard J. Chorley and Peter
        Haggett, eds. London: Methuen.

GILMAN, ANTONIO
1981   The Development of Stratification in Bronze Age Europe. *Current
        Anthropology* 22:1–23.
1991   Trajectories towards Social Complexity in the Later Prehistory of
        the Mediterranean. In *Chiefdoms: Power, Economy, and Ideology*,
        Timothy Earle, ed. Cambridge: Cambridge University Press.

GRITTON, V., AND N.M. MAGALOUSIS
1977   Atomic Absorption Spectroscopy of Archaeological Ceramic Ma-
        terials. In *Archaeological Chemistry II*, Giles F. Carter, ed. Ad-
        vances in Chemistry Series, No. 171. New York: American
        Chemical Society.

GROOT DE MAHECHA, ANA MARIA, AND SANTIAGO MORA CAMARGO
1989   Macizo Colombiano—Alto Magdalena. In *Colombia Pre-
        hispánica: Regiones Arqueológicas*, Alvaro Botiva Contreras, Gil-
        berto Cadavid, Leonor Herrera, Ana María Groot de Mahecha, and
        Santiago Mora, eds. Bogotá: Instituto Colombiano de Antro-
        pología.

HALSTEAD, PAUL, AND JOHN O'SHEA
1982   A Friend in Need Is a Friend Indeed: Social Storage and the Origins
        of Social Ranking. In *Ranking, Resource, and Exchange: Aspects
        of the Archaeology of Early European Society*, Colin Renfrew and
        Stephen Shennan, eds. Cambridge: Cambridge University Press.

HERRERA, LUISA FERNANDA
1989   Pollen Analysis of Palmira (Profile 6) and Barranquilla Alta (Pro-
        file 14) [Análisis Palinológico de los Sitios de Palmira (Perfil 6) y
        Barranquilla Alta (Perfil 14)]. In *Prehispanic Chiefdoms in the
        Valle de la Plata, Vol. 1: The Environmental Context of Human
        Habitation [Cacicazgos prehispánicos del Valle de la Plata, Tomo
        1: El Contexto medioambiental de la ocupación humana]*, Luisa
        Fernanda Herrera, Robert D. Drennan, and Carlos A. Uribe, eds.
        University of Pittsburgh Memoirs in Latin American Archaeology,
        No. 2.

HERRERA, LUISA FERNANDA, ROBERT D. DRENNAN, AND CARLOS A. URIBE, EDS.
1989   Prehispanic Chiefdoms in the Valle de la Plata, Vol. 1: The Environmental Context of Human Habitation [Cacicazgos Prehispánicos del Valle de la Plata, Tomo 1: El Contexto Medioambiental de la Ocupación Humana]. University of Pittsburgh Memoirs in Latin American Archaeology, No. 2.

HUNTLEY, D.J., AND D.C. BAILEY
1978   Obsidian Source Identification by Thermoluminescence. Archaeometry 20:159–170.

IRWIN, G.
1978   Pots and Entrepôts: A Study of Settlement, Trade, and the Development of Economic Specialization in Papuan Prehistory. World Archaeology 9:299–319.

ISBELL, WILLIAM H.
1978   Environmental Perturbations and the Origin of the Andean State. In Social Archeology: Beyond Subsistence and Dating, Charles L. Redman, Mary Jane Berman, Edward V. Curtin, William T. Langhorne Jr., Nina M. Versaggi, and Jeffery C. Wanser, eds. New York: Academic Press.

JOHNSON, ALLEN W., AND TIMOTHY EARLE
1987   The Evolution of Human Societies: From Foraging Group to Agrarian State. Stanford, Calif.: Stanford University Press.

KAMILLI, DIANA C., AND ARTHUR STEINBERG
1985   New Approaches to Mineral Analysis of Ancient Ceramics. In Archaeological Geology, George Rapp, Jr., and John A. Gifford, eds. New Haven: Yale University Press.

KERR, PAUL F.
1977   Optical Mineralogy. New York: McGraw-Hill.

KOSTIKAS, A., A. SIMOPOULOS, AND N.H. GANGAS
1974   Mössbauer Studies of Ancient Pottery. Journal de Physique Colloque 35:107–115.

KROONENBERG, SALOMON B., AND HANS DIEDERIX
1982   Geology of South Central Huila, Uppermost Magdalena Valley, Colombia: A Preliminary Note. Paper presented to the Asociación Colombiana de Geólogos y Geofísicos del Petróleo, Bogotá.
1985   Geology [Geología]. In Regional Archaeology in the Valle de la Plata, Colombia: A Preliminary Report on the 1984 Season of the Proyecto Arqueolólico Valle de la Plata [Arqueología Regional in el Valle de la Plata, Colombia: Informe Preliminar sobre la Temporada de 1984 del Proyecto Arqueológico Valle de la Plata], Robert D. Drennan, ed. Museum of Anthropology, University of Michigan, Technical Reports No. 16.

KRYWONOS, W., G.W.A. NEWTON, V.J. ROBINSON, AND J.A. RILEY
1982   Neutron Activation Analysis of Some Roman and Islamic Coarse Wares of Western Cyrenaica and Crete. Journal of Archaeological Science 9:63–78.

LAMBERT, J.B., AND C.D. MCLAUGHLIN
1976   X-ray Photoelectron Spectroscopy: A New Analytical Method for the Examination of Archaeological Artifacts. Archaeometry 18:169–180.

LIGHTFOOT, KENT G.
1983   Resource Uncertainty and Buffering Strategies in an Arid, Marginal Environment. In Ecological Models in Economic Prehistory, Gordon Bronitsky, ed. Arizona State University, Anthropological Papers, No. 29.

LINARES, OLGA
1977   Ecology and the Arts in Ancient Panama: On the Development of Social Rank and Symbolism in the Central Provinces. Washington, D.C.: Dumbarton Oaks Studies of Precolumbian Art and Archaeology, Vol. 17.

LLANOS VARGAS, HECTOR
1988   Arqueología de San Agustín: Pautas de asentamiento en el cañon del Río Granates—Saladoblanco. Bogotá: Fundación de Investigaciones Arqueológicas Nacionales del Banco de la República.
1990   Proceso histórico prehispánico de San Agustín en el Valle de Laboyos (Pitalito—Huila). Bogotá: Fundación de Investigaciones Arqueológicas Nacionales del Banco de la República.

LLANOS VARGAS, HECTOR, AND ANABELLA DURAN DE GOMEZ
1983   Asentamientos prehispánicos de Quinchana, San Agustín. Bogotá: Fundación de Investigaciones Arqueológicas Nacionales del Banco de la República.

LOMBARD, JAMES P.
1987   Provenance of Sand Temper in Hohokam Ceramics, Arizona. Geoarchaeology 2:91–119.

MICHELS, JOSEPH W.
1979   The Kaminaljuyu Chiefdom. University Park: Pennsylvania State University Press.

MINZONI-DEROCHE, ANGELA
1981   X-ray Diffraction Analysis and Petrography as Useful Methods for Ceramic Typology. Journal of Field Archaeology 8:511–513.

MOMMSEN, H., A. KREUSER, AND J. WEBER
1988   A Method for Grouping Pottery by Chemical Composition. Archaeometry 30:47–57.

MORENO GONZALEZ, LEONARDO
1991   Pautas de Asentamiento Agustinianas en el Noroccidente de Saladoblanco (Huila). Bogotá: Fundación de Investigaciones Arqueológicas Nacionales del Banco de la República.

MULLER, JON
1978   The Kincaid System: Mississippian Settlement in the Environs of a Large Site. In Mississippian Settlement Patterns, Bruce D. Smith, ed. New York: Academic Press.
1987   Salt, Chert, and Shell: Mississippian Exchange and Economy. In Specialization, Exchange, and Complex Societies, Elizabeth M. Brumfiel and Timothy K. Earle, eds. Cambridge: Cambridge University Press.

NELSON, D.E., J.M. D'AURIA, AND R.B. BENNETT
1975   Characterization of Pacific Northwest Coast Obsidian by X-ray Flourescence Analysis. Archaeometry 17:85–97.

NICKLIN, KEITH
1971   Stability and Innovation in Pottery Manufacture. World Archaeology 3:13–98.

PEACOCK, D.P.S.
1977   Ceramics in Roman and Medieval Archaeology. In Pottery and Early Commerce: Characterization and Trade in Roman and Later Ceramics, D.P.S. Peacock, ed. London: Academic Press.

PEEBLES, CHRISTOPHER S., AND SUSAN M. KUS
1977   Some Archaeological Correlates of Ranked Societies. American Antiquity 42:421–448.

PEREZ DE BARRADAS, JOSE
1943   Arqueología Agustiniana: Excavaciones arqueológicas realizadas de marzo a diciembre 1937. Bogotá: Imprenta Nacional.

PIRES-FERREIRA, JANE W.
1975   Formative Mesoamerican Exchange Networks with Special Reference to the Valley of Oaxaca. Memoirs of the Museum of Anthropology, University of Michigan, No. 7.

PRICE, BARBARA J.
1984   Competition, Productive Intensification, and Ranked Society: Speculations from Evolutionary Theory. In Warfare, Culture, and Environment, R.B. Ferguson, ed. Orlando, FL: Academic Press.

RAMIREZ C., AUGUSTO H.
1989 Prospección Arqueológica en el Valle Bajo del Río de la Plata. Tesis de Grado, Depto. de Antropología, Universidad Nacional de Colombia.

RAMIREZ P., MARIA ANGELA
1988 Reconocimiento sistemático regional en la zona media del Valle de la Plata, Huila. Tesis de grado, Depto. de Antropología, Universidad de los Andes. Bogotá.

RAMOS R., ELIZABETH
1988 Reconocimiento sistemático regional en las veredas de La Unión, Betania y El Progreso, municipio de La Argentina, Huila. Tesis de grado, Depto. de Antropología, Universidad de los Andes. Bogotá.

RAPP, GEORGE, Jr.
1985 The Provenance of Artifactual Raw Materials. In *Archaeological Geology*, George Rapp, Jr., and John A. Gifford, eds. New Haven: Yale University Press.

RATHJE, WILLIAM L.
1975 The Last Tango in Mayapan: A Tentative Trajectory of Production-Distribution Systems. In *Ancient Civilization and Trade*, Jeremy A. Sabloff and C.C. Lamberg-Karlovsky, eds. Albuquerque: University of New Mexico Press.

REICHEL-DOLMATOFF, GERARDO
1975 *Contribuciones al conocimiento de la estratigrafía cerámica de San Agustín, Colombia.* Bogotá: Biblioteca Banco Popular.

RICE, PRUDENCE
1981 Evolution of Specialized Pottery Production: A Trial Model. *Current Anthropology* 22:219–240.

ROOSEVELT, ANNA CURTENIUS
1980 *Parmana: Prehistoric Maize and Manioc Subsistence Along the Amazon and Orinoco.* New York: Academic Press.

SABLOFF, JEREMY A., RONALD L. BISHOP, GARMAN HARBOTTLE, ROBERT L. RANDS, AND EDWARD V. SAYRE
1982 Analyses of Fine Paste Ceramics. In *Excavations at Seibal, Department of Petén, Guatemala*, Jeremy A. Sabloff, ed. Memoirs of the Peabody Museum, Harvard University, Vol. 15, No. 2.

SAHLINS, MARSHALL D.
1958 *Social Stratification in Polynesia.* Seattle: University of Washington Press.
1968 *Tribesmen.* Englewood Cliffs, NJ: Prentice-Hall.

SANCHEZ, CARLOS AUGUSTO
1986 Prospección arqueológica en el valle superior del Río La Plata, Huila. Tesis de grado, Depto. de Antropología, Universidad Nacional. Bogotá.
1991 *Arqueología del Valle de Timaná (Huila).* Bogotá: Fundación de Investigaciones Arqueológicas Nacionales del Banco de la República.

SERVICE, ELMAN R.
1962 *Primitive Social Organization, An Evolutionary Perspective.* New York: Random House.
1975 *Origins of the State and Civilization.* New York: Norton.

SOTOMAYOR, MARIA LUCIA, AND MARIA VICTORIA URIBE
1987 *Estatuaria del Macizo Colombiano.* Bogotá: Instituto Colombiano de Antropología.

STEPONAITIS, VINCAS P.
1983 *Ceramics, Chronology, and Community Pattern.* New York: Academic Press.

STOLMAKER, C.
1976 Examples of Stability and Change from Santa María Atzompa. In *Markets in Oaxaca*, Scott Cook and Martin Diskin, eds. Austin: University of Texas Press.

TITE, M.S., AND Y. MANIATIS
1975 Examination of Ancient Pottery Using the Scanning Electron Microscope. *Nature* 257:122–123.

UPHAM, STEADMAN
1982 *Politics and Power.* New York: Academic Press.
1983 Intensification and Exchange: An Evolutionary Model of Non-Egalitarian Socio-Political Organization for the Prehistoric Plateau Southwest. In *Ecological Models in Economic Prehistory*, Gordon Bronitsky, ed. Arizona State University, Anthropological Papers, No. 29.

URDANETA FRANCO, MARTHA
1988 Investigación Arqueológica en el Resguardo Indígena de Guambia. *Boletín* 22:54–81. Bogotá: Museo del Oro.

URIBE, MARIA VICTORIA
1990 Cronología Absoluta de la Arqueología Colombiana. *Revista de Antropología y Arqueología* 6(1):205–233. Bogotá: Universidad de los Andes.

VAN DER LEEUW, SANDER E.
1980 Ceramic Exchange and Manufacture: a "Flow Structure Approach." In *Production and Distribution: a Ceramic Viewpoint*, Hilary Howard and Elaine L. Morris, eds. Oxford: B.A.R. International Series, No. 120.

VOGEL, J.C., AND J.C. LERMAN
1969 Groningen Radiocarbon Dates VIII. *Radiocarbon* 2:351–390.

ZWELEBIL, M.
1985 Iron Age Transformations in Northern Russia and the Northern Baltic. In *Beyond Domestication in Prehistoric Europe*, Clive Gamble and Graeme Barker, eds. Orlando, FL: Academic Press.